吸气式高超声速飞行器动力学建模与控制器设计

时建明　冯　刚　刘少伟　王　洁　著

西北工業大學出版社

西　安

【内容简介】 吸气式高超声速飞行器有着区别于传统航空飞行器和航天运载器的独特动力学特性。高超声速飞行和机身、发动机一体化设计给该类型飞行器的飞行控制系统设计提出了许多新的挑战，需要开展新的理论、方法和技术的研究。本书从高超声速飞行的基本概念和基本原理出发，围绕吸气式高超声速飞行器独特的气动、推进、结构相互耦合和参数不确定性问题，输入受限控制问题，状态量不便于测量或不能准确测量问题，在反演设计方法的基础上，运用变结构控制理论、自适应控制理论和神经网络理论，对吸气式高超声速飞行器的飞行控制系统的设计进行了深入的研究，形成了反映吸气式高超声速飞行器动力学特性的模型和反演控制器设计方案，以期为吸气式高超声速飞行器的飞行特性分析和控制系统设计做一些探索性工作。

本书可供从事吸气式高超声速飞行器控制理论与技术研究的科研人员和工程技术人员阅读和参考。

图书在版编目(CIP)数据

吸气式高超声速飞行器动力学建模与控制器设计/时建明等著.—西安:西北工业大学出版社,2021.7

ISBN 978-7-5612-7806-2

Ⅰ.①吸… Ⅱ.①时… Ⅲ.①高超音速飞行器-动力学模型 ②高超音速飞行器-控制器-设计 Ⅳ.①V47

中国版本图书馆 CIP 数据核字(2021)第 144431 号

XIQISHI GAOCHAOSHENGSU FEIXINGQI DONGLIXUE JIANMO YU KONGZHIQI SHEJI

吸气式高超声速飞行器动力学建模与控制器设计

责任编辑：王梦妮　　**策划编辑**：杨　军
责任校对：胡莉巾　　**装帧设计**：李　飞
出版发行：西北工业大学出版社
通信地址：西安市友谊西路 127 号　　邮编：710072
电　　话：(029)88491757，88493844
网　　址：www.nwpup.com
印 刷 者：兴平市博闻印务有限公司
开　　本：787 mm×1 092 mm　1/16
印　　张：11
字　　数：289 千字
版　　次：2021 年 7 月第 1 版　　2021 年 7 月第 1 次印刷
定　　价：58.00 元

前　言

吸气式高超声速飞行器(Air-breathing Hypersonic Flight Vehicle, AHFV)在航空航天领域具有很强的前瞻性和战略性，是目前各国争夺空天权的重要发展方向。AHFV与常规飞行器在动力学特性和控制方式上有着很大的差异，如何对其进行有效的控制是一个非常棘手的问题。本书从一体化动力学建模、反演设计方法的应用、输入受限自适应控制、状态重构与全反馈控制四个方面对AHFV控制系统设计问题进行深入的研究。

本书的主要研究内容如下：

(1)基于AHFV的二维几何构型，采用活塞理论、激波/膨胀波理论和准一维可压缩流体理论，分析飞行器表面的气流分布规律，提出定常和非定常气动作用力的解析计算方法，建立描述AHFV纵向飞行动力学特性的原理模型。典型巡航条件的开环数值仿真表明，动力学原理模型反映了AHFV运动稳定性问题，能够为其控制系统设计和控制方法的研究提供平台。

(2)针对动力学原理模型的多变量耦合非线性特性，提出基于反演设计方法的AHFV控制系统设计方案。通过推力、气动力和气动力矩，以及广义弹性力的曲线拟合，将原理模型转化为符合严格反馈仿射形式要求的面向控制模型。以飞行速度和高度为控制对象，采用反演设计方法，设计变结构控制器。针对状态量跟踪误差耦合项影响稳定性，虚拟控制量的导数解析计算复杂、不连续控制的切换抖动问题，采用动态面技术、基本不等式变换和模型干扰项上界的自适应估计措施，改进AHFV控制系统的标准反演设计方法。

(3)针对面向控制模型参数的不确定性问题，考虑到AHFV的输入受限等因素，提出参数自适应控制方法。通过引入一阶滤波动态系统，修正状态量跟踪误差的定义。针对线性参数化模型，在反演设计方法框架下，分别设计燃料/空气混合比和升降舵偏角的自适应控制律。为了弱化控制器对模型的依赖，提出基于模型逼近的自适应控制方法。引入具有幅值、速率和带宽约束的二阶参考模型对输入受限问题进行数学描述，并采用权值自适应调整径向基函数(Radial Basis Function, RBF)神经网络逼近模型中的非线性函数。借助于辅助分析系统，消除模型中的输入受限偏差项，保证神经网络的在线逼近能力。通过参数不确定和阵风干扰情况下的轨迹跟踪仿真，验证以上两种控制策略能够确保AHFV控制的稳定性。

(4)针对全反馈反演控制的实现问题，提出基于精确微分器的状态重构与鲁棒反演控制方法。运用滑模变结构控制中的精确微分器理论，设计有限时间收敛的状态观测器，消除弹性振动给测量俯仰角速度带来的影响，并实现迎角和航迹角的重新构造。进一步利用精确微分器的收敛性和鲁棒性，设计虚拟控制量的导数求解器和干扰观测器，解决模型重构误差等不确定性因素带来的不稳定影响，提高反演控制器的鲁棒性。通过实例和指令跟踪仿真，验证状态重构方法及其在 AHFV 反演控制中应用的有效性。

本书可以帮助有关研究人员和工程技术人员了解吸气式高超声速飞行器的独特飞行动力学特性，解决与其飞行控制系统设计有关的问题。

本书内容以时建明攻读博士阶段的研究成果为主，冯刚参与了第 1 章的撰写，刘少伟参与了第 2 章的撰写，王洁主要负责对文稿的修订完善。

在写作本书过程中曾参阅了大量的文献资料，在此，谨向其作者表示感谢。

由于水平有限，书中难免存在一些缺点或不足之处，恳请广大读者批评指正，并提出宝贵的意见和建议。

著　者

2021 年 1 月

目 录

第1章 绪 论

吸气式高超声速飞行器有着区别于传统航空飞行器和航天运载器的独特动力学特性。高超声速飞行和机身/发动机一体化设计给该类飞行器操纵稳定性和机动性带来的全新问题已经成为学术界和工程领域持续关注的热点问题。

1.1 吸气式高超声速飞行器及其飞行控制问题

1.1.1 吸气式高超声速飞行器

高超声速飞行通常用于描述飞行器以马赫数大于5时持续飞行的状态。高超声速飞行器既包括具有发射上升段和再入返回段的航天飞行器，如卫星、飞船、航天飞机、空天飞机和弹道式导弹，也包括在大气层内以高超声速飞行的飞机和导弹[1]。根据推进系统的不同，可以将高超声速飞行器分为火箭动力高超声速飞行器和吸气式高超声速飞行器[2]。如果将火箭动力高超声速飞行器的马赫数突破作为人类进入高超声速时代的标志，那么以超燃冲压发动机(Supersonic Combustion Ramjet，Scramjet)为动力的吸气式高超声速飞行器则代表着当前航空航天技术领域的发展方向。在民事方面，对吸气式高超声速飞行技术进行研究可以产生低成本、快响应的空间进入空天飞行器，为民用运输和航天运载等领域提供全新的途径，促进相关产业的升级换代，进而对社会进步、国民经济发展产生重大的带动作用。在军事方面，对吸气式高超声速飞行技术进行研究，既可以生产出高突防能力和高毁伤性能的高超声速巡航导弹，还可以生产出具有全球实时侦察、快速部署等能力的高超声速飞机，从而可能改变未来的作战样式，并将对国家安全产生重大战略影响。尤其需要指出的是，随着近年来临近空间(Near Space)概念的提出和对其潜在价值的关注[3-4]，以临近空间为背景的吸气式高超声速飞行器找到了发挥作用的广阔空间，可以借助距地面20～100 km的空域走向全球并进入太空[5-7]。

吸气式高超声速飞行器要真正走向工程化的应用，需要解决从静止启动到跨越亚声速、跨声速、超声速以及高超声速持续飞行过程中的一系列技术难题。由于以涡轮喷气发动机为动力的航空飞行器和以火箭发动机为动力的航天飞行器技术上的相对成熟，吸气式高超声速飞行技术关注的重点是以超燃冲压发动机为动力的高超声速飞行方案的探索与验证。超燃冲压发动机是吸气式喷气发动机的一种形式，吸气式喷气发动机因自身不需要携带氧化剂而具有经济性好、可重复使用的特点。超燃冲压发动机和涡轮喷气发动机同属于吸气式喷气动力发动机，但两者的工作方式不同，如图1.1(a)所示[8]。

涡轮喷气发动机利用压气机增压，而高温、高压燃气膨胀对涡轮做功，驱动涡轮带动同一根转轴上的压气机工作。为提高飞行速度，涡轮前的温度应尽可能地大，但是由于目前涡轮叶片材料耐热程度只能达到 1 650 K 左右，所以飞行马赫数需限制在 3.5 左右[9]。与涡轮喷气发动机复杂的内部构造相比，超燃冲压发动机取消了压气机和涡轮装置，仅通过飞行器机身前体和发动机内部涵道截面变化达到压缩气体的目的，因此可在高超声速飞行条件下发挥作用。另外，超燃冲压发动机是随着亚燃冲压发动机技术的日益成熟而发展起来的，与燃烧室内气流流速是亚声速的冲压发动机相比，超燃冲压发动机内气流是超声速的，可以防止飞行马赫数增加带来的气流滞留，从而提高燃烧效率，使得超燃冲压发动机在高超声速飞行条件下获得较大的比冲[10]，如图 1.1(b)所示。

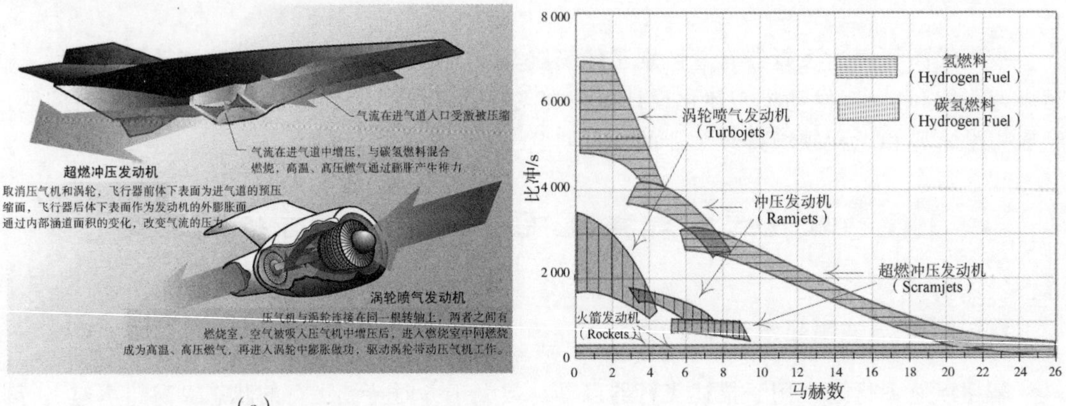

(a)　　(b)

图 1.1　超燃冲压发动机工作方式与工作性能

(a)超燃冲压/涡轮喷气发动机工作方式对比；(b)火箭/涡轮喷气/冲压/超燃冲压发动机性能对比

吸气式高超声速飞行器的发展离不开超燃冲压发动机技术的突破。超燃冲压发动机应用于高超声速飞行器的设计也带来了机身和发动机的一体化设计概念。所谓一体化设计就是要将飞行器气动布局设计和发动机设计紧密联系起来，通过飞行器前体、后体和发动机的几何形状以及相对位置的选择，获得尽可能高的推进性能、稳定性和控制特性[1]。吸气式高超声速飞行器的一体化设计要求超燃冲压发动机的布局有利于减小飞行阻力，而飞行器外形要保证超燃冲压发动机的正常工作，并有利于提升超燃冲压发动机的推进性能。经过多年的探索，目前形成了乘波体外形和矩形超燃冲压发动机的一体化设计方案，该方案的示意图如图 1.2 所示。在高超声速飞行条件下，具有乘波体外形的飞行器机身前缘能够产生附体激波。该激波对相向而来的空气流具有很强的压缩作用，使得飞行器前体下表面形成高压区。该区域可以作为发动机进气道的预压缩面，为进气道提供较高品质的进气口流场。将机身前体与发动机进气道进行一体化设计，减小了飞行器总体布局上的困难，提高了进气道性能。发动机的下表面也可以与机身前体进行融身设计，从而减小甚至消除进气口附近的溢流阻力[11]。高超声速的空气流经过前体下表面的预压缩后，还要在进气道内进一步压缩成超声速气流，并在燃烧室内与燃料混合发生化学反应，产生高温、高压燃气。对机身后体与发动机尾喷管进行一体化设计时，飞行器后体下表面为斜坡面，可视为发动机排气喷管的一部分。发动机排出的燃气通过后体下表面进一步膨胀，产生推力，并形成附加的“推进升力”。此外，超燃冲压发动机燃烧室在地面试验系统中多以矩形为主，主要是考虑到矩形燃烧室在试验过程中不易变形，并且操作方便[12]。已有研究表明，采用机身和超燃冲压发动机进行一体化设计后，机身前体和后体对发动机总推力的贡献可达到70%[1]。

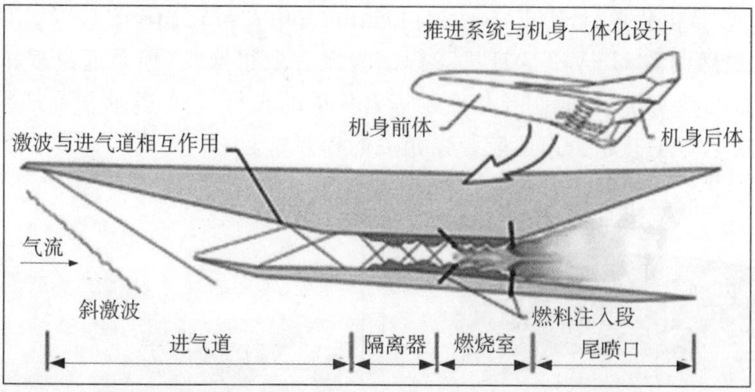

图1.2 气动外形与推进系统一体化设计示意图

对吸气式高超声速飞行器概念和技术的探索经历了70余年的时间[13]，近年来，美国、俄罗斯、法国、德国、日本、印度等具有一定航空航天技术实力的国家已在超燃冲压发动机和机身/发动机一体化方面取得了重大进展，并开展了一定的地面风洞试验和高空飞行试验[14]。目前，吸气式高超声速飞行器已经从概念和原理的探索阶段进入了以高超声速巡航导弹、高超声速飞机、跨大气层飞行器和空天飞机等为应用背景的先期技术开发阶段。

美国是吸气式高超声速技术研究与验证的先行者，自20世纪60年代开始制定出一系列的超燃冲压发动机和高超声速飞行器发展计划。1964年，美国国家航空航天局(National Aeronautics and Space Administration, NASA)通过高超声速研究用发动机(Hypersonic Research Engine, HRE)计划开展针对超燃冲压发动机技术的探索性研究与论证[15-16]。随着超燃冲压发动机的研究取得显著进展和为了满足飞行演示与验证方面的需求，美国空军和NASA在1986年提出了历时10年、耗资近100亿美元的国家空天飞机计划(National Aero-space Plane, NASP)[17]。虽然后来由于经费、技术和管理上遇到一系列的困难，预先构想的吸气式单级入轨空天飞机——X-30最终没能进行试飞，但是该计划大大推动了超燃冲压发动机向高超声速飞行器一体化设计方向发展，采用机身和发动机一体化设计所带来的空气动力学、推进系统和结构动力学之间的交互影响问题也开始逐渐受到重视[18-21]。20世纪90年代中期至今，美国的吸气式高超声速飞行技术研究重点一直都是围绕国防高级研究计划局和海军的高超声速飞行(HyFly)计划[22]、NASA和空军的高超声速飞行器验证机(Hyper-X)计划[23]、空军的高超声速技术(HyTech)计划[24]展开的。其中，最引人关注的是1996年开始实施的Hyper-X计划，该计划研制出了较X-30外形尺寸缩比10%的高超声速技术试验飞行器X-43A，并在2004年连续两次进行了高空投放试验。X-43A机身腹部的超燃冲压发动机在28.956 km的高空点火成功，并实现了马赫数为6.91和9.68，持续时间为10 s左右的自主飞行，这次自主飞行首次表明了以超燃冲压发动机为动力的高超声速飞行已成为可能[27]。Hyper-X计划中的X-43A验证机和试验过程中的飞行轨迹如图1.3所示[8,28]。目前，美国正在通过以常规快速打击高超声速巡航导弹为背景和以全球快速打击可重复使用高超声速巡航飞行器为背景的两个项目，分阶段开展高超声速飞行技术验证试验。其中，以高超声速巡航导弹为应用背景的X-51A验证机，分别在2010年5月25日、2011年6月13日和2012年8月14日进行了三次高空投放试验，结果一次成功、两次失败。以高超声速巡航飞行器为背景的

HTV-2A 验证机和 HTV-2B 验证机分别在 2010 年 4 月 22 日和 2011 年 8 月 11 日进行了两次飞行试验，该项目由猎鹰计划(Force Application and Launch from CON. US, FALCON)演变而来[29]。虽然两款 HTV-2 验证机飞行试验没有取得成功，但是通过演示收集了空气热力学、空气动力学、热防护、导航制导与控制等有价值的飞行数据，这些研究成果将很可能应用于与常规全球快速打击高超声速巡航导弹相关的项目中。

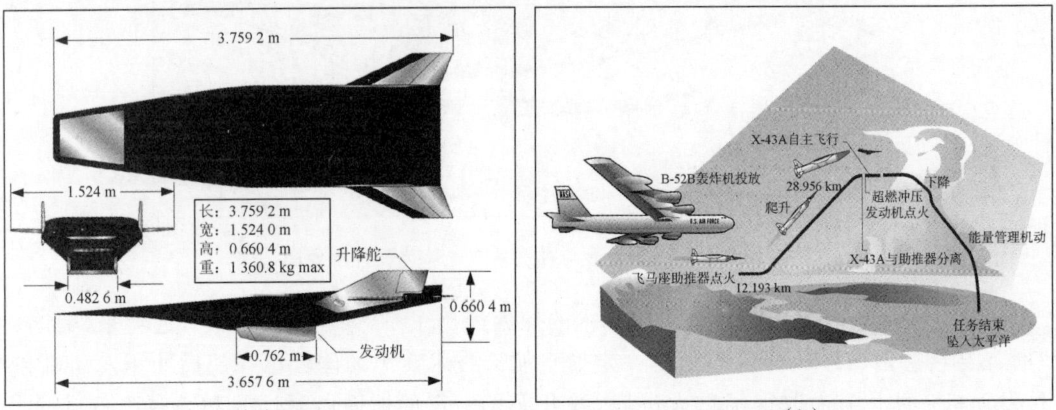

(a)　　　　　　　　　　　　(b)

图 1.3　X-43A 验证机及其高空投放试验中的飞行轨迹

(a)X-43A 验证机外形示意图；(b)X-43A 验证机的飞行轨迹

与美国相比，俄罗斯在吸气式高超声速技术研究领域具有自己的鲜明特色，是世界上最早进行冲压发动机高空高超声速飞行试验的国家，在吸气式高超声速飞行器的核心技术——超燃冲压发动机技术领域也处于世界领先地位[13-14,30]。几十年来，俄罗斯中央空气流体动力学研究院、巴拉诺夫中央航空发动机研究院、图拉耶夫联盟设计局、彩虹设计局、莫斯科航空学院等单位长期致力于高超声速飞行技术的研究，在亚/超燃冲压发动机、碳氢燃料、耐高温材料、计算流体力学以及一体化设计等多个相关技术领域取得重大的突破[31-32]。其中，巴拉诺夫中央航空发动机研究院和茹科夫斯基中央发动机研究院等单位共同实施过“冷”计划试飞器，在 1991 年 11 月 27 日进行的高空飞行试验中，成功地实现了冲压发动机从亚声速燃烧模态到超声速燃烧模态的转换，这在世界冲压发动机研究领域尚属首次。彩虹设计局和巴拉诺夫中央航空发动机研究院共同开展过“彩虹- D2”高超声速巡航导弹计划，该计划为亚/超燃冲压发动机在高超声速巡航导弹上的工程应用打下了基础。中央空气流体动力学研究院和中央航空发动机研究院共同开展过“鹰”有翼高超声速试验飞行器计划，该计划也称为“针”计划。此外，火炬设计局、米格设计局和图拉耶夫联盟设计局也在共同开展“鹰- 31”计划。“鹰”计划和“鹰- 31”计划都用于对超燃冲压发动机进行高空飞行试验验证。以上各计划实施过程中，“冷”计划、“彩虹- D2”计划和“鹰- 31”计划分别采用 SA-5 地空导弹、AS-4 空射导弹和 S-300 地空导弹系统中的 40H6 导弹为超燃冲压发动机在高度在 20 km 以上、马赫数在 5.0 以上的高空高超声速飞行创造试验条件。

法国自 20 世纪 60 年代开始就一直致力于吸气式高超声速飞行技术的研究，先后实施过“JAPHAR”“WRR”“PROMETHEE”“A3CP”“PTAH-SOCAR”等项目[33]，通过地面风洞试验验证了超燃冲压发动机的性能，为法国在高超声速研究领域积累了丰富的经验。目前，法国正在与俄罗斯和德国合作开展以超燃冲压发动机为推进系统的高超声速飞行器飞行试验。德国的研究者与技术联合部早在1986年就提出了高超声速飞行技术研究计划，重点开展二级入轨的空天飞机——Sanger的概念性研究[34]，而这一时期的美国正在开展单级入轨的NASP计划，单级入轨和二级入轨的主要区别就在于是否将吸气式发动机与火箭发动机组成混合循环发动机。日本和印度的高超声速技术发展很快，其中，日本侧重于发展未来航天发射系统所用的动力装置[30]，在20世纪70年代开始了对超声速燃烧的基础研究，20世纪90年代初已建成了超燃冲压发动机试验台[35]；印度则侧重于开发小型、可重复使用的空天飞机，是目前世界上少数几个拥有高超声速风洞的国家之一[30]。

近些年来，在国家自然科学基金委员会多年期重大研究计划和国家高技术研究发展计划的资助下，国内不少科研院所和高校等研究机构也广泛开展了吸气式高超声速飞行技术的基础研究和地面模拟试验[14]。中国空气动力研究与发展中心的吸气式高超声速技术实验室从1998年就启动了对超燃冲压发动机及高超声速飞行器的研究，目前在地面设备、超燃冲压发动机、计算流体力学以及机体/推进一体化飞行器等方面的研究取得了重要进展[36-40]。国防科学技术大学于2009年10月成立了高超声速飞行器技术研究中心，该研究中心在高超声速飞行器总体设计、超燃冲压发动机地面模拟试验、超声速流动燃烧机理等方面取得了重大进展[41-48]。但是，从总体上来看，我国对吸气式高超声速飞行技术的研究仍处于借鉴经验、不断探索与重新认识阶段，对从地面风洞模拟到高空飞行试验，再到实际工程应用过程中的很多关键性问题还需要进行深入研究。我们应当以吸气式高超声速飞行器技术验证机和原型机的发展需求为牵引，抓住机遇，加强技术储备，为我国在开发临近空间和发展临近空间高超声速飞行器的过程中占取先机。

1.1.2　AHFV的飞行控制问题

吸气式高超声速飞行技术涉及高超声速空气动力学、计算流体力学、高温气动热力学、化学动力学、导航制导与控制、工艺制造等多门学科，是高超声速推进、机身/发动机一体化设计、超声速燃烧、热防护、高超声速地面模拟与飞行试验等多项关键技术的高度综合，因此，吸气式高超声速飞行技术也被视为世界科学技术领域的尖端课题[14]。飞行控制系统是吸气式高超声速飞行器的运行中枢，是安全飞行、完成任务使命的保证，飞行控制技术更是吸气式高超声速飞行器研制中的核心和关键技术之一[49]。

吸气式高超声速飞行器的控制任务是在飞行包线内通过发动机提供推力产生加速度，并利用气动舵面偏转调整飞行姿态，从而控制飞行器精确跟踪制导或导航指令。吸气式高超声速飞行器控制系统的设计离不开对其动力学特性的理解。由于飞行速度和设计理念上与常规飞行器有着很大的差异，吸气式高超声速飞行器呈现出一些不同于常规飞行器的新特点，主要表现在以下三个方面：

1. 吸气式高超声速飞行器飞行环境复杂、飞行包线跨度大

吸气式高超声速飞行器飞行高度覆盖了从大气层到临近空间近80 km的广大空域，而飞行马赫数为5～25，在如此广阔而又复杂的环境中作高超声速的机动飞行，吸气式高超声速飞行器动力学的非线性快时变特征异常明显。高超声速飞行器飞行马赫数大于5以后，飞行器表面的流场会出现一些明显区别于亚声速和超声速飞行的物理现象[50-51]，如薄的激波层、真实气体效应和气动热效应，这些现象称为高超声速效应。高超声速效应使得吸气式高超声速飞行器的气动特性和气热特性复杂、多变，这一现象会影响飞行器的飞行性能、操纵性和稳

定性[52-54]。

2. 吸气式高超声速飞行器外形结构、推进系统和空气动力学之间交叉耦合

以 X－43A 和 X－51A 为代表的新一代高超声速飞行器为减小飞行过程中的飞行阻力、降低气动加热和提高升阻比，广泛采用轻质材料和大型薄壁结构设计，气动外形为细长体、升力体布局、完全或部分乘波体布局，这使得吸气式高超声速飞行器动力学系统是气动/推进/结构耦合的复杂系统，如图 1.4 所示。具体体现在以下几个方面。

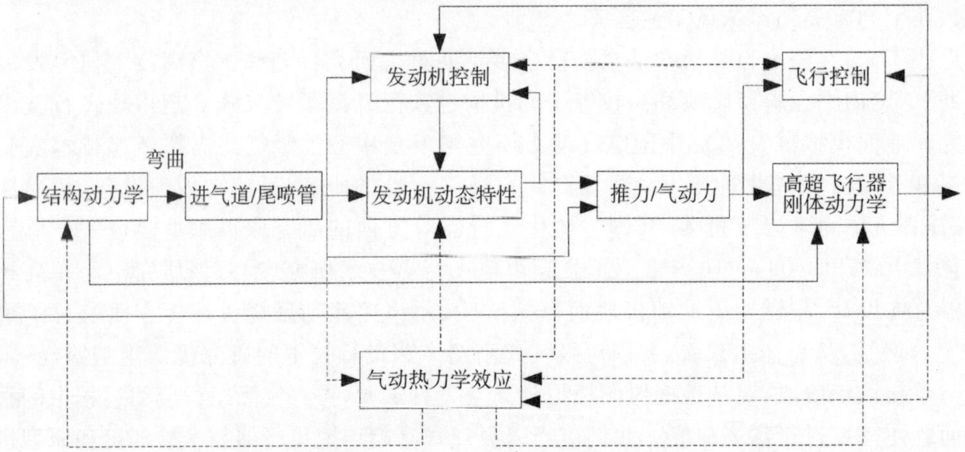

图 1.4　吸气式高超声速飞行器气动/推进/结构耦合关系

(1)吸气式高超声速飞行器动力学系统是含非最小相位行为的静不稳定系统。吸气式高超声速飞行器动力学系统是静不稳定的。与传统飞行器依靠机翼上、下表面的压力差来产生升力的方式不同，吸气式高超声速飞行器升力主要来源于机身上、下表面的压力差，而它的舵和翼面主要用于调整和稳定飞行器的飞行姿态。气动舵不进行控制时，机身前体下表面气动作用力和发动机推力产生绕质心的抬头俯仰力矩只能部分被后体下表面和机身上表面气动作用力产生的低头俯仰力矩补偿，此时飞行器会因俯仰力矩的不平衡而处于不稳定状态。吸气式高超声速飞行器动力学系统中存在非最小相位行为。吸气式高超声速飞行器通过设置在机身尾部的气动舵调整飞行姿态。气动舵偏转产生俯仰作用力矩的同时，却在姿态通道中引入了附加升力，该升力对于飞行姿态角的调整起反向作用。

(2)吸气式高超声速飞行器动力学系统是空气动力学与推进系统耦合的系统。吸气式高超声速飞行器机身前缘作为自由气流的预压缩面，可以视为超燃冲压发动机进气道的一部分。为了产生附体斜激波，并使发动机具有最大的空气捕获质量，需要将机身前缘设计成尖端小锥角。机身后体作为发动机燃气的外膨胀面，可以视为超燃冲压发动机尾喷管的一部分。为了增大排出燃气的膨胀空间，提高发动机推力，需要将机身后体下表面设计成长而浅的楔形。因此，吸气式高超声速飞行器的外形对推进系统性能有着显著的影响。反过来分析，超燃冲压发动机安装于吸气式高超声速飞行器下腹部，机身前体会因发动机推力的作用而产生绕质心的抬头俯仰力矩。发动机排出的燃气尾流形成了机身后体的膨胀区流场，较强的燃气流作用于机身后体下表面而产生附加的升力，机身后体也会因燃气流升力而产生绕质心的低头俯仰力矩。所以说，推进系统对吸气式高超声速飞行器的气动特性有着显著的影响。

(3)吸气式高超声速飞行器动力学系统是空气动力学与结构弹性耦合的系统。吸气式高

超声速飞行器的细长体外形设计和轻质结构选材，使得机身固有振动频率降低，刚体模态和弹性模态之间的耦合问题十分突出。高超声速飞行条件下，飞行器机身在强烈的气动力作用下发生弯曲变形和弹性振动，此变形和振动反过来会改变机身表面的气流流场分布，进而改变气动力载荷并使机身结构发生新的变形。当飞行器与空气流之间的相对速度较低时，这两个方面的变化都将趋于一个稳定值。但当相对速度达到某个临界值时，气动作用力就会对机身结构的微小振动变得敏感，它们的相互作用趋势也会越来越明显。吸气式高超声速飞行器与空气流之间相对速度已经超过这个临界值，因此气动作用力与机身结构的弹性应变之间交互作用显著。

(4)吸气式高超声速飞行器机身的结构变形和弹性振动影响推进系统的性能。由于吸气式高超声速飞行器具有气动/推进耦合特性，机身前缘的弯曲变形会改变机身前缘的激波位置，机身的弹性振动会带来飞行姿态和飞行速度的摄动。激波、飞行姿态和飞行速度的改变都会影响超燃冲压发动机进气道入口的流场品质，从而对推进系统性能产生影响。机身后体的变形和弹性振动会使发动机的尾喷管形状偏离理想工况，改变发动机推力与飞行方向的夹角，从而降低推进效率，影响推进系统性能。

(5)如果考虑非定常气动效应和气动热效应，则吸气式高超声速飞行器动力学系统的气动/推进/结构耦合问题将变得更为复杂。飞行器的机动动作、操纵舵面的偏转和飞行器在阵风气流中的飞行等均属于非定常运动情况。对于低速飞行和稳态巡航飞行情况，由于飞行器表面的气流流场分布已趋于稳定，所以通常不关注非定常气动效应。而在高超声速大范围的机动飞行情况下，飞行器的气动特性瞬时变化，此时非定常气动效应带来的气动作用力的改变将不可忽略。一般来说，气动加热对结构动力学特性的影响较为明显[9]：一是材料的弹性模量和泊松比等参数随温度变化；二是弹性结构因不能自由膨胀而产生附加的热应力。

3.吸气式高超声速飞行器动力学具有高度不确定性

吸气式高超声速飞行器动力学的不确定性主要来源于三个方面：一是高超声速气流流动特征和吸气式高超声速飞行器动力学系统中的交叉耦合关系十分复杂，目前我们尚未建立充足的风洞实验室和飞行测试数据库，因此，与亚声速和超声速飞行器相比，吸气式高超声速飞行器的许多飞行特性还无法掌握，许多关键气动特性也很难预测。二是高超声速飞行会经历严重的不确定气动加热环境，由于表面材料的烧蚀而产生的飞行器结构变形和固有振动频率变化将影响飞行器的结构动力学特性和稳定性。三是由于飞行环境复杂，吸气式高超声速飞行器在飞行过程中往往会受到各种事先无法预知的大气干扰，如湍流、阵风等。气流干扰容易对飞行姿态造成扰动，从而使得气动舵在操纵的过程中发生瞬时的饱和[55]。

吸气式高超声速飞行器大范围的机动飞行、动力学特性的复杂和不确定性等特点对飞行控制系统的设计提出了许多新的挑战，使得吸气式高超声速飞行控制系统的设计成为当前飞行器控制领域的前沿问题。

(1)吸气式高超声速飞行器的静不稳定性使得控制系统设计成为必要，而非最小相位行为使得机动飞行过程中控制增益和控制系统带宽受到约束[55]。

(2)由于大跨度的机动飞行而导致的动力学系统具有显著非线性特征，以及由于大范围飞行环境和飞行试验数据的缺乏而导致动力学参数的严重不确定性，是吸气式高超声速飞行器控制系统设计面临的主要问题。

(3)吸气式高超声速飞行器气动/推进/结构动力学系统交叉耦合说明飞行控制不能与空

气动力学系统、推进系统、结构动力学之间分开设计，在控制系统设计过程中也必须要考虑这些耦合因素对飞行稳定性的影响。具体而言，对气动/推进/结构交叉耦合给控制系统进行设计提出了以下几方面的要求：

1)气动/推进/结构耦合的一体化解析建模要求。控制系统设计的一般步骤是，首先将实际的物理系统用数学模型描述出来，然后针对数学模型按照预定的控制目标设计需要的控制器，最终通过仿真验证和改进、完善将控制器应用到实际的被控制对象中。为了保证控制器设计的有效性，在建立面向控制的模型过程中应该先对实际系统进行精确的描述。从理论上建立一体化的解析模型，不仅有利于吸气式高超声速飞行器的运动稳定性分析，而且有利于控制系统设计工作的深入展开。

2)机身和推进系统耦合带来的稳定性要求和约束要求。飞行器姿态调整依赖于机身尾部气动舵面的偏转，发动机推力只用于改变飞行器的速度，但是发动机下腹部布局方式使得推力产生附加俯仰力矩，干扰了飞行器的姿态调整过程，影响了系统的稳定性。机身与发动机的一体化设计使得超燃冲压发动机对飞行迎角变化十分敏感。为保证超燃冲压发动机正常、稳定的工作，一般要求迎角不能超过 5°。过大的迎角不但影响附体激波的位置，降低进气道入口处气流的品质，引起燃烧不稳定，还会增加飞行器的飞行阻力。为了避免此类问题的发生，必须对迎角进行控制。

3)控制结构耦合带来的稳定性要求和约束要求。一方面，飞行器较低的弹性振动固有频率接近于控制系统的工作带宽，控制力可能会激励结构弹性自由度的运动。吸气式高超声速飞行器大范围高超声速机动飞行时，外形结构的弹性变形与气动布局之间存在很强的耦合，如果控制没有受到限制，将可能导致飞行器表面承受的作用力超出材料的强度极限，进而导致飞行器外形结构严重变形甚至解体破坏[56]。另一方面，反馈控制系统的测量元件，如自动驾驶仪的加速度陀螺仪、线加速度计等，不仅能够测量敏感飞行器的刚体运动量，同时也将结构变形和弹性振动量作为附加反馈信号引入控制回路，形成伺服弹性稳定性问题。但是，考虑到描述结构动力学系统的弹性模态无法直接测量，所以控制系统设计过程中无法直接采用弹性状态量消除其对控制系统性能的影响。

不仅如此，研究如何可靠、经济地测量或估计迎角等状态量成为控制系统设计过程中需要解决的问题。吸气式高超声速飞行器在飞行包线内稳态飞行过程中要求将飞行航迹角控制为 0°，而超燃冲压发动机稳定工作要求飞行迎角不能超过 5°，这说明吸气式高超声速飞行器的飞行迎角和航迹角都是微小量。为了对吸气式高超声速飞行器实施有效的控制，要求能够获得这些角度信息。但是，高超声速飞行带来的强烈的气动热效应使得传统角度测量设备无法使用[57]，而嵌入式大气数据传感器(Flush Air Data Sensing, FADS)[57-58]方案代价昂贵且极易受损[59]，所以物理上精确测量迎角和航迹角是一项十分困难的任务。此外，吸气式高超声速飞行器的弹性振动显著影响着速率陀螺传感器的测量输出，而传感器测量结果的不准确可能导致控制器失效[60]。

综合以上分析可知，吸气式高超声速飞行器的非线性不确定性和交叉耦合使得飞行控制系统设计面临各种约束、严格的控制要求和控制难题。基于系数冻结的增益调度控制方法和依赖于精确数学模型的传统控制器设计方法已经很难应用于吸气式高超声速飞行器的控制系统设计中。要适应大范围的飞行环境和高机动的性能要求，控制系统就必须具有高可靠性、强鲁棒性、强自适应性和强抗干扰的能力。

本书着眼于我国未来高超声速飞行器的发展需求，以吸气式高超声速飞行器的飞行控制系统设计为背景，重点围绕动力学建模、控制系统设计方法、输入受限自适应控制、状态量重构等几个关键问题，开展气动/推进/结构耦合的一体化建模与分析和输入受限条件下的鲁棒自适应控制理论与方法研究工作。本书的研究成果可为吸气式高超声速飞行器的预研提供理论基础和技术支持，为现代高精尖复杂飞行器控制系统的设计提供经验借鉴。

1.2 飞行控制系统设计方法

飞行器在飞行过程中保持自身的稳定性和操纵性，进行俯仰、偏航和滚转通道内的姿态运动，都离不开飞行控制系统(Flight Control System, FCS)[61]。一个完整的飞行控制系统包括传感、控制和执行三个部分。传感部分是获取飞行器飞行状态和外部环境信息的手段；执行部分是控制面、驾驶舱操纵装置、铰链等被驱动的机械机构；控制部分是飞行控制系统的核心，用于完成飞行控制问题的求解，形成控制算法和控制策略，产生控制规律和控制指令，驱动执行部分工作。

在理论研究中，我们通常将飞行控制系统设计的重点放在控制部分，即研究飞行器的控制方法(或称控制策略、控制规律)。飞行控制系统的分析和设计以控制理论为基础，而飞行控制系统对精度、范围、适应能力越来越高的需求反过来促进了控制理论的发展。关于飞行器控制方法的研究与发展情况，航空航天技术类文献著作中多有论述，但是阐述的角度各有不同。本书从主流的控制系统设计方法展开对飞行器控制方法研究的概述。为满足高性能飞行器控制需求而发展起来的飞行控制系统的设计方法主要包括以下几种。

1. *增益调度方法*(Gain Scheduling)

增益调度方法的基本思想是预先在飞行包线内选取一些具有代表性的工作点，然后将小扰动线性化或系数冻结得到的线性非时变方程组作为飞行器飞行控制问题的数学模型，进而采用经典控制理论设计具有一定结构的控制器，最后利用插值调度控制器参数实现飞行器全包络线飞行控制。

增益调度方法是一种技术成熟、简单、经济的控制系统设计方法，常规飞行器控制大多数采用传统的增益调度方法[62-64]。如导弹在增益调度控制下按照预定方案弹道飞行，一般能够满足控制品质要求。但是随着航空航天技术的发展，大空域、高机动飞行器的各子系统之间相互关系越来越复杂，非线性因素严重影响到系统的动态响应，如果再应用增益调度方法设计控制系统将有很大的局限性[65]。首先，控制器增益是按开环方式改变的，不具有闭环系统反馈作用的性能，当被控对象的动态特性和受扰动特性显著时，此方法达不到满意的控制效果。其次，增益调度控制器的自适应性和鲁棒性能有限，在复杂环境下，必须采用大量的增益调度表，且很难抑制不确定性和外界干扰给控制系统带来的扰动和不稳定性影响。最后，近似线性化带来的建模误差还可能导致控制增益在不同特征点之间切换时产生突变，难以确保系统的全局稳定性能，特别是当系统有故障发生时，这种方法将不再适用。

文献[66,67]指出在大迎角、超机动飞行条件下，飞行器的动态特性呈现出强烈的非线性和耦合特性，增益调度控制因调度变量选择具有主观性而无法满足系统性能指标的要求。文献[68]指出再入大气层飞行器从离轨到着陆的整个过程中，气动特性将随着飞行马赫数的变化而急剧变化，有可能导致用于姿态控制的增益调度控制器失效。文献[69]指出，对于航天飞机等具有多任务和大范围机动特征的可重复使用运载器，若采用增益调度方法设计控制器将不再具有简单、经济的优势，且不能从根本上保证飞行器的飞行安全。

对增益调度方法的改进研究主要集中于结合鲁棒控制和智能控制理论来提高控制性能，如文献[70]基于 H_∞ 分析方法设计工作点控制器，并通过增益调度实现了导弹俯仰方向的控制；文献[71]采用 μ 综合分析方法设计了侧滑转弯(Skid-to-Turn，STT)导弹的全飞行包线自动驾驶仪；文献[72]采用 Youla 参数化和 H_∞ 范数约束优化相结合的方法设计了航空航天发射器的自动驾驶仪；文献[73]采用 T-S 模糊模型逼近非线性系统的方法，设计了 T-S 模糊增益调度控制器，解决了动态轨迹生成问题。但以上方法都离不开系统非线性特征不明显、增益调度过程平稳的假设条件，且难以给出闭环系统全局稳定性的理论证明。

2. *反馈线性化方法*(Feedback Linearization)

反馈线性化方法是非线性系统控制中一种基本的设计方法[74]。不同于增益调度采用 Taylor 级数展开等近似线性方法，反馈线性化方法的主要思想是通过状态变换和反馈，将一个非线性系统的动态特性全部或部分转化成线性的动态特性，从而应用熟知的线性控制理论与方法完成控制器的设计[75-77]。

目前，动态逆(Dynamic Inversion)方法和微分几何(Differential Geometry)方法是实现反馈线性化的两条基本途径。动态逆方法是从函数和反函数、矩阵和逆矩阵这些具有普遍意义的概念出发，利用对象的模型生成一个 n 阶积分逆系统，然后将此逆系统与原系统串联构成伪线性系统，在伪线性系统的基础上按照线性方法设计外环控制网络[77-78]。微分几何方法则是在线性系统几何方法的状态空间概念的基础上，引入微分几何的数学概念而发展起来的[77]，该方法将动态逆方法中的 n 阶积分逆系统的构造推广为了更一般化的微分同胚变换。与动态逆方法相比，微分几何方法在状态变换过程中更突出数学工具的使用，因此最能体现反馈线性化在理论上所独有的特点。

反馈线性化方法的优点在于非线性系统的解耦和精确线性化。解耦和线性化在飞行器控制方面的应用可以追溯到 20 世纪 40 年代。Boksenhoom 和 Hood 在文献[79]中提出了具有解耦思想的不相干控制原则，他们最先将矩阵分析法应用于多变量控制系统分析中，并讨论了如何通过分别控制燃料流量和涡轮叶片角来调整燃气涡轮发动机的速度和功率。反馈线性化方法则将解耦思想引向了由线性到非线性、由静态到动态的更深层次，通过利用微分同胚和 Lie 导数等数学工具研究非线性控制系统的输入输出解耦、干扰解耦、全局状态精确线性化和输入输出精确线性化，以及稳定性、能控能观性等。借助于解耦和精确线性化在处理非线性控制系统多变量耦合问题上的优势，反馈线性化方法很早就被应用到了飞行器飞行控制系统的设计中，如文献[80]基于微分几何中的坐标变换思想，设计了直升机的飞行控制系统；文献[81]详细研究了基于动态逆方法的现代超机动飞机飞行控制系统设计问题，并通过大量的仿真证明了与增益调度方法相比，动态逆方法更加符合超机动飞机飞行控制的要求。

精确线性化是反馈线性化方法区别于近似线性化方法的特征，但是，也正是精确线性化使得人们发现反馈线性化方法存在明显的缺陷。首先，精确线性化需要对系统方程的右函数进行连续求导与求逆运算，这就要求非线性系统方程中的函数任意阶连续偏导数存在。随着非线性系统方程复杂度和阶次的升高，求导与求逆运算量也将急剧膨胀，已不利于在飞行器的机载计算机上推广。其次，精确线性化需要对系统非线性特性的精确了解和完全描述，只有利用精确的数学模型才能通过反馈方法补偿系统的非线性特性。遗憾的是，实际过程中得到系统的精确动态特性是极其困难的，因此该方法不适用于不确定、动态特性显著的非线性系统。最后，精确线性化方法不适合含非最小相位行为的非线性系统。当非线性系统中含有非最小相位行为时，线性化后的内动态子系统不稳定，此时只设计外部系统控制器不能达到使系统稳定的目的[82]。

目前，我国在克服参数不确定性或未建模动态给反馈线性化方法带来的鲁棒性差的问题方面大有研究。在飞行控制应用领域，普遍采用自适应神经网络与反馈线性化方法相结合的控制方案。文献[83,84]采用 2 阶 Sigma-Pi 神经网络在线补偿近似线性化产生的逆误差，设计了倾斜转弯(Bank-to-Turn, BTT)导弹的自动驾驶仪，取得了良好的控制效果。文献[85]采用离线训练的神经网络构建用于反馈线性化的逆变换，同时采用在线调整的神经网络来补偿逆误差，通过 F-18 战斗机模型机动飞行仿真检验了神经网络在线调整过程的有效性。文献[86]在新一代战斗机飞行控制系统设计中提出了采用 RBF(Radial Basis Function)神经网络设计干扰观测器用于补偿动态逆误差的方案，降低了反馈线性化对模型的依赖，提高了系统的鲁棒性。文献[87]基于反馈线性化方法将动能拦截器(Kinetic Kill Vehicle, KKV)姿态控制系统解耦成三个子系统，然后基于 PID(Proportional Integral Derivative)神经网络的自适应逆控制方法分别设计了子系统的姿态控制器。文献[88]在 X-33 可重复使用运载器技术验证机的反馈线性化飞行控制系统设计中，引入伪控制隔离(Pseudo-Control Hedging, PCH)方法克服执行机构幅值和速率饱和对神经网络自适应过程带来的不利影响，通过对 X-33 发射升空到进场着陆的全过程仿真验证了所提方法的有效性。

3. *反演设计方法*(Backstepping Design)

采用反馈线性化方法对非线性系统进行控制器的设计时，要求不确定性是匹配的，即要求不确定性与系统的控制输入通过同一通道进入系统。当系统存在非匹配不确定性时，我们难以通过设计系统的控制输入抵消不确定性的影响。由于实际系统存在的不确定性一般难以满足匹配条件，为此研究非匹配不确定性系统的控制问题具有现实意义。20 世纪 90 年代发展起来的反演设计方法成为解决非线性系统、非匹配、不确定性问题的有利工具。

反演设计方法是一种最为典型的非线性系统直接设计方法[89-91]，其基本思想是将相对阶大于 1 的复杂、非线性系统分解成不超过系统阶数的若干子系统，然后为每个子系统设计局部李雅普诺夫函数和中间虚拟控制量，进而一直“后退”到整个系统，将它们集成起来完成整个控制律的设计。反演设计方法的基本过程是先从一个高阶系统的内核开始(通常是系统输出量满足的动态方程)，设计虚拟控制律保证内核系统的某种性能，如稳定性、无源性等，然后对得到的虚拟控制律逐步修正算法，但应保证既定性能，进而设计出真正的镇定控制器，实现系统的全局调节或跟踪。

反演设计方法为控制理论在控制系统中的应用搭建了桥梁，该方法已经成为高机动飞行器控制系统的主流设计方法。文献[92]分别运用输入输出的反馈线性化方法和反演方法设计了两种导弹鲁棒控制器，通过蒙特卡洛仿真对比表明，当导弹运动方程中的气动力和气动力矩参数出现较大摄动和随机不确定性两种情况时，基于反演方法设计的鲁棒控制器均具有显著的性能优势。考虑到在模型存在不确定性的情况下反演设计方法能够保证自适应调整过程的最终一致有界[93]，各种自适应控制方案在反演设计方法中的应用较为普遍。文献[94]针对导弹俯仰方向上的自动驾驶仪设计问题，基于反演设计方法，在模型不确定性可线性参数化假设下，提出了参数自适应控制方案。文献[95]针对飞行器姿态角跟踪控制中存在的非匹配不确定性问题，在基于反演方法的控制器设计过程中，引入了在线自适应调整的多层神经网络补偿不确定项，增强了控制器的鲁棒性，并取消了自适应反演设计方法对不确定性的线性参数化的假设条件。文献[77]针对具有广义不确定性的BTT(Bank to Turn)导弹控制问题，提出了基于反演方法和全调节(即同时调节权值和基函数参数)径向基神经网络的非线性自适应控制系统设计方法，并有效地解决了多变量系统中控制系数矩阵未知的可能给控制器设计带来的奇异问题。在各类航天器的姿态控制问题研究中，反演设计方法也得到了广泛的应用[96]。文献[97]在反演设计方法中结合了最优控制方法，设计了航天器控制系统的全局镇定控制器。文献[98]考虑了航天器的外部扰动因素，在反演设计方法中结合了终端滑模变结构控制方法，设计的控制器能够保证姿态收敛到可调节范围。文献[99]针对在轨航天器的姿态机动及挠性部件振动抑制问题，在反演设计方法中结合了自适应控制技术，提出了双回路的鲁棒控制方法。文献[100]针对具有高度非线性、强耦合和快时变特征的再入飞行器，基于反演方法并结合自适应干扰观测器设计了用于姿态控制的自动驾驶仪，通过六自由度的仿真验证了所提方法的有效性。

相比于增益调度和反馈线性化方法，反演设计方法更具备在吸气式高超声速飞行器控制系统设计中发挥优势的空间。首先，吸气式高超声速飞行器的飞行控制任务包含两个方面，一是飞行轨迹的跟踪控制任务，二是飞行姿态的稳定控制任务。这两个方面决定了描述飞行轨迹和飞行姿态的数学模型必然是多时间尺度、多变量的复杂非线性系统。其次，由于飞行过程中气动/推进/结构之间相互耦合，吸气式高超声速飞行器的飞行轨迹和飞行姿态必然受到机身结构变形和弹性振动的干扰。再次，描述飞行轨迹和飞行姿态的非线性系统中也必然存在着模型误差和不确定性。但是，考虑到可以利用的控制权有限，不能保证非线性系统中的每个通道都可以分配到控制权。最后，吸气式高超声速飞行器有着严格的控制要求，如超燃冲压发动机稳定工作对飞行迎角范围提出的约束，而有限的控制权不能同时限制这些中间变量的行为。反演设计方法以其非线性系统直接设计能力、非匹配不确定性的处理能力以及中间变量的虚拟控制能力，可以很好地解决以上三个方面的问题，能够应用到吸气式高超声速飞行器控制系统的设计之中。

不过，由于反演方法只是提供了控制系统的设计框架，在此框架下完成控制器的设计还存在以下几个方面的问题需要解决：

(1)采用反演方法设计控制器，要求被控对象的数学模型符合以上非线性系统形式。而对于实际运行的系统，基于物理原理建立的数学模型通常都较为复杂，往往并不满足仿射的要求，也非严格的反馈形式，因此，为了准确地描述系统行为，全面掌握其运动规律，在开始进行反演控制器的设计之前，我们首先需要通过修正或简化等手段对原有数学模型进行处理，使其满足反演控制器设计要求，该过程也称为面向控制的建模过程。

(2)基于反演方法设计的当前子系统控制器中含有内层子系统虚拟控制量的实时导数项，经过连续的递推设计过程后，虚拟控制量的导数将不断累积，故计算的复杂度不断增加，此时控制器项数也会随着系统阶数的增加而不断膨胀。此问题称为计算膨胀问题。

(3)反演设计方法只提供了控制器设计的思路和过程，而各个系统的虚拟控制器和最终的实际控制具体采用什么形式，如何提高鲁棒性，以保证反演设计方法在解决模型含非匹配不确定问题的优势，仍需要进一步的研究。

1.3 AHFV 控制方法研究现状及局限性分析

吸气式高超声速飞行器的特殊性和复杂性对现有的控制理论与方法提出了新挑战，吸气式高超声速飞行器控制问题已经成为当前控制理论应用研究的一个重要方向。

如何建立描述吸气式高超声速飞行器特性的数学模型，是设计高效控制器的一个重要前提。目前，主要的建模方法包括以动力学建模为代表的常规建模方法、以模糊建模为代表的智能建模方法以及以特征建模为代表的工程化建模方法[101]。吴宏鑫院士对特征建模方法有着系统且深入的研究[102-103]，而罗熊对智能建模和特征建模相结合的建模方法进行了进一步的研究[101]。虽然这两种建模方法在传统航天器控制领域有着成功的应用，但是在面向复杂的吸气式高超声速飞行器建模时还存在着模型参数辨识困难的问题。一般而言，分析吸气式高超声速飞行器特殊构型设计下的动力学稳定性，设计适当控制律以获得合适的性能，都离不开吸气式高超声速飞行器的飞行动力学建模过程。目前，已经研究过的动力学模型有 NASA Langley 研究中心早期公布的风洞数据插值拟合模型[104]、Mirmirani 给出的基于计算流体力学(CFD)的数值模型[105-109]、Chavez 和 Schmidt 提出的气动推进/气动弹性一体化解析模型[110-112]。虽然学术界和工程领域都在寻求建立吸气式高超声速飞行器的六自由度模型[113]，但是目前动力学建模工作主要还是在吸气式高超声速飞行器的纵向飞行平面内展开，这是出于以下两点考虑[55]：一是吸气式高超声速飞行器对姿态变化敏感，应避免横向的机动；二是吸气式高超声速飞行器的纵向动力学特性对于控制问题而言已经足够复杂。NASA 模型和 Mirmirani 模型的研究对象是六自由度的 Winged-cone 构型高超声速概念飞行器，该类型飞行器具有锥体外形和刚性结构，反映不出当前具有乘波体构型吸气式高超声速飞行器的动力学行为。后续的研究中，美国空军研究实验室的 Bolender 和 Doman 在 Chavez 和 Schmidt 模型基础上完善了包含空气动力学、推进系统和结构动力学的动力学模型[114-117]。在美国空军研究办公室资助下开展的吸气式高超声速飞行器飞行控制研究工作都采用了 Bolender 和 Doman 的模型[118-121]，但是在气动与结构之间的耦合方式、结构动力学特性近似等方面也存在一定的差异。

在高超声速气动力建模方面有两类气动力的计算方法：一是基于计算流体力学的时域计算方法；二是基于工程近似的计算方法。由于高超声速气动数据库和计算流体力学软件还不完善，目前多采用工程近似计算方法求解气动力，此方面广泛应用的理论包括牛顿碰撞理论[122-123]、斜激波理论[124]、Prandtl-Meyer 膨胀波理论以及活塞理论[125-126]。牛顿碰撞理论仅适合于马赫数远大于 7 的气动力近似计算，而对于吸气式高超声速飞行器的马赫数范围，该理论计算结果不够准确。斜激波理论/膨胀波理论适合确定高超声速飞行时飞行器表面激波的位置和分布，但是依据该理论只能进行定常气动力的计算。活塞理论在非定常气动力近似计算方面应用较为广泛，针对吸气式高超声速飞行器的非定常气动效应，Openheimer 研究了采用活塞理论计算吸气式高超声速飞行器表面的非定常气动力的方法[127-128]。

在结构动力学建模方面，目前，关于吸气式高超声速飞行器机身结构存在两种假设：一是 Bolender 和 Doman 所采用的质心固定的两根悬臂梁(Double Cantilever Beam)假设[114]；二是 Bilimoria 和 Schmidt 所采用的两端无约束自由梁(Free-Free Beam)假设[129]。虽然第一种假设更符合我们对吸气式高超声速飞行器外形的直观感受，但是基于此假设推导出的弹性模态和俯仰力矩之间直接耦合的理论结果与实际飞行试验观测到的结果并不一致[130]。在第一种假设下，Bolender 和 Doman 采用 Lagrangian 方法建立的刚体力学与结构力学强烈耦合动力学模型给控制器设计也带来了不小的困难[119]。在后续的动力学建模与稳定性分析中[116-117]，Bolender 和 Doman 改用 Williams 关于结构动力学的假设模态建模方法[132]，此时结构动力学与刚体动力学之间只通过气动力进行耦合。这种耦合方式下的动力学模型也逐渐被用于控制器的设计与验证[120-121]。

在推进系统建模方面：Chavez 和 Schmidt 提出了简化的一维超燃冲压发动机模型[112]，该模型至今仍被应用于吸气式高超声速飞行器的一体化解析建模中，是后续超燃冲压发动机解析建模的基础。Chavez 和 Schmidt 的主要贡献在于给出了超燃冲压发动机尾喷管的压强分布预测公式，从而大大方便了推力的计算。文献[133,134]提出了包含预燃烧激波和分解效应的超燃冲压发动机模型，虽然该模型清晰地描述了燃烧室内的化学反应过程，但是不能为控制器设计提供清晰的输入和输出关系，且该模型是数值模型，不能进行快速的解析计算。

采用高超声速空气动力学等理论分析方法描述飞行器空气动力学、推进系统和结构弹性动力学行为，所获得的气动、推进、结构之间耦合的模型称为第一原理模型（First Principle Model, FPM）。由于吸气式高超声速飞行器未开展广泛的、大包线的飞行试验，所以目前尚缺乏关于该类型飞行器的完整气动数据，而从原理上进行的建模，可用于对吸气式高超声速飞行器进行动力学稳定性分析，并检验基于特定理论所设计的控制器的有效性，进而辅助地面风洞模拟及高空飞行试验。

从控制的角度来看，通过原理模型给出的气动力等作用力的解析表达式必然为控制量的复杂隐函数，难以直接进行反馈形式的控制器设计。建立面向控制的动力学模型需要将这些复杂的气动力表示成控制量的仿射形式，有两种可行的途径：一是基于工作区域内的多个特征点建立线性化模型，再对各个特征点模型分别进行线性控制器设计，这体现了增益调度设计方法的思想；二是将气动力和推力等作用力拟合成关于飞行状态量和控制量的多项式形式，再进行非线性控制器设计。目前，对吸气式高超声速飞行器控制方法的研究呈现大发展态势，主要包括基于 H_∞ 的特征结构配置方法、线性变参数控制方法、自适应控制方法、基于观测器的输出反馈控制方法、模型跟踪控制方法等等，这些方法设计的线性控制、非线性控制和智能控制涵盖了经典控制理论、现代控制理论和智能控制理论，在文献[55,137,138]中进行了较为全面的综述。虽然这些方法从不同角度探索了高超声速飞行器控制系统的设计问题，但是面向控制建模主要有以上两种处理途径。

针对线性化模型，Lohsoonthorn 等人在模型不存在不确定性和外部干扰的情况下，采用基于 H_∞ 理论发展的 Shapiro 特征结构配置方法研究了长短周期解耦控制问题[139]；Gregory 等人考虑了大气干扰和输入不确定性，采用直接 H_∞ 回路成形和 DK 迭代 μ 综合方法等经典的 H_∞ 鲁棒控制设计方法设计了三种控制器，通过仿真表明，μ 最优控制器具有一定的鲁棒性，而单纯的 H_∞ 控制器不能满足稳定性要求[140]；Marrison 和 Stengel 基于线性二次型调节器控制结构并采用随机鲁棒分析与设计方法研究了鲁棒控制综合问题[141]。以上研究中所采用的对象为 Winged-cone 构型高超声速飞行器模型[104]，该模型未能反映结构弹性和控制的耦合问题。Chavez 和 Schmidt 采用经典的多变量控制方法研究了弹性机身和推进系统之间相互影响的吸气式高超声速飞行器的控制问题，他们开展的前期动力学分析和控制研究工作对于后续的研究具有重要的参考价值[142]。Groves 研究了飞行包络线内某一平衡点处的线性化模型的线性二次型最优控制器的设计问题[118]。Lind引入线性变参数(Linear Parameter-Varying, LPV)系统表征结构动力学特征,进而采用增益调度控制方法补偿气动弹性热效应对结构动力学的影响[143-144]。葛东明将模型的非线性控制和不确定性问题归入了LPV系统鲁棒性框架内,提出了具有有界诱导L_2范数性能的鲁棒变增益控制方法[55]。Sigthorsson研究了LPV系统的输出反馈鲁棒变增益控制方法[120]。以上基于线性模型的控制器设计方法需采取多次增益切换的方法来实现全包络的飞行控制,故增加了控制的复杂性。

针对非线性模型,通过采用反馈线性化方法处理Winged-cone构型高超声速飞行器模型中的非线性,Wang和Stengel在文献[141]的基础上,进行了控制系统的随机鲁棒分析与设计[145-146];吴森堂在选择合适控制器结构、选取优化计算所需的最小采样规模问题上改进了随机鲁棒分析与设计的方法,提高了该方法应用过程中的有效性[147];Xu在控制器设计中结合了自适应滑模控制方法,增强了控制系统对模型参数摄动的鲁棒性[148];Xu采用高增益状态观测器估计经连续求导线性化获得的状态量,并对变换后系统的集总不确定项采用一个神经网络进行逼近[149];Parker采用了具有线性二次型调节器结构的控制器,研究了刚性模态和弹性模态具有不同程度耦合情况下的吸气式高超声速飞行器控制问题[119]。由于反馈线性化方法需精确已知被控制对象的动态特性,且需对方程的右函数进行连续求导运算,所以,高道祥采用了模糊自适应的反演控制策略[150-151];Fiorentini将吸气式高超声速飞行器纵向运动系统分解为具有时间尺度特征的子系统,然后基于顺序闭合环思想,采用自适应控制和输入状态稳定的小增益鲁棒技术设计了子系统控制器[152-153]。此后,Fiorentini更注重采用Lyapunov理论分析弹性效应对闭环系统稳定性的影响,并给出了控制器的稳定增益界[154]。

从应用的角度讲,反馈控制系统的一个主要问题是执行机构的物理约束使得设计的控制律产生的控制信号不能实施,此问题被称为输入受限问题或有限控制权问题。输入受限问题是控制理论与方法走向工程应用过程中的一个很突出的问题,因为目前大量的控制方法针对的都是具有线性连续响应的系统,即假设系统的控制输入能够一直处于有效的线性工作状态,而实际系统中执行机构对控制指令的响应总是受到物理机制等方面的约束。因此,从理论分析中所得出的结论在实际系统应用中可能并不成立。这就需要我们在控制系统的设计过程中考虑输入受到一定限制时对系统稳定的影响,提出针对输入受限的控制策略。通过1.1.2小节的分析可知,机身和推进系统耦合、控制和结构耦合带来的稳定性要求和约束要求,使得吸气式高超声速飞行器控制系统在设计过程中,尤其需要重视输入受限问题。目前,吸气式高超声速飞行器的输入受限问题逐渐受到关注。文献[118]在线性控制器的设计过程中引入了改进的防饱和(Anti-Windup)控制方法的结构。文献[55]将输入受限问题和不确定性问题一同归入线性变参数系统鲁棒性框架内,通过设计鲁棒控制器加以解决。以上研究只局限于在线性化模型中解决执行机构饱和问题,对于状态量约束问题还需进一步研究。针对高超声速飞行器的非线性模型,文献[155]采用模型预测的方法研究了状态变量和控制变量幅值约束时的控制问题;文献[56]将饱和视为系统的不确定项,采用神经网络进行补偿,提出了输入受限条件下的自适应滑模控制方法。这些方法在具有广泛意义的输入受限问题上还需要进行更深入的研究。

为了获得良好的控制性能,控制器的设计需要建立在系统全部状态量可获得的假设基础之上,但是通过1.1.2小节的分析可知,吸气式高超声速飞行器飞行姿态角较小,如果这些角度不能被准确地测量,那么在控制系统设计过程中就要涉及状态量的重构问题。针对此问题,文献[60]基于小扰动线性化方程设计了比例积分型状态观测器，但该观测器不适用于大范围机动飞行控制问题；文献[148]和文献[59]分别设计了一阶滑模观测器，其中，文献[148]基于简化模型和近似计算给出了滑模观测器的收敛条件，结果具有一定的保守性，且只能得到渐近稳定的结论；文献[59]通过对观测器误差方程状态估计量处的线性化展开，给出了滑模观测器的收敛条件，但是仅能得出观测误差有限时间收敛于一定半径球域内的结论，且主要的问题在于，由于观测器增益是状态估计的函数，所以对观测器增益进行取值很困难，甚至并不能保证一定存在使观测器稳定的观测器增益。

综合以上文献可以看出，目前吸气式高超声速飞行器控制方法研究涵盖面广，取得了很多的新成果，但还需要在以下几个方面开展进一步的研究工作：

(1)在原理建模方面，已有的研究采用了不同的假设和近似，有些并不符合实验观测到的结果，且从控制系统设计角度讨论研究复杂飞行器具有的严重非线性及强耦合特性、建立简单且高效的系统模型方面仍然有待深入的研究；

(2)在控制系统设计方法研究方面，针对大机动全包线的飞行控制，如何降低控制器设计的复杂性，并在理论上给出控制系统的稳定性证明，需要进一步的研究；

(3)输入受限条件下如何保证控制器的鲁棒性以及自适应控制的稳定性和有效性，仍是有待解决的关键问题；

(4)不仅如此，在状态量不便被测量或不能被准确测量的条件下，全状态反馈控制的实现问题也需要进一步的研究。

基于上述背景，本书根据吸气式高超声速飞行器的飞行控制任务，结合吸气式高超声速飞行器的设计特点和动力学特性，以吸气式高超声速飞行器的动力学原理模型为应用对象，研究吸气式高超声速飞行器飞行控制系统的设计问题，提出输入受限自适应反演控制的方法。

在此，对本书的研究内容作以下说明：

其一，从控制理论的角度来看，本书被控对象是吸气式高超声速飞行器，描述被控对象基本特征的数学模型是动力学原理模型。动力学原理模型不仅是控制方法研究的应用对象，而且是控制方法有效性的验证对象。

其二，本书的被控对象模型是多变量耦合且含非最小相位行为的非线性系统。反演设计方法作为一种非线性系统直接设计的方法，是控制方法研究的良好框架。不仅如此，反演设计方法的递归设计思想，为解决非线性系统内的状态量约束时的控制问题提供了可能。状态量约束问题在反演设计方法中可视为输入受限问题。

其三，从控制系统的设计角度来看，输入受限是指描述被控对象的数学模型内状态量和输入量受到约束的统称。本书研究输入受限自适应反演控制方法包含了三个方面的内容：一是反演设计方法的应用研究，即探索将反演设计方法用于被控对象控制系统的设计中并解决反演设计方法本身存在的问题；二是输入受限自适应控制方法的研究，即被控对象的不确定性和数学模型的不准确性对反演设计方法提出了自适应控制的需求，需要在反演设计方法框架下探索自适应控制方法，同时，被控对象对控制的严格要求使得自适应控制方法的研究需要在输入受限的条件下进行，也就是说输入受限问题和自适应控制问题并不是两个独立的问题；三是控制方法的可实现性研究，即考虑到描述被控对象的非线性系统内部的状态量可能难以直接获得，因此需要解决反馈控制方式的实现问题。

基于上述分析，本书研究内容共分为五个部分，即吸气式高超声速飞行器动力学建模与特性分析、基于反演设计方法的吸气式高超声速飞行器控制系统设计、吸气式高超声速飞行器输入受限参数自适应反演控制方法研究、基于模型逼近的吸气式高超声速飞行器输入受限自适应反演控制方法研究、基于精确微分器的状态重构与吸气式高超声速飞行器鲁棒反演控制方法研究。

1.吸气式高超声速飞行器动力学建模与特性分析

研究目的:研究如何从最基本的理论出发建立能够表征吸气式高超声速飞行器纵向平面运动特点的动力学原理模型。

研究思路:从吸气式高超声速飞行器纵向平面内的运动方程着手,通过对方程中的气动力、气动力矩和推力的理论分析和解析表达式的推导,获得包含刚体动力学、结构动力学、推进系统以及气动/推进/结构耦合的吸气式高超声速飞行器纵向飞行动力学原理模型。

研究方法:首先,在纵向飞行平面内建立反映机身弹性振动的结构动力学方程和描述飞行轨迹与姿态的刚体动力学方程;其次,分析飞行器表面的气流分布规律并推导动力学方程中的气动作用力的解析表达式;再次,给出超燃冲压发动机进/出口的气流状态分布和推进作用力;最后,通过开环数值仿真分析动力学原理模型表现出的气动/推进/结构耦合特性。

动力学原理模型将用于动力学特性分析、控制方法研究及其有效性验证。

2.基于反演设计方法的吸气式高超声速飞行器控制系统设计

研究目的:将反演设计方法用于吸气式高超声速飞行器控制系统设计,并解决反演设计方法本身存在的问题,为后续自适应控制方法的研究和状态量重构提供基础。

研究思路:从反演设计方法对模型形式需求出发,通过对动力学原理模型中包含气动力在内的各种作用力多项式形式的拟合,形成适合反演设计方法的面向控制模型,再基于标准反演设计方法递归设计思想开展吸气式高超声速飞行器控制系统的设计与分析工作。在处理弹性振动对控制影响的问题上,将弹性模态视为面向控制模型中的干扰,利用变结构控制的鲁棒性实现对弹性模态干扰的抑制。

研究方法:首先,将动力学原理模型转换成符合严格反馈形式的面向控制模型;其次,给出反演设计方法设计吸气式高超声速飞行器控制系统的步骤;再次,解决标准反演设计方法框架下虚拟控制量的不稳定和求导计算复杂问题;最后,通过对动力学原理模型的速度和高度指令跟踪仿真验证改进后的反演设计方法的有效性。

3.吸气式高超声速飞行器输入受限参数自适应反演控制方法研究

研究目的:基于面向控制模型的线性参数化表示形式,研究输入受限条件下的控制系统设计问题,提出输入受限参数自适应反演控制方法。

研究思路:考虑到面向控制模型中的推力、气动力和气动力矩系数取值具有不确定性,建立线性参数化的模型,通过对推力、气动力和气动力矩系数的自适应估计,增强控制律的鲁棒性和更广泛的适用性。以降低输入受限对自适应估计过程的影响为目的,修正自适应估计律中的跟踪误差的定义,并在反演设计方法的框架下完成输入受限条件下控制系统的分析与设计。

研究方法:首先,将面向控制模型表示成线性参数化形式;其次,引入一阶动态滤波系统修正模型内所有状态量跟踪误差的定义;再次,基于修正后的误差动态系统,设计输入受限自适应反演控制律,并从理论上证明模型参数估计误差和闭环系统跟踪误差渐近收敛;最后,通过轨迹跟踪仿真验证所提出的控制策略,确保输入受到约束的情况下飞行器控制的稳定性。

4. 基于模型逼近的吸气式高超声速飞行器输入受限自适应反演控制方法研究

研究目的:为进一步弱化控制器对模型的依赖,提高控制器的鲁棒性,研究基于模型逼近的吸气式高超声速飞行器输入受限自适应反演控制方法。

研究思路:考虑采用权值自适应调整的RBF神经网络来逼近吸气式高超声速飞行器纵向运动模型中的非线性函数,以逼近模型为控制对象,在反演设计方法框架下,以确保理论分析中能得出稳定性结论为目的,引入辅助分析系统,消除模型内状态量和输入量约束对系统稳定性造成的影响,从而保证自适应神经网络的在线逼近能力,提高控制的实时性和鲁棒性。

研究方法:首先,引入具有幅值、速率和带宽约束的二阶参考模型对输入受限问题进行数学描述;其次,采用权值自适应调整的RBF神经网络逼近面向控制模型中的非线性函数;再次,以标准的反演设计方法为框架,从能够获得闭环系统稳定的角度出发,设计速度子系统和高度子系统的控制器以及神经网络权值的自适应调节律,并通过在控制器中引入辅助分析系统,消除稳定性分析过程中的控制量偏差耦合项;最后,通过机动轨迹的跟踪飞行仿真分析,验证所提方法的可行性和有效性。此外,对提出的基于线性参数化和基于模型逼近的两种输入受限控制方法进行分析比较,并总结各自的优缺点。

5. 基于精确微分器的状态重构与吸气式高超声速飞行器鲁棒反演控制方法研究

研究目的:用反演设计方法设计的控制器结构都是反馈形式的,考虑到描述被控对象的非线性系统内部的状态量可能难以直接获得,因此需要解决反馈控制器的可实现问题。

研究思路:从吸气式高超声速飞行器纵向运动方程中状态量之间的关系式出发,通过引入收敛速度快、估计精度高的精确微分器,实现对控制系统中反馈信号的快速、稳定跟踪和对不可测量信号的重新构造,为反演设计方法设计全状态反馈控制器提供条件。进一步充分利用精确微分器在收敛性和鲁棒性方面的优势,研究控制器存在的虚拟控制量求导和模型干扰估计与补偿问题,为反演设计方法设计吸气式高超声速飞行器控制系统提供新的方法。

研究方法:首先,利用一系列具有有限时间收敛性质的精确微分器,重新构造原控制系统中所有等价的状态量,从而解决迎角和航迹角不便于物理测量的问题,并消除弹性振动对俯仰角速度测量带来的影响;其次,在反演设计方法框架下,基于重新构造的状态量,设计燃料/空气混合比和升降舵的全反馈控制律;再次,引入精确微分器动态系统来估计虚拟控制量的导数;接着,基于精确微分器设计干扰观测器,消除模型重构误差等不确定性因素带来的不稳定影响,提高控制器的鲁棒性;最后,通过实例仿真和指令跟踪仿真验证状态重构方法的有效性。

第 2 章 AHFV 动力学建模与特性分析

目前，在吸气式高超声速飞行器动力学稳定性分析和控制系统设计中，主要采用理论分析方法建立反映其高超声速气动特性、超燃冲压发动机工作特性和机身结构振动特性的数学模型，为初步的飞行控制系统设计提供研究平台[55]。例如，美国空军研究实验室的 Bolender 和 Doman 在 Chavez 和 Schmidt 的研究基础上，提出了气动/推进/结构耦合的一体化解析模型[114-115]，该模型被广泛应用于吸气式高超声速飞行器的控制系统设计和仿真验证。但是，Bolender 和 Doman 模型中关于弹性模态和俯仰角速度直接耦合的理论结果与后来的飞行试验结果并不一致[130]。这说明，吸气式高超声速飞行器中的空气动力、推进系统以及结构动力之间具有强弱不同的耦合关系，过分强化一些弱耦合因素不仅不能模拟飞行器的动力学特性，反而使得建模过程复杂化。对于飞行控制系统的设计问题而言，在无法通过飞行试验验证的条件下，保证前期所建立的动力学原理模型的可扩展性是十分必要的。

本章研究如何从最基本的理论出发建立能够表征吸气式高超声速飞行器纵向平面运动特点的动力学原理模型。首先，在纵向飞行平面内建立反映机身弹性振动的结构动力学方程和描述飞行轨迹与姿态的刚体动力学方程；其次，基于空气动力学中的活塞理论和激波、膨胀波理论，分析飞行器表面的气流分布规律，并推导动力学方程中的定常气动力和非定常气动力系数的解析表达式；再次，通过准一维可压缩流场理论，给出超燃冲压发动机进/出口的气流状态和推进作用力；最后，通过典型巡航条件下的开环数值仿真，说明建立的动力学原理模型所反映出的吸气式高超声速飞行器纵向飞行稳定性问题。本章所建立的动力学原理模型为后面控制系统设计和控制方法研究提供了数学模型。

2.1 飞行器纵向平面运动方程

2.1.1 基本假设

吸气式高超声速飞行器二维平面几何外形如图 2.1 所示。定义机身坐标系 $Oxyz$，原点 O 位于质心处；x 轴指向机身前端，与机身参考线平行；z 轴指向机身下端，与 x 轴垂直；y 轴按右手准则确定（y 轴垂直纸面向外），将 x 轴方向称为轴向，z 轴方向称为法向，Oxz 所在平面称为纵向平面，Oyz 所在平面称为横侧向平面。定义 $Oxyz$ 坐标轴的单位向量分别为 $\boldsymbol{i},\boldsymbol{j},\boldsymbol{k}$。将飞行器表面分为 6 个区域：机身上表面、机身前体下表面、机身后体下表面、发动机舱下表面、升降舵上表面、升降舵下表面，分别采用下标“u”“f”“a”“n”“e,u”“e,l” 表示，采用下标“i” 表示发动机的进气道入口。沿飞行器表面定义局部坐标系 $s_{\mathrm{u}}, s_{\mathrm{f}}, s_{\mathrm{n}}, s_{\mathrm{a}}$。

假设 2.1:只研究吸气式高超声速飞行器纵向平面内的运动特性,并假设横侧向具有无限硬度。

假设 2.2:吸气式高超声速飞行器机身结构只在 z 轴方向发生变形,忽略 x 轴方向的结构变形。

吸气式高超声速飞行器具有细长体外形,与横侧向动力学相比,其纵向平面内动力学特性主导飞行器运动的稳定性,故假设 2.1 是合理的。此外,由于机身表面 z 轴方向的作用力远远大于 x 轴方向的作用力,故假设 2.2 也是合理的。

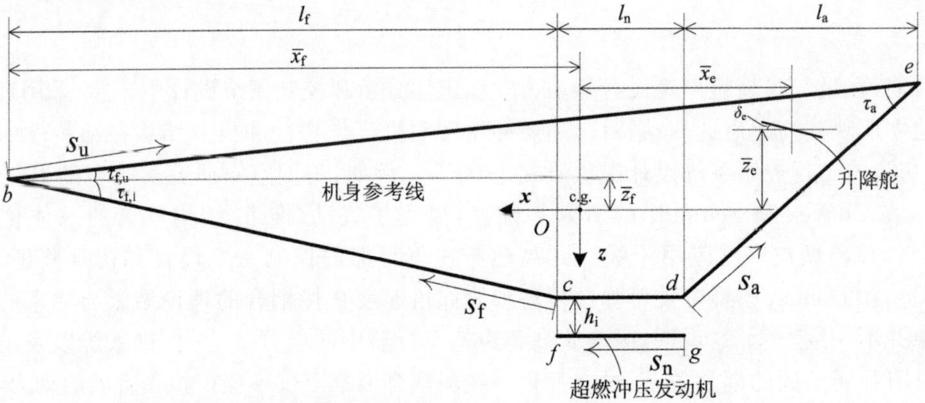

图 2.1　吸气式高超声速飞行器纵向平面几何外形示意图

注 2.1:在最近的一些理论研究中,为增加控制系统的可用带宽,消除动力学系统中的非最小相位,在可用控制权中加入置于机身前端的鸭翼[119,121]。从工程应用的角度来看,鸭翼通常用于改善高超声速飞行器低速飞行时升力不足的问题,但是在高超声速飞行条件下,飞行器机身前体经受严峻的气动作用,从物理可实现上来说,鸭翼已不能用于控制,此时必须收入机体中[130]。为此,本书在动力学建模和控制系统设计中不再考虑鸭翼的控制权问题。

2.1.2　结构动力学方程

运动方程是表征飞行器运动规律的数学模型,也是分析、计算或模拟飞行器运动的基础,对吸气式高超声速飞行器进行动力学建模就是要建立包含主要动力学特性的运动方程。吸气式高超声速飞行器纵向平面内的运动可以看作由质心的平移和绕质心的转动组成,通过建立刚体动力学方程就可以描述这两种运动形式。此外,由于吸气式高超声速飞行器结构固有振动频率较低,在飞行过程中受到气动力等外载荷的作用而发生结构变形和弹性振动现象明显,需要建立结构动力学方程描述这种运动形式。

定义结构动力学系统状态量 $\eta=\{\eta_i,\dot{\eta}_i\}, i=1,\cdots,\infty$,其中,$\eta_i$ 表示第 i 阶弹性模态坐标,是假设模态方法中的一个概念,正值代表机身向下偏移;$\dot{\eta}_i$ 表示弹性模态坐标的时间导数。将飞行器机身近似为一根自由 Euler-Bernouli 梁,定义梁坐标 $\xi=-x+\bar{x}_f, \xi\in[0,l]$,则描述结构动力学系统的方程为[132]

$$\ddot{\eta}_i=-2\zeta_i\omega_i\dot{\eta}_i-\omega_i^2\eta_i+N_i, i=1,\cdots,\infty \tag{2.1}$$

式中:ζ_i 和 ω_i 分别为阻尼比和频率参数;N_i 为广义弹性力,则有

$$N_i = \sum_{j=1}^{n} \varphi_i(\xi_j) F_j(t) + \int_0^l \varphi_i(\xi) P(\xi, t) \mathrm{d}\xi \tag{2.2}$$

式中：$\varphi_i(\cdot)$ 为第 i 阶弹性模态的振型函数；$F_j(t), j = 1, \cdots, n$ 为飞行器的法向集中作用力，包括进气道入口 c 处的气流流转力和升降舵作用力；$P(\xi,t)$ 为飞行器表面压强分布；ξ_j 为 $F_j(t)$ 处的梁坐标。

采用 $|(F_*)_z|$ 表示飞行器表面集中作用力向量的法向分量大小，按照飞行器表面区域的划分，机身坐标系下，可将广义弹性力 N_i 进一步分解为

$$\sum_{j=1}^{n} \varphi_i(\xi_j) F_j(t) = \varphi_i(\bar{x}_{\mathrm{f}} - l_{\mathrm{f}}) |(F_i)_z| + \varphi_i(-\bar{x}_{\mathrm{e}}) [|(F_{\mathrm{e,u}})_z| - |(F_{\mathrm{e,l}})_z|] \tag{2.3}$$

$$\begin{aligned} \int_0^l \varphi_i(\xi) P(\xi,t) \mathrm{d}\xi &= \int_0^l \varphi_i(\xi) P_{\mathrm{u}} \mathrm{d}\xi - \int_0^{l_{\mathrm{f}}} \varphi_i(\xi) P_{\mathrm{f}} \mathrm{d}\xi - \int_{l_{\mathrm{f}}}^{l_{\mathrm{f}}+l_{\mathrm{n}}} \varphi_i(\xi) P_{\mathrm{n}} \mathrm{d}\xi - \int_{l_{\mathrm{f}}+l_{\mathrm{n}}}^{l} \varphi_i(\xi) P_{\mathrm{a}} \mathrm{d}\xi \\ &= \int_{-\bar{x}_{\mathrm{a}}}^{\bar{x}_{\mathrm{f}}} \varphi_i(x) P_{\mathrm{u}} \mathrm{d}x - \int_{\bar{x}_{\mathrm{f}}-l_{\mathrm{f}}}^{\bar{x}_{\mathrm{f}}} \varphi_i(x) P_{\mathrm{f}} \mathrm{d}x - \int_{l_{\mathrm{a}}-\bar{x}_{\mathrm{a}}}^{\bar{x}_{\mathrm{f}}-l_{\mathrm{f}}} \varphi_i(x) P_{\mathrm{n}} \mathrm{d}x - \\ &\quad \int_{-\bar{x}_{\mathrm{a}}}^{l_{\mathrm{a}}-\bar{x}_{\mathrm{a}}} \varphi_i(x) P_{\mathrm{a}} \mathrm{d}x \end{aligned} \tag{2.4}$$

基于弹性模态坐标 η_i 和弹性模态的振型函数 $\varphi_i(\cdot)$，可将飞行器表面局部点(x_*, z_*)处的弹性线位移和弹性线速度分别表示为

$$\bar{\omega}(x_*, t) = \sum_{i=1}^{\infty} \varphi_i(x_*) \eta_i(t), \dot{\bar{\omega}}(x_*, t) = \sum_{i=1}^{\infty} \varphi_i(x_*) \dot{\eta}_i(t) \tag{2.5}$$

弹性角位移和弹性角速度分别表示为

$$\Delta\tau(x_*, t) = \sum_{i=1}^{\infty} \frac{\mathrm{d}\varphi_i(x_*)}{\mathrm{d}x} \eta_i(t), \Delta\dot{\tau}(x_*, t) = \sum_{i=1}^{\infty} \frac{\mathrm{d}\varphi_i(x_*)}{\mathrm{d}x} \dot{\eta}_i(t) \tag{2.6}$$

从式(2.5)和式(2.6)可以看出，振型函数 $\varphi_i(\cdot), i = 1, \cdots, \infty$ 相当于弹性位移的一组正交基函数。事实上，振型函数也是假设模态方法中的一个概念，可以根据自由梁两端剪切作用力和作用力矩为零，即

$$\left.\frac{\partial^2 \varphi_i(\xi)}{\partial \xi^2}\right|_{\xi=0,l} = 0, \left.\frac{\partial^3 \varphi_i(\xi)}{\partial \xi^3}\right|_{\xi=0,l} = 0 \tag{2.7}$$

推得

$$\begin{aligned} \varphi_i(\xi) = & A_i[\sinh(\beta_i l) - \sin(\beta_i l)][\cos(\beta_i \xi) + \cosh(\beta_i \xi)] + \\ & A_i[\cos(\beta_i l) - \cosh(\beta_i l)][\sin(\beta_i \xi) + \sinh(\beta_i \xi)] \end{aligned} \tag{2.8}$$

式中：A_i 和 β_i 为常数参数，β_i 的求解式为

$$\cos\beta_i l \cosh\beta_i l = 1, \quad i = 1, \cdots, \infty \tag{2.9}$$

进一步，如果将 $\varphi_i(\xi)$ 视为标准的正交基函数，则可选择参数 A_i，使其满足以下规范化条件：

$$\int_0^l \hat{m} \varphi_i(\xi) \varphi_j(\xi) \mathrm{d}\xi = \begin{cases} 0, \text{当 } j \neq i \text{ 时} \\ 1, \text{当 } j = i \text{ 时} \end{cases} \quad i, j = 1, \cdots, \infty \tag{2.10}$$

式中：$\hat{m}$ 为飞行器机身的线密度。

2.1.3　刚体动力学方程

定义吸气式高超声速飞行器刚体动力学系统状态量 $\boldsymbol{x} = [V, h, \gamma, \alpha, Q]^{\mathrm{T}}$，其中：$V$ 和 h 分别

为飞行速度和高度；γ和α分别为航迹角和迎角；Q为俯仰角速度，如图2.2所示。航迹角为飞行器飞行速度的矢量方向与地面水平参考线之间的夹角；迎角表示飞行器质心处速度的矢量方向与机身参考线之间的夹角；俯仰角速度表示飞行器质心在纵向平面内的旋转速度。则描述刚体动力学系统的方程为

$$\left.\begin{aligned}\dot{V} &= \frac{T\cos\alpha - D}{m} - \frac{\mu\sin\gamma}{(R_{\mathrm{E}}+h)^2} \\ \dot{h} &= V\sin\gamma \\ \dot{\gamma} &= \frac{L + T\sin\alpha}{mV} - \frac{[\mu - V^2(R_{\mathrm{E}}+h)]\cos\gamma}{V(R_{\mathrm{E}}+h)^2} \\ \dot{\alpha} &= -\dot{\gamma} + Q \\ \dot{Q} &= \frac{z_T T + M}{I_{yy}}\end{aligned}\right\} \tag{2.11}$$

式中：m和I_{yy}分别为飞行器质量和转动惯量；μ和R_{E}分别为引力常数和地球半径；z_T为推力耦合力矩系数；T,D,L和M分别为推力、阻力、升力和气动俯仰力矩。

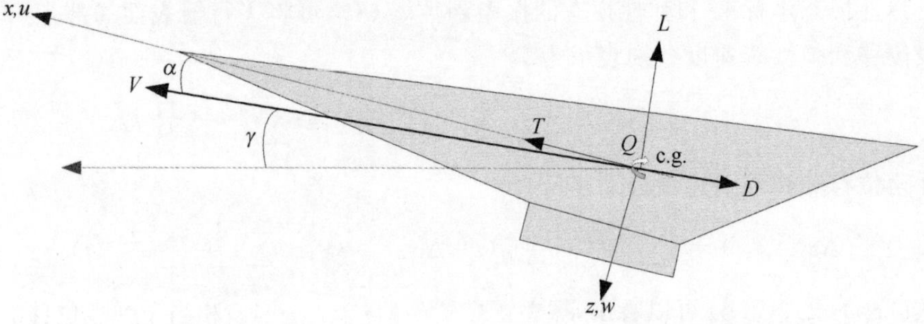

图2.2　吸气式高超声速飞行器飞行姿态及受力示意图

阻力D和升力L的含义如下：

$$D = -X_{\mathrm{total}}\cos\alpha - Z_{\mathrm{total}}\sin\alpha,\ L = X_{\mathrm{total}}\sin\alpha - Z_{\mathrm{total}}\cos\alpha \tag{2.12}$$

式中：X_{total}和Z_{total}分别为轴向和法向合成气动力。如果考虑飞行器表面气流的定常状态和非定常状态，则$X_{\mathrm{total}} = X_{\mathrm{steady}} + X_{\mathrm{unsteady}}$，$Z_{\mathrm{total}} = Z_{\mathrm{steady}} + Z_{\mathrm{unsteady}}$，此外，$M = M_{\mathrm{steady}} + M_{\mathrm{unsteady}}$。按照飞行器表面的区域划分，定常气动力分量$X_{\mathrm{steady}}$、$Z_{\mathrm{steady}}$和定常气动力矩分量$M_{\mathrm{steady}}$，以及非定常气动力分量$X_{\mathrm{unsteady}}$、$Z_{\mathrm{unsteady}}$和非定常气动力矩分量$M_{\mathrm{unsteady}}$可进一步分解成如下形式，即

$$\left.\begin{aligned}X_{\mathrm{steady}} &= X_{\mathrm{f}} + X_{\mathrm{u}} + X_{\mathrm{n}} + X_{\mathrm{i}} + X_{\mathrm{a}} + X_{\mathrm{e}} \\ X_{\mathrm{unsteady}} &= \bar{q}S\left(\frac{\partial C_X}{\partial \alpha}\alpha\right) + \bar{q}S_{\mathrm{e}}\left[\left(\frac{\partial C_X}{\partial \alpha}\right)_{\delta_{\mathrm{e}}}\alpha_{\mathrm{e}}\right]\end{aligned}\right\} \tag{2.13}$$

$$\left.\begin{aligned}Z_{\mathrm{steady}} &= Z_{\mathrm{f}} + Z_{\mathrm{u}} + Z_{\mathrm{n}} + Z_{\mathrm{i}} + Z_{\mathrm{a}} + Z_{\mathrm{e}} \\ Z_{\mathrm{unsteady}} &= \bar{q}S\left(\frac{\partial C_Z}{\partial \alpha}\alpha + \frac{\partial C_Z}{\partial Q}\frac{Q\bar{c}}{2V_\infty} + \sum_{i=1}^{\infty}\frac{\partial C_Z}{\partial \dot{\eta}_i}\dot{\eta}_i\right) + \\ &\quad \bar{q}S_{\mathrm{e}}\left[\left(\frac{\partial C_Z}{\partial \alpha}\right)_{\delta_{\mathrm{e}}}\alpha_{\mathrm{e}} + \left(\frac{\partial C_Z}{\partial Q}\right)_{\delta_{\mathrm{e}}}\frac{Q\bar{c}_{\mathrm{e}}}{2V} + \sum_{i=1}^{\infty}\left(\frac{\partial C_Z}{\partial \dot{\eta}_i}\right)_{\delta_{\mathrm{e}}}\dot{\eta}_i\right]\end{aligned}\right\} \tag{2.14}$$

$$\left.\begin{aligned} M_{\text{steady}} &= M_{\text{f}} + M_{\text{u}} + M_{\text{n}} + M_{\text{i}} + M_{\text{a}} + M_{\text{e}} \\ M_{\text{unsteady}} &= \bar{q}S\bar{c}\left(\frac{\partial C_M}{\partial \alpha}\alpha + \frac{\partial C_M}{\partial Q}\frac{Q\bar{c}}{2V} + \sum_{i=1}^{\infty}\frac{\partial C_M}{\partial \dot{\eta}_i}\dot{\eta}_i\right) + \\ &\quad \bar{q}S_{\text{e}}\bar{c}_{\text{e}}\left[\left(\frac{\partial C_M}{\partial \alpha}\right)_{\delta_{\text{e}}}\alpha_{\text{c}}\text{s} + \left(\frac{\partial C_M}{\partial Q}\right)_{\delta_{\text{e}}}\frac{Q\bar{c}_{\text{e}}}{2V} + \sum_{i=1}^{\infty}\left(\frac{\partial C_M}{\partial \dot{\eta}_i}\right)_{\delta_{\text{e}}}\dot{\eta}_i\right] \end{aligned}\right\} \tag{2.15}$$

式中：$\bar{q}=\rho_{\infty}V^2/2$ 为动压，ρ_{∞} 为高度 h 处的大气密度；S，$\bar{c}$ 分别为机身的参考面积和平均气动弦长；S_{e}，$\bar{c}_{\text{e}}$ 分别为升降舵的参考面积和平均气动弦长；α_{e} 为升降舵表面的局部迎角；C_X，C_Z 和 C_M 分别为轴向力系数、法向力系数和俯仰力矩系数；$\partial C_X/\partial\alpha$ 为迎角 α 的轴向力系数的稳定导数，$(\partial C_X/\partial\alpha)_{\delta_{\text{e}}}$ 为迎角 α 的轴向力系数的控制导数；$\partial C_Z/\partial\alpha$ 为迎角 α 的法向力系数的稳定导数，$(\partial C_Z/\partial\alpha)_{\delta_{\text{e}}}$ 为迎角 α 的法向力系数的控制导数；$\partial C_Z/\partial Q$ 为俯仰角速度 Q 的法向力系数的稳定导数，$(\partial C_Z/\partial Q)_{\delta_{\text{e}}}$ 为俯仰角速度 Q 的法向力系数的控制导数；$\partial C_Z/\partial\dot{\eta}_i$ 为弹性模态坐标导数 $\dot{\eta}_i$ 的法向力系数的稳定导数，$(\partial C_Z/\partial\dot{\eta}_i)_{\delta_{\text{e}}}$ 为弹性模态坐标导数 $\dot{\eta}_i$ 的法向力系数的控制导数；$\partial C_M/\partial\alpha$ 为迎角 α 的俯仰力矩系数的稳定导数，$(\partial C_M/\partial\alpha)_{\delta_{\text{e}}}$ 为迎角 α 的俯仰力矩系数的控制导数；$\partial C_M/\partial Q$ 为俯仰角速度 Q 的俯仰力矩系数的稳定导数；$(\partial C_M/\partial Q)_{\delta_{\text{e}}}$ 为俯仰角速度 Q 的俯仰力矩系数的控制导数；$\partial C_M/\partial\dot{\eta}_i$ 为弹性模态坐标导数 $\dot{\eta}_i$ 的俯仰力矩系数的稳定导数，$(\partial C_M/\partial\dot{\eta}_i)_{\delta_{\text{e}}}$ 为弹性模态坐标导数 $\dot{\eta}_i$ 的俯仰力矩系数的控制导数。

通过结构动力学方程式(2.1) ~ 式(2.4) 和刚体动力学方程式(2.11) ~ 式(2.15) 可知，要想获得吸气式高超声速飞行器纵向平面内机身弹性振动特性和刚体飞行动力学特性，关键的问题在于给出飞行器表面的压强分布规律，并求解作用于飞行器的气动力、气动力矩和推力。下面将从飞行器表面的气动力分析、气动弹性效应分析、推进系统建模等几个方面给出运动方程中的作用力和作用力矩的计算方法。

2.2　飞行器表面气动力分析

2.2.1　活塞理论

活塞理论是一种应用最为广泛的非定常气动力工程计算方法[126]。该理论认为，完全气体条件下，一维管中运动的活塞表面局部压强 p_{surface} 与其运动速度 V_{surface} 的关系为

$$\frac{p_{\text{surface}}}{p_{\text{steady}}} = \left[1 + \frac{\gamma_0 - 1}{2}\frac{V_{\text{surface}}^{\perp}}{a_{\text{steady}}}\right]^{\frac{2\gamma_0}{\gamma_0 - 1}} \tag{2.16}$$

式中：p_{steady} 表示活塞表面局部的静态定常压强；$V_{\text{surface}}^{\perp}$ 和 a_{steady} 表示活塞表面局部的法向速度和声速；γ_0 为气体的比热比。

在非定常气动力计算过程中，式(2.16) 通常取 1 阶或 3 阶的近似形式，其中 1 阶展开式为

$$\frac{p_{\text{surface}}}{p_{\text{steady}}} \approx 1 + \frac{2\gamma_0}{\gamma_0 - 1}\frac{\gamma_0 - 1}{2}\frac{V_{\text{surface}}^{\perp}}{a_{\text{steady}}} = 1 + \frac{\gamma_0 V_{\text{surface}}^{\perp}}{a_{\text{steady}}} \tag{2.17}$$

假设活塞表面局部气体满足理想气体条件，即 $p_{\text{steady}} = \rho_{\text{steady}}R_0T_{\text{steady}}$，$a_{\text{steady}} = \gamma_0R_0T_{\text{steady}}$，其中 ρ_{steady} 和 T_{steady} 分别为活塞表面局部气流的密度和温度。根据 1 阶活塞理论，活塞表面局部压强为

$$p_{\text{surface}} = p_{\text{steady}} + \rho_{\text{steady}} a_{\text{steady}} V_{\text{surface}}^{\perp} \tag{2.18}$$

从式(2.18)中可以看出，由于包含了活塞表面局部的法向速度 $V_{\text{surface}}^{\perp}$，所以 $\rho_{\text{steady}} a_{\text{steady}} V_{\text{surface}}^{\perp}$ 可视为非定常气动效应在活塞表面局部产生的压强。活塞理论为求解吸气式高超声速飞行器表面的定常和非定常气动作用力提供了思路。

为方便表示，以下采用下标“$*$”表示飞行器表面某一局部，采用上标“$*$”表示定常与非定常合成的压强和作用力，采用“$\sim$”表示非定常部分。

根据式(2.18)可知，飞行器表面微元面积 $\mathrm{d}A_*$ 上承受的气动作用力为

$$\mathrm{d}\boldsymbol{F}_*^* = \mathrm{d}\boldsymbol{F}_* + \mathrm{d}\widetilde{\boldsymbol{F}}_* = -p_* \mathrm{d}A_* \boldsymbol{n}_* - \rho_* a_* (\boldsymbol{V}_*^* \cdot \boldsymbol{n}_*) \mathrm{d}A_* \boldsymbol{n}_* \tag{2.19}$$

相对于飞行器质心的气动力矩为

$$\mathrm{d}\boldsymbol{M}_*^* = \mathrm{d}\boldsymbol{M}_* + \mathrm{d}\widetilde{\boldsymbol{M}}_* = r_* \times \mathrm{d}\boldsymbol{F}_* + r_* \times \mathrm{d}\widetilde{\boldsymbol{F}}_* \tag{2.20}$$

式中：p_* 为 $\mathrm{d}A_*$ 上承受的定常压强；$\boldsymbol{n}_*$ 为 $\mathrm{d}A_*$ 的外向法向量；r_* 为气动力相对于质心的力臂；$\mathrm{d}\boldsymbol{F}_*$ 和 $\mathrm{d}\boldsymbol{M}_*$ 分别为定常气动力和定常气动力矩分量；$\mathrm{d}\widetilde{\boldsymbol{F}}_*$ 和 $\mathrm{d}\widetilde{\boldsymbol{M}}_*$ 分别为非定常气动力和非定常气动力矩分量。

根据式(2.19)和式(2.20)可知，为了获得飞行器表面的气动作用力 $\boldsymbol{F}_*^*$ 和气动作用力矩 $\boldsymbol{M}_*^*$，还需知道飞行器表面微元面积 $\mathrm{d}A_*$ 的局部气流状态 p_*、ρ_* 和 a_*。吸气式高超声速飞行器表面的局部气流流场分布十分复杂，不同区域、不同时间具有不同的状态特性。以下考虑采用高超声速空气动力学中的二维激波膨胀波理论研究飞行器表面的气流分布规律和气流状态 p_*、ρ_* 以及 a_* 的计算方法。

2.2.2 飞行器表面气流状态分析

假设 2.3：高超声速飞行时，吸气式高超声速飞行器前体和升降舵表面的气流为理想的无黏流场，气体的比热比 γ_0 和理想气体常数 R_0 取常值。

假设 2.4：吸气式高超声速飞行器前体和升降舵表面各区域内气流状态恒定，即这些区域内局部激波或膨胀波后气流的压强、温度、密度等状态参数取定值。

考虑到空气的黏性系数很小，且飞行器前体和升降舵表面产生的激波或膨胀波层为附体薄层，故假设 2.3 和假设 2.4 是合理的。

激波和膨胀波是高超声速流动的重要特征，而二维激波/膨胀波理论是分析高超声速无黏流场激波和膨胀波特征的有效方法[156]。高超声速气流流经内凹壁时，按照斜激波理论(Oblique Shock Theory)获得激波前后的气流状态关系，高超声速气流流经外凸壁时，视为普朗特-迈耶流动(Prandtl-Mayer Flow)，按照绝热等熵过程求解膨胀波前后的气流状态关系。内凹壁和外凸壁是按照飞行器表面局部与气流的相对角度关系确定的，气流穿越激波或膨胀波后，沿与飞行器表面平行的方向流动。定义气流通过激波或膨胀波后转过的角度为气流转折角，以 δ_* 表示。定义气流与激波线的夹角为斜激波角，以 θ_* 表示，$\theta_* = \pi/2 - \arccos(\Delta \boldsymbol{V}_\infty, \boldsymbol{n}_*)$，式中，$\boldsymbol{n}_*$ 为表面局部法向量，$\Delta \boldsymbol{V}_\infty$ 为自由来流相对于表面局部的速度方向。

(1) 机身上表面气流转折角 $\delta_u = \tau_u - \alpha$，当 $\delta_u = 0$，即 $\alpha = \tau_u$ 时，机身上表面气流为自由流；当 $\delta_u > 0$，即 $\alpha < \tau_u$ 时，机身上表面产生斜激波；当 $\delta_u < 0$，即 $\alpha > \tau_u$ 时，机身上表面产生膨胀波。

(2) 机身前体下表面气流转折角 $\delta_f = \tau_f + \alpha$，当 $\delta_f = 0$，即 $\alpha = \tau_f = 0$ 时，前体下表面气流

为自由流；当 $\delta_f > 0$，即 $\alpha > -\tau_f$ 时，前体下表面产生斜激波；当 $\delta_f < 0$，即 $\alpha < -\tau_f$ 时，前体下表面产生膨胀波。

(3) 发动机舱下表面压强分布取决于发动机舱前缘（见图 2.1 中 c 点）与机身前体下表面斜激波线的位置关系。当发动机舱前缘与斜激波线相交时，即机身前体下表面斜激波角 $\theta_f \leqslant \alpha + \arctan[(l_f \tan\tau_f + h_i)/l_f]$。当 $\alpha = 0$ 时，发动机舱下表面气流为自由流；当 $\alpha > 0$ 时，发动机舱下表面产生斜激波；当 $\alpha < 0$ 时，发动机舱下表面产生膨胀波，激波或膨胀波前气流状态为自由流状态。当发动机舱前缘与斜激波线不相交时，发动机进气道未能全部捕获穿过机身前体下表面激波的气流，即存在气流溢出，机身前体下表面斜激波角 $\theta_f > \alpha + \arctan[(l_f \tan\tau_f + h_i)/l_f]$，发动机舱下表面产生膨胀波，膨胀波前气流状态为机身前体下表面的气流状态。

(4) 定义升降舵前缘向上偏转为正向。升降舵面局部气流转折角 $\delta_{cs} = \delta_e + \alpha_e$，当 $\delta_{cs} = 0$，即 $\delta_e = -\alpha_e$ 时，升降舵上下表面气流为自由流；当 $\delta_{cs} > 0$，即 $\delta_e > -\alpha_e$ 时，升降舵上表面产生膨胀波，升降舵下表面产生斜激波；当 $\delta_{cs} = \delta_e + \alpha_e < 0$，即 $\delta_e < -\alpha_e$ 时，升降舵上表面产生斜激波，升降舵下表面产生膨胀波。激波或膨胀波前气流状态为自由流状态。

在上表面膨胀波-前体下表面激波的情况下，飞行器表面气流流动如图 2.3 所示。

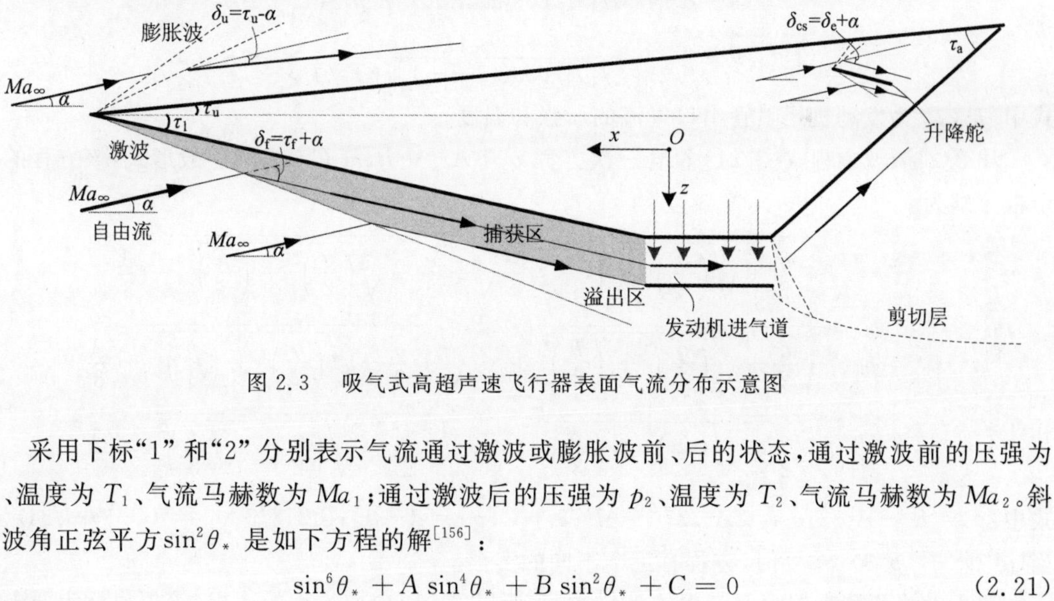

图 2.3　吸气式高超声速飞行器表面气流分布示意图

采用下标"1"和"2"分别表示气流通过激波或膨胀波前、后的状态，通过激波前的压强为 p_1、温度为 T_1、气流马赫数为 Ma_1；通过激波后的压强为 p_2、温度为 T_2、气流马赫数为 Ma_2。斜激波角正弦平方 $\sin^2\theta_*$ 是如下方程的解[156]：

$$\sin^6\theta_* + A\sin^4\theta_* + B\sin^2\theta_* + C = 0 \tag{2.21}$$

式中：

$$A = -\frac{Ma_1^2 + 2}{Ma_1^2} - \gamma_0 \sin^2\delta_*$$

$$B = \frac{2Ma_1^2 + 1}{Ma_1^4} + \left[\frac{(\gamma_0 + 1)^2}{4} + \frac{\gamma_0 - 1}{Ma_1^2}\right]\sin^2\delta_*$$

$$C = -\frac{\cos^2\delta_*}{Ma_1^4}$$

进一步，通过如下关系式获得通过激波后的压强 p_2、温度 T_2、气流马赫数 Ma_2：

$$\frac{p_2}{p_1} = \frac{2\gamma_0 Ma_1^2 \sin^2\theta_* - (\gamma_0 - 1)}{\gamma_0 + 1} \tag{2.22}$$

$$\frac{T_2}{T_1} = \frac{\{[(\gamma_0 - 1)/2]Ma_1^2 \sin^2\theta_* + 1\}\{[2\gamma_0/(\gamma_0 - 1)]Ma_1^2 \sin^2\theta_* - 1\}}{\{(\gamma_0 + 1)^2/[2(\gamma_0 - 1)]\}Ma_1^2 \sin^2\theta_*} \tag{2.23}$$

$$Ma_2^2=\frac{Ma_1^2+2/(\gamma_0-1)}{[2\gamma_0/(\gamma_0-1)]Ma_1^2\sin^2\theta_*-1}+\frac{Ma_1^2\cos^2\theta_*}{[(\gamma_0-1)/2]Ma_1^2\sin^2\theta_*+1}\tag{2.24}$$

通过膨胀波前后的气流马赫数满足：

$$\nu(Ma_2)=\nu(Ma_1)+|\delta_*|$$

另外，式中：

$$\nu(Ma_*)=\sqrt{\frac{\gamma_0+1}{\gamma_0-1}}\arctan\sqrt{\frac{\gamma_0-1}{\gamma_0+1}(Ma_*^2-1)}-\arctan\sqrt{Ma_*^2-1}\tag{2.25}$$

进一步，通过如下关系式获得通过膨胀波后的压强 p_2 和温度 T_2：

$$\frac{p_2}{p_1}=\left\{\frac{1+[(\gamma_0-1)/2]Ma_1^2}{1+[(\gamma_0-1)/2]Ma_2^2}\right\}^{\frac{\gamma_0}{\gamma_0-1}}\tag{2.26}$$

$$\frac{T_2}{T_1}=\frac{1+[(\gamma_0-1)/2]Ma_1^2}{1+[(\gamma_0-1)/2]Ma_2^2}\tag{2.27}$$

沿后体表面坐标 s_a 轴，燃气流膨胀过程中压强和温度分布可近似为[112,127]

$$p_a(s_a)\approx\frac{p_e}{1+\{s_a/[l_a/\cos(\tau_u+\tau_a)]\}(p_e/P_\infty-1)}\tag{2.28}$$

$$T_a(s_a)\approx\frac{T_e}{1+\{s_a/[l_a/\cos(\tau_u+\tau_a)]\}(T_e/T_\infty-1)}\tag{2.29}$$

式中：p_e，T_e 为发动机尾喷管出口气流的压强和温度。

注 2.2：激波方程式(2.21)符合三次方程 $x^3+Ax^2+Bx+C=0$ 的一般形式，该方程的三个根分别为[157]

$$x_1=\sqrt[3]{-\frac{q}{2}+\sqrt{\left(\frac{q}{2}\right)^2+\left(\frac{p}{3}\right)^2}}+\sqrt[3]{-\frac{q}{2}-\sqrt{\left(\frac{q}{2}\right)^2+\left(\frac{p}{3}\right)^2}}-\frac{A}{3}$$

$$x_2=v_1\sqrt[3]{-\frac{q}{2}+\sqrt{\left(\frac{q}{2}\right)^2+\left(\frac{p}{3}\right)^2}}+v_2\sqrt[3]{-\frac{q}{2}-\sqrt{\left(\frac{q}{2}\right)^2+\left(\frac{p}{3}\right)^2}}-\frac{A}{3}$$

$$x_3=v_2\sqrt[3]{-\frac{q}{2}+\sqrt{\left(\frac{q}{2}\right)^2+\left(\frac{p}{3}\right)^2}}+v_1\sqrt[3]{-\frac{q}{2}-\sqrt{\left(\frac{q}{2}\right)^2+\left(\frac{p}{3}\right)^2}}-\frac{A}{3}$$

式中：$p=B-A^2/3$；$q=2A^3/27-AB/3+C$；$v_1=(-1+\sqrt{3}\mathrm{i})/2$；$v_2=(-1+\sqrt{3}\mathrm{i})/2$。当 $(q/2)^2+(p/3)^2<0$ 时，方程有三个不同的实根。

注 2.3：由于飞行器表面产生的是斜激波，所以 $\sin^2\theta_*$ 应取方程的次根，该根也称为弱激波解。三次方程的根应满足的条件为：方程存在三个不同的实根，且次根大于零。进一步，由于方程的根是方程系数 A，B，C 的表达式，考虑到 A，B，C 是气流转折角 δ_* 及通过激波前气流马赫数 Ma_* 的表达式，而 δ_* 由局部迎角 α 决定，因此，飞行器表面局部能够产生斜激波对 α 和 Ma_* 提出了限制条件。

2.2.3 飞行器表面定常气动力分析

本节通过对式(2.19)和式(2.20)中定常气动作用力 $\mathrm{d}\boldsymbol{F}_*=-p_*\mathrm{d}A_*\boldsymbol{n}_*$ 和定常气动作用力矩 $\mathrm{d}\boldsymbol{M}_*=r_*\times\mathrm{d}\boldsymbol{F}_*$ 沿飞行器表面各个区域积分，求解飞行器表面各区域内定常气动力和定常气动力矩的解析表达式。

根据图 2.1 中的几何关系可得飞行器机身顶点的坐标分别为

$$b:(b_x,b_z)=(\bar{x}_f-\bar{z}_f);c:(c_x,c_z)=(\bar{x}_f-l_f,l_f\tan\tau_f-\bar{z}_f)$$

$$d:(\mathrm{d}_x,\mathrm{d}_z)=(l_a-\bar{x}_a,l_f\tan\tau_f-\bar{z}_f);e:(e_x,e_z)=(-\bar{x}_a,l_f\tan\tau_f-\bar{z}_f-l_a\tan(\tau_u+\tau_a))$$

$$f:(f_x,f_z)=(\bar{x}_f-l_f,l_f\tan\tau_f-\bar{z}_f+h_i);\mathrm{g}:(g_x,g_z)=(l_a-\bar{x}_a,l_f\tan\tau_f-\bar{z}_f+h_i)$$

飞行器表面局部坐标系与机身坐标系 x 轴的关系分别为

$$s_u=(b_x-x)\sec\tau_{f,u},\ e_x\leqslant x\leqslant b_x;\quad s_f=(x-c_x)\sec\tau_f,\ c_x\leqslant x\leqslant b_x$$

$$s_n=x-g_x,\ g_x\leqslant x\leqslant f_x;\quad s_a=(d_x-x)\sec(\tau_{f,u}+\tau_a),\ e_x\leqslant x\leqslant d_x$$

机身和升降舵表面局部点外向法线向量分别为

$$\boldsymbol{n}_u=\sin\tau_u\boldsymbol{i}-\cos\tau_u\boldsymbol{k},\boldsymbol{n}_f=\sin\tau_f\boldsymbol{i}+\cos\tau_f\boldsymbol{k}$$

$$\boldsymbol{n}_n=1\boldsymbol{k},\boldsymbol{n}_a=-\sin(\tau_u+\tau_a)\boldsymbol{i}+\cos(\tau_u+\tau_a)\boldsymbol{k}$$

$$\boldsymbol{n}_{e,u}=-\sin\delta_e\boldsymbol{i}-\cos\delta_e\boldsymbol{k},\boldsymbol{n}_{e,l}=\sin\delta_e\boldsymbol{i}+\cos\delta_e\boldsymbol{k}$$

机身和升降舵表面局部点质心矩矢量分别为

$$\boldsymbol{r}_u=(b_x-s_u\cos\tau_u)\boldsymbol{i}+(b_z-s_u\sin\tau_u)\boldsymbol{k},\ 0\leqslant s_u\leqslant l/\cos\tau_u$$

$$\boldsymbol{r}_f=(c_x+s_f\cos\tau_f)\boldsymbol{i}+(c_z-s_f\sin\tau_f)\boldsymbol{k},\ 0\leqslant s_f\leqslant l_f/\cos\tau_f$$

$$\boldsymbol{r}_n=(g_x+s_n)\boldsymbol{i}+g_z\boldsymbol{k},\ 0\leqslant s_n\leqslant l_n$$

$$\boldsymbol{r}_a=[d_x-s_a\cos(\tau_u+\tau_a)]\boldsymbol{i}+[d_z-s_a\sin(\tau_u+\tau_a)]\boldsymbol{k},\ 0\leqslant s_a\leqslant l_a/\cos(\tau_u+\tau_a)$$

$$\boldsymbol{r}_e=x\boldsymbol{i}-[\bar{z}_e+(x+\bar{x}_e)\tan\delta_e]\boldsymbol{k},\ -\bar{x}_e-l_e\cos\delta_e/2\leqslant x\leqslant-\bar{x}_e+l_e\cos\delta_e/2$$

经向量积运算，可得

$$\boldsymbol{r}_u\times\boldsymbol{n}_u=(b_x\cos\tau_u+b_z\sin\tau_u-s_u)\boldsymbol{j}$$

$$\boldsymbol{r}_f\times\boldsymbol{n}_f=-c_x\cos\tau_l+c_z\sin\tau_l-s_f$$

$$\boldsymbol{r}_n\times\boldsymbol{n}_n=(-g_x-s_n)\boldsymbol{j}$$

$$\boldsymbol{r}_a\times\boldsymbol{n}_a=-d_x\cos(\tau_u+\tau_a)-d_z\sin(\tau_u+\tau_a)+s_a$$

$$\boldsymbol{r}_e\times\boldsymbol{n}_{e,u}=[x\sec\delta_e+(\bar{z}_e+\bar{x}_e\tan\delta_e)\sin\delta_e]\boldsymbol{j}$$

$$\boldsymbol{r}_e\times\boldsymbol{n}_{e,l}=[-x\sec\delta_e-(\bar{z}_e+\bar{x}_e\tan\delta_e)\sin\delta_e]\boldsymbol{j}$$

基于坐标和向量的运算结果，可得机身上表面的定常气动力和定常气动力矩为

$$\begin{aligned}\boldsymbol{F}_u&=X_u\boldsymbol{i}+Z_u\boldsymbol{k}=\int_{s_u}\mathrm{d}\,\boldsymbol{F}_u=\int_{s_u}-p_u\mathrm{d}A_u\boldsymbol{n}_u\\&=\int_0^{\frac{l}{\cos\tau_u}}-p_u(\sin\tau_u\boldsymbol{i}-\cos\tau_u\boldsymbol{k})\mathrm{d}s_u\\&=-p_ul\tan\tau_u\boldsymbol{i}+P_ul\boldsymbol{k}\end{aligned}\tag{2.30}$$

$$\begin{aligned}\boldsymbol{M}_u&=\int_{s_u}(\boldsymbol{r}_u\times\mathrm{d}\,\boldsymbol{F}_u)=\int_{s_u}-p_u(\boldsymbol{r}_u\times\boldsymbol{n}_u)\mathrm{d}A_u\\&=\int_0^{\frac{l}{\cos\tau_u}}-p_u(b_x\cos\tau_u+b_z\sin\tau_u-s_u)\boldsymbol{j}\mathrm{d}s_u\\&=P_u\left(\frac{1}{2}l^2\sec^2\tau_u-b_xl-b_zl\tan\tau_u\right)\boldsymbol{j}\end{aligned}\tag{2.31}$$

机身前体下表面的定常气动力和定常气动力矩为

$$\begin{aligned}\boldsymbol{F}_f&=X_f\boldsymbol{i}+Z_f\boldsymbol{k}=\int_{s_f}\mathrm{d}\,\boldsymbol{F}_f=\int_{s_f}-p_f\mathrm{d}A_f\boldsymbol{n}_f\\&=\int_0^{\frac{l_f}{\cos\tau_f}}[-p_f(\sin\tau_f\boldsymbol{i}+\cos\tau_f\boldsymbol{k})]\mathrm{d}s_f\end{aligned}\tag{2.32}$$

$$
\begin{aligned}
&= - p_{\mathrm{f}} l_{\mathrm{f}} \tan\tau_{\mathrm{f}} \boldsymbol{i} - p_{\mathrm{f}} l_{\mathrm{f}} \boldsymbol{k} \\
\boldsymbol{M}_{\mathrm{f}} &= \int_{s_{\mathrm{f}}} (\boldsymbol{r}_{\mathrm{f}} \times \mathrm{d}\,\boldsymbol{F}_{\mathrm{f}}) = \int_{s_{\mathrm{f}}} - p_{\mathrm{f}} (\boldsymbol{r}_{\mathrm{f}} \times \boldsymbol{n}_{\mathrm{f}}) \mathrm{d}A_{\mathrm{f}} \\
&= \int_0^{\frac{l_{\mathrm{f}}}{\cos\tau_{\mathrm{f}}}} - p_{\mathrm{f}} [- c_x \cos\tau_{\mathrm{f}} + c_z \sin\tau_{\mathrm{f}} - s_{\mathrm{f}}] \boldsymbol{j} \mathrm{d}s_{\mathrm{f}} \\
&= p_{\mathrm{f}} (c_x l_{\mathrm{f}} - c_z l_{\mathrm{f}} \tan\tau_{\mathrm{f}} + \frac{1}{2} l_{\mathrm{f}}^2 \sec^2 \tau_{\mathrm{f}}) \boldsymbol{j}
\end{aligned} \tag{2.33}
$$

发动机舱下表面的定常气动力和定常气动力矩为

$$
\begin{aligned}
\boldsymbol{F}_{\mathrm{n}} &= X_{\mathrm{n}} \boldsymbol{i} + Z_{\mathrm{n}} \boldsymbol{k} = \int_{s_{\mathrm{n}}} \mathrm{d}\,\boldsymbol{F}_{\mathrm{n}} = \int_{s_{\mathrm{n}}} - p_{\mathrm{n}} \mathrm{d}A_{\mathrm{n}} \boldsymbol{n}_{\mathrm{n}} \\
&= \int_0^{l_{\mathrm{n}}} - p_{\mathrm{n}} (1\boldsymbol{k}) \mathrm{d}s_{\mathrm{n}} = 0\boldsymbol{i} - p_{\mathrm{n}} l_{\mathrm{n}} \boldsymbol{k}
\end{aligned} \tag{2.34}
$$

$$
\begin{aligned}
\boldsymbol{M}_{\mathrm{u}} &= \int_{s_{\mathrm{n}}} (\boldsymbol{r}_{\mathrm{n}} \times \mathrm{d}\,\boldsymbol{F}_{\mathrm{n}}) = \int_{s_{\mathrm{n}}} - p_{\mathrm{n}} (\boldsymbol{r}_{\mathrm{n}} \times \boldsymbol{n}_{\mathrm{n}}) \mathrm{d}A_{\mathrm{n}} \\
&= \int_0^{l_{\mathrm{n}}} - p_{\mathrm{n}} (- g_x - s_{\mathrm{n}}) \boldsymbol{j} \mathrm{d}s_{\mathrm{n}} = p_{\mathrm{n}} \left(g_x l_{\mathrm{n}} + \frac{1}{2} l_{\mathrm{n}}^2 \right) \boldsymbol{j}
\end{aligned} \tag{2.35}
$$

机身后体下表面的定常气动力和定常气动力矩为

$$
\begin{aligned}
\boldsymbol{F}_{\mathrm{a}} &= X_{\mathrm{a}} \boldsymbol{i} + Z_{\mathrm{a}} \boldsymbol{k} = \int_{s_{\mathrm{a}}} \mathrm{d}\boldsymbol{F}_{\mathrm{a}} = \int_{s_{\mathrm{a}}} - p_{\mathrm{a}} \mathrm{d}A_{\mathrm{a}} \boldsymbol{n}_{\mathrm{a}} \\
&= \int_0^{\frac{l_{\mathrm{a}}}{\cos(\tau_{\mathrm{u}}+\tau_{\mathrm{a}})}} - p_{\mathrm{a}} [- \sin(\tau_{\mathrm{u}} + \tau_{\mathrm{a}}) \boldsymbol{i} + \cos(\tau_{\mathrm{u}} + \tau_{\mathrm{a}}) \boldsymbol{k}] \mathrm{d}s_{\mathrm{a}} \\
&= [\sin(\tau_{\mathrm{u}} + \tau_{\mathrm{a}}) \boldsymbol{i} - \cos(\tau_{\mathrm{u}} + \tau_{\mathrm{a}}) \boldsymbol{k}] \int_0^{\frac{l_{\mathrm{a}}}{\cos(\tau_{\mathrm{u}}+\tau_{\mathrm{a}})}} p_{\mathrm{a}} \mathrm{d}s_{\mathrm{a}}
\end{aligned} \tag{2.36}
$$

$$
\begin{aligned}
\boldsymbol{M}_{\mathrm{a}} &= \int_{s_{\mathrm{a}}} (\boldsymbol{r}_{\mathrm{a}} \times \mathrm{d}\,\boldsymbol{F}_{\mathrm{a}}) = \int_{s_{\mathrm{a}}} - p_{\mathrm{a}} (\boldsymbol{r}_{\mathrm{a}} \times \boldsymbol{n}_{\mathrm{a}}) \mathrm{d}A_{\mathrm{a}} \\
&= \int_{s_{\mathrm{a}}} - p_{\mathrm{a}} [s_{\mathrm{a}} - d_x \cos(\tau_{\mathrm{u}} + \tau_{\mathrm{a}}) - d_z \sin(\tau_{\mathrm{u}} + \tau_{\mathrm{a}})] \boldsymbol{j} \mathrm{d}s_{\mathrm{a}} \\
&= \left\{ - \int_0^{\frac{l_{\mathrm{a}}}{\cos(\tau_{\mathrm{u}}+\tau_{\mathrm{a}})}} p_{\mathrm{a}} s_{\mathrm{a}} \mathrm{d}s_{\mathrm{a}} + [d_x \cos(\tau_{\mathrm{u}} + \tau_{\mathrm{a}}) + d_z \sin(\tau_{\mathrm{u}} + \tau_{\mathrm{a}})] + \right. \\
&\quad \left. \int_0^{\frac{l_{\mathrm{a}}}{\cos(\tau_{\mathrm{u}}+\tau_{\mathrm{a}})}} p_{\mathrm{a}} \mathrm{d}s_{\mathrm{a}} \right\} \boldsymbol{j}
\end{aligned} \tag{2.37}
$$

升降舵上表面的定常气动力和定常气动力矩为

$$
\begin{aligned}
\boldsymbol{F}_{\mathrm{e,u}} &= X_{\mathrm{e,u}} \boldsymbol{i} + Z_{\mathrm{e,u}} \boldsymbol{k} = \int_{l_{\mathrm{e}}} \mathrm{d}\,\boldsymbol{F}_{\mathrm{e,u}} = \int_{l_{\mathrm{e}}} - p_{\mathrm{e,u}} \mathrm{d}A_{\mathrm{e}} \boldsymbol{n}_{\mathrm{e,u}} \\
&= \int_{-\bar{x}_{\mathrm{e}} - l_{\mathrm{e}} \cos\delta_{\mathrm{e}}/2}^{-\bar{x}_{\mathrm{e}} + l_{\mathrm{e}} \cos\delta_{\mathrm{e}}/2} [- p_{\mathrm{e,u}} (- \sin\delta_{\mathrm{e}} \boldsymbol{i} - \cos\delta_{\mathrm{e}} \boldsymbol{k})] \sec\delta_{\mathrm{e}} \mathrm{d}x \\
&= p_{\mathrm{e,u}} l_{\mathrm{e}} \sin\delta_{\mathrm{e}} \boldsymbol{i} + p_{\mathrm{e,u}} l_{\mathrm{e}} \cos\delta_{\mathrm{e}} \boldsymbol{k}
\end{aligned} \tag{2.38}
$$

$$
\begin{aligned}
\boldsymbol{M}_{\mathrm{e,u}} &= \int_{l_{\mathrm{e}}} (\boldsymbol{r}_{\mathrm{e}} \times \mathrm{d}\,\boldsymbol{F}_{\mathrm{e,u}}) = \int_{l_{\mathrm{e}}} - p_{\mathrm{e,u}} (\boldsymbol{r}_{\mathrm{e}} \times \boldsymbol{n}_{\mathrm{e,u}}) \mathrm{d}A_{\mathrm{e}} \\
&= \int_{-\bar{x}_{\mathrm{e}} - l_{\mathrm{e}} \cos\delta_{\mathrm{e}}/2}^{-\bar{x}_{\mathrm{e}} + l_{\mathrm{e}} \cos\delta_{\mathrm{e}}/2} - p_{\mathrm{e,u}} [x \sec\delta_{\mathrm{e}} + (\bar{z}_{\mathrm{e}} + \bar{x}_{\mathrm{e}} \tan\delta_{\mathrm{e}}) \sin\delta_{\mathrm{e}}] \boldsymbol{j} \sec\delta_{\mathrm{e}} \mathrm{d}x \\
&= - p_{\mathrm{e,u}} [- \bar{x}_{\mathrm{e}} l_{\mathrm{e}} \cos\delta_{\mathrm{e}} + \bar{z}_{\mathrm{e}} l_{\mathrm{e}} \sin\delta_{\mathrm{e}}] \boldsymbol{j}
\end{aligned} \tag{2.39}
$$

升降舵下表面的定常气动力和定常气动力矩为

$$\begin{aligned}\boldsymbol{F}_{e,l} &= X_{e,l}\boldsymbol{i} + Z_{e,l}\boldsymbol{k} = \int_{l_e} d\boldsymbol{F}_{e,l} = \int_{l_e} -p_{e,l}dA_e\boldsymbol{n}_{e,l} \\ &= \int_{-\bar{x}_e - l_e\cos\delta_e/2}^{-\bar{x}_e + l_e\cos\delta_e/2} [-p_{e,l}(\sin\delta_e\boldsymbol{i} + \cos\delta_e\boldsymbol{k})]\sec\delta_e dx \\ &= -p_{e,l}l_e\sin\delta_e\boldsymbol{i} - p_{e,l}l_e\cos\delta_e\boldsymbol{k}\end{aligned} \tag{2.40}$$

$$\begin{aligned}\boldsymbol{M}_{e,l} &= \int_{l_e} r_e \times d\,\boldsymbol{F}_{e,l} = \int_{l_e} -p_{e,l}(\boldsymbol{r}_e \times \boldsymbol{n}_{e,l})dA_e \\ &= \int_{-\bar{x}_e - l_e\cos\delta_e/2}^{-\bar{x}_e + l_e\cos\delta_e/2} -p_{e,l}[-x\sec\delta_e - (\bar{z}_e + \bar{x}_e\tan\delta_e)\sin\delta_e]\boldsymbol{j}\sec\delta_e dx \\ &= -p_{e,l}(\bar{x}_e l_e\cos\delta_e - \bar{z}_e l_e\sin\delta_e)\boldsymbol{j}\end{aligned} \tag{2.41}$$

气流进入发动机进气道改变流动方向而对机身的反作用集中力和反作用集中力矩为

$$\begin{aligned}\boldsymbol{F}_i &= X_i\boldsymbol{i} + Z_i\boldsymbol{k} \\ &= \gamma_0 Ma_f^2 P_f[1 - \cos(\tau_f + \alpha)]A_i\boldsymbol{i} + \gamma_0 Ma_f^2 P_f\sin(\tau_f + \alpha)A_i\boldsymbol{k}\end{aligned} \tag{2.42}$$

$$\begin{aligned}\boldsymbol{M}_i &= \boldsymbol{r}_i(s_f = 0) \times \boldsymbol{F}_i \\ &= \gamma_0 Ma_f^2 P_f A_i\{-c_x\sin(\tau_f + \alpha) + c_z[1 - \cos(\tau_f + \alpha)]\}\boldsymbol{j}\end{aligned} \tag{2.43}$$

注 2.4：飞行器表面微元 $dA_u = ds_u(1)$，$dA_f = ds_f(1)$，$dA_n = ds_n(1)$，$dA_e = \sec\delta_e\, dx(1)$，其中“(1)”表示飞行器的单位宽度乘子，本书研究的飞行器具有二维平面气动外形，故上述各式中省略了此乘子，并在量纲中显示，例如，力 $\boldsymbol{F}_*$ 的单位为 N/m；力矩 $\boldsymbol{M}_*$ 的单位为 N·m/m。

注 2.5：令 $k_1 = [\cos(\tau_u + \tau_a)/l_a](p_e/p_\infty - 1)$，$s = k_1 s_a + 1$，则 $ds_a = ds/k_1$，$s \in [1, p_e/p_\infty]$。式(2.36) 和式(2.37) 中，积分项的解析计算式为

$$\begin{aligned}\int_0^{\frac{l_a}{\cos(\tau_u+\tau_a)}} p_a ds_a &= \int_0^{\frac{l_a}{\cos(\tau_u+\tau_a)}} \frac{p_e}{k_1 s_a + 1}ds_a = \frac{p_e}{k_1}\int_1^{\frac{p_e}{p_\infty}} \frac{1}{s}ds \\ &= \frac{p_e}{k_1}\ln\frac{p_e}{p_\infty}\end{aligned} \tag{2.44}$$

$$\begin{aligned}\int_0^{\frac{l_a}{\cos(\tau_u+\tau_a)}} p_a s_a ds_a &= \int_0^{\frac{l_a}{\cos(\tau_u+\tau_a)}} \frac{p_e s_a}{k_1 s_a + 1}ds_a = \frac{p_e}{k_1}\int_1^{\frac{p_e}{p_\infty}} \frac{(s-1)/k_1}{s}ds \\ &= \frac{p_e}{k_1^2}[(\frac{p_e}{p_\infty} - 1) - \ln\frac{p_e}{p_\infty}]\end{aligned} \tag{2.45}$$

2.2.4　飞行器表面非定常气动力分析

本小节通过对式(2.19) 和式(2.20) 中非定常气动作用力 $d\tilde{\boldsymbol{F}}_* = -\rho_* a_*(\boldsymbol{V}_*^* \cdot \boldsymbol{n}_*)dA_*\boldsymbol{n}_*$ 和非定常气动力矩 $d\tilde{\boldsymbol{F}}_* = \boldsymbol{r}_* \times d\,\tilde{\boldsymbol{F}}_*$ 沿飞行器表面各个区域积分，推导飞行器表面各区域内非定常气动力和气动力矩的稳定导数和控制导数的表达式。

1. 非定常气动力和气动力矩微分分析

机身上表面的非定常气动力和气动力矩微分为

$$d\tilde{\boldsymbol{F}}_u = -\rho_u a_u(\boldsymbol{V}_u^* \cdot \boldsymbol{n}_u)dA_u\boldsymbol{n}_u$$

$$d\tilde{\boldsymbol{M}}_u = r_u \times d\tilde{\boldsymbol{F}}_u = -\rho_u a_u(\boldsymbol{V}_u^* \cdot \boldsymbol{n}_u)(\boldsymbol{r}_u \times \boldsymbol{n}_u)ds_u$$

机身前体下表面的非定常气动力和非定常气动力矩微分为

$$d\tilde{\boldsymbol{F}}_f = -\rho_f a_f(\boldsymbol{V}_f^* \cdot \boldsymbol{n}_f)dA_f\boldsymbol{n}_f$$

$$\mathrm{d}\widetilde{\boldsymbol{M}}_{\mathrm{f}} = r_{\mathrm{f}} \times \mathrm{d}\widetilde{\boldsymbol{F}}_{\mathrm{f}} = -\rho_{\mathrm{f}} a_{\mathrm{f}} (\boldsymbol{V}_{\mathrm{f}}^{*} \cdot \boldsymbol{n}_{\mathrm{f}})(\boldsymbol{r}_{\mathrm{f}} \times \boldsymbol{n}_{\mathrm{f}}) \mathrm{d}s_{\mathrm{f}}$$

发动机舱下表面的非定常气动力和非定常气动力矩微分为

$$\mathrm{d}\widetilde{\boldsymbol{F}}_{\mathrm{n}} = -\rho_{\mathrm{n}} a_{\mathrm{n}} (\boldsymbol{V}_{\boldsymbol{n}}^{*} \cdot n_{\mathrm{n}}) \mathrm{d}A_{\mathrm{n}} \boldsymbol{n}_{\mathrm{n}}$$

$$\mathrm{d}\widetilde{\boldsymbol{M}}_{\mathrm{n}} = r_{\mathrm{n}} \times \mathrm{d}\widetilde{\boldsymbol{F}}_{\mathrm{n}} = -\rho_{\mathrm{n}} a_{\mathrm{n}} (\boldsymbol{V}_{\mathrm{n}}^{*} \cdot \boldsymbol{n}_{\mathrm{n}})(\boldsymbol{r}_{\mathrm{n}} \times \boldsymbol{n}_{\mathrm{n}}) \mathrm{d}s_{\mathrm{n}}$$

机身后体下表面的非定常气动力和非定常气动力矩微分为

$$\mathrm{d}\widetilde{\boldsymbol{F}}_{\mathrm{a}} = -\rho_{\mathrm{a}} a_{\mathrm{a}} (\boldsymbol{V}_{\mathrm{a}}^{*} \cdot \boldsymbol{n}_{\mathrm{a}}) \mathrm{d}A_{\mathrm{a}} \boldsymbol{n}_{\mathrm{a}}$$

$$\mathrm{d}\widetilde{\boldsymbol{M}}_{\mathrm{a}} = r_{\mathrm{a}} \times \mathrm{d}\widetilde{\boldsymbol{F}}_{\mathrm{a}} = -\rho_{\mathrm{a}} a_{\mathrm{a}} (\boldsymbol{V}_{\mathrm{a}}^{*} \cdot \boldsymbol{n}_{\mathrm{a}})(\boldsymbol{r}_{\mathrm{a}} \times \boldsymbol{n}_{\mathrm{a}}) \mathrm{d}s_{\mathrm{a}}$$

升降舵上表面的非定常气动力和非定常气动力矩微分为

$$\mathrm{d}\widetilde{\boldsymbol{F}}_{\mathrm{e,u}} = -\rho_{\mathrm{e,u}} a_{\mathrm{e,u}} (\boldsymbol{V}_{\mathrm{e,u}}^{*} \cdot \boldsymbol{n}_{\mathrm{e,u}}) \mathrm{d}A_{\mathrm{e}} \boldsymbol{n}_{\mathrm{e,u}}$$

$$\mathrm{d}\widetilde{\boldsymbol{M}}_{\mathrm{e,u}} = r_{\mathrm{e}} \times \mathrm{d}\widetilde{\boldsymbol{F}}_{\mathrm{e,u}} = -\rho_{\mathrm{e,u}} a_{\mathrm{e,u}} (\boldsymbol{V}_{\mathrm{e,u}}^{*} \cdot \boldsymbol{n}_{\mathrm{e,u}})(\boldsymbol{r}_{\mathrm{e}} \times \boldsymbol{n}_{\mathrm{e,u}}) \mathrm{d}x$$

升降舵下表面的非定常气动力和非定常气动力矩微分为

$$\mathrm{d}\widetilde{\boldsymbol{F}}_{\mathrm{e,l}} = -\rho_{\mathrm{e,l}} a_{\mathrm{e,l}} (V_{\mathrm{e,l}}^{*} \cdot n_{\mathrm{e,l}}) \mathrm{d}A_{\mathrm{e}}\, n_{\mathrm{e,l}}$$

$$\mathrm{d}\widetilde{\boldsymbol{M}}_{\mathrm{e,l}} = r_{\mathrm{e}} \times \mathrm{d}\widetilde{\boldsymbol{F}}_{\mathrm{e,l}} = -\rho_{\mathrm{e,l}} a_{\mathrm{e,l}} (V_{\mathrm{e,l}}^{*} \cdot n_{\mathrm{e,l}})(r_{\mathrm{e}} \times n_{\mathrm{e,l}}) \mathrm{d}x$$

机身和升降舵表面局部点速度分别为

$$\begin{aligned}
\boldsymbol{V}_{\mathrm{u}}^{*} &= (V_{\mathrm{u}} \cos\tau_{\mathrm{f,u}} + u)\boldsymbol{i} + (V_{\mathrm{u}} \sin\tau_{\mathrm{f,u}} + w)\boldsymbol{k} + \boldsymbol{\omega} \times \boldsymbol{r}_{\mathrm{u}} \\
\boldsymbol{V}_{\mathrm{f}}^{*} &= (V_{\mathrm{f}} \cos\tau_{\mathrm{f}} + u)\boldsymbol{i} + (-V_{\mathrm{f}} \sin\tau_{\mathrm{f}} + w)\boldsymbol{k} + \boldsymbol{\omega} \times \boldsymbol{r}_{\mathrm{f}} \\
\boldsymbol{V}_{\mathrm{n}}^{*} &= (V_{\mathrm{n}} + u)\boldsymbol{i} + w\boldsymbol{k} + \boldsymbol{\omega} \times \boldsymbol{r}_{\mathrm{n}} \\
\boldsymbol{V}_{\mathrm{a}}^{*} &= [V_{\mathrm{a}} \cos(\tau_{\mathrm{f,u}} + \tau_{\mathrm{a}}) + u]\boldsymbol{i} + [V_{\mathrm{a}} \sin(\tau_{\mathrm{f,u}} + \tau_{\mathrm{a}}) + w]\boldsymbol{k} + \boldsymbol{\omega} \times \boldsymbol{r}_{\mathrm{a}} \\
\boldsymbol{V}_{\mathrm{e,u}}^{*} &= (V_{\mathrm{e,u}} \cos\delta_{\mathrm{e}} + u)\boldsymbol{i} + (-V_{\mathrm{e,u}} \sin\delta_{\mathrm{e}} + w)\boldsymbol{k} + \boldsymbol{\omega} \times \boldsymbol{r}_{\mathrm{e}} \\
\boldsymbol{V}_{\mathrm{e,l}}^{*} &= (V_{\mathrm{e,l}} \cos\delta_{\mathrm{e}} + u)\boldsymbol{i} + (-V_{\mathrm{e,l}} \sin\delta_{\mathrm{e}} + w)\boldsymbol{k} + \boldsymbol{\omega} \times \boldsymbol{r}_{\mathrm{e}}
\end{aligned}$$

式中：u，w 分别为飞行器表面局部点轴向和法向速度的摄动量；$\boldsymbol{\omega} = Q\boldsymbol{j}$ 为飞行器俯仰角速度。

经向量积运算，可得

$$\begin{aligned}
\boldsymbol{\omega} \times \boldsymbol{r}_{\mathrm{u}} &= Q\boldsymbol{j} \times [(b_x - s_{\mathrm{u}} \cos\tau_{\mathrm{u}})\boldsymbol{i} + (b_z - s_{\mathrm{u}} \sin\tau_{\mathrm{u}})\boldsymbol{k}] \\
&= Q(b_z - s_{\mathrm{u}} \sin\tau_{\mathrm{u}})\boldsymbol{i} - Q(b_x - s_{\mathrm{u}} \cos\tau_{\mathrm{u}})\boldsymbol{k} \\
\boldsymbol{\omega} \times \boldsymbol{r}_{\mathrm{f}} &= Q\boldsymbol{j} \times [(c_x + s_{\mathrm{f}} \cos\tau_{\mathrm{f}})\boldsymbol{i} + (c_z - s_{\mathrm{f}} \sin\tau_{\mathrm{f}})\boldsymbol{k}] \\
&= Q(c_z - s_{\mathrm{f}} \sin\tau_{\mathrm{f}})\boldsymbol{i} - Q(c_x + s_{\mathrm{f}} \cos\tau_{\mathrm{f}})\boldsymbol{k} \\
\boldsymbol{\omega} \times \boldsymbol{r}_{\mathrm{n}} &= Q\boldsymbol{j} \times [(g_x + s_{\mathrm{n}})\boldsymbol{i} + g_z\boldsymbol{k}] = Qg_z\boldsymbol{i} - Q(g_x + s_{\mathrm{n}})\boldsymbol{k} \\
\boldsymbol{\omega} \times \boldsymbol{r}_{\mathrm{a}} &= Q\boldsymbol{j} \times \{[d_x - s_{\mathrm{a}} \cos(\tau_{\mathrm{u}} + \tau_{\mathrm{a}})]\boldsymbol{i} + [d_z - s_{\mathrm{a}} \sin(\tau_{\mathrm{u}} + \tau_{\mathrm{a}})]\boldsymbol{k}\} \\
&= Q[d_z - s_{\mathrm{a}} \sin(\tau_{\mathrm{u}} + \tau_{\mathrm{a}})]\boldsymbol{i} - Q[d_x - s_{\mathrm{a}} \cos(\tau_{\mathrm{u}} + \tau_{\mathrm{a}})]\boldsymbol{k} \\
\boldsymbol{\omega} \times \boldsymbol{r}_{\mathrm{e}} &= Q\boldsymbol{j} \times \{x\boldsymbol{i} - [\bar{z}_{\mathrm{e}} + (x + \bar{x}_{\mathrm{e}}) \tan\delta_{\mathrm{e}}]\boldsymbol{k}\} \\
&= -Q[\bar{z}_{\mathrm{e}} + (x + \bar{x}_{\mathrm{e}}) \tan\delta_{\mathrm{e}}]\boldsymbol{i} - Qx\boldsymbol{k}
\end{aligned}$$

经数量积运算，可得

$$\begin{aligned}
\boldsymbol{V}_{\mathrm{u}}^{*} \cdot \boldsymbol{n}_{\mathrm{u}} &= [u + Q(b_z - s_{\mathrm{u}} \sin\tau_{\mathrm{u}})] \sin\tau_{\mathrm{u}} - [w - Q(b_x - s_{\mathrm{u}} \cos\tau_{\mathrm{u}})] \cos\tau_{\mathrm{u}} \\
&= u \sin\tau_{\mathrm{u}} - w \cos\tau_{\mathrm{u}} + Q(b_x \cos\tau_{\mathrm{u}} + b_z \sin\tau_{\mathrm{u}} - s_{\mathrm{u}}) \\
\boldsymbol{V}_{\mathrm{f}}^{*} \cdot \boldsymbol{n}_{\mathrm{f}} &= [u + Q(c_z - s_{\mathrm{f}} \sin\tau_{\mathrm{f}})] \sin\tau_{\mathrm{f}} + [w - Q(c_x + s_{\mathrm{f}} \cos\tau_{\mathrm{f}})] \cos\tau_{\mathrm{f}} \\
&= u \sin\tau_{\mathrm{f}} + w \cos\tau_{\mathrm{f}} - Q(c_x \cos\tau_{\mathrm{f}} - c_z \sin\tau_{\mathrm{f}} + s_{\mathrm{f}}) \\
\boldsymbol{V}_{\mathrm{n}}^{*} \cdot \boldsymbol{n}_{\mathrm{n}} &= w - Q(g_x + s_{\mathrm{n}})
\end{aligned}$$

$$\begin{aligned}\boldsymbol{V}_{\mathrm{a}}^{*}\cdot\boldsymbol{n}_{\mathrm{a}}=&-\{u+Q[d_z-s_{\mathrm{a}}\sin(\tau_{\mathrm{u}}+\tau_{\mathrm{a}})]\}\sin(\tau_{\mathrm{u}}+\tau_{\mathrm{a}})+\\&\{w-Q[d_x-s_{\mathrm{a}}\cos(\tau_{\mathrm{u}}+\tau_{\mathrm{a}})]\}\cos(\tau_{\mathrm{u}}+\tau_{\mathrm{a}})\\=&-u\sin(\tau_{\mathrm{u}}+\tau_{\mathrm{a}})+w\cos(\tau_{\mathrm{u}}+\tau_{\mathrm{a}})-\\&Q[d_x\cos(\tau_{\mathrm{u}}+\tau_{\mathrm{a}})+d_z\sin(\tau_{\mathrm{u}}+\tau_{\mathrm{a}})-s_{\mathrm{a}}]\end{aligned}$$

$$\begin{aligned}\boldsymbol{V}_{\mathrm{e,u}}^{*}\cdot\boldsymbol{n}_{\mathrm{e,u}}=&-\{u-Q[\bar{z}_{\mathrm{e}}+(x+\bar{x}_{\mathrm{e}})\tan\delta_{\mathrm{e}}]\}\sin\delta_{\mathrm{e}}-(w-Qx)\cos\delta_{\mathrm{e}}\\=&-u\sin\delta_{\mathrm{e}}-w\cos\delta_{\mathrm{e}}+Q[x\sec\delta_{\mathrm{e}}+(\bar{z}_{\mathrm{e}}+\bar{x}_{\mathrm{e}}\tan\delta_{\mathrm{e}})\sin\delta_{\mathrm{e}}]\end{aligned}$$

$$\begin{aligned}\boldsymbol{V}_{\mathrm{e,l}}^{*}\cdot\boldsymbol{n}_{\mathrm{e,l}}=&\{u-Q[\bar{z}_{\mathrm{e}}+(x+\bar{x}_{\mathrm{e}})\tan\delta_{\mathrm{e}}]\}\sin\delta_{\mathrm{e}}+(w-Qx)\cos\delta_{\mathrm{e}}\\=&u\sin\delta_{\mathrm{e}}+w\cos\delta_{\mathrm{e}}-Q[x\sec\delta_{\mathrm{e}}+(\bar{z}_{\mathrm{e}}+\bar{x}_{\mathrm{e}}\tan\delta_{\mathrm{e}})\sin\delta_{\mathrm{e}}]\end{aligned}$$

2.稳定气动力和气动力矩系数分析

本小节计算迎角 α 和俯仰角速度 Q 的稳定导数。关于 α 的稳定导数求解方法，根据法向速度摄动量 w 和迎角 α 之间的关系 $w=V\sin\alpha\approx V\alpha$ 可知

$$\frac{\partial C_X}{\partial\alpha}\approx\frac{\partial\,[(C_X)_w]_{w=V\alpha}}{\partial\alpha},\frac{\partial C_Z}{\partial\alpha}\approx\frac{\partial\,[(C_Z)_w]_{w=V\alpha}}{\partial\alpha},\frac{\partial C_M}{\partial\alpha}\approx\frac{\partial\,[(C_M)_w]_{w=V\alpha}}{\partial\alpha}\tag{2.46}$$

式中：$(C_X)_w$、$(C_Z)_w$ 和 $(C_M)_w$ 分别为 w 的稳定轴向力系数、法向力系数和俯仰力矩系数。式(2.46)表明，可先求解 $(C_X)_w$、$(C_Z)_w$ 和 $(C_M)_w$，再根据 w 和 α 的关系式计算 α 的稳定导数。由于 Q 只在法向存在稳定导数，所以 $\partial C_X/\partial Q=0$。

(1)w 的稳定轴向力系数为

$$\begin{aligned}(C_X)_w=&\frac{1}{\bar{q}_\infty S}\int(\mathrm{d}\widetilde{\boldsymbol{F}})_{x-w}\\=&\frac{1}{\bar{q}_\infty S}\Big[\int_{s_{\mathrm{u}}}(\mathrm{d}\widetilde{\boldsymbol{F}}_{\mathrm{u}})_{x-w}+\int_{s_{\mathrm{f}}}(\mathrm{d}\widetilde{\boldsymbol{F}}_{\mathrm{f}})_{x-w}+\int_{s_{\mathrm{n}}}(\mathrm{d}\widetilde{\boldsymbol{F}}_{\mathrm{n}})_{x-w}+\int_{s_{\mathrm{a}}}(\mathrm{d}\widetilde{\boldsymbol{F}}_{\mathrm{a}})_{x-w}\Big]\end{aligned}\tag{2.47}$$

式中：

$$\begin{aligned}\int_{s_{\mathrm{u}}}(\mathrm{d}\widetilde{\boldsymbol{F}}_{\mathrm{u}})_{x-w}=&\int_{s_{\mathrm{u}}}[-\rho_{\mathrm{u}}a_{\mathrm{u}}(\boldsymbol{V}_{\mathrm{u}}^{*}\cdot\boldsymbol{n}_{\mathrm{u}})\mathrm{d}A_{\mathrm{u}}\boldsymbol{n}_{\mathrm{u}}]_{x-w}\\=&\int_0^{\frac{l}{\cos\tau_{\mathrm{f,u}}}}[-\rho_{\mathrm{u}}a_{\mathrm{u}}(-w\cos\tau_{\mathrm{u}})(\sin\tau_{\mathrm{u}}\boldsymbol{i})]\mathrm{d}s_{\mathrm{u}}\\=&\rho_{\mathrm{u}}a_{\mathrm{u}}wl\sin\tau_{\mathrm{u}}\boldsymbol{i}\end{aligned}$$

$$\begin{aligned}\int_{s_{\mathrm{f}}}(\mathrm{d}\widetilde{\boldsymbol{F}}_{\mathrm{f}})_{x-w}=&\int_{s_{\mathrm{f}}}[-\rho_{\mathrm{f}}a_{\mathrm{f}}(\boldsymbol{V}_{\mathrm{f}}^{*}\cdot\boldsymbol{n}_{\mathrm{f}})\mathrm{d}A_{\mathrm{f}}\boldsymbol{n}_{\mathrm{f}}]_{x-w}\\=&\int_0^{\frac{l_{\mathrm{f}}}{\cos\tau_{\mathrm{f}}}}[-\rho_{\mathrm{f}}a_{\mathrm{f}}(w\cos\tau_{\mathrm{f}})(\sin\tau_{\mathrm{f}}\boldsymbol{i})]\mathrm{d}s_{\mathrm{f}}\\=&-\rho_{\mathrm{f}}a_{\mathrm{f}}wl_{\mathrm{f}}\sin\tau_{\mathrm{f}}\boldsymbol{i}\end{aligned}$$

$$\begin{aligned}\int_{s_{\mathrm{n}}}(\mathrm{d}\widetilde{\boldsymbol{F}}_{\mathrm{n}})_{x-w}=&\int_{s_{\mathrm{n}}}[-\rho_{\mathrm{n}}a_{\mathrm{n}}(\boldsymbol{V}_{\mathrm{n}}^{*}\cdot\boldsymbol{n}_{\mathrm{n}})\mathrm{d}A_{\mathrm{n}}\boldsymbol{n}_{\mathrm{n}}]_{x-w}\\=&\int_0^{l_{\mathrm{n}}}[-\rho_{\mathrm{n}}a_{\mathrm{n}}w(0\boldsymbol{i})]\mathrm{d}s_{\mathrm{n}}=0\boldsymbol{i}\end{aligned}$$

$$\begin{aligned}\int_{s_{\mathrm{a}}}(\widetilde{\boldsymbol{F}}_{\mathrm{a}})_{x-w}=&\int_{s_{\mathrm{a}}}[-\rho_{\mathrm{a}}a_{\mathrm{a}}(\boldsymbol{V}_{\mathrm{a}}^{*}\cdot\boldsymbol{n}_{\mathrm{a}})\mathrm{d}A_{\mathrm{a}}\boldsymbol{n}_{\mathrm{a}}]_{x-w}\\=&\int_0^{\frac{l_{\mathrm{a}}}{\cos(\tau_{\mathrm{u}}+\tau_{\mathrm{a}})}}\{-\rho_{\mathrm{a}}a_{\mathrm{a}}[w\cos(\tau_{\mathrm{f}}+\tau_{\mathrm{a}})][-\sin(\tau_{\mathrm{f}}+\tau_{\mathrm{a}})\boldsymbol{i}]\}\mathrm{d}s_{\mathrm{a}}\end{aligned}$$

$$= \frac{1}{2}w\sin 2(\tau_f + \tau_a)\int_0^{\frac{l_a}{\cos(\tau_{f,u}+\tau_a)}} \rho_a a_a \mathrm{d}s_a \boldsymbol{i}$$

(2)w 的稳定法向力系数为

$$(C_Z)_w = \frac{1}{\bar{q}_\infty S}\int (\mathrm{d}\widetilde{\boldsymbol{F}})_{z-w}$$

$$= \frac{1}{\bar{q}_\infty S}\left[\int_{s_u}(\mathrm{d}\widetilde{\boldsymbol{F}}_u)_{z-w} + \int_{s_f}(\mathrm{d}\widetilde{\boldsymbol{F}}_f)_{z-w} + \int_{s_n}(\mathrm{d}\widetilde{\boldsymbol{F}}_n)_{z-w} + \int_{s_a}(\mathrm{d}\widetilde{\boldsymbol{F}}_a)_{z-w}\right] \quad (2.48)$$

式中：

$$\int_{s_u}(\mathrm{d}\widetilde{\boldsymbol{F}}_u)_{z-w} = \int_{s_u}\left[-\rho_u a_u(\boldsymbol{V}_u^* \cdot \boldsymbol{n}_u)\mathrm{d}A_u \boldsymbol{n}_u\right]_{z-w}$$

$$= \int_0^{\frac{l}{\cos\tau_u}}\left[-\rho_u a_u(-w\cos\tau_u)(-\cos\tau_u \boldsymbol{k})\right]\mathrm{d}s_u$$

$$= -\rho_u a_u w l\cos\tau_u \boldsymbol{k}$$

$$\int_{s_f}(\mathrm{d}\widetilde{\boldsymbol{F}}_f)_{z-w} = \int_{s_f}\left[-\rho_f a_f(\boldsymbol{V}_f^* \cdot \boldsymbol{n}_f)\mathrm{d}A_f \boldsymbol{n}_f\right]_{z-w}$$

$$= \int_0^{\frac{l_f}{\cos\tau_f}}\left[-\rho_f a_f(w\cos\tau_f)(\cos\tau_f \boldsymbol{k})\right]\mathrm{d}s_f$$

$$= -\rho_f a_f w l_f\cos\tau_f \boldsymbol{k}$$

$$\int_{s_n}(\mathrm{d}\widetilde{\boldsymbol{F}}_n)_{z-w} = \int_{s_n}\left[-\rho_n a_n(\boldsymbol{V}_n^* \cdot \boldsymbol{n}_n)\mathrm{d}A_n \boldsymbol{n}_n\right]_{z-w}$$

$$= \int_0^{l_n}(-\rho_n a_n w\boldsymbol{k})\mathrm{d}s_n$$

$$= -\rho_n a_n w l_n \boldsymbol{k}$$

$$\int_{s_a}(\mathrm{d}\widetilde{\boldsymbol{F}}_a)_{z-w} = \int_{s_a}\left[-\rho_a a_a(\boldsymbol{V}_a^* \cdot \boldsymbol{n}_a)\mathrm{d}A_a \boldsymbol{n}_a\right]_{z-w}$$

$$= \int_0^{\frac{l_a}{\cos(\tau_u+\tau_a)}}\{-\rho_a a_a[w\cos(\tau_f + \tau_a)][\cos(\tau_f + \tau_a)\boldsymbol{k}]\}\mathrm{d}s_a$$

$$= -w\cos^2(\tau_f + \tau_a)\int_0^{\frac{l_a}{\cos(\tau_u+\tau_a)}}\rho_a a_a \mathrm{d}s_a \boldsymbol{k}$$

(3)w 的稳定俯仰力矩系数为

$$(C_M)_w = \frac{1}{\bar{q}_\infty S\bar{c}}\left[\int_{s_u}(\mathrm{d}\widetilde{\boldsymbol{M}}_u)_w + \int_{s_f}(\mathrm{d}\widetilde{\boldsymbol{M}}_f)_w + \int_{s_n}(\mathrm{d}\widetilde{\boldsymbol{M}}_n)_w + \int_{s_a}(\mathrm{d}\widetilde{\boldsymbol{M}}_a)_w\right] \quad (2.49)$$

式中：

$$\int_{s_u}(\mathrm{d}\widetilde{\boldsymbol{M}}_u)_w = \int_{s_u}\left[-\rho_u a_u(\boldsymbol{V}_u^* \cdot \boldsymbol{n}_u)(r_u \times \boldsymbol{n}_u)\boldsymbol{j}\mathrm{d}s_u\right]_w$$

$$= \int_0^{\frac{l}{\cos\tau_u}}\left[-\rho_u a_u(-w\cos\tau_u)(b_x\cos\tau_u + b_z\sin\tau_u - s_u)\right]\boldsymbol{j}\mathrm{d}s_u$$

$$= -\rho_u a_u(-w\cos\tau_u)(b_x l + b_z l\tan\tau_u - \frac{1}{2}l^2\sec^2\tau_u)\boldsymbol{j}$$

$$= -\rho_u a_u w(\frac{1}{2}l^2\sec\tau_u - b_x l\cos\tau_u - b_z l\sin\tau_u)\boldsymbol{j}$$

$$\int_{s_f}(\mathrm{d}\widetilde{\boldsymbol{M}}_f)_w = \int\left[-\rho_f a_f(\boldsymbol{V}_f^* \cdot \boldsymbol{n}_f)(r_f \times \boldsymbol{n}_f)\boldsymbol{j}\mathrm{d}s_f\right]_w$$

$$= \int_0^{\frac{l_f}{\cos\tau_f}} [-\rho_f a_f (w\cos\tau_f)(-c_x \cos\tau_f + c_z \sin\tau_f - s_f)] \boldsymbol{j} \mathrm{d}s_f$$

$$= -\rho_f a_f (w\cos\tau_f)(-c_x l_f + c_z l_f \tan\tau_f - \frac{1}{2} l_f^2 \sec^2 \tau_f) \boldsymbol{j}$$

$$= -\rho_f a_f w (-c_x l_f \cos\tau_f + c_z l_f \sin\tau_f - \frac{1}{2} l_f^2 \sec\tau_f) \boldsymbol{j}$$

$$\int_{s_n} (\mathrm{d}\widetilde{\boldsymbol{M}}_n)_w = \int_{s_n} [-\rho_n a_n (\boldsymbol{V}_n^* \cdot \boldsymbol{n}_n)(r_n \times \boldsymbol{n}_n) \boldsymbol{j} \mathrm{d}s_n]_w$$

$$= \int l_{n_0} - \rho_n a_n w (-\mathrm{d}_x - s_n) \boldsymbol{j} \mathrm{d}s_n$$

$$= \rho_n a_n w (\mathrm{d}_x l_n + \frac{1}{2} l_n^2) \boldsymbol{j}$$

$$\int_{s_a} (\mathrm{d}\widetilde{\boldsymbol{M}}_a)_w = \int_{s_a} [-\rho_a a_a (\boldsymbol{V}_a^* \cdot \boldsymbol{n}_a)(r_a \times \boldsymbol{n}_a) \boldsymbol{j} \mathrm{d}s_a]_w$$

$$= \int_0^{\frac{l_a}{\cos(\tau_u+\tau_a)}} -\rho_a a_a [w\cos(\tau_u+\tau_a)][-d_x \cos(\tau_u+\tau_a) - d_z \sin(\tau_u+\tau_a) + s_a] \boldsymbol{j} \mathrm{d}s_a$$

$$= w\cos(\tau_u+\tau_a)\{[d_x\cos(\tau_u+\tau_a) + d_z \sin(\tau_u+\tau_a)] \cdot \int \frac{l_a}{\cos(\tau_u+\tau_a)_0} \rho_a a_a \mathrm{d}s_a - \int_0^{\frac{l_a}{\cos(\tau_u+\tau_a)}} \rho_a a_a s_a \mathrm{d}s_a\} \boldsymbol{j}$$

(4)Q 的稳定法向力系数为

$$(C_Z)_Q = \frac{1}{\bar{q}_\infty S} \int (\mathrm{d}\widetilde{\boldsymbol{F}})_{z-Q}$$

$$= \frac{1}{\bar{q}_\infty S} [\int_{s_u} (\mathrm{d}\widetilde{\boldsymbol{F}}_u)_{z-Q} + \int_{s_f} (\mathrm{d}\widetilde{\boldsymbol{F}}_f)_{z-Q} + \int_{s_n} (\mathrm{d}\widetilde{\boldsymbol{F}}_n)_{z-Q} + \int_{s_a} (\mathrm{d}\widetilde{\boldsymbol{F}}_a)_{z-Q}] \tag{2.50}$$

式中：

$$\int_{s_u} (\mathrm{d}\widetilde{\boldsymbol{F}}_u)_{z-Q} = \int_{s_u} [-\rho_u a_u (\boldsymbol{V}_u^* \cdot \boldsymbol{n}_u) \mathrm{d}A_u \boldsymbol{n}_u]_{z-Q}$$

$$= \int_0^{\frac{l}{\cos\tau_u}} [-\rho_u a_u Q (b_x \cos\tau_u + b_z \sin\tau_u - s_u)(-\cos\tau_u \boldsymbol{k})] \mathrm{d}s_u$$

$$= \rho_u a_u Q [l(b_x \cos\tau_u + b_z \sin\tau_u) - \frac{1}{2} l^2 \sec\tau_u] \boldsymbol{k}$$

$$\int_{s_f} (\mathrm{d}\widetilde{\boldsymbol{F}}_f)_{z-Q} = \int_{s_f} [-\rho_f a_f (\boldsymbol{V}_f^* \cdot \boldsymbol{n}_f) \mathrm{d}A_f \boldsymbol{n}_f]_{z-Q}$$

$$= \int_0^{\frac{l_f}{\cos\tau_f}} [\rho_f a_f Q (c_x \cos\tau_f - c_z \sin\tau_f + s_f)(\cos\tau_f \boldsymbol{k})] \mathrm{d}s_f$$

$$= \rho_f a_f Q [l_f (c_x \cos\tau_f - c_z \sin\tau_f) + \frac{1}{2} l_f^2 \sec\tau_f] \boldsymbol{k}$$

$$\int_{s_n} (\mathrm{d}\widetilde{\boldsymbol{F}}_n)_{z-Q} = \int_{s_n} [-\rho_n a_n (\boldsymbol{V}_n^* \cdot \boldsymbol{n}_n) \mathrm{d}A_n \boldsymbol{n}_n]_{z-Q}$$

$$= \int_0^{l_n} [\rho_n a_n Q (g_x + s_n) \boldsymbol{k}] \mathrm{d}s_n$$

$$= \rho_n a_n Q(g_x l_n + \frac{1}{2} l_n^2) \boldsymbol{k}$$

$$\int_{s_a} (\mathrm{d}\widetilde{\boldsymbol{F}}_a)_{z-Q} = \int_{s_a} [-\rho_a a_a (\boldsymbol{V}_a^* \cdot \boldsymbol{n}_a) \mathrm{d}A_a \boldsymbol{n}_a]_{z-Q}$$

$$= \int_0^{\frac{l_a}{\cos(\tau_u+\tau_a)}} \{\rho_a a_a Q[d_x \cos(\tau_u + \tau_a) + d_z \sin(\tau_u + \tau_a) - s_a] \cdot$$

$$[\cos(\tau_u + \tau_a) \boldsymbol{k}]\} \mathrm{d}s_a$$

$$= Q\cos(\tau_u + \tau_a) \{[d_x \cos(\tau_u + \tau_a) + d_z \sin(\tau_u + \tau_a)] \cdot$$

$$\int_0^{\frac{l_a}{\cos(\tau_u+\tau_a)}} \rho_a a_a \mathrm{d}s_a - \int_0^{\frac{l_a}{\cos(\tau_u+\tau_a)}} \rho_a a_a s_a \mathrm{d}s_a\} \boldsymbol{k}$$

(5)Q 的稳定俯仰力矩系数为

$$(C_M)_Q = \frac{1}{\bar{q}_\infty S\bar{c}} [\int_{s_u} (\mathrm{d}\widetilde{\boldsymbol{M}}_u)_Q + \int_{s_f} (\mathrm{d}\widetilde{\boldsymbol{M}}_f)_Q + \int_{s_n} (\mathrm{d}\widetilde{\boldsymbol{M}}_n)_Q + \int_{s_a} (\mathrm{d}\widetilde{\boldsymbol{M}}_a)_Q] \tag{2.51}$$

式中：

$$\int_{s_u} (\mathrm{d}\widetilde{\boldsymbol{M}}_u)_Q = \int_{s_u} [-\rho_u a_u (\boldsymbol{V}_u^* \cdot \boldsymbol{n}_u)(\boldsymbol{r}_u \times \boldsymbol{n}_u) \boldsymbol{j} \mathrm{d}s_u]_Q$$

$$= \int_0^{\frac{l}{\cos\tau_u}} [-\rho_u a_u Q (b_x \cos\tau_u + b_z \sin\tau_u - s_u)^2] \boldsymbol{j} \mathrm{d}s_u$$

$$= -\rho_u a_u Q \frac{1}{3} [(b_x \cos\tau_u + b_z \sin\tau_u)^3 - (b_x \cos\tau_u + b_z \sin\tau_u - l\sec\tau_u)^3] \boldsymbol{j}$$

$$= -\rho_u a_u Q l \sec\tau_u \left[(b_x \cos\tau_u + b_z \sin\tau_u - l\sec\tau_u)^2 + \frac{1}{12} l^2 \sec\tau_u^2\right] \boldsymbol{j}$$

$$\int_{s_f} (\mathrm{d}\widetilde{\boldsymbol{M}}_f)_Q = \int [-\rho_f a_f (\boldsymbol{V}_f^* \cdot \boldsymbol{n}_f)(\boldsymbol{r}_f \times \boldsymbol{n}_f) \boldsymbol{j} \mathrm{d}s_f]_Q$$

$$= \int_0^{\frac{l_f}{\cos\tau_f}} [-\rho_f a_f Q (-c_x \cos\tau_f + c_z \sin\tau_f - s_f)^2] \boldsymbol{j} \mathrm{d}s_f$$

$$= -\rho_f a_f Q \frac{1}{3} [(-c_x \cos\tau_f + c_z \sin\tau_f)^3 - (-c_x \cos\tau_f + c_z \sin\tau_f - l_f \sec\tau_f)^3] \boldsymbol{j}$$

$$= -\rho_f a_f Q l_f \sec\tau_f [(-c_x \cos\tau_f + c_z \sin\tau_f - l_f \sec\tau_f)^2 + \frac{1}{12} l_f^2 \sec\tau_u^2] \boldsymbol{j}$$

$$\int_{s_n} (\mathrm{d}\widetilde{\boldsymbol{M}}_n)_Q = \int [-\rho_n a_n (\boldsymbol{V}_n^* \cdot \boldsymbol{n}_n)(\boldsymbol{r}_n \times \boldsymbol{n}_n) \boldsymbol{j} \mathrm{d}s_n]_Q$$

$$= \int_0^{l_n} [-\rho_n a_n Q (-g_x - s_n)^2] \boldsymbol{j} \mathrm{d}s_n$$

$$= -\rho_n a_n Q \frac{1}{3} [(g_x + l_n)3 - g_x^3] \boldsymbol{j}$$

$$= -\rho_n a_n Q [\frac{1}{3} l_n^3 + g_x^2 l_n + g_x l_n^2] \boldsymbol{j}$$

$$\int_{s_a} (\mathrm{d}\widetilde{\boldsymbol{M}}_a)_Q = \int [-\rho_a a_a (\boldsymbol{V}_a^* \cdot \boldsymbol{n}_a)(\boldsymbol{r}_a \times \boldsymbol{n}_a) \boldsymbol{j} \mathrm{d}s_a]_Q$$

$$= \int_0^{\frac{l_a}{\cos(\tau_u+\tau_a)}} \{-\rho_a a_a Q [-d_x \cos(\tau_u + \tau_a) - d_z \sin(\tau_u + \tau_a) + s_a]^2\} \boldsymbol{j} \mathrm{d}s_a$$

$$=-Q\left\{\int \frac{l_a}{\cos(\tau_u+\tau_a)}_0 \rho_a a_a s_a^2 \mathrm{d}s_a - 2[d_x\cos(\tau_u+\tau_a)+d_z\sin(\tau_u+\tau_a)]\cdot \int_0^{\frac{l_a}{\cos(\tau_u+\tau_a)}} \rho_a a_a s_a \mathrm{d}s_a + [d_x\cos(\tau_u+\tau_a)+d_z\sin(\tau_u+\tau_a)]^2 \int_0^{\frac{l_a}{\cos(\tau_u+\tau_a)}} \rho_a a_a \mathrm{d}s_a\right\}\boldsymbol{j}$$

注 2.6：积分项 $\int_0^{\frac{l_a}{\cos(\tau_u+\tau_a)}} \rho_a a_a \mathrm{d}s_a$，$\int_0^{\frac{l_a}{\cos(\tau_u+\tau_a)}} \rho_a a_a s_a \mathrm{d}s_a$ 和 $\int_0^{\frac{l_a}{\cos(\tau_u+\tau_a)}} \rho_a a_a s_a^2 \mathrm{d}s_a$ 的解析计算问题见附录 A。

3. 控制气动力和气动力矩系数分析

本小节计算迎角 α 和俯仰角速度 Q 的控制导数。关于 α 的控制导数求解方法，根据法向速度摄动量 w 和迎角 α 之间的关系 $w=V\sin\alpha\approx\alpha V$ 可知

$$\left(\frac{\partial C_X}{\partial \alpha}\right)_{\delta_e}=\frac{\partial[(C_X)_w]_{\delta_e}}{\partial \alpha},\quad \left(\frac{\partial C_Z}{\partial \alpha}\right)_{\delta_e}=\frac{\partial[(C_Z)_w]_{\delta_e}}{\partial \alpha},\quad \left(\frac{\partial C_M}{\partial \alpha}\right)_{\delta_e}=\frac{\partial[(C_M)_w]_{\delta_e}}{\partial \alpha} \tag{2.52}$$

式中：$[(C_X)_w]_{\delta_e}$ 定义为 $[(C_X)_{w=V\alpha}]_{\delta_e}$，$[(C_Z)_w]_{\delta_e}$ 定义为 $[(C_Z)_{w=V\alpha}]_{\delta_e}$，$[(C_M)_w]_{\delta_e}$ 定义为 $[(C_M)_{w=V\alpha}]_{\delta_e}$。式(2.52)表明，可先求解 w 的控制轴向力系数、法向力系数和俯仰力矩系数，再根据 w 和 α 的关系式计算 α 的控制导数。

(1) w 的控制轴向力系数为

$$[(C_X)_w]_{\delta_e}=\frac{1}{\bar{q}_\infty S_e}\left[\int_{l_{cs}}(\mathrm{d}\widetilde{\boldsymbol{F}}_{e,u})_{x-w}+\int_{l_e}(\mathrm{d}\widetilde{\boldsymbol{F}}_{e,l})_{x-w}\right] \tag{2.53}$$

式中：

$$\begin{aligned}\int_{l_e}(\mathrm{d}\widetilde{\boldsymbol{F}}_{e,u})_{x-w}&=\int_{l_e}[-\rho_{e,u}a_{e,u}(\boldsymbol{V}_{e,u}^*\cdot\boldsymbol{n}_{e,u})\mathrm{d}A_e\boldsymbol{n}_{e,u}]_{x-w}\\&=\int_{-\bar{x}_e-l_e\cos\delta_e/2}^{-\bar{x}_e+l_e\cos\delta_e/2}[-\rho_{e,u}a_{e,u}(-w\cos\delta_e)(-\sin\delta_e\boldsymbol{i})]\sec\delta_e\mathrm{d}x\\&=\int_{-\bar{x}_e-l_e\cos\delta_e/2}^{-\bar{x}_e+l_e\cos\delta_e/2}(-\rho_{e,u}a_{e,u}w\sin\delta_e)\boldsymbol{i}\mathrm{d}x\\&=-\rho_{e,u}a_{e,u}l_e w\sin\delta_e\cos\delta_e\boldsymbol{i}\end{aligned}$$

$$\begin{aligned}\int_{l_e}(\mathrm{d}\widetilde{\boldsymbol{F}}_{e,l})_{x-w}&=\int_{l_e}[-\rho_{e,l}a_{e,l}(\boldsymbol{V}_{e,l}^*\cdot\boldsymbol{n}_{e,l})\mathrm{d}A_e\boldsymbol{n}_{e,l}]_{x-w}\\&=\int_{-\bar{x}_e-l_e\cos\delta_e/2}^{-\bar{x}_e+l_e\cos\delta_e/2}[-\rho_{e,l}a_{e,l}(w\cos\delta_e)(\sin\delta_e\boldsymbol{i})]\sec\delta_e\mathrm{d}x\\&=\int_{-\bar{x}_e-l_e\cos\delta_e/2}^{-\bar{x}_e+l_e\cos\delta_e/2}(-\rho_{e,l}a_{e,l}w\sin\delta_e)\boldsymbol{i}\mathrm{d}x\\&=-\rho_{e,l}a_{e,l}l_e w\sin\delta_e\cos\delta_e\boldsymbol{i}\end{aligned}$$

(2) w 的控制法向力系数为

$$[(C_Z)_w]_{\delta_e}=\frac{1}{\bar{q}_\infty S_e}\left[\int_{l_e}(\mathrm{d}\widetilde{\boldsymbol{F}}_{e,u})_{z-w}+\int_{l_e}(\mathrm{d}\widetilde{\boldsymbol{F}}_{e,l})_{z-w}\right] \tag{2.54}$$

式中：

$$\int_{l_e}(\mathrm{d}\widetilde{\boldsymbol{F}}_{e,u})_{z-w}=\int_{l_e}[-\rho_{e,u}a_{e,u}(\boldsymbol{V}_{e,u}^*\cdot\boldsymbol{n}_{e,u})\mathrm{d}A_e\boldsymbol{n}_{e,u}]_{z-w}$$

$$= \int_{-\bar{x}_e - l_e\cos\delta_e/2}^{-\bar{x}_e + l_e\cos\delta_e/2} [-\rho_{e,u}a_{e,u}(-w\cos\delta_e)(-\cos\delta_e\boldsymbol{k})]\sec\delta_e \mathrm{d}x$$

$$= \int_{-\bar{x}_e - l_e\cos\delta_e/2}^{-\bar{x}_{cs} + l_{cs}\cos\delta_e/2} (-\rho_{e,u}a_{e,u}w\cos\delta_e)\boldsymbol{k}\mathrm{d}x$$

$$= -\rho_{e,u}a_{e,u}l_e w\cos^2\delta_e\boldsymbol{k}$$

$$\int_{l_e}(\mathrm{d}\widetilde{\boldsymbol{F}}_{e,l})_{z-w} = \int_{l_e}[-\rho_{e,l}a_{e,l}(\boldsymbol{V}_{e,l}^* \cdot \boldsymbol{n}_{e,l})\mathrm{d}A_e\boldsymbol{n}_{e,l}]_{z-w}$$

$$= \int_{-\bar{x}_e - l_e\cos\delta_e/2}^{-\bar{x}_e + l_e\cos\delta_e/2} [-\rho_{e,l}a_{e,l}(w\cos\delta_e)(\cos\delta_e\boldsymbol{k})]\sec\delta_e \mathrm{d}x$$

$$= \int_{-\bar{x}_e - l_e\cos\delta_e/2}^{-\bar{x}_e + l_e\cos\delta_e/2} (-\rho_{e,l}a_{e,l}w\cos\delta_e)\boldsymbol{k}\mathrm{d}x$$

$$= -\rho_{e,l}a_{e,l}l_e w\cos^2\delta_e\boldsymbol{k}$$

(3)w 的控制俯仰力矩系数为

$$[(C_M)_w]_{\delta_e} = \frac{1}{\bar{q}_\infty S_e\bar{c}_e}\left[\int_{l_e}(\mathrm{d}\widetilde{\boldsymbol{M}}_{e,u})_w + \int_{l_e}(\mathrm{d}\widetilde{\boldsymbol{M}}_{e,l})_w\right] \tag{2.55}$$

式中：

$$\int_{l_e}(\mathrm{d}\widetilde{\boldsymbol{M}}_{e,u})_w = \int_{l_e}[-\rho_{e,u}a_{e,u}(\boldsymbol{V}_{e,u}^* \cdot \boldsymbol{n}_{e,u})(r_e \times \boldsymbol{n}_{e,u})\boldsymbol{j}\mathrm{d}A_e]_w$$

$$= \int_{-\bar{x}_e - l_e\cos\delta_e/2}^{-\bar{x}_e + l_e\cos\delta_e/2} -\rho_{e,u}a_{e,u}(-w\cos\delta_e)[x\sec\delta_e + (\bar{z}_e + \bar{x}_e\tan\delta_e)\sin\delta_e]\boldsymbol{j}\sec\delta_e\mathrm{d}x$$

$$= \rho_{e,u}a_{e,u}w\cos\delta_e(-\bar{x}_e l_e\cos\delta_e + \bar{z}_e l_e\sin\delta_e)\boldsymbol{j}$$

$$\int_{l_e}(\mathrm{d}\widetilde{\boldsymbol{M}}_{e,l})_w = \int_{l_e}[-\rho_{e,l}a_{e,l}(\boldsymbol{V}_{e,l}^* \cdot \boldsymbol{n}_{e,l})(\boldsymbol{r}_e \times \boldsymbol{n}_{e,l})\boldsymbol{j}\mathrm{d}A_e]_w$$

$$= \int_{-\bar{x}_e - l_e\cos\delta_e/2}^{-\bar{x}_e + l_e\cos\delta_e/2} -\rho_{e,l}a_{e,l}(w\cos\delta_e)[-x\sec\delta_e - (\bar{z}_e + \bar{x}_e\tan\delta_e)\sin\delta_e]\boldsymbol{j}\sec\delta_e\mathrm{d}x$$

$$= \rho_{e,l}a_{e,l}w\cos\delta_e(-\bar{x}_e l_e\cos\delta_e + \bar{z}_e l_e\sin\delta_e)\boldsymbol{j}$$

(4)Q 的控制法向力系数为

$$[(C_Z)_w]_{\delta_e} = \frac{1}{\bar{q}_\infty S_e}\left[\int_{l_e}(\mathrm{d}\widetilde{\boldsymbol{F}}_{e,u})_{z-Q} + \int_{l_e}(\mathrm{d}\widetilde{\boldsymbol{F}}_{e,l})_{z-Q}\right] \tag{2.56}$$

式中：

$$\int_{l_e}(\mathrm{d}\widetilde{\boldsymbol{F}}_{e,u})_{z-Q} = \int_{l_e}[-\rho_{e,u}a_{e,u}(\boldsymbol{V}_{e,u}^* \cdot \boldsymbol{n}_{e,u})\mathrm{d}A_e\boldsymbol{n}_{e,u}]_{z-Q}$$

$$= \int_{-\bar{x}_e - l_e\cos\delta_e/2}^{-\bar{x}_e + l_e\cos\delta_e/2} -\rho_{e,u}a_{e,u}Q[x\sec\delta_e + (\bar{z}_e + \bar{x}_e\tan\delta_e)\sin\delta_e] \cdot (-\cos\delta_e\boldsymbol{k})\sec\delta_e\mathrm{d}x$$

$$= \rho_{e,u}a_{e,u}Q[-\bar{x}_e l_e + (\bar{z}_e\cos\delta_e + \bar{x}_e\sin\delta_e)l_e\sin\delta_e]\boldsymbol{k}$$

$$\int_{l_e}(\mathrm{d}\widetilde{\boldsymbol{F}}_{e,l})_{z-Q} = \int_{l_e}[-\rho_{e,l}a_{e,l}(\boldsymbol{V}_{e,l}^* \cdot \boldsymbol{n}_{e,l})\mathrm{d}A_e\boldsymbol{n}_{e,l}]_{z-Q}$$

$$= \int_{-\bar{x}_e - l_e\cos\delta_e/2}^{-\bar{x}_e + l_e\cos\delta_e/2} -\rho_{e,l}a_{e,l}\{-Q[x\sec\delta_e + (\bar{z}_e + \bar{x}_e\tan\delta_e)\sin\delta_e]\}(\cos\delta_e\boldsymbol{k})\sec\delta_e\mathrm{d}x$$

$$= \rho_{e,l}a_{e,l}Q[-\bar{x}_e l_e + (\bar{z}_e\cos\delta_e + \bar{x}_e\sin\delta_e)l_e\sin\delta_e]\boldsymbol{k}$$

(5)Q 的控制俯仰力矩系数为

$$[(C_M)_Q]_{\delta_e} = \frac{1}{\bar{q}_\infty S_e \bar{c}_e}\left[\int_{l_e}(\mathrm{d}\widetilde{\boldsymbol{M}}_{e,u})_Q + \int_{l_e}(\mathrm{d}\widetilde{\boldsymbol{M}}_{e,l})_Q\right] \tag{2.57}$$

式中：

$$\begin{aligned}\int_{l_e}(\mathrm{d}\widetilde{\boldsymbol{M}}_{e,u})_Q &= \int_{l_e}[-\rho_{e,u}a_{e,u}(\boldsymbol{V}^*_{e,u}\cdot\boldsymbol{n}_{e,u})(r_e\times\boldsymbol{n}_{e,u})\boldsymbol{j}\mathrm{d}A_e]_Q \\ &= \int_{-\bar{x}_e-l_e\cos\delta_e/2}^{-\bar{x}_e+l_e\cos\delta_e/2} -\rho_{e,u}a_{e,u}Q[x\sec\delta_e+(\bar{z}_e+\bar{x}_e\tan\delta_e)\sin\delta_e]^2\boldsymbol{j}\sec\delta_e\mathrm{d}x \\ &= -\rho_{e,u}a_{e,u}Ql_e\left[(-\bar{x}_e\cos\delta_e+\bar{z}_e\sin\delta_e)^2+\frac{1}{12}l_e^2\right]\boldsymbol{j}\end{aligned}$$

$$\begin{aligned}\int_{l_e}(\mathrm{d}\widetilde{\boldsymbol{M}}_{e,l})_Q &= \int_{l_e}[-\rho_{e,l}a_{e,l}(\boldsymbol{V}^*_{e,l}\cdot\boldsymbol{n}_{e,l})(r_e\times\boldsymbol{n}_{e,l})\boldsymbol{j}\mathrm{d}A_e]_Q \\ &= \int_{-\bar{x}_e-l_e\cos\delta_e/2}^{-\bar{x}_e+l_e\cos\delta_e/2} -\rho_{e,l}a_{e,l}Q[x\sec\delta_e+(\bar{z}_e+\bar{x}_e\tan\delta_e)\sin\delta_e]^2\boldsymbol{j}\sec\delta_e\mathrm{d}x \\ &= -\rho_{e,l}a_{e,l}Ql_e\left[(-\bar{x}_e\cos\delta_e+\bar{z}_e\sin\delta_e)^2+\frac{1}{12}l_e^2\right]\boldsymbol{j}\end{aligned}$$

2.3　飞行器气动弹性效应分析

2.3.1　刚体与弹性耦合分析

气动弹性效应主要表现在因机身结构变形和弹性振动而引起飞行器表面气流分布的改变。通过结构动力学方程式(2.1) 可知，飞行器表面的压强分布和飞行器集中作用力是机身结构变形和弹性振动的直接来源。通过刚体动力学方程式(2.14) 和式(2.15) 可知，表征机身弹性振动的弹性模态坐标导数 $\dot{\eta}_i$ 是刚体动力学方程中非定常的法向气动力和气动俯仰力矩的影响因素。此外，通过 2.2.2 节分析可知，推力、气动力和气动力矩为发动机入口、机身表面、升降舵面等处局部气流转折角的函数，而气流转折角由局部迎角确定，因此，机身结构变形和弹性振动会造成飞行器表面局部迎角的摄动，从而改变飞行器表面压强的分布，影响发动机工作性能。以上三个方面给出了动力学建模过程中刚体动力学与结构动力学之间的耦合方式。此处，考虑结构变形对刚体动力学系统的影响。因结构变形而带来的升降舵表面局部和机身最前端的迎角摄动量分别为

$$\Delta\alpha_e = \sum_{i=1}^{\infty}\frac{\partial\varphi_i(x=-\bar{x}_e)}{\partial x}\eta_i(t),\quad \Delta\alpha_f = \sum_{i=1}^{\infty}\frac{\partial\varphi_i(x=\bar{x}_f)}{\partial x}\eta_i(t) \tag{2.58}$$

此时，升降舵表面局部迎角改变为 $\alpha_e=\alpha+\Delta\alpha_e$，按最坏情况考虑，机身表面局部迎角改变为 $\alpha_f=\alpha+\Delta\alpha_f$，其中 α 是不考虑弹性效应时的迎角。

因结构变形而使升降舵偏角发生改变，即 $\delta_e\Rightarrow\delta_e+\Delta\alpha_e$，升降舵轴铰链的法向位置发生改变，近似为 $\bar{z}_e\Rightarrow\bar{z}_e+\sum\limits_{i=1}^{\infty}\varphi_i(x=-\bar{x}_e)\eta_i(t)$。

2.3.2　弹性气动力和气动力矩系数分析

本节考虑表征结构变形的弹性模态坐标导数 $\dot{\eta}_i$ 对刚体动力学系统的影响，主要求解弹性

模态坐标导数 $\dot{\eta}_i$ 的稳定导数和控制导数，即 $\partial C_Z/\partial\dot{\eta}_i$，$(\partial C_Z/\partial\dot{\eta}_i)_{\delta_e}$，$\partial C_M/\partial\dot{\eta}_i$，$(\partial C_M/\partial\dot{\eta}_i)_{\delta_e}$，从而获得刚体动力学方程式(2.14)和式(2.15)中非定常气动力分量 Z_{steady} 和非定常气动力矩分量 M_{steady} 的 $\sum_{i=1}^{\infty}(\partial C_Z/\partial\dot{\eta}_i)\dot{\eta}_i$，$\sum_{i=1}^{\infty}(\partial C_Z/\partial\dot{\eta}_i)_{\delta_e}\dot{\eta}_i$，$\sum_{i=1}^{\infty}(\partial C_M/\partial\dot{\eta}_i)\dot{\eta}_i$，$\sum_{i=1}^{\infty}(\partial C_M/\partial\dot{\eta}_i)_{\delta_e}\dot{\eta}_i$ 项的解析表达式。

根据弹性线速度 $\dot{\omega}(x_*,t)$ 与弹性模态坐标导数 $\dot{\eta}_i$ 的关系，即 $\dot{\omega}(x_*,t)=\sum_{i=1}^{\infty}\varphi_i(x_*)\dot{\eta}_i(t)$，可知

$$\frac{\partial C_Z}{\partial\dot{\eta}_i}=\frac{\partial\left[(C_Z)_{\dot{\omega}}\right]_{\dot{\omega}=\sum_{i=1}^{\infty}\varphi_i(x_*)\dot{\eta}_i(t)}}{\partial\dot{\eta}_i},\quad \frac{\partial C_M}{\partial\dot{\eta}_i}=\frac{\partial\left[(C_M)_{\dot{\omega}}\right]_{\dot{\omega}=\sum_{i=1}^{\infty}\varphi_i(x_*)\dot{\eta}_i(t)}}{\partial\dot{\eta}_i} \tag{2.59}$$

式中：$(C_Z)_{\dot{\omega}}$ 和 $(C_M)_{\dot{\omega}}$ 分别为 $\dot{\omega}$ 的法向力系数和俯仰力矩系数。

$$\left(\frac{\partial C_Z}{\partial\dot{\eta}_i}\right)_{\delta_e}=\frac{\partial\left\{\left[(C_Z)_{\dot{\omega}}\right]_{\delta_e}\right\}_{\dot{\omega}=\sum_{i=1}^{\infty}\varphi_i(x_*)\dot{\eta}_i(t)}}{\partial\dot{\eta}_i},\left(\frac{\partial C_M}{\partial\dot{\eta}_i}\right)_{\delta_e}=\frac{\partial\left\{\left[(C_M)_{\dot{\omega}}\right]_{\delta_e}\right\}_{\dot{\omega}=\sum_{i=1}^{\infty}\varphi_i(x_*)\dot{\eta}_i(t)}}{\partial\dot{\eta}_i} \tag{2.60}$$

式中：$\left[(C_Z)_{\dot{\omega}}\right]_{\delta_e}=\left[(C_Z)_{\dot{\omega}}\right]_{\delta_e}$，$\left[(C_M)_{\dot{\omega}}\right]_{\delta_e}=\left[(C_M)_{\dot{\omega}}\right]_{\delta_e}$。

式(2.59)和式(2.60)表明，可先求解 $\dot{\omega}(x_*,t)$ 的法向力系数和俯仰力矩系数，再根据 $\dot{\eta}_i$ 和 $\dot{\omega}(x_*,t)$ 的关系式计算 $\dot{\eta}_i$ 的稳定导数和控制导数。

已知飞行器机身和升降舵表面局部的速度摄动量为 $\Delta\boldsymbol{V}_*^*=\dot{\omega}(x_*,t)\boldsymbol{k}$，则 $\dot{\omega}(x_*,t)$ 的法向力系数和俯仰力矩系数与法向速度摄动量 ω 的法向力系数和俯仰力矩系数具有类似的推导过程。

(1)$\dot{\omega}$ 的稳定法向力系数为

$$\begin{aligned}(C_Z)_{\dot{\omega}}&=\frac{1}{\bar{q}_\infty S}\int(\mathrm{d}\tilde{\boldsymbol{F}})_{z-\dot{\omega}}\\&=\frac{1}{q\bar{q}_\infty S}\left[\int_{s_u}(\mathrm{d}\tilde{\boldsymbol{F}}_u)_{z-\dot{\omega}}+\int_{s_f}(\mathrm{d}\tilde{\boldsymbol{F}}_f)_{z-\dot{\omega}}+\int_{s_n}(\mathrm{d}\tilde{\boldsymbol{F}}_n)_{z-\dot{\omega}}+\int_{s_a}(\mathrm{d}\tilde{\boldsymbol{F}}_a)_{z-\dot{\omega}}\right]\end{aligned} \tag{2.61}$$

式中：

$$\begin{aligned}\int_{s_u}(\mathrm{d}\tilde{\boldsymbol{F}}_u)_{z-\dot{\omega}}&=\int_0^{\frac{l}{\cos\tau_u}}\left[-\rho_u a_u(-\dot{\omega}\cos\tau_u)(-\cos\tau_u\boldsymbol{k})\right]\mathrm{d}s_u\\&=-\rho_u a_u\cos^2\tau_u\int_0^{\frac{l}{\cos\tau_u}}\dot{\omega}\mathrm{d}s_u\boldsymbol{k}\end{aligned}$$

$$\begin{aligned}\int_{s_f}(\mathrm{d}\tilde{\boldsymbol{F}}_f)_{z-\dot{\omega}}&=\int_0^{\frac{l_f}{\cos\tau_f}}\left[-\rho_f a_f(\dot{\omega}\cos\tau_f)(\cos\tau_f\boldsymbol{k})\right]\mathrm{d}s_f\\&=-\rho_f a_f\cos^2\tau_f\int_0^{\frac{l_f}{\cos\tau_f}}\dot{\omega}\mathrm{d}s_f\boldsymbol{k}\end{aligned}$$

$$\int_{s_n}(\mathrm{d}\tilde{\boldsymbol{F}}_n)_{z-\dot{\omega}}=\int_0^{l_n}(-\rho_n a_n\dot{\omega}\boldsymbol{k})\mathrm{d}s_n=-\rho_n a_n\int_0^{l_n}\dot{\omega}\mathrm{d}s_n\boldsymbol{k}$$

$$\begin{aligned}\int_{s_a}(\mathrm{d}\tilde{\boldsymbol{F}}_a)_{z-\dot{\omega}}&=\int_0^{\frac{l_a}{\cos(\tau_u+\tau_a)}}\left\{-\rho_a a_a\left[\dot{\omega}\cos(\tau_u+\tau_a)\right]\left[\cos(\tau_u+\tau_a)\boldsymbol{k}\right]\right\}\mathrm{d}s_a\\&=-\cos^2(\tau_u+\tau_a)\int_0^{\frac{l_a}{\cos(\tau_u+\tau_a)}}\rho_a a_a\dot{\omega}\mathrm{d}s_a\boldsymbol{k}\end{aligned}$$

(2)$\dot{\omega}$ 的稳定俯仰力矩系数为

$$(C_M)_{\dot{\omega}} = \frac{1}{\bar{q}_\infty S\bar{c}}\left[\iint_{s_u}(\mathrm{d}\widetilde{\boldsymbol{M}}_u)_{\dot{\omega}} + \int_{s_f}(\mathrm{d}\widetilde{\boldsymbol{M}}_f)_{\dot{\omega}} + \int_{s_n}(\mathrm{d}\widetilde{\boldsymbol{M}}_n)_{\dot{\omega}} + \int_{s_a}(\mathrm{d}\widetilde{\boldsymbol{M}}_a)_{\dot{\omega}}\right] \tag{2.62}$$

式中：

$$\int_{s_u}(\mathrm{d}\widetilde{\boldsymbol{M}}_u)_{\dot{\omega}} = \int_0^{\frac{l}{\cos\tau_u}}[-\rho_u a_u(-\dot{\omega}\cos\tau_u)(b_x\cos\tau_u + b_z\sin\tau_u - s_u)]\boldsymbol{j}\,\mathrm{d}s_u$$

$$= \rho_u a_u\cos\tau_u\left[(b_x\cos\tau_u + b_z\sin\tau_u)\int_0^{\frac{l}{\cos\tau_u}}\dot{\omega}\mathrm{d}s_u - \int_0^{\frac{l}{\cos\tau_u}}\dot{\omega}s_u\mathrm{d}s_u\right]\boldsymbol{j}$$

$$\int_{s_f}(\mathrm{d}\widetilde{\boldsymbol{M}}_f)_{\dot{\omega}} = \int_0^{\frac{l_f}{\cos\tau_f}}[-\rho_f a_f(\dot{\omega}\cos\tau_f)(-c_x\cos\tau_f + c_z\sin\tau_f - s_f)]\boldsymbol{j}\,\mathrm{d}s_f$$

$$= \rho_f a_f\cos\tau_f\left[(c_x\cos\tau_f - c_z\sin\tau_f)\int_0^{\frac{l_f}{\cos\tau_f}}\dot{\omega}\mathrm{d}s_f + \int_0^{\frac{l_f}{\cos\tau_f}}\dot{\omega}s_f\mathrm{d}s_f\right]\boldsymbol{j}$$

$$\int_{s_n}(\mathrm{d}\widetilde{\boldsymbol{M}}_n)_{\dot{\omega}} = \int_0^{l_n} - \rho_n a_n\dot{\omega}(-d_x - s_n)\boldsymbol{j}\,\mathrm{d}s_n$$

$$= \rho_n a_n\left[d_x\int_0^{l_n}\dot{\omega}\mathrm{d}s_n + \int_0^{l_n}\dot{\omega}s_n\mathrm{d}s_n\right]\boldsymbol{j}$$

$$\int_{s_a}(\mathrm{d}\widetilde{\boldsymbol{M}}_a)_{\dot{\omega}} = \int_0^{\frac{l_a}{\cos(\tau_u+\tau_a)}} - \rho_a a_a[\dot{\omega}\cos(\tau_u+\tau_a)][-d_x\cos(\tau_u+\tau_a) -$$

$$\mathrm{d}_z\sin(\tau_u+\tau_a) + s_a]\boldsymbol{j}\,\mathrm{d}s_a$$

$$= \cos(\tau_u+\tau_a)\Big\{[d_x\cos(\tau_u+\tau_a) + d_z\sin(\tau_u+\tau_a)]\cdot$$

$$\int_0^{\frac{l_a}{\cos(\tau_u+\tau_a)}}\rho_a a_a\dot{\omega}\mathrm{d}s_a - \int_0^{\frac{l_a}{\cos(\tau_u+\tau_a)}}\rho_a a_a\dot{\omega}s_a\mathrm{d}s_a\Big\}\boldsymbol{j}$$

(3)$\dot{\omega}$ 的法向控制系数为

$$(C_{Z_{\dot{\omega}}})_{\delta_e} = \frac{1}{\bar{q}_\infty S}\left[\int_{l_e}(\mathrm{d}\widetilde{\boldsymbol{F}}_{e,u})_{z-\dot{\omega}} + \int_{l_{cs}}(\mathrm{d}\widetilde{\boldsymbol{F}}_{e,l})_{z-\dot{\omega}}\right] \tag{2.63}$$

式中：

$$\int_{l_e}(\mathrm{d}\widetilde{\boldsymbol{F}}_{e,u})_{z-\dot{\omega}} = \int_{-\bar{x}_e-l_e\cos\delta_e/2}^{-\bar{x}_e+l_e\cos\delta_e/2}[-\rho_{e,u}a_{e,u}(-\dot{\omega}\cos\delta_e)(-\cos\delta_e\boldsymbol{k})]\sec\delta_e\mathrm{d}x$$

$$= -\rho_{e,u}a_{e,u}\cos\delta_e\int_{-\bar{x}_e-l_e\cos\delta_e/2}^{-\bar{x}_e+l_e\cos\delta_e/2}\dot{\omega}\mathrm{d}x\boldsymbol{k}$$

$$\int_{l_e}(\mathrm{d}\widetilde{\boldsymbol{F}}_{e,l})_{z-\dot{\omega}} = \int_{-x_e-l_e\cos\delta_e/2}^{-x_e+l_e\cos\delta_e/2}[-\rho_{e,l}a_{e,l}(\dot{\omega}\cos\delta_e)(\cos\delta_e\boldsymbol{k})]\sec\delta_e\mathrm{d}x$$

$$= -\rho_{e,l}a_{e,l}\cos\delta_e\int_{-\bar{x}_e-l_e\cos\delta_e/2}^{-\bar{x}_e+l_e\cos\delta_e/2}\dot{\omega}\mathrm{d}x\boldsymbol{k}$$

(4)$\dot{\omega}$ 的控制俯仰力矩系数为

$$(C_{M_{\dot{\omega}}})_{\delta_e} = \frac{1}{\bar{q}_\infty S_e\bar{c}_e}\left[\iint_{l_e}(\mathrm{d}\widetilde{\boldsymbol{M}}_{e,u})_{\dot{\omega}} + \int_{l_e}(\mathrm{d}\widetilde{\boldsymbol{M}}_{e,l})_{\dot{\omega}}\right] \tag{2.64}$$

式中：

$$\int_{l_e}(\mathrm{d}\widetilde{\boldsymbol{M}}_{e,u})_{\dot{\omega}} = \int_{-\bar{x}_e-l_e\cos\delta_e/2}^{-\bar{x}_e+l_e\cos\delta_e/2} - \rho_{e,u}a_{e,u}(-\dot{\omega}\cos\delta_e)[x\sec\delta_e + (\bar{z}_e + \bar{x}_e\tan\delta_e)\sin\delta_e]\boldsymbol{j}\sec\delta_e\mathrm{d}x$$

$$= \rho_{e,u}a_{e,u}\left[\sec\delta_e\int_{-\bar{x}_e-l_e\cos\delta_e/2}^{-\bar{x}_e+l_e\cos\delta_e/2}\dot{\omega}x\mathrm{d}x + (\bar{z}_e + \bar{x}_e\tan\delta_e)\sin\delta_e\int_{-\bar{x}_e-l_e\cos\delta_e/2}^{-\bar{x}_e+l_e\cos\delta_e/2}\dot{\omega}\mathrm{d}x\right]\boldsymbol{j}$$

$$\int_{l_e}(\mathrm{d}\widetilde{\boldsymbol{M}}_{e,1})_{\dot{\omega}} = \int_{-\bar{x}_e-l_e\cos\delta_e/2}^{-\bar{x}_e+l_e\cos\delta_e/2} -\rho_{e,1}a_{e,1}(\dot{\omega}\cos\delta_e)[-x\sec\delta_e-(\bar{z}_e+\bar{x}_e\tan\delta_e)\sin\delta_e]\boldsymbol{j}\sec\delta_e\mathrm{d}x$$

$$=\rho_{e,1}a_{e,1}[\sec\delta_e\int_{-\bar{x}_e-l_e\cos\delta_e/2}^{-\bar{x}_e+l_e\cos\delta_e/2}\dot{\omega}x\mathrm{d}x+(\bar{z}_e+\bar{x}_e\tan\delta_e)\sin\delta_e\int_{-\bar{x}_e-l_e\cos\delta_e/2}^{-\bar{x}_e+l_e\cos\delta_e/2}\dot{\omega}\mathrm{d}x]\boldsymbol{j}$$

注 2.7：式(2.61) ~ 式(2.64) 中，$\dot{\omega}$ 的积分计算方法如下：

$$\int_0^{\frac{l}{\cos\tau_u}}\dot{\omega}\mathrm{d}s_u=\int_{b_x}^{e_x}[\sum_{i=1}^{\infty}\varphi_i(x)\dot{\eta}_i(t)](-\sec\tau_u)\mathrm{d}x=\sum_{i=1}^{\infty}[\dot{\eta}_i(t)\sec\tau_u\int_{-\bar{x}_a}^{\bar{x}_f}\varphi_i(x)\mathrm{d}x]$$

$$\int_0^{\frac{l_f}{\cos\tau_f}}\dot{\omega}\mathrm{d}s_f=\int_{c_x}^{b_x}[\sum_{i=1}^{\infty}\varphi_i(x)\dot{\eta}_i(t)](\sec\tau_f)\mathrm{d}x=\sum_{i=1}^{\infty}[\dot{\eta}_i(t)\sec\tau_f\int_{\bar{x}_f-l_f}^{\bar{x}_f}\varphi_i(x)\mathrm{d}x]$$

$$\int_0^{l_n}\dot{\omega}\mathrm{d}s_n=\int_{g_x}^{f_x}[\sum_{i=1}^{\infty}\varphi_i(x)\dot{\eta}_i(t)]\mathrm{d}x=\sum_{i=1}^{\infty}[\dot{\eta}_i(t)\int_{l_a-\bar{x}_a}^{\bar{x}_f-l_f}\varphi_i(x)\mathrm{d}x]$$

$$\int_{-x_e-l_e\cos\delta_e/2}^{-x_e+l_e\cos\delta_e/2}\dot{\omega}\mathrm{d}x=\sum_{i=1}^{\infty}[\dot{\eta}_i(t)\int_{-x_e-l_e\cos\delta_e/2}^{-x_e+l_e\cos\delta_e/2}\varphi_i(x)\mathrm{d}x]$$

式中：振型函数 $\varphi_i(x)$ 的解析积分见附录 A。

注 2.8：式(2.61) ~ 式(2.64) 中，$\dot{\omega}s_*$ 和 $\dot{\omega}x$ 的积分计算方法如下

$$\int_0^{\frac{l}{\cos\tau_u}}\dot{\omega}s_u\mathrm{d}s_u=\sum_{i=1}^{\infty}\{\dot{\eta}_i(t)\int_{b_x}^{e_x}\varphi_i(x)[(b_x-x)\sec\tau_u](-\sec\tau_u)\mathrm{d}x\}$$

$$=\sum_{i=1}^{\infty}\{\dot{\eta}_i(t)\ \sec^2\tau_u[b_x\int_{-\bar{x}_a}^{\bar{x}_f}\varphi_i(x)\mathrm{d}x-\int_{-\bar{x}_a}^{\bar{x}_f}\varphi_i(x)x\mathrm{d}x]\}$$

$$\int_0^{\frac{l_f}{\cos\tau_f}}\dot{\omega}s_f\mathrm{d}s_f=\sum_{i=1}^{\infty}\{\dot{\eta}_i(t)\int_{c_x}^{b_x}\varphi_i(x)[(x-c_x)\sec\tau_f](\sec\tau_f)\mathrm{d}x\}$$

$$=\sum_{i=1}^{\infty}\{\dot{\eta}_i(t)\ \sec^2\tau_f[-c_x\int_{\bar{x}_f-l_f}^{\bar{x}_f}\varphi_i(x)\mathrm{d}x+\int_{\bar{x}_f-l_f}^{\bar{x}_f}\varphi_i(x)x\mathrm{d}x]\}$$

$$\int_0^{l_n}\dot{\omega}s_n\mathrm{d}s_n=\sum_{i=1}^{\infty}[\dot{\eta}_i(t)\int_{g_x}^{f_x}\varphi_i(x)(x-g_x)\mathrm{d}x]$$

$$=\sum_{i=1}^{\infty}\left\{\dot{\eta}_i(t)\left[-g_x\int_{l_a-\bar{x}_a}^{\bar{x}_f-l_f}\varphi_i(x)\mathrm{d}x+\int_{l_a-\bar{x}_a}^{\bar{x}_f-l_f}\varphi_i(x)x\mathrm{d}x\right]\right\}$$

$$\int_{-\bar{x}_e-l_e\cos\delta_e/2}^{-\bar{x}_e+l_e\cos\delta_e/2}\dot{\omega}x\mathrm{d}x=\sum_{i=1}^{\infty}[\dot{\eta}_i(t)\int_{-\bar{x}_e-l_e\cos\delta_e/2}^{-\bar{x}_e+l_e\cos\delta_e/2}\varphi_i(x)x\mathrm{d}x]$$

式中：振型函数 $\varphi_i(x)$ 与坐标 x 乘积的解析积分见附录 A。

注 2.9：式(2.61) ~ 式(2.62) 中关于 $\rho_a a_a\dot{\omega}$ 和 $\rho_a a_a\dot{\omega}s_a$ 的积分，需结合数值求积公式近似计算，式中：

$$\int_0^{\frac{l_a}{\cos(\tau_u+\tau_a)}}\rho_a a_a\dot{\omega}\mathrm{d}s_a=\sum_{i=1}^{\infty}[\dot{\eta}_i(t)\int_0^{\frac{l_a}{\cos(\tau_u+\tau_a)}}\rho_a a_a\varphi_i(s_a)\mathrm{d}s_a]$$

$$\int_0^{\frac{l_a}{\cos(\tau_u+\tau_a)}}\rho_a a_a\dot{\omega}s_a\mathrm{d}s_a=\sum_{i=1}^{\infty}[\dot{\eta}_i(t)\int_0^{\frac{l_a}{\cos(\tau_u+\tau_a)}}\rho_a a_a s_a\varphi_i(s_a)\mathrm{d}s_a]$$

式中：$\varphi_i(s_a)$ 表示振型函数 $\varphi_i(x)$ 在机身后体坐标系 s_a 下的表达式，即令 $\varphi_i(x)$ 的自变量 $x=d_x-s_a\cos(\tau_u+\tau_a)$。

2.4　超燃冲压发动机建模与分析

根据目前学术界提出的机身 / 推进系统一体化设计概念和超燃冲压发动机的设计方案，在对超燃冲压发动机进行建模的过程中，将其近似为[115] 扩压器(diffuser)、燃烧室(combustor)、尾喷管(nozzle) 三个部分，并假设[112,115]：气流在扩压器中经过等熵压缩过程，在燃烧室内经过等截面热增加过程，在尾喷管中经过等熵膨胀过程。超燃冲压发动机模型如图 2.4 所示，其中，扩压器为发动机进气道结构的近似，飞行器的前体下表面为进气通道的预压缩面，而飞行器的后体下表面为尾喷气流的外膨胀面。

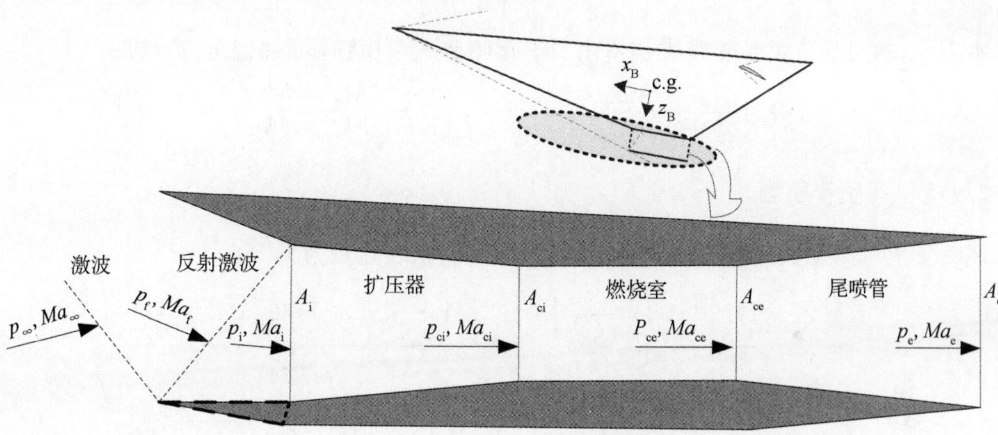

图 2.4　超燃冲压发动机剖面示意图

2.4.1　扩压器模型

被捕获气流通过反射激波后，马赫数由 Ma_f 减小至 Ma_i，波后压强和温度分别由 p_f 和 T_f 增加至 p_i 和 T_i，可按斜激波理论求得反射激波后 p_i、T_i、Ma_i。令 $A_d = A_{ci}/A_i$，给定扩压器入口马赫数 Ma_i，应用质量守恒连续方程，求解扩压器出口 / 燃烧室入口马赫数 Ma_{ci}，进而获得扩压器出口 / 燃烧室入口的压强 p_i 和温度 T_i 为

$$\frac{\{1+[(\gamma_0-1)/2]Ma_{ci}^2\}^{\frac{\gamma_0+1}{\gamma_0-1}}}{Ma_{ci}^2}=A_d^2\,\frac{\{1+[(\gamma_0-1)/2]Ma_i^2\}^{\frac{\gamma_0+1}{\gamma_0-1}}}{Ma_i^2} \tag{2.65}$$

$$\frac{p_{ci}}{p_i}=\left\{\frac{1+[(\gamma_0-1)/2]Ma_i^2}{1+[(\gamma_0-1)/2]Ma_{ci}^2}\right\}^{\frac{\gamma_0}{\gamma_0-1}},\quad \frac{T_{ci}}{T_i}=\frac{1+[(\gamma_0-1)/2]Ma_i^2}{1+[(\gamma_0-1)/2]Ma_{ci}^2} \tag{2.66}$$

2.4.2　燃烧室模型

令 $A_n = A_e/A_{ce}$，通过以下关系式求解燃烧室出口 / 尾喷管入口马赫数 Ma_{ce}：

$$\frac{Ma_{ce}^2\{1+[(\gamma_0-1)/2]Ma_{ce}^2\}}{(\gamma_0 Ma_{ce}^2+1)^2}=\frac{Ma_{ci}^2\{1+[(\gamma_0-1)/2]Ma_{ci}^2\}}{(\gamma_0 Ma_{ci}^2+1)^2}+\frac{Ma_{ci}^2}{(\gamma_0 Ma_{ci}^2+1)^2}\frac{\Delta T_t}{T_{ci}} \tag{2.67}$$

式中：$\Delta T_t = T_{tce} - T_{tci}$ 为流体总温差，流体总温与静温的关系为

$$T_{t_*}/T_* = 1+[(\gamma_0-1)/2]Ma_*^2$$

定义燃烧室内燃料/空气混合率 $f=\dot{m}_f/\dot{m}_a$，燃料/空气混合率的化学计量比为 f_{st}，燃料的比定压热容为 c_p，并定义燃料/空气混合比 $\Phi=f/f_{st}$，燃烧效率为 η_c。根据燃烧室入口到燃烧室出口的控制体焓连续变化情况为

$$\eta_c\dot{m}_f H_f=\dot{m}_a(h_{tce}-h_{tci})+\dot{m}_f h_{tce},\quad h_t=c_p T_t \tag{2.68}$$

计算得到燃烧室出口与燃烧室入口总温比率关系为

$$\frac{T_{tce}}{T_{tci}}=\frac{1+H_f\eta_c f_{st}\Phi/(c_p T_{tci})}{1+f_{st}\Phi} \tag{2.69}$$

再根据 $T_{tci}=[1+(\gamma_0-1)Ma_{ci}^2/2]T_{ci}$，可得

$$\Delta T_t=\frac{-\{1+[(\gamma_0-1)/2]Ma_{ci}^2\}T_{ci}f_{st}\Phi+H_f\eta_c f_{st}\Phi/c_p}{1+f_{st}\Phi} \tag{2.70}$$

进一步，通过如下关系获得燃烧室出口/尾喷管入口压强 p_{ce} 和温度 T_{ce} 为

$$\frac{p_{ce}}{p_{ci}}=\frac{1+\gamma_0 Ma_{ci}^2}{1+\gamma_0 Ma_{ce}^2},\quad \frac{T_{ce}}{T_{ci}}=\left[\frac{(1+\gamma_0 Ma_{ci}^2)}{(1+\gamma_0 Ma_{ce}^2)}\frac{Ma_{ce}}{Ma_{ci}}\right]^2 \tag{2.71}$$

2.4.3 尾喷管模型

尾喷管出口马赫数 Ma_e、压强 p_e 和温度 T_e 的关系表达示为

$$\frac{\{1+[(\gamma_0-1)/2]Ma_e^2\}\dfrac{\gamma_0+1}{\gamma_0-1}}{Ma_e^2}=A_n^2\frac{\{1+[(\gamma_0-1)/2]Ma_{ce}^2\}\dfrac{\gamma_0+1}{\gamma_0-1}}{Ma_{ce}^2} \tag{2.72}$$

$$\frac{p_e}{p_{ce}}=\frac{1+[(\gamma_0-1)/2]Ma_{ce}^2}{1+[(\gamma_0-1)/2]Ma_e^2}\frac{\gamma_0}{\gamma_0-1},\quad \frac{T_e}{T_{ce}}=\frac{1+[(\gamma_0-1)/2]Ma_{ce}^2}{1+[(\gamma_0-1)/2]Ma_e^2} \tag{2.73}$$

2.4.4 发动机推力分析

根据动量定理，可得发动机推力表达式为

$$T=(\dot{m}_a+\dot{m}_f)V_e-\dot{m}_a V_i+(p_e-p_\infty)A_e-(p_f-p_\infty)A_i \tag{2.74}$$

式中：$V_e=Ma_e\sqrt{\gamma_0 R_0 T_e}$，$V_i=Ma_i\sqrt{\gamma_0 R_0 T_i}$，$\dot{m}_f=f\dot{m}_a=\Phi f_{st}\dot{m}_a$。

根据图 2.5 中几何关系可知，通过发动机的空气质量流(Mass Flow of Air)为

$$\dot{m}_a=p_\infty Ma_\infty\sqrt{\frac{\gamma_0}{R_0 T_\infty}}\frac{h_i\cos\tau_f\sin\theta_f}{\sin(\theta_f-\alpha-\tau_f)} \tag{2.75}$$

发动机能够正常工作的下限条件为机身前体下表面能够产生斜激波，即 $\alpha>-\tau_f$。而当发动机进气道前缘与斜激波线恰好相交，即 $\theta_f^*=\alpha+\arctan[(l_f\tan\tau_f+h_i)/l_f]$ 时，可实现最大气流捕获量进入发动机，此时

$$\dot{m}_a=P_\infty Ma_\infty\sqrt{\frac{\gamma_0}{R_0 T_\infty}}\frac{l_f\sin\theta_f}{\cos(\theta_f-\alpha)}=P_\infty Ma_\infty\sqrt{\frac{\gamma_0}{R_0 T_\infty}}\frac{(l_f\tan\tau_f+h_i)}{\sin(\theta_f-\alpha)}\sin\theta_f \tag{2.76}$$

基于附录 B 中给出的飞行器外形参数，以 α 为变量，将公式 $\theta_f^*=\alpha+\arctan[(l_f\tan\tau_f+h_i)/l_f]$ 计算的 θ_f^* 和激波理论计算的 θ_f 进行比较，当二者相等时，说明当前迎角为发动机工作在最理想的情况下所需要的迎角条件。但从图 2.6 中可以看出，前体下表面的激波角始终大于理想的激波角，即发动机入口总存在气流溢出。可以在发动机入口(见图 2.1 中的 f 点)处设置移动罩(Cowl Door)[115]，根据当前激波位置控制移动罩的伸缩长度，使得移动罩前缘与斜激波线相交，也可以通过优化飞行器的外形参数，使发动机在某一迎角条件下处于理想工作

状态。

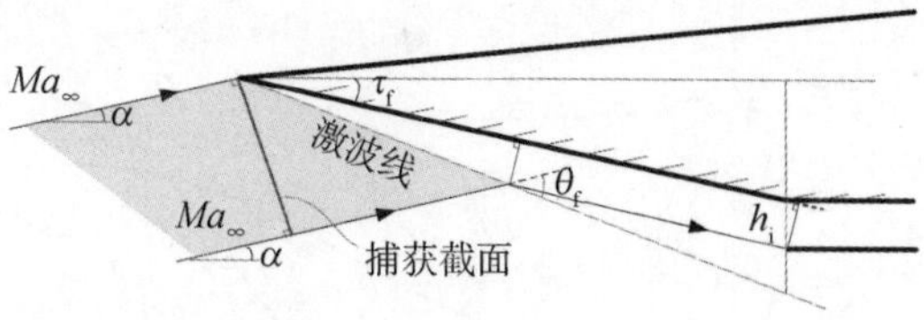

图 2.5　气流捕获过程中的几何关系

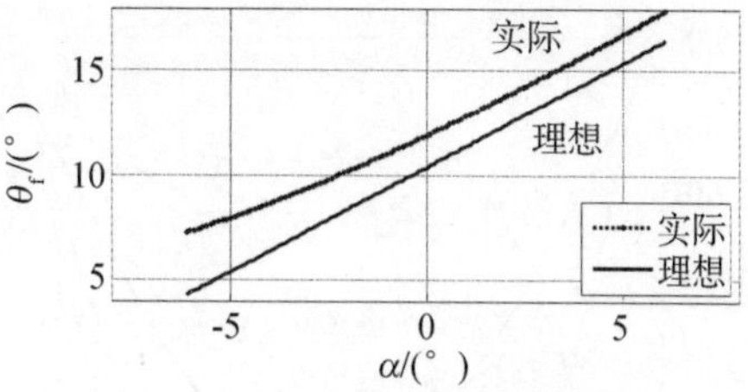

图 2.6　前体下表面斜激波角

注 2.10:超燃冲压发动机尾部气流状态和推力大小由燃料 / 空气混合比 Φ 和发动机入口气流调节参数 A_d 决定,故发动机控制权具有冗余性,本书将 Φ 作为发动机控制量,而将 A_d 设置在标准状态,即 $A_d = 1$。

2.5　飞行器动力学特性数值分析

以上围绕吸气式高超声速飞行器纵向结构动力学方程和刚体动力学方程,通过飞行器表面气动力分析、气动弹性效应分析,以及超燃冲压发动机建模与推力分析等几个方面,给出了方程中作用力和作用力矩的计算方法,提出了刚体与弹性耦合的方式,从而建立了描述吸气式高超声速飞行器纵向平面运动的动力学原理模型。本节将针对动力学原理模型开展数值仿真,分析模型所反映出的吸气式高超声速飞行器纵向平面内的飞行动力学特性。

2.5.1　动力学模型数值仿真

吸气式高超声速飞行器的二维构型几何参数和超燃冲压发动机的液态氢燃料参数见附录B。根据几何参数计算的弹性模态振型函数参数值(见表 2.1)。3 阶的弹性模态振型函数及其一阶导数在机身坐标系 x 轴方向上的分布如图 2.7 所示。从图 2.7 中可以看出,振型函数是一种形状函数,该函数通过与弹性模态坐标乘积来反映机身不同位置上的弹性位移。

表 2.1　结构动力学系统弹性模态振型函数参数

振　型	$A_i/(\mathrm{kg}^{-0.5}\cdot\mathrm{m}^{-1.5})$	β_i/m^{-1}	$\omega_i/(\mathrm{rad}\cdot\mathrm{s}^{-1})$
1	$1.001\,6\times10^{-3}$	0.047 30	27.894 4
2	$4.489\,6\times10^{-5}$	0.078 53	76.893 3
3	$1.936\,1\times10^{-6}$	0.109 96	150.752 6

由于受机身气动热载荷、超燃冲压发动机工作条件等诸多因素限制,吸气式高超声速飞行器纵向平面内具有一定的飞行范围,需满足飞行限制条件,通常采用飞行包线来表示。根据已有文献的报道[119-121],吸气式高超声速飞行器纵向飞行包线为:速度 $V\in[2\,286,\ 3\,352.8]$ m/s,高度 $h\in[21\,336,\ 41\,148]$ m,迎角 $\alpha\in[-5°,\ 5°]$,航迹角 $\gamma\in[-5°,\ 5°]$,俯仰角速度 $Q\in[-10,\ 10]$ (°)/s,燃料 / 空气混合比 $\Phi\in[0.1,\ 1.2]$,升降舵偏角 $\delta_e\in[-15°,\ 15°]$,动压 $\bar{q}\in[23\,940.15,\ 95\,760.6]$ Pa,自由流马赫数 $Ma_\infty\in[7,\ 12]$(见表 2.2)。根据关系式 $V=$

$Ma_x\sqrt{\gamma_0 R_0 T_\infty(h)}$，$\bar{q}=\rho_\infty(h)V^2/2$，可知 $\bar{q}$、Ma、V、h 之间可两两相互转换。

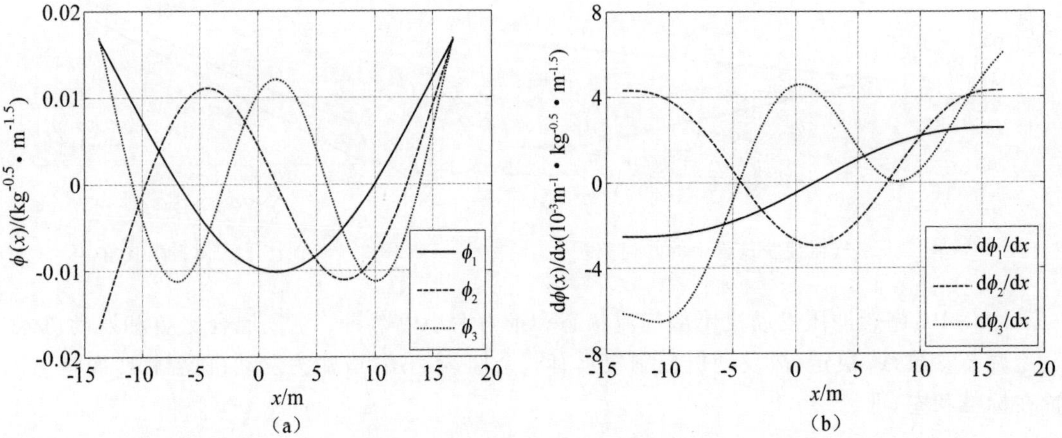

图 2.7　3 阶弹性振型函数及其导数在机身坐标系 x 轴的分布

(a) 弹性模态振型函数；(b) 弹性模态振型函数导数

表 2.2　吸气式高超声速飞行器飞行包线参数范围

变量	下界	上界	变量	下界	上界
V	2 286 m/s	3 352.8 m/s	Φ	0.1	1.2
h	21 336 m	41 148 m	δ_e	$-15°$	$15°$
γ	$-5°$	$5°$	$\bar{q}$	23 940 Pa	95 760 Pa
α	$-5°$	$5°$	Ma	7	12
Q	$-10°$	$10°$			

动力学原理模型中共含 13 个变量，其中 5 个刚体状态量(V,h,γ,α,Q)，6 个弹性状态量($\eta_i,\dot{\eta}_i,i=1,2,3$)，2 个控制量($\Phi,\delta_e$)，采用空气动力学、弹性力学等理论描述的推力、气动力和气动力矩为此 13 个变量的表达式，采集数据并研究它们之间的相互关系是一项非常复杂的工作。以每个变量按 20 等分生成网格数据，则每个待研究的数据集共涉及 8.192×10^{16} 个样本，以每个样本条件下程序运行时间为 0.5 s 计算，则共需要花费大约 1.3 亿年的时间，这是不可接受的。故在研究作用力与变量之间相互关系时，通常依据经验对影响作用力的变量进行适当取舍。飞行力学中通常关心气动力与状态量 h、$\bar{q}$、α 以及舵偏 δ_e 的关系，其中 h 和 $\bar{q}$ 也可采用 h、Ma 或 $\bar{q}$、Ma 描述。考虑到气动/推进/结构之间存在耦合，所以需要额外关注的变量还包括发动机燃料调节量 Φ 和弹性状态量 $\eta_i,i=1,2,3$。

基于 $h=25\ 908$ m，$\bar{q}=95\ 760.6$ Pa 飞行条件下的实例，吸气式高超声速飞行器纵向动力学原理模型中推力、气动力和气动力矩与状态量和输入量的关系如图 2.8 ～ 图 2.12 所示，其中，图 2.12 中采用机身前体角偏移量 $\Delta\tau(\bar{x}_f)$ 来代替弹性模态坐标 $\eta_i,i=1,2,3$，以直观显示结构变形对作用力和作用力矩的影响。

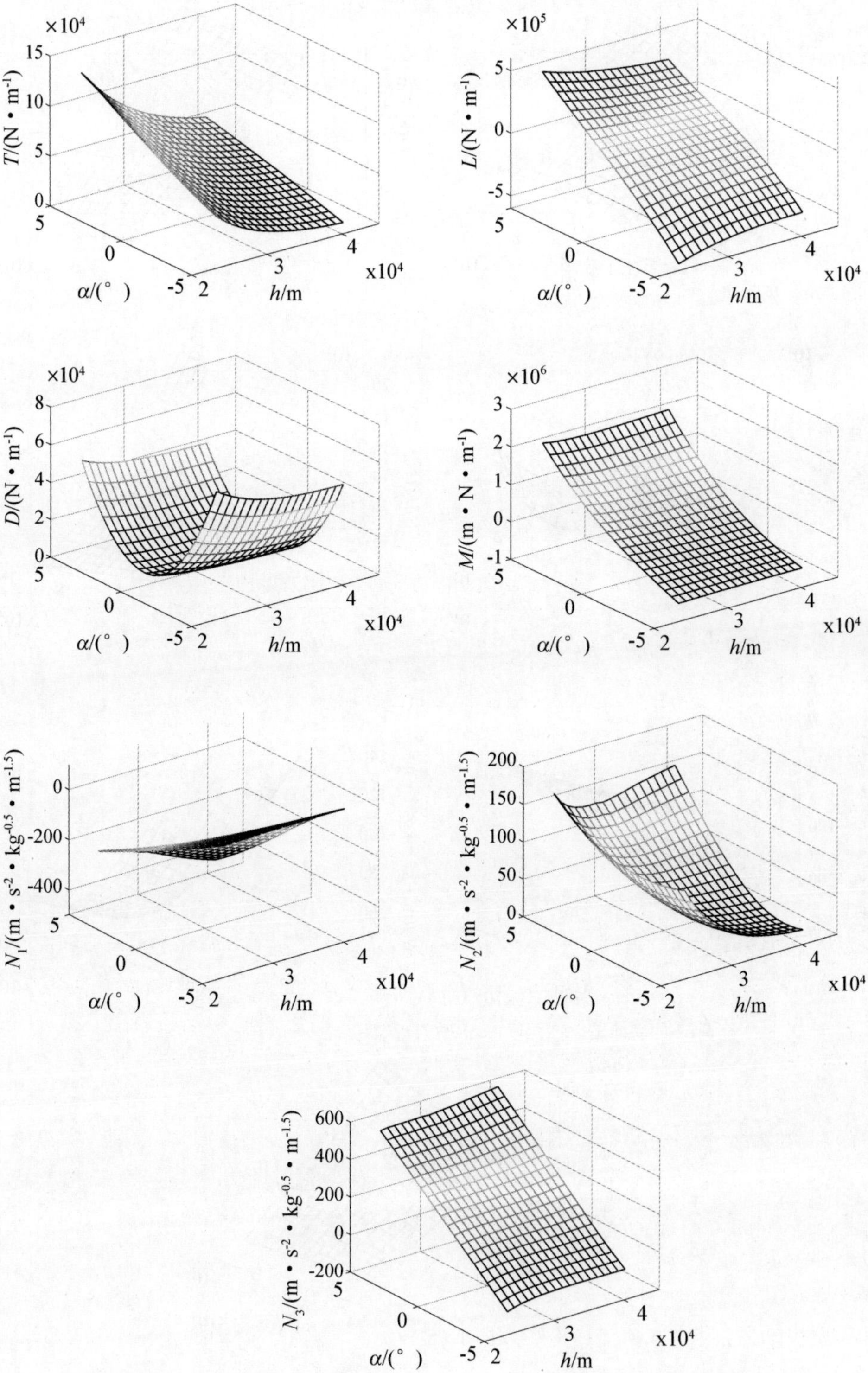

图 2.8　作用力和作用力矩随迎角和高度的变化关系($\bar{q}$ = 95 760.6 Pa)

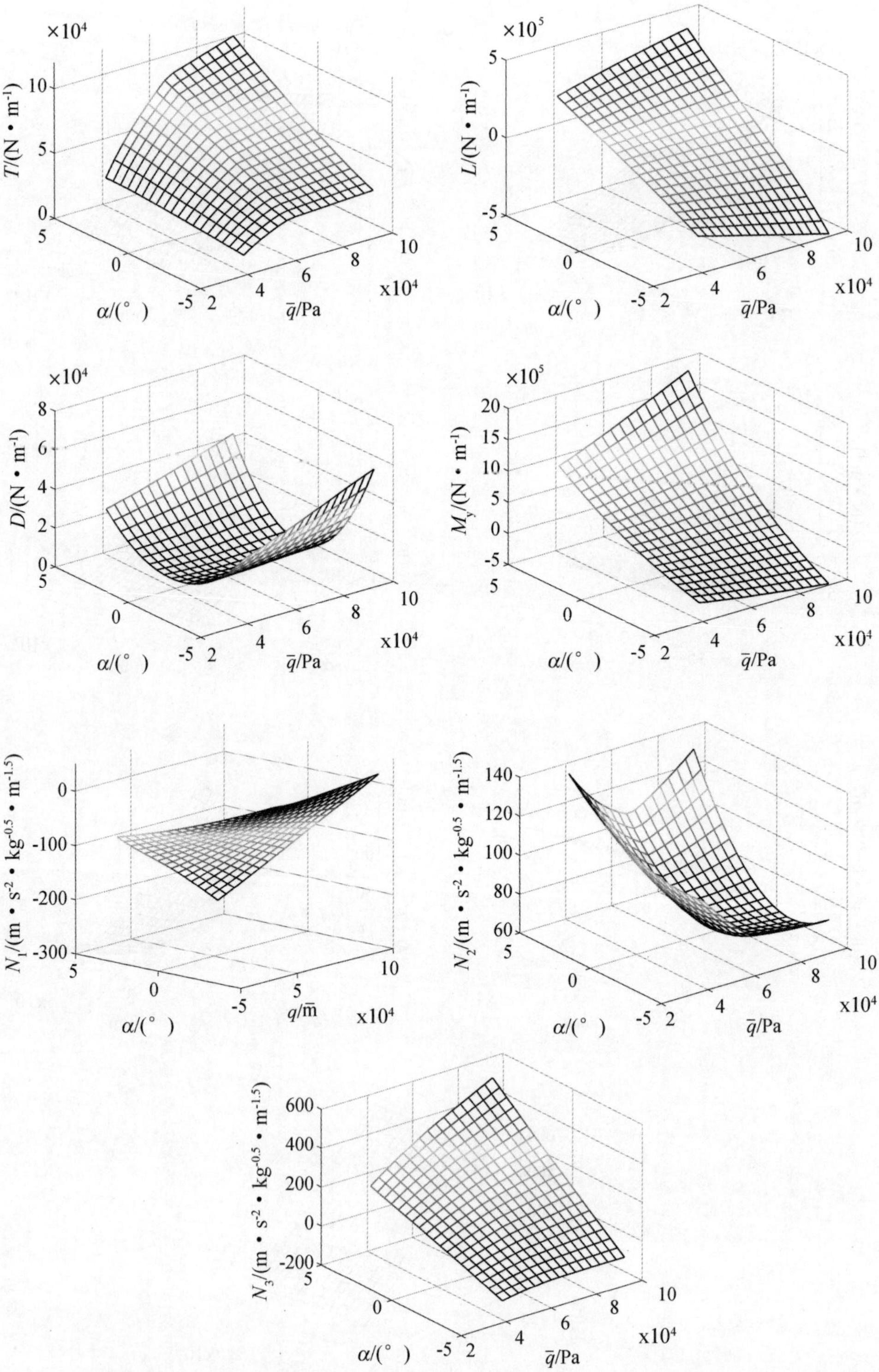

图 2.9 作用力和作用力矩随迎角和动压的变化关系(h = 25 908 m)

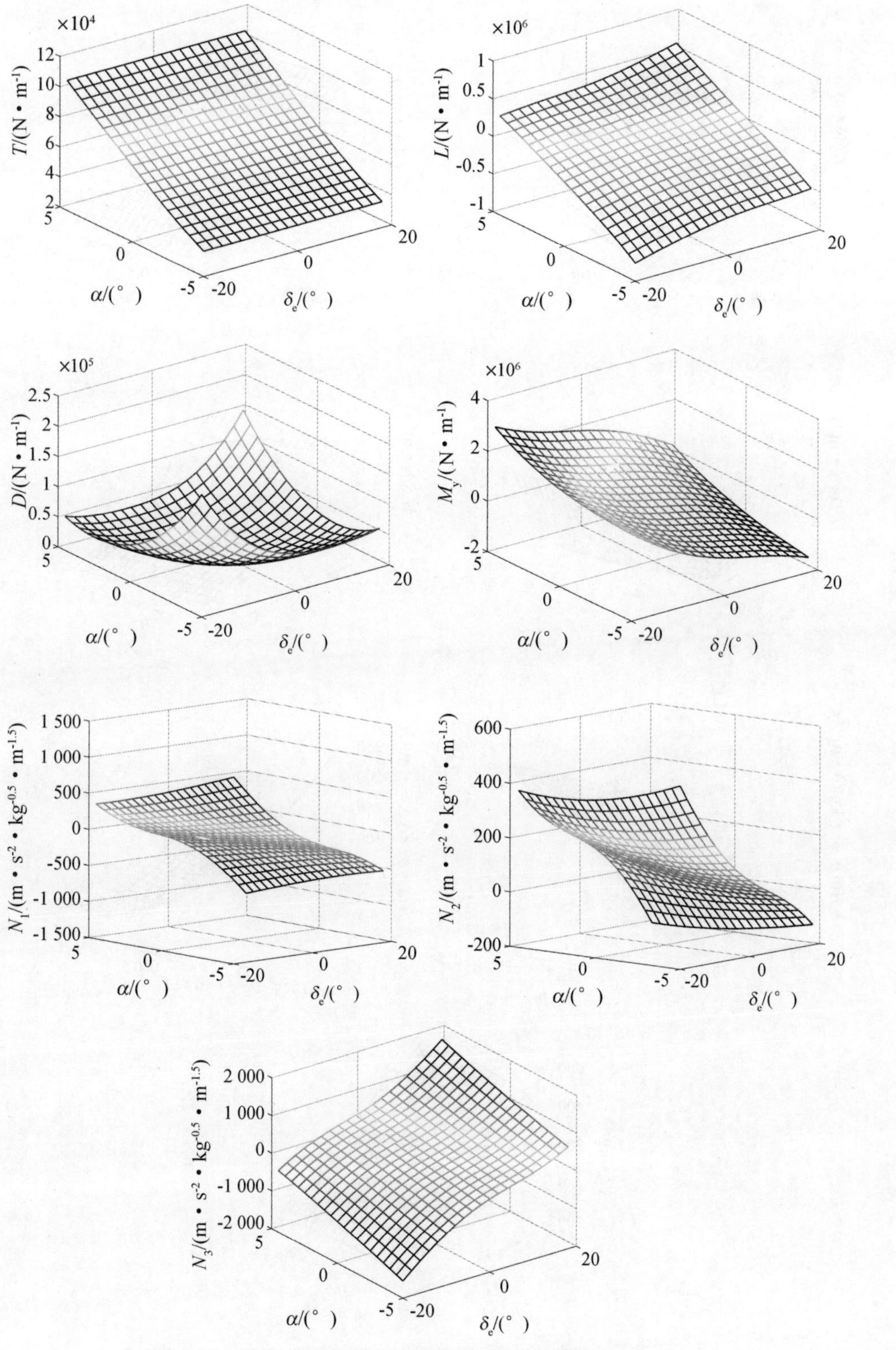

图 2.10　作用力和作用力矩随迎角和升降舵偏角的变化关系

(h = 25 908 m, $\bar{q}$ = 95 760.6 Pa)

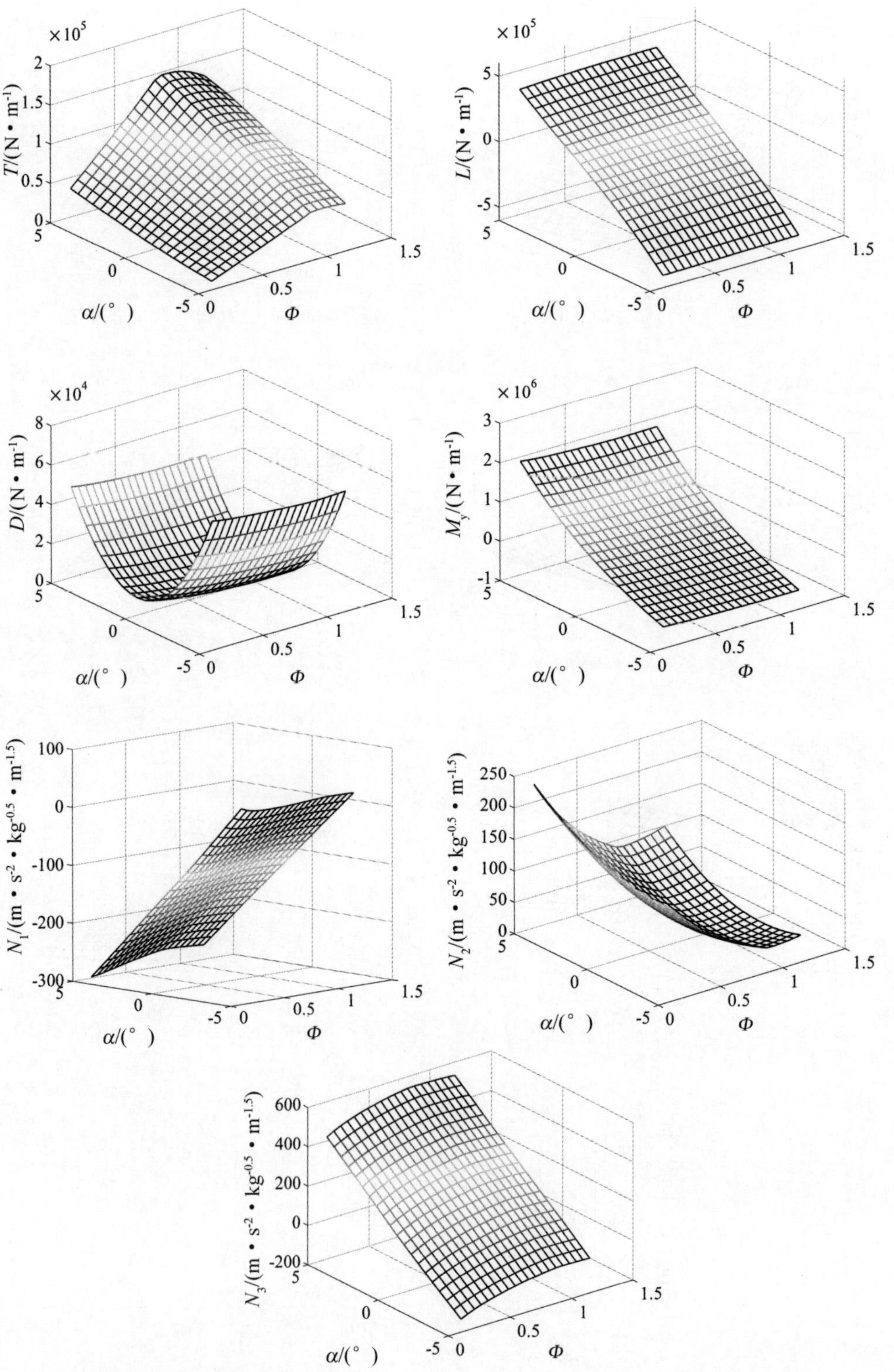

图 2.11　作用力和作用力矩随迎角和燃料 / 空气混合比的变化关系

(h = 25 908 m, $\bar{q}$ = 95 760.6 Pa)

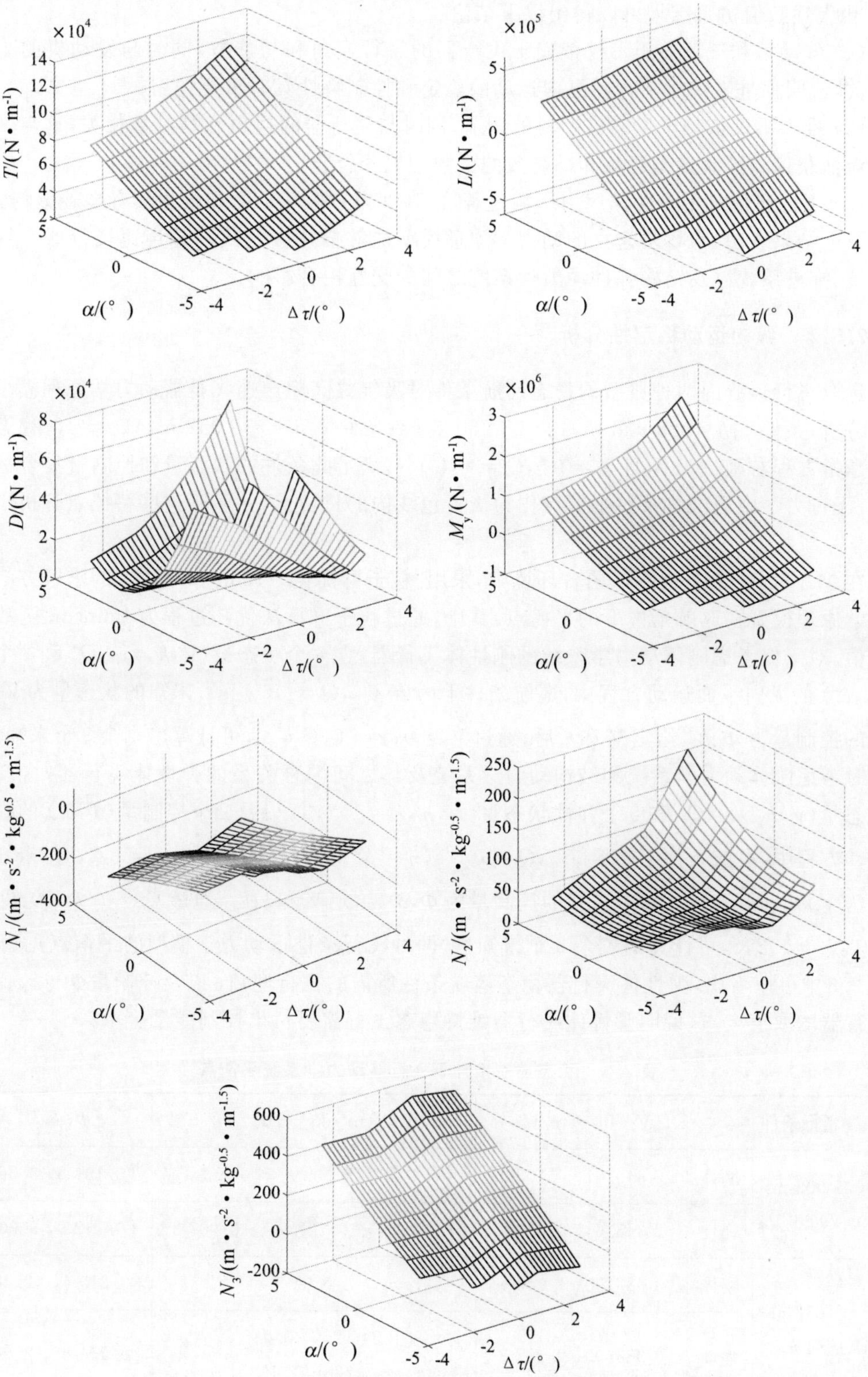

图 2.12　作用力和作用力矩随迎角和前体角偏移的变化关系

(h = 25 908 m, $\bar{q}$ = 95 760.6 Pa)

由上述数值仿真结果可以得出以下结论：

(1) 气动力和气动力矩不仅依赖于飞行器的飞行迎角和马赫数，同时与发动机的工作状态相关，说明推进系统对飞行器纵向运动的稳定和控制特性具有重要作用；

(2) 推力不仅依赖于发动机燃料的调节，同时与飞行器的迎角和马赫数相关，这与发动机的气流捕获量和溢流量是迎角和马赫数的函数理论相符合；

(3) 飞行迎角对于弹性作用力影响显著，而弹性模态对气动力和推力具有显著影响。

以上结果表明，本章所建立的动力学原理模型能够描述吸气式高超声速飞行器空气动力学系统、推进系统以及结构弹性动力学系统之间的交互耦合影响。

2.5.2 纵向运动稳定性分析

选取飞行包线内两种典型的稳态巡航条件对吸气式高超声速飞行器动力学原理模型进行数值分析，条件 1：$h = 25\ 908$ m，$\bar{q} = 95\ 760.6$ Pa；条件 2：$h = 35\ 052$ m，$Ma = 10$。稳态巡航条件是指方程右函数为 0，且 $\gamma = 0°$，$Q = 0\ (°)/s$，满足此条件的状态量和控制量集合称为平衡点。飞行力学中通常将某些平衡点作为飞行包线内的特征点，并基于这些特征点分析飞行器动力学系统特性。

在 MATLAB 7.1 软件 m 语言环境中，采用“粒子群优化＋fmincon 函数”的求解方法计算动力学原理模型在巡航条件下的平衡点，其中，通过粒子群算法优化过程为 fmincon 函数提供初始值。对于仅考虑刚体动力学系统的刚性体飞行器，含 5 个状态量(V,h,γ,α,Q) 和 2 个控制量(Φ,δ_e) 的纵向平面运动方程中，巡航条件下($\gamma = 0°$，$Q = 0(°)/s$)，未知的状态量为 V、h、α，未知的控制量为 Φ、δ_e，给定 V 和 h 后，通过 $\dot{V} = 0$，$\dot{\gamma} = 0$，$\dot{Q} = 0$，可计算出剩余 3 个未知量。对于同时考虑刚体动力学系统和结构动力学系统及其之间耦合关系的弹性体飞行器，含 5 个刚体状态量(V,h,γ,α,Q) 和 6 个弹性状态量($\eta_i,\dot{\eta}_i,i = 1,2,3$) 以及 2 个控制量($\Phi,\delta_e$) 的纵向平面运动方程中，巡航条件下($\gamma = 0°$，$Q = 0°/s$，$\dot{\eta}_i = 0$ m/s · kg$^{0.5}$/m$^{0.5}$，$i = 1,2,3$)，未知的状态量为 V、h、α、η_i，$i = 1,2,3$，未知的控制量为 Φ，δ_e，给定 V 和 h 后，通过 $\dot{V} = 0$，$\dot{\gamma} = 0$，$\dot{Q} = 0$，$\ddot{\eta}_i = 0$，$i = 1,2,3$，可计算出剩余 6 个未知量。两种飞行条件下动力学模型的平衡点见表 2.3。从表 2.3 中可以看出，弹性体飞行器稳态巡航条件所需的飞行迎角 α 以及控制量 Φ 与 δ_e 比刚性体飞行器的取值大，这说明弹性体飞行器维持稳态飞行需要付出控制能量。

表 2.3 稳态巡航条件下飞行器动力学系统平衡点

飞行条件		[V/(m/s)，α/(°)]	[η_i/(m · kg$^{0.5}$/m$^{0.5}$)]	[Φ，δ_e/(°)]
$h = 25\ 908$ m $\bar{q} = 95\ 760.6$ Pa	刚体	[2 345.61，0.405 4]	N/A	[0.101 6，8.366 0]
	弹性	[2 345.61，0.613 2]	[1.888 5，－0.027 9，－0.007 3]	[0.132 9，9.008 3]
$h = 35\ 052$ m $Ma = 10$	刚体	[3 083.90，1.316 7]	N/A	[0.215 4，12.483 1]
	弹性	[3 083.90，2.207 3]	[1.346 2，－0.015 6， $-2.788\ 0 \times 10^{-4}$]	[0.244 8，12.982 2]

在 MATLAB 7.1 软件 Simulink 环境中，采用“S-函数”构建动力学仿真模型，如图 2.13 所示。为了直观地说明无控制输入时动力学原理模型中各个状态量的变化情况，基于动力学仿真模型进行开环系统仿真，仿真结果如图 2.14 所示。从仿真曲线可以看出，在无控制输入的情况下，吸气式高超声速飞行器纵向动力学系统是不稳定的，因此，为了实现其稳定飞行，必须设计出合理的控制律。

以下通过求解动力学原理模型线性化后的特征值分布来进一步考察吸气式高超声速飞行器纵向飞行的稳定性。以 Φ 和 δ_e 为输入量，V 和 γ 为输出量，采用 Simulink 环境中的 Tool→Control Design→Linear Analysis 途径，分别得到对应于表 2.3 中平衡点的刚性体飞行器和弹性体飞行器动力学系统线性化后开环传递函数特征方程的根，见表 2.4～表 2.7，零极点分布如图 2.15 和图 2.16 所示，其中，“×”表示极点，“○”表示零点。

通过分析表 2.4 和表 2.6 中的数据可知，无论是刚性体飞行器还是弹性体飞行器，它们刚性动力学系统的特征根具有共同的特征，即都存在两个分布在虚轴两侧的实数极点，一对低频、欠阻尼的复共轭极点，以及一个接近零的极点。飞行器动力学系统的每一个根对应一种运动状态，两个分布在虚轴两侧的实数极点决定的运动状态是短周期的，一对低频、欠阻尼的复共轭极点以及接近零的极点决定的运动状态都是长周期的。采用飞行力学领域经典的“模态”称谓，以上三种类型的极点分别对应于短周期模态、长周期模态和高度模态。短周期模态表征了迎角和俯仰角速度子系统扰动运动特征，长周期模态表征了飞行速度和航迹角子系统扰动运动特征，而高度模态对应于高度子系统扰动运动特征。正实数极点表明系统短周期模态是不稳定的，而非常小的实数极点表明高度模态处于临界稳定状态。

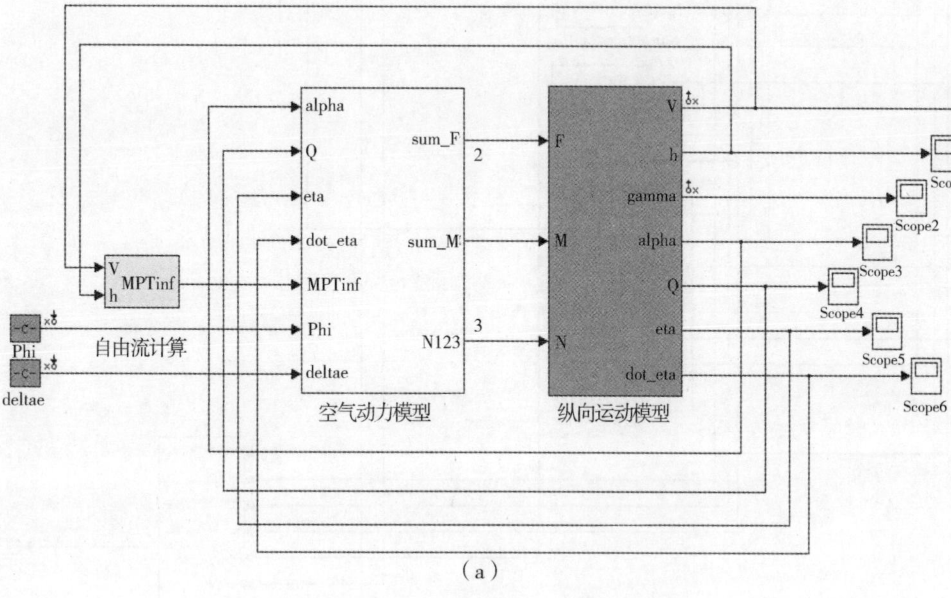

(a)

图 2.13　S-函数动力学系统仿真模型

(a)仿真模型的主体结构

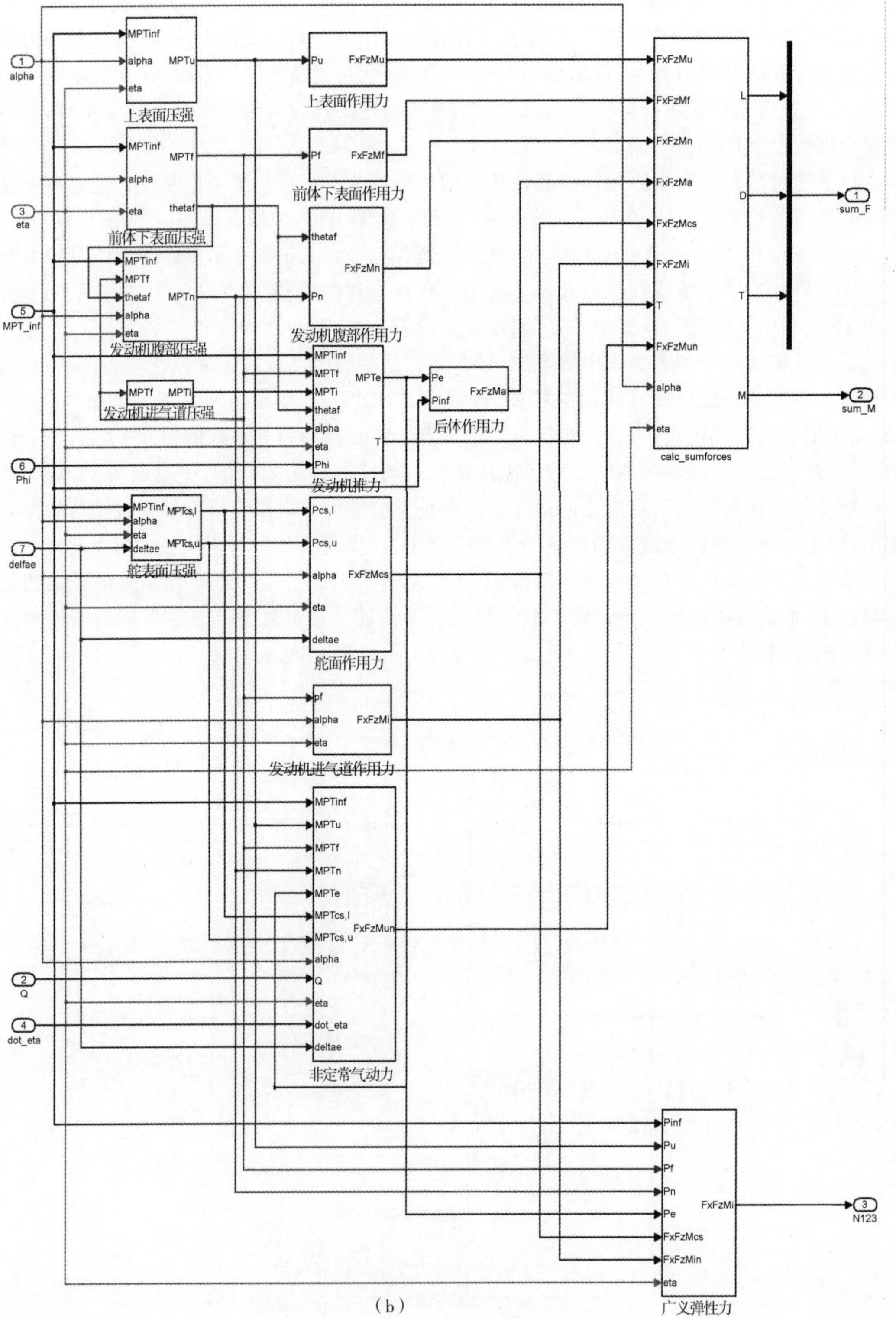

(b)

续图 2.13　S-函数动力学系统仿真模型

(b)力和力矩计算子模块的结构

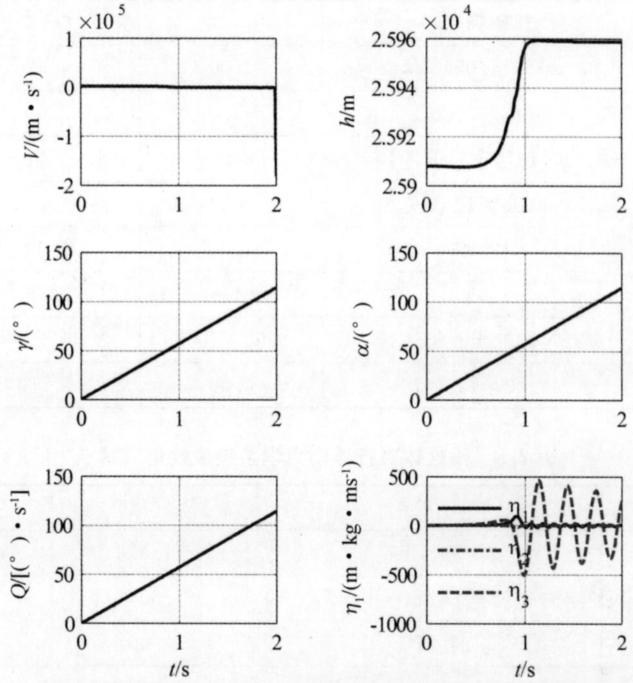

(a)

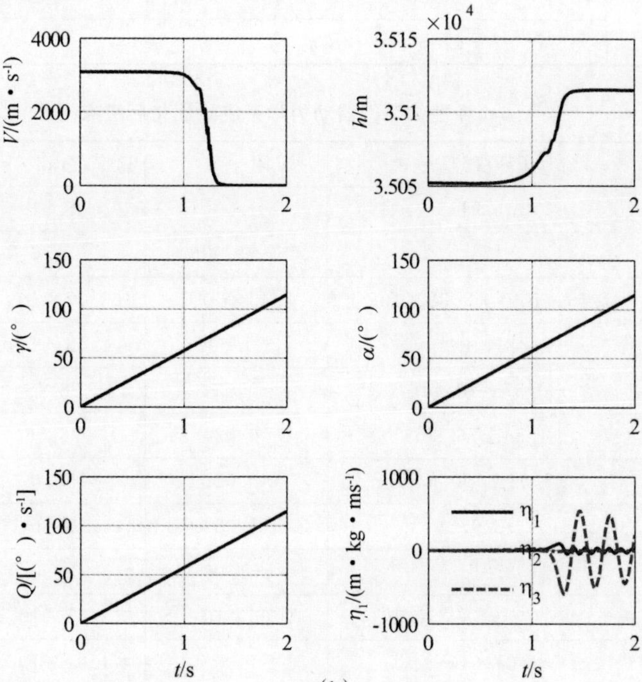

(b)

图 2.14　动力学模型零输入开环响应曲线

(a)h=25 908 m,$\bar{q}$=95 760.6 Pa;(b)h=35 052 m,Ma=10

表 2.4 刚性体飞行器动力学系统线性化后极点

飞行条件	开环极点	阻　尼	频率/(rad·s^{-1})	模态
h=25 908 m $\bar{q}$=95 760.6 Pa	−4.02	1.00	4.02	短周期
	3.90	−1.00	3.90	短周期
	$-4.41\times10^{-4}\pm1.95\times10^{-2}i$	2.26×10^{-2}	1.95×10^{-2}	长周期
	3.85×10^{-4}	−1.000	3.85×10^{-4}	高度
h= 35 052 m Ma=10	−2.99	1.00	2.99	短周期
	2.95	−1.00	2.95	短周期
	$-2.32\times10^{-6}\pm3.55\times10^{-2}i$	6.52×10^{-5}	3.55×10^{-2}	长周期
	1.70×10^{-11}	1.00	1.70×10^{-11}	高度

表 2.5 刚性体飞行器动力学系统线性化后零点

飞行条件	开环零点	阻　尼	频率/(rad·s^{-1})
h=25 908 m $\bar{q}$=95 760.6 Pa	2.03×10^{-17}	−1.00	2.03×10^{-17}
	−6.71	1.00	6.71
	6.71	−1.00	6.71
h= 35 052 m Ma=10	-2.22×10^{-16}	1.00	2.22×10^{-16}
	−4.88	1.00	4.88
	4.88	−1.00	4.88

表 2.6 弹性体飞行器动力学系统线性化后极点

飞行条件	开环极点	阻　尼	频率/(rad·s^{-1})	模态
h=25 908 m $\bar{q}$=95 760.6 Pa	−5.91	1.00	5.91	短周期
	5.76	−1.00	5.76	短周期
	$-1.16\times10^{-4}\pm3.38\times10^{-2}i$	3.45×10^{-3}	3.37×10^{-2}	长周期
	2.43×10^{-5}	−1.000	2.43×10^{-5}	高度
	$-0.57\pm28.44i$	0.02	28.45	1 阶弹性模态
	$-1.54\pm76.85i$	0.02	76.86	2 阶弹性模态
	$-3.02\pm150.64i$	0.02	150.67	3 阶弹性模态
h= 35 052 m Ma=10	−3.97	1.00	3.96	短周期
	3.91	−1.00	3.90	短周期
	$-3.31\times10^{-5}\pm3.45\times10^{-2}i$	9.60×10^{-4}	3.45×10^{-2}	长周期
	-1.01×10^{-5}	1.00	1.01×10^{-5}	高度
	$-0.56\pm28.13i$	0.02	28.14	1 阶弹性模态
	$-1.54\pm76.87i$	0.02	76.89	2 阶弹性模态
	$-3.02\pm150.69i$	0.02	150.72	3 阶弹性模态

表 2.7　弹性体飞行器动力学系统线性化后零点

飞行条件	开环零点	阻　尼	频率/(rad・s^{-1})
h=25 908 m $\bar{q}$=95 760.6 Pa	1.32×10^{-14}	−1.00	1.32×10^{-14}
	−9.91	1.00	9.91
	9.91	−1.00	9.91
	−0.56±27.34i	0.02	27.35
	−1.54±77.08i	0.02	77.10
	−3.02±150.69i	0.02	150.72
h= 35 052 m Ma=10	-2.84×10^{-15}	1.00	2.84×10^{-15}
	−6.47	1.00	6.47
	6.47	−1.00	6.47
	−0.56±27.67i	0.02	27.68
	−1.54±76.97i	0.02	76.99
	−3.02±150.71i	0.02	150.74

进一步分析表 2.6 中的数据可知，弹性体飞行器动力学系统中含有弹性模态，该模态由三对欠阻尼的复共轭极点组成，自然频率与表 2.1 给出的飞行器结构的振动频率一致。结构动力学系统中的弹性模态和刚性动力学系统中的三种模态分布在不同的频带上，分别在不同时间尺度上决定了飞行器的动态特性，而飞行器较低的固有振动频率缩小了结构动力学系统模态与刚性动力学系统模态之间的差距，尤其是 1 阶弹性模态，从而使得结构变形和弹性振动对刚性动力学系统产生的影响增大，造成系统稳定性下降。通过图 2.15 和图 2.16 右半平面的极点分布可以看出，弹性飞行器的这一不稳定极点的值较刚性飞行器的不稳定极点值大，这说明结构的变形和弹性振动加剧了飞行器的不稳定性，控制系统在设计过程中需要考虑结构动力学系统给飞行器稳定性带来的影响。

从图 2.15 和图 2.16 中还可以看出，飞行器动力学系统中同时含右半平面的正实数零点，这是由于吸气式飞行器的升降舵安装在机身尾部，升降舵偏转产生俯仰力矩的同时，还在航迹角和迎角子系统中引入了升力项，使得纵向动力学系统中存在非最小相位行为。从控制的角度来看，飞行器的静不稳定性使得其控制系统的设计成为必要，而非最小相位行为使得控制系统难以实现高增益、高带宽控制[55]。通过图 2.15 和图 2.16 中右半平面的零点分布对比也可以看出，结构的变形和弹性振动增大了飞行器动力学系统所含的非最小相位零值，使得飞行器更难于控制。

以上分析的结论具有一般性，大量仿真和已有的研究表明，无论外形参数、飞行速度和飞行高度如何变化，吸气式高超声速飞行器动力学系统特征方程的根彼此间在量级上遵循着以上规律。

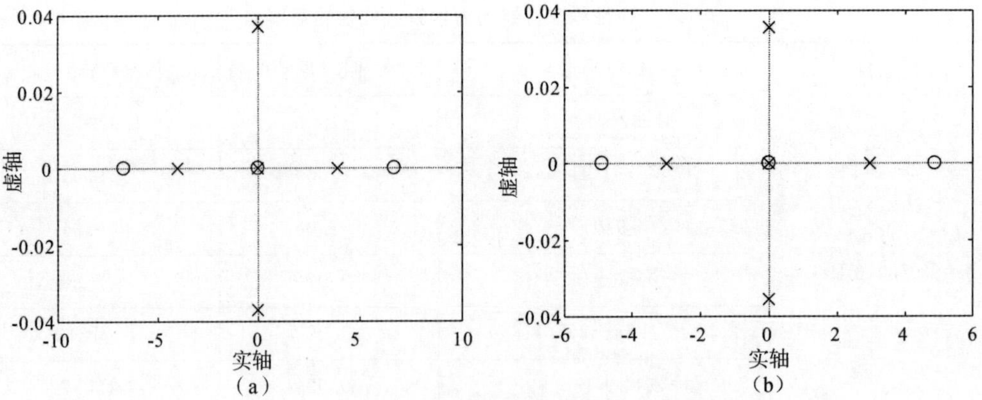

图 2.15 刚性体飞行器动力系统开环零极点分布

(a)h=25 908 m,$\bar{q}$=95 760.6 Pa;(b) h=35 052 m,Ma=10

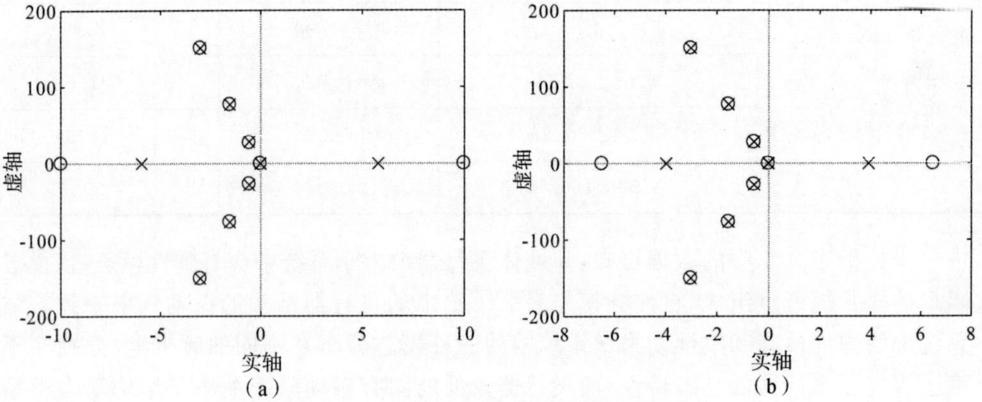

图 2.16 弹性体飞行器开环零极点分布

(a)h=25 908 m,$\bar{q}$=95 760.6 Pa;(b) h=35 052 m,Ma=10

2.6 本章小结

本章建立了吸气式高超声速飞行器纵向飞行的动力学原理模型。主要工作为:将活塞理论作为飞行器表面不同区域气动作用力计算的基本方法,基于二维激波膨胀波理论,分析了气流分布规律。采用向量形式,推导了运动方程中关于迎角、俯仰角速度和弹性模态坐标导数的定常和非定常气动力、气动力矩系数的稳定导数和控制导数的表达式。将超燃冲压发动机进出口和燃烧室内流场视为准一维定常流动过程,给出了气流流动参数的变化关系式和推力的解析表达式。本章建立的动力学原理模型描述了机身结构的变形和弹性振动带来的气动弹性效应,反映了飞行器机身前、后体下表面与推进系统的相互作用关系,气动力和气动力矩的向量表示形式,使动力学原理模型更易于扩展和完善。

第 3 章　基于反演设计方法的 AHFV 控制系统设计

吸气式高超声速飞行器控制系统通过对超燃冲压发动机和升降舵的控制来实现飞行器纵向平面内的巡航和机动、俯冲和爬升。具体而言，控制系统通过对超燃冲压发动机油门的调节来改变推力的大小，进而控制飞行速度；通过对升降舵面偏转角度的调节来改变操纵力矩，进而控制飞行姿态。因此，给出超燃冲压发动机油门的调节规律和升降舵面的偏转规律是控制系统设计的主要内容。

在第 2 章中，采用空气动力学理论获得了吸气式高超声速飞行器气动/推进/结构耦合的动力学原理模型。作为被控制对象的数学描述，动力学原理模型是多变量耦合的非线性系统，采用增益调度或反馈线性化方法直接进行对控制系统的设计难度很大，相比较而言，反演设计方法更具备解决此类非线性控制问题的能力。反演设计方法使得控制系统的设计系统化、结构化，但该方法对于描述被控对象特征的数学模型也有着一定的要求。由高阶系统分解的多个子系统方程应该是一种严格的反馈形式，即当前子系统方程中不能含有外层子系统的状态量或最终的控制量，以防止代数环的出现。第 2 章给出的原理模型，真实、全面地反映了吸气式高超声速飞行器纵向运动的特点，但是在该模型中，推力、气动力和气动力矩以及广义弹性力为模型输入量——燃料/空气混合比和升降舵偏角的复杂隐函数，故原理模型不满足仿射形式的要求。此外，原理模型具有非最小相位行为，而且模型中各个子系统中的状态量是相互耦合、相互影响的，故原理模型也不具有严格反馈形式。因此，在开始进行控制系统设计之前，需要对原理模型进行处理，使其满足严格反馈仿射形式的要求。

将原理模型转化为符合控制系统设计要求的模型的过程称为面向控制建模过程。在建立面向控制的数学模型过程中，面临的难点在于如何对原理模型进行适当的简化，使得简化的数学模型既便于控制器的设计与分析，同时又保证基于此简化模型设计的控制器应用到原理模型甚至实际系统中能够完成预定的控制任务。在大范围超机动飞行器控制系统的设计中，基于插值拟合的气动力建模方法被大量采用，其中，插值是指离散数据点的连续化扩展，而拟合是指离散数据点的光滑逼近，基于插值的拟合方法可提高模型的连续性和建模的精度。插值拟合气动力建模方法主要是以飞行器的纵向、侧向以及轴向模态的风洞实验数据或理论计算数据为研究对象，建立气动力系数与飞行器状态量和控制量的关系式，这种关系式可以是代数方程式、微分方程式或积分方程式，现已研究了多项式、样条函数、阶跃响应函数、微分方程式等多种形式的非线性气动力数学模型，其中，气动力的多项式形式是通过多元线性回归等分析方法，将气动力拟合成多项线性表达式，这样更有利于直接进行控制器的设计。

本章研究将反演设计方法用于吸气式高超声速飞行器控制系统的设计中，并解决应用过程中存在的问题。首先，通过曲线拟合的方法，将动力学原理模型转换成符合严格反馈形式的面向控制的模型；其次，以飞行速度和高度为控制对象，基于标准的反演设计方法，给出速度子系统控制器和高度子系统控制器的设计步骤；再次，针对控制器中存在的状态量跟踪误差耦合项影响稳定性、虚拟控制量的导数解析计算复杂、不连续控制的切换抖动等问题，通过不等式变换和控制器参数设计、微分动态系统的引入以及模型干扰项上界的自适应估计等措施，提出基于动态面反演设计方法的改进控制系统的设计方法；最后，通过对动力学原理模型的速度和高度指令跟踪仿真，验证所提出的反演设计方案的有效性。

3.1 面向控制的纵向运动建模

3.1.1 系统分解与控制量选择

面向反演设计方法的建模首先涉及非线性系统的分解和中间虚拟控制量的选择。吸气式高超声速飞行器动力学原理模型中包含了两大动力学系统，即刚体动力学系统和结构动力学系统。刚体动力学系统方程表征了飞行器的飞行姿态和飞行轨迹变化情况，是直接用于控制系统设计的数学模型。刚体动力学系统中，描述飞行轨迹的状态变量 —— 高度 h 是慢变量，而描述飞行姿态的状态变量 —— 航迹角 γ、迎角 α 和俯仰角速度 Q 则是依次递增的快变量，这是按照飞行器对升降舵面偏转指令的响应速度决定的。刚体动力学系统中另外一个的状态变量 —— 飞行速度 V 和高度 h 同属于慢变量，受发动机推力的控制，即发动机根据油门调节指令产生推力进而改变飞行器的飞行速度。在动力学原理模型中，升降舵面偏转采用升降舵偏角 δ_e 描述，而发动机油门调节采用燃烧室内的燃料 / 空气混合比 Φ 描述。基于状态变量在时间尺度上具有明显差异这一事实，可将刚体动力学系统分解为两个慢变子系统：V -子系统和 h -相关子系统，并可进一步将 h -相关子系统分解为 h -子系统、γ -子系统、α -子系统以及 Q -子系统。根据反演设计方法选择虚拟控制量和实际控制量的方法，选取 V -子系统实际控制量为 Φ，h -子系统虚拟控制量为 γ_c，γ -子系统虚拟控制量为 α_c，α -子系统虚拟控制量为 Q_c，Q -子系统实际控制量为 δ_e，其中，γ_c 视为 γ -子系统的期望跟踪信号；α_c 视为 α -子系统期望跟踪信号；Q_c 视为 Q -子系统的期望跟踪信号。结构动力学系统方程表征了飞行器的结构变形和弹性振动情况，相比于刚体状态量 $\boldsymbol{x}$，弹性状态量 $\boldsymbol{\eta}$ 是最快变量，结构动力学系统不存在虚拟控制量。

以下进行面向反演设计方法的模型转化，该过程分为两个部分：一是给出控制量仿射的逼近模型；二是基于逼近模型给出符合严格反馈形式的控制模型。

3.1.2 基于控制量仿射的曲线拟合模型

基于曲线拟合的思想，将动力学原理模型中的推力 T、阻力 D、升力 L、气动俯仰力矩 M 以及广义弹性力 $N_i(i=1,2,3)$ 表示成模型输入量 —— 燃料 / 空气混合比 Φ 和升降舵偏角 δ_e，以及模型状态量 —— 动压 $\bar{q}$，迎角 α 和弹性模态 $\boldsymbol{\eta}$ 的多项式形式。需要说明的是，飞行马赫数 Ma 也是在拟合过程中经常用到的状态量，用于体现飞行速度和高度对拟合作用力的影响，此处考虑到动压 $\bar{q}$ 也可同时体现这两方面的因素，因此拟合过程中不再引入飞行马赫数 Ma。

虽然多项式中的模型状态量和输入量的阶次设置越高，对推力、气动力和气动力矩以及广义弹性力的拟合精度就越高，但是不能单纯局限于研究拟合问题，还要方便将拟合后的运动模型表示成控制量的仿射形式，为此：

(1) 考虑到推力改变速度，而推力的控制量为燃料 / 空气混合比，因此将 T 拟合成 Φ 的1阶线性形式；

(2) 考虑到俯仰力矩改变飞行姿态，而俯仰力矩的控制量为升降舵偏角，因此将 M 拟合成 δ_e 的1阶线性形式；

(3) 考虑到通过升力改变飞行的高度，而升力的控制量为迎角，因此将 L 拟合成 α 的1阶线性形式。

选取推力 T、阻力 D、升力 L、气动俯仰力矩 M 以及广义弹性力 $N_i(i=1,2,3)$ 的多项式拟合形式如下：

$$\left.\begin{aligned} T &\approx \bar{q}SC_T(\alpha,\Phi,\boldsymbol{\eta}) \\ L &\approx \bar{q}SC_L(\alpha,\delta_e,\boldsymbol{\eta}) \\ D &\approx \bar{q}SC_D(\alpha,\delta_e,\boldsymbol{\eta}) \\ M &\approx \bar{q}S\bar{c}C_M(\alpha,\delta_e,\boldsymbol{\eta}) \\ N_i &\approx \bar{q}S[N_i^{\alpha^2}\alpha^2 + N_i^{\alpha}\alpha + N_i^{\delta_e}\delta_e + N_i^0 + N_i^{\eta}\boldsymbol{\eta}] \end{aligned}\right\} \tag{3.1}$$

其中：

$$\begin{aligned} \bar{q} &= \rho V^2/2,\ \rho \approx \rho_0\exp[-(h-h_0)/h_s] \\ C_T &= C_{T,\Phi}(\alpha)\Phi + C_{T,0}(\alpha) + C_T^{\eta}\boldsymbol{\eta} \\ C_{T,\Phi} &= C_T^{\Phi\alpha^3}\alpha^3 + C_T^{\Phi\alpha^2}\alpha^2 + C_T^{\Phi\alpha}\alpha + C_T^{\Phi} \\ C_{T,0} &= C_T^3\alpha^3 + C_T^2\alpha^2 + C_T^1\alpha + C_T^0 \\ C_L &= C_L^{\alpha}\alpha + C_L^{\delta_e}\delta_e + C_L^0 + C_L^{\eta}\boldsymbol{\eta} \\ C_D &= C_D^{\alpha^2}\alpha^2 + C_D^{\alpha}\alpha + C_D^{\delta_e^2}\delta_e^2 + C_D^{\delta_e}\delta_e + C_D^0 + C_D^{\eta}\boldsymbol{\eta} \\ C_M &= C_M^{\alpha^2}\alpha^2 + C_M^{\alpha}\alpha + C_M^{\delta_e}\delta_e + C_M^0 + C_M^{\eta}\boldsymbol{\eta} \\ C_j^{\eta} &= [C_j^{\eta_1},0,C_j^{\eta_2},0,C_j^{\eta_3},0],\ j = L,D,M,T \\ N_i^{\eta} &= [N_i^{\eta_1},0,N_i^{\eta_2},0,N_i^{\eta_3},0],\ i = 1,2,3 \end{aligned}$$

式中：$\bar{q}$ 为动压；ρ 为高度 h 处的指数拟合大气密度；ρ_0 和 h_s 分别为参考高度 h_0 处的拟合常数；S 和 $\bar{c}$ 分别为升降舵面的参考面积和平均气动弦长；C_T 为推力系数；$C_{T,\Phi}$ 为 C_T 中燃料 / 空气混合比 Φ 的导数；$C_{T,0}$ 为 C_T 中的常数项；C_T^{η} 为 C_T 中弹性模态 η 的导数；$C_T^{\Phi\alpha^i}(i=1,2,3)$ 为 $C_{T,\Phi}$ 中迎角 α 的第 i 阶导数；C_T^{Φ} 为 $C_{T,\Phi}$ 中的常数项；$C_T^i(i=1,2,3)$ 为 $C_{T,0}$ 中迎角 α 的第 i 阶导数；C_T^0 为 $C_{T,0}$ 中的常数项；C_L 为升力系数；C_L^{α} 为 C_L 中迎角 α 的导数；$C_L^{\delta_e}$ 为 C_L 中升降舵偏角 δ_e 的导数；C_L^0 为 C_L 中的常数项；C_L^{η} 为 C_L 中弹性模态 $\boldsymbol{\eta}$ 的导数；C_D 为阻力系数；$C_D^{\alpha^k}(k=1,2)$ 为 C_D 中迎角 α 的第 k 阶导数；$C_D^{\delta_e^k}$ 为 C_D 中升降舵偏角 δ_e 的第 k 阶导数；C_D^0 为 C_D 中的常数项；C_D^{η} 为 C_D 中弹性模态 $\boldsymbol{\eta}$ 的导数；C_M 为俯仰力矩系数；$C_M^{\alpha^k}(k=1,2)$ 为 C_M 中迎角 α 的第 k 阶导数；$C_M^{\delta_e}$ 为 C_M 中迎角 α 的升降舵偏角 δ_e 的导数；C_M^0 为 C_M 中的常数项；C_M^{η} 为 C_M 中弹性模态 $\boldsymbol{\eta}$ 的导数；$N_i^{\alpha^k}(k=1,2)$ 为第 i 阶广义弹性力 N_i 中迎角 α 的第 k 阶导数；$N_i^{\delta_e}$ 为第 i 阶广义弹性力 N_i 中升降舵偏角 δ_e 的导数；N_i^0 为第 i 阶广义弹性力 N_i 中的常数项；N_i^{η} 为第 i 阶广义弹性力 N_i 中的弹性模态 $\boldsymbol{\eta}$ 的导数。

曲线拟合过程就是通过求解各个作用力系数中待定的常数项和导数，使得曲线模型与原理模型之间的误差最小，实施步骤如下：

(1) 在吸气式高超声速飞行器飞行包线内，对输入量和状态量进行采样，通过原理模型，生成反映当前研究的作用力或力矩与输入量和状态量对应关系的样本点集；

(2) 采用 $A=\{a_{ij}\}$ 表示已知的数据点集，a_{ij} 为第 i 个基变量的第 j 个采样点，$b=\{b_j\}$ 表示计算生成的数据点集，b_j 为当前作用力或力矩的第 j 个生成点，通过最小化目标函数 $\sum_{j=1}^{N}(b_j-A_jc)^2$，求出待定气动系数值 c。

推力、气动力、气动俯仰力矩以及广义弹性力的曲线拟合结果见附录 C。

3.1.3 基于严格反馈的面向控制模型

在面向控制建模与控制系统设计中，将含有拟合作用力或力矩的运动方程称为曲线拟合模型。曲线拟合模型只是给出了动力学原理模型中作用力或力矩的拟合形式，经拟合的作用力或力矩以及运动方程还不满足反演设计方法对控制模型的严格反馈形式的要求，这是因为，γ-子系统和 α-子系统中含有因升力 L 而引入的最外层控制量 δ_e。为了形成适合反演设计方法的控制模型，需对曲线拟合模型作进一步处理：

(1) 将 γ-子系统和 α-子系统中因升力 L 引入的与 δ_e 有关的项计入建模误差。考虑到 V-子系统中因阻力 D 引入的与 δ_e 有关的项不影响控制量 Φ 的设计，而 h-相关子系统中因推力 T 引入的与 Φ 有关的项也并不破坏严格反馈形式，故面向控制模型中保留 V-子系统中的阻力项——D/m、γ-子系统中的 $T\sin\alpha/(mV)$ 项，以及 Q-子系统中的 $z_T T/I_{yy}$ 项。

(2) 考虑到弹性振动信号不易直接测量，弹性状态量 $\boldsymbol{\eta}$ 无法直接用于控制系统的设计，所以将弹性振动对刚体运动的影响视为干扰，使得面向控制模型中的标称函数部分不再含有与 $\boldsymbol{\eta}$ 相关的项。

此时，推力系数 C_T、升力系数 C_L、阻力系数 C_D 以及气动俯仰力矩系数 C_M 的标称部分如下：

$$\begin{aligned}
\bar{C}_T(\Phi) &= C_T^{\Phi}\Phi + C_T^0 \\
\bar{C}_L(\alpha) &= C_L^{\alpha}\alpha + C_L^0 \\
\bar{C}_D(\alpha,\delta_e) &= C_D^{\alpha^2}\alpha^2 + C_D^{\alpha}\alpha + C_D^{\delta_e^2}\delta_e^2 + C_D^{\delta_e}\delta_e + C_D^0 \\
\bar{C}_M(\alpha,\delta_e) &= C_M^{\alpha^2}\alpha^2 + C_M^{\alpha}\alpha + C_M^{\delta_e}\delta_e + C_M^0
\end{aligned}$$

进一步，按照 h-子系统和 γ-子系统右函数需分别为控制量 γ_c 和 α_c 仿射形式的要求，对运动方程作以下处理：

(1) 将 h-子系统中的 $\sin\gamma$ 展开成 γ 的幂级数，取 $\sin\gamma=\gamma+R(\gamma)$，其中 $R(\gamma)=-\gamma^2\sin\gamma^*/2$ 为余项，$\gamma^*\in[0,\gamma]$；

(2) 将 γ-子系统中的 $T\sin\alpha$ 展开成 α 的幂级数，取 $T\sin\alpha=\bar{q}S(C_T^{\Phi}\Phi+C_T^0)\alpha+R(\alpha)$，其中 $R(\alpha)=[\partial^2(T\sin\alpha)/\partial\alpha^2]|_{\alpha=\alpha^*}\alpha^2$ 为余项，$\alpha^*\in[0,\alpha]$。

综合以上分析，并考虑到 $\bar{q}=\bar{q}(\rho,V)=\bar{q}(V,h)$，则 V-子系统方程可改写成以下形式

$$\dot{V}=f_V(V,h,\gamma,\alpha,\delta_e)+g_V(V,h,\alpha)\Phi+\Delta_V(V,h,\alpha,\eta) \tag{3.2}$$

其中：

$$f_V = \bar{q}S[C_T^0\cos\alpha - \bar{C}_D(\alpha,\delta_e)]/m - \mu\sin\gamma/(R_E+h)^2$$

$$g_V = \bar{q}SC_T^{\Phi}\cos\alpha/m$$

$$\Delta_V = \bar{q}S[C_T^{\eta}\boldsymbol{\eta}\cos\alpha - C_D^{\eta}\boldsymbol{\eta}]/m + f_V(\Delta m,\Delta S,\Delta\rho) + g_V(\Delta m,\Delta S,\Delta\rho)$$

式中：Δm，ΔS 分别为飞行器质量和升降舵参考面积的摄动量；$\Delta\rho$ 为大气密度的摄动量。

h -相关子系统方程可改写成以下形式：

$$\dot{h} = f_h + g_h(V)\gamma + \Delta_h(V,\gamma) \tag{3.3}$$

$$\dot{\gamma} = f_\gamma(V,h,\gamma) + g_\gamma(V,h,\Phi)\alpha + \Delta_\gamma(V,h,\alpha,\boldsymbol{\eta},\delta_e) \tag{3.4}$$

$$\dot{\alpha} = f_\alpha(V,h,\gamma,\alpha,\Phi) + g_\alpha Q + \Delta_\alpha(V,h,\alpha,\boldsymbol{\eta},\delta_e) \tag{3.5}$$

$$\dot{Q} = f_Q(V,h,\alpha,\Phi) + g_Q(V,h)\delta_e + \Delta_Q(V,h,\boldsymbol{\eta}) \tag{3.6}$$

其中：

$$f_h = 0, g_h = V$$

$$\Delta_h = -V\gamma^2\sin\gamma^*/2$$

$$f_\gamma = \bar{q}SC_L^0/(mV) - [\mu - V^2(R_E+h)]\cos\gamma/[V(R_E+h)^2]$$

$$g_\gamma = \bar{q}SC_L^{\alpha}/(mV) + \bar{q}S(C_T^{\Phi}\Phi + C_T^0)/(mV)$$

$$\Delta_\gamma = \bar{q}S[C_L^{\delta_e}\delta_e + C_L^{\eta}\boldsymbol{\eta} + C_T^{\eta}\boldsymbol{\eta}\sin\alpha]/(mV) + R(\alpha)/(mV) + \Delta f_\gamma(m,S,\rho) + \Delta g_\gamma(m,S,\rho)$$

$$f_\alpha = -\bar{q}S\bar{C}_L(\alpha)/(mV) - \bar{q}S\bar{C}_T(\alpha,\Phi)/(mV) + [\mu - V^2(R_E+h)]\cos\gamma/[V(R_E+h)^2]$$

$$g_\alpha = 1$$

$$\Delta_\alpha = -\bar{q}S[C_L^{\delta_e}\delta_e + C_L^{\eta}\boldsymbol{\eta} + C_T^{\eta}\boldsymbol{\eta}\sin\alpha]/(mV) + f_\alpha(\Delta m,\Delta S,\Delta\rho)$$

$$f_Q = z_T\bar{q}S\bar{C}_T(\alpha,\Phi)/I_{yy} + \bar{q}S\bar{c}(C_M^{\alpha^2}\alpha^2 + C_M^{\alpha}\alpha + C_M^0)/I_{yy}$$

$$g_Q = \bar{q}S\bar{c}C_M^{\delta_e}/I_{yy}$$

$$\Delta_Q = z_T C_T^{\eta}\boldsymbol{\eta}/I_{yy} + \bar{q}S\bar{c}C_M^{\eta}\boldsymbol{\eta} + f_Q(\Delta I_{yy},\Delta z_T,\Delta S,\Delta\bar{c},\Delta\rho) + g_Q(\Delta I_{yy},\Delta S,\Delta\bar{c},\Delta\rho)$$

式中：ΔI_{yy}，$\Delta\bar{c}$ 分别为飞行器转动惯量和平均气动弦长摄动量；Δz_T 为推力距质心力臂的摄动量。

结构动力学系统方程可改写成如下形式

$$\dot{\boldsymbol{\eta}} = \boldsymbol{A}_\eta\boldsymbol{\eta} + \bar{q}S[\boldsymbol{A}_0 + \boldsymbol{A}_1\alpha + \boldsymbol{A}_2\alpha^2] + \bar{q}S\boldsymbol{B}\delta_e \tag{3.7}$$

其中：

$$\boldsymbol{A}_\eta = \begin{bmatrix} 0 & 1 & 0 & 0 & 1 & 0 \\ -\omega_1^2 + \bar{q}SN_1^{\eta_1} & -2\zeta_1\omega_1 & \bar{q}SN_1^{\eta_2} & 0 & \bar{q}SN_1^{\eta_3} & 0 \\ 0 & 0 & 0 & 1 & 0 & 0 \\ \bar{q}SN_2^{\eta_1} & 0 & -\omega_2^2 + \bar{q}SN_2^{\eta_2} - 2\zeta_2\omega_2 & \bar{q}SN_2^{\eta_3} & 0 \\ 0 & 0 & 0 & 0 & 0 & 1 \\ \bar{q}SN_3^{\eta_1} & 0 & \bar{q}SN_3^{\eta_2} & 0 & -\omega_3^2 + \bar{q}SN_3^{\eta_3} & -2\zeta_3\omega_3 \end{bmatrix}$$

$$\boldsymbol{A}_0 = [0 \quad N_1^0 \quad 0 \quad N_2^0 \quad 0 \quad N_3^0]^{\mathrm{T}}, \boldsymbol{A}_1 = [0 \quad N_1^{\alpha} \quad 0 \quad N_2^{\alpha} \quad 0 \quad N_3^{\alpha}]^{\mathrm{T}}$$

$$\boldsymbol{A}_2 = [0 \quad N_1^{\alpha^2} \quad 0 \quad N_2^{\alpha^2} \quad 0 \quad N_3^{\alpha^2}]^{\mathrm{T}}, \boldsymbol{B} = [0 \quad N_1^{\delta_e} \quad 0 \quad N_2^{\delta_e} \quad 0 \quad N_3^{\delta_e}]^{\mathrm{T}}$$

根据式(3.2)～式(3.6)可知，标称的 V -子系统和 h -相关子系统都是仿射非线性系统，且都符合严格反馈形式的要求。V -子系统的输入量为 $u = \Phi$，输出量为 $y = V$。定义飞行包线

集合为 Ξ,对于 $\forall\{V\}\subset\Xi$,有 $L_{g_V}V=g_V\neq 0$,其中 $L_{g_V}V$ 表示速度 V 对函数 g_V 的 Lie 导数,故 V -子系统为 1 阶子系统。h -相关子系统的输入量为 $u=\delta_e$,输出量为 $y=h$,对于 $\forall\{h,\gamma,\alpha,Q\}\subset\Xi$,有 $L_{g_{h,\delta_e}}h=0$,$L_{g_{\gamma,\delta_e}}L_{f_i}h=0$,$L_{g_{\alpha,\delta_e}}L_{f_i}^2h=0$,$L_{g_{i,\delta_e}}L_{f_i}^3h\neq 0$,其中,$g_{h,\delta_e}$、$g_{\gamma,\delta_e}$、$g_{\alpha,\delta_e}$ 和 g_{Q,δ_e} 分别为 h、γ、α、Q-子系统中关于δ_e 的输入函数;$L_{g_h}V$ 表示高度h 对函数 g_h 的 Lie 导数,故 h -子系统为 4 阶系统。在 h、γ、α -子系统中引入虚拟控制量 γ_c,α_c,Q_c 后,h -相关子系统分解成了 4 个 1 阶的子系统。

至此,已完成了面向控制的建模工作。

3.2 控制系统设计的问题描述

通过面向控制的建模过程,将控制系统的设计问题转化成了三个分系统控制问题,即速度子系统控制问题、高度相关子系统控制问题和结构动力学系统控制问题。在速度子系统控制中,利用燃料/空气混合比 Φ 对飞行速度 V 进行控制;在高度相关子系统控制中,利用升降舵偏角 δ_e 对高度 h、航迹角 γ、迎角 α 和俯仰角速度Q 进行控制。结构动力学系统控制问题较为特殊,结构动力学系统控制的目的在于抑制弹性振动,并尽量削弱弹性振动对飞行器控制稳定性带来的影响,但是结构动力学系统没有分配控制权,也不存在可设计的虚拟控制量。有两种思路可解决弹性振动引起的控制问题:一是将弹性振动视为外界干扰,利用控制器的鲁棒性实现对弹性干扰的抑制;二是设计陷波器或弹性模态观测器,通过对弹性状态量的估计与重构来参与控制系统的设计。由于弹性模态估计需要已知弹性振动的阻尼比 ζ_i 和自然振动频率ω_i,所以第二种思路在实际过程中不易实施。在面向控制的建模过程中,将弹性振动对刚体运动的影响计入了系统干扰项 Δ_x,$\boldsymbol{x}=[V\ h\ \gamma\ \alpha\ Q]$。因此,如果基于刚体动力学系统设计的控制系统对系统干扰项具有鲁棒性,就能够消除弹性振动对系统稳定性产生的影响。

在纵向平面内跟踪制导或导航指令是吸气式高超声速飞行器的飞行控制任务。制导或导航指令包含了飞行器巡航和机动、俯冲和爬升的动作指令,这些指令是控制系统的输入信号,在控制系统设计过程中以速度指令 $V_c(t)$ 和高度指令 $h_c(t)$ 表示。考虑到控制系统需要满足调节时间、超调量等性能指标的要求,通常将速度指令 $V_c(t)$ 和高度指令 $h_c(t)$ 通过一定的参考模型环节产生符合的待跟踪参考轨迹 $V_{\mathrm{ref}}(t)$ 和 $h_{\mathrm{ref}}(t)$。典型的二阶参考模型环节的结构如图 3.1 所示,其 s 域传递函数形式为

$$\frac{y_{\mathrm{ref}}(s)}{y_c(s)}=\frac{\omega_n^2}{s^2+2\zeta_n\omega_n+\omega_n^2}\tag{3.8}$$

式中:ζ_n,ω_n 分别为参考模型的阻尼比和自然频率。当阻尼比取值为 $0<\zeta_n<1$,误差带 $\Delta=0.05$ 时,参考轨迹的调节时间指标为 $t_s=3.5/(\zeta_n\omega_n)$,超调量指标为 $\sigma\%=\exp(-\pi\zeta_n/\sqrt{1-\zeta_n^2})\times 100\%$。这样,设计的控制系统是否有效就可通过对参考轨迹的跟踪来检验。由于二阶参考模型环节还可提供参考轨迹的时间变化率信号 $\dot{V}_{\mathrm{ref}}(t)$ 和 $\dot{h}_{\mathrm{ref}}(t)$,因此也给控制系统的设计带来了方便。

控制系统的设计就是根据飞行控制任务,通过速度子系统控制器和高度相关子系统控制器的设计与综合,给出超燃冲压发动机油门的调节规律和升降舵面的偏转规律。控制系统的设计问题可描述为:针对面向控制的纵向运动模型式(3.2)~式(3.7),采用刚体状态量 $\boldsymbol{x}=[V\ h\ \gamma\ \alpha\ Q]^{\mathrm{T}}$ 设计 V -子系统控制器 $\Phi(\boldsymbol{x})$ 和 h -相关子系统控制器 $\delta_e(\boldsymbol{x})$,使得模型输出 $\boldsymbol{y}=$

$[V(t)\ h(t)]^{\mathrm{T}}$ 从给定的初始状态集合 $x(0) \in \Xi_0^x \subset \mathbf{R}^5$，$\boldsymbol{\eta}(0) \in \Xi_0^\eta \subset \mathbf{R}^6$ 出发，能够跟踪参考轨迹 $\boldsymbol{y}_{\mathrm{ref}} = [V_{\mathrm{ref}}(t)\ h_{\mathrm{ref}}(t)]^{\mathrm{T}}$，并使得闭环系统的所有变量有界。闭环系统内所有变量有界不仅包括系统的状态量有界，而且包括输入量和虚拟控制量有界，如果引入其他一些辅助动态系统，则该系统内的变量也要有界。闭环系统的所有信号有界不仅包括刚体动力学系统的状态量有界，还包括结构动力学系统中的弹性状态量有界。

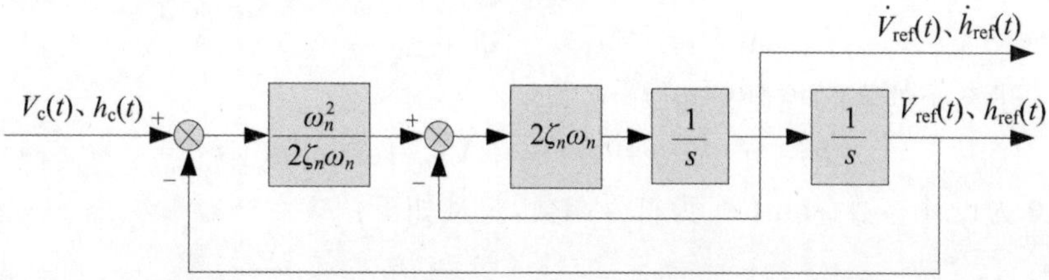

图 3.1　速度指令和高度指令的二阶参考模型结构图

3.3　基于标准反演设计方法的控制系统设计

现在采用标准的反演设计方法给出速度子系统控制器和高度相关子系统控制器的设计步骤与设计结果。

为便于问题的研究，作如下合理假设：

假设 3.1：参考轨迹向量 y_{ref} 及其时间导数 $\dot{y}_{\mathrm{ref}}$ 光滑可测，且 $\bar{\boldsymbol{y}}_{\mathrm{ref}} = [\boldsymbol{y}_{\mathrm{ref}}^{\mathrm{T}}, \dot{\boldsymbol{y}}_{\mathrm{ref}}^{\mathrm{T}}]^{\mathrm{T}} \in \Omega_{\mathrm{ref}}$，其中 Ω_{ref} 为已知有界紧集。

如果参考轨迹是速度指令和高度指令通过参考模型环节给出的，则参考轨迹具有光滑连续性，此时假设 3.1 是合理的。

假设 3.2：式(3.2) ~ 式(3.6) 中的干扰项 $\Delta_x(\boldsymbol{x} = [V\ h\ \gamma\ \alpha\ Q]^T$ 有界，即 $\sup|\Delta_x| \leqslant \Delta_x^M$，其中 $\Delta_x^M(\boldsymbol{x} = [V\ h\ \gamma\ \alpha\ Q]^T)$ 为常数。

干扰项 Δ_x 为飞行器几何参数、气动参数和状态量的函数。在实际系统中，这些几何参数、气动参数和状态量都在一定范围内取值，不可能是无穷量。因此，Δ_x 也存在一定的取值范围，故假设 3.2 是合理的。

假设 3.3：式(3.7) 中的弹性模态矩阵 $\mathbf{A}_\eta$ 为 Hurwitz 矩阵。

根据文献[120] 提供的数据，经过计算可知，当发动机燃料无消耗时，$\mathbf{A}_\eta$ 的特征值分别为 $-0.403 \pm 20.944\mathrm{i}$，$-0.968 \pm 48.349\mathrm{i}$，$-1.912 \pm 95.464\mathrm{i}$；当发动机燃料消耗 50% 时，$\mathbf{A}_\eta$ 的特征值分别为 $-0.423 \pm 21.907\mathrm{i}$，$-1.078 \pm 53.873\mathrm{i}$，$-2.182 \pm 108.976\mathrm{i}$；而当发动机燃料全部消耗完毕后，$\mathbf{A}_\eta$ 的特征值分别为 $-0.455 \pm 23.464\mathrm{i}$，$-1.378 \pm 68.898\mathrm{i}$，$-2.800 \pm 139.892\mathrm{i}$。故 $\mathbf{A}_\eta$ 假设为 Hurwitz 矩阵是合理的。

3.3.1　速度控制器设计

V-子系统为 1 阶子系统，不含可分解的子系统和中间控制量。定义速度跟踪误差为

$$\widetilde{V} = V - V_{\mathrm{ref}} \tag{3.9}$$

按式(3.2)，对 $\widetilde{V}$ 求时间的导数，可得

$$\dot{\tilde{V}} = f_V + g_V \Phi + \Delta_V - \dot{V}_{\text{ref}} \tag{3.10}$$

针对式(3.10),选取 Lyapunov 函数如下:

$$W_V = \frac{1}{2}\tilde{V}^2 \tag{3.11}$$

对 W_V 求时间的导数,可得

$$\dot{W}_V = \tilde{V}(f_V + g_V \Phi + \Delta_V - \dot{V}_{\text{ref}}) \tag{3.12}$$

设计 V-子系统的实际控制量 Φ 为

$$\Phi = g_V^{-1}[-k_V\tilde{V} - f_V + \dot{V}_{\text{ref}} - \Delta_V^M \operatorname{sign}(\tilde{V})] \tag{3.13}$$

式中:$k_V > 0$ 为设计参数;$\operatorname{sign}(\cdot)$ 为符号函数,定义如下:

$$\operatorname{sign}(\cdot) = \begin{cases} 1, (\cdot) > 0 \\ -1, (\cdot) < 0 \\ [-1,1], (\cdot) = 0 \end{cases} \tag{3.14}$$

将式(3.13) 代入式(3.12),可得

$$\begin{aligned} \dot{W}_V &= -k_V\tilde{V}^2 + \tilde{V}\Delta_V - \Delta_V^M \mid \tilde{V} \mid \\ &\leqslant -k_V\tilde{V}^2 + \mid \tilde{V} \mid (\mid \Delta_V \mid - \Delta_V^M) \\ &\leqslant -k_V\tilde{V}^2 \leqslant 0 \end{aligned} \tag{3.15}$$

这说明,对于任意初始速度跟踪误差 $\tilde{V}(0)$,在控制式(3.13) 作用下,速度跟踪误差 $\tilde{V}(t)$ 渐近趋于零,即 $t \to +\infty$ 时,$\tilde{V}(t) \to 0$。

进一步,根据式(3.11) 和式(3.15) 可知,$\dot{W}_V \leqslant -2k_V W_V$,两端同乘以 $e^{2k_V t}$,在区间$[0,t]$上积分后,可得 $W_V(t) \leqslant W_V(0)e^{-2k_V t}$。因此,对于 $\forall t \geqslant 0$,有

$$\tilde{V}^2 \leqslant 2W_V(t) \leqslant 2W_V(0) \tag{3.16}$$

这说明,如果初始的速度跟踪误差 $\tilde{V}(0)$ 有界,则 $\tilde{V}(t)$ 在趋于零的过程中始终有界,又已知速度的待跟踪参考轨迹 $V_{\text{ref}}(t)$ 有界,则在速度轨迹跟踪过程中,速度 $V(t)$ 始终有界。

3.3.2 高度控制器设计

Step1:定义 h-子系统和 γ-子系统的跟踪误差为

$$\tilde{h} = h - h_{\text{ref}}, \tilde{\gamma} = \gamma - \gamma_c \tag{3.17}$$

沿式(3.3),对 $\tilde{h}$ 求时间的导数,可得

$$\dot{\tilde{h}} = f_h + g_h(\gamma_c + \tilde{\gamma}) + \Delta_h - \dot{h}_{\text{ref}} \tag{3.18}$$

针对式(3.18),选取 Lyapunov 函数如下:

$$W_h = \frac{1}{2}\tilde{h}^2 \tag{3.19}$$

对 W_h 求时间的导数,可得

$$\dot{W}_h = \tilde{h}(f_h + g_h\gamma_c + g_h\tilde{\gamma} + \Delta_h - \dot{V}_{\text{ref}}) \tag{3.20}$$

设计 h-子系统的虚拟控制量 γ_c 为

$$\gamma_c = g_h^{-1}[-k_h\tilde{h} - f_h + \dot{h}_{\text{ref}} - \Delta_h^M \operatorname{sign}(\tilde{h})] \tag{3.21}$$

式中:$k_h > 0$ 为设计参数。将式(3.21) 代入式(3.20),可得

$$\begin{aligned}\dot{W}_h &= -k_h\tilde{h}^2 + g_h\tilde{h}\tilde{\gamma} + \tilde{h}\Delta_h - \Delta_h^M \mid \tilde{h} \mid \\ &\leqslant -k_V\tilde{h}^2 + g_h\tilde{h}\tilde{\gamma} + \mid \tilde{h} \mid (\mid \Delta_h \mid - \Delta_h^M) \\ &\leqslant -k_V\tilde{h}^2 + g_h\tilde{h}\tilde{\gamma}\end{aligned} \tag{3.22}$$

式中：$g_h\tilde{h}\tilde{\gamma}$ 为 γ-子系统和 h-子系统之间的跟踪误差耦合项。如果 $\tilde{\gamma}$ 趋于零，则耦合项 $g_h\tilde{h}\tilde{\gamma}$ 将消失，h-子系统指数稳定，且 $\tilde{h}$ 趋于零。因此，在下一步的 γ-子系统控制器设计过程中需消除耦合项 $g_h\tilde{h}\tilde{\gamma}$。

Step2：定义 α-子系统的跟踪误差为

$$\tilde{\alpha} = \alpha - \alpha_c \tag{3.23}$$

沿式(3.4)，对 $\tilde{\gamma}$ 求时间的导数，可得

$$\dot{\tilde{\gamma}} = f_\gamma + g_\gamma(\alpha_c + \tilde{\alpha}) + \Delta_\gamma - \dot{\gamma}_c \tag{3.24}$$

针对式(3.24)，选取 Lyapunov 函数为

$$W_\gamma = \frac{1}{2}\tilde{\gamma}^2 \tag{3.25}$$

对 W_γ 求时间的导数，可得

$$\dot{W}_\gamma = \tilde{\gamma}(f_\gamma + g_\gamma\alpha_c + g_\gamma\tilde{\alpha} + \Delta_\gamma - \dot{\gamma}_c) \tag{3.26}$$

设计 γ-子系统的虚拟控制量 α_c 为

$$\alpha_c = g_\gamma^{-1}[-k_\gamma\tilde{\gamma} - f_\gamma - g_h\tilde{h} + \dot{\gamma}_c - \Delta_\gamma^M \mathrm{sign}(\tilde{\gamma})] \tag{3.27}$$

式中：$k_\gamma > 0$ 为设计参数。

式(3.27)中，虚拟控制量导数 $\dot{\gamma}_c$ 的解析计算式如下：

$$\dot{\gamma}_c = g_h^{-1}(-k_h\dot{\tilde{h}} - f_h + \ddot{h}_{\mathrm{ref}} - \dot{g}_h\gamma_c) = [-k_h(\dot{h} - \dot{h}_{\mathrm{ref}}) + \ddot{h}_{\mathrm{ref}} - \dot{V}\gamma_c]/V \tag{3.28}$$

将式(3.27)代入式(3.26)，可得

$$\begin{aligned}W_\gamma &= -k_\gamma\tilde{\gamma}^2 + g_\gamma\tilde{\gamma}\tilde{\alpha} + g_h\tilde{\gamma}\tilde{h} + \tilde{\gamma}\Delta_\gamma - \Delta_\gamma^M \mid \tilde{\gamma} \mid \\ &\leqslant -k_\gamma\tilde{\gamma}^2 + g_\gamma\tilde{\gamma}\tilde{\alpha} + g_h\tilde{\gamma}\tilde{h} + \mid \tilde{h} \mid (\mid \Delta_h \mid - \Delta_h^M) \\ &\leqslant -k_\gamma\tilde{\gamma}^2 + g_\gamma\tilde{\gamma}\tilde{\alpha} - g_h\tilde{\gamma}\tilde{h}\end{aligned} \tag{3.29}$$

综合式(3.19)和式(3.25)，重新定义 Lyapunov 函数为

$$W_\gamma^* = W_h + W_\gamma = \frac{1}{2}\tilde{h}^2 + \frac{1}{2}\tilde{\gamma}^2 \tag{3.30}$$

对 W_γ^* 求时间的导数，根据式(3.22)和式(3.29)，可得

$$W_\gamma^* \leqslant -k_V\tilde{h}^2 - k_\gamma\tilde{\gamma}^2 + g_\gamma\tilde{\gamma}\tilde{\alpha} \tag{3.31}$$

根据式(3.31)可知，如果 $\tilde{\alpha}$ 趋于零，则 γ-子系统和 α-子系统之间的跟踪误差耦合项 $g_\gamma\tilde{\gamma}\tilde{\alpha}$ 将消失，γ-子系统指数稳定，且 $\tilde{\gamma}$ 趋于零。因此，在下一步的 α-子系统控制器设计过程中需消除耦合项 $g_\gamma\tilde{\gamma}\tilde{\alpha}$。

Step3：定义 Q-子系统的跟踪误差为

$$\tilde{Q} = Q - Q_c \tag{3.32}$$

沿式(3.5)，对 $\tilde{\alpha}$ 求时间的导数，可得

$$\dot{\tilde{\alpha}} = f_\alpha + g_\alpha(Q_c + \tilde{Q}) + \Delta_\alpha - \dot{\alpha}_c \tag{3.33}$$

针对式(3.33)，选取 Lyapunov 函数为

$$W_{\alpha} = \frac{1}{2}\tilde{\alpha}^{2} \tag{3.34}$$

对 W_{α} 求时间的导数，可得

$$\dot{W}_{\alpha} = \tilde{\alpha}(f_{\alpha} + g_{\alpha}Q_{c} + g_{\alpha}\tilde{Q} + \Delta_{\alpha} - \dot{\alpha}_{c}) \tag{3.35}$$

设计 α-子系统的虚拟控制量 Q_c 为

$$Q_{c} = g_{\alpha}^{-1}[-k_{\alpha}\tilde{\alpha} - f_{\alpha} - g_{\gamma}\tilde{\gamma} + \dot{\alpha}_{c} - \Delta_{\alpha}^{M}\mathrm{sign}(\tilde{\alpha})] \tag{3.36}$$

式中：$k_{\alpha} > 0$，为设计参数。

式(3.36)中，虚拟控制量导数 $\dot{\alpha}_c$ 的解析计算如下：

$$\begin{aligned}\dot{\alpha}_{c} &= g_{\gamma}^{-1}(-k_{\gamma}\dot{\tilde{\gamma}}) - \dot{f}_{\gamma} - \dot{g}_{h}\tilde{h} - g_{h}\dot{\tilde{h}} + \ddot{\gamma}_{c} - \dot{g}_{\gamma}\alpha_{c}) \\ &= g_{\gamma}^{-1}[-k_{\gamma}(\dot{\gamma} - \dot{\gamma}_{c}) - \dot{f}_{\gamma} - \dot{g}_{h}(h - h_{\mathrm{ref}}) - \\ &\quad g_{h}(\dot{h} - \dot{h}_{\mathrm{ref}}) + \ddot{\gamma}_{c} - \dot{g}_{\gamma}\alpha_{c}]\end{aligned} \tag{3.37}$$

将式(3.36)代入式(3.35)，可得

$$\begin{aligned}\dot{W}_{\alpha} &= -k_{\alpha}\tilde{\alpha}^{2} + g_{\alpha}\tilde{\alpha}\tilde{Q} + g_{\gamma}\tilde{\alpha}\tilde{\gamma} + \tilde{\alpha}\Delta_{\alpha} - \Delta_{\alpha}^{M}\,|\,\tilde{\alpha}\,| \\ &\leqslant -k_{\alpha}\tilde{\alpha}^{2} + g_{\alpha}\tilde{\alpha}\tilde{Q} + g_{\gamma}\tilde{\alpha}\tilde{\gamma} + |\,\tilde{\alpha}\,|(|\,\Delta_{\alpha}\,| - \Delta_{\alpha}^{M}) \\ &\leqslant -k_{\alpha}\tilde{\alpha}^{2} + g_{\alpha}\tilde{\alpha}\tilde{Q} + g_{\gamma}\tilde{\alpha}\tilde{\gamma}\end{aligned} \tag{3.38}$$

综合式(3.30)和式(3.34)，重新定义 Lyapunov 函数为

$$W_{\alpha}^{*} = W_{\gamma}^{*} + W_{\alpha} = \frac{1}{2}\tilde{h}^{2} + \frac{1}{2}\tilde{\gamma}^{2} + \frac{1}{2}\tilde{\alpha}^{2} \tag{3.39}$$

对 W_{α}^{*} 求时间的导数，根据式(3.31)和式(3.38)，可得

$$\dot{W}_{\alpha}^{*} \leqslant -k_{V}\tilde{h}^{2} - k_{\gamma}\tilde{\gamma}^{2} - k_{\alpha}\tilde{\alpha}^{2} + g_{\alpha}\tilde{\alpha}\tilde{Q} \tag{3.40}$$

根据式(3.40)可知，如果 $\tilde{Q}$ 趋于零，则 α-子系统和 Q-子系统之间的耦合项 $g_{\alpha}\tilde{\alpha}\tilde{Q}$ 将消失，α-子系统指数稳定，且 $\tilde{\alpha}$ 趋于零。因此，在下一步的 Q-子系统控制器设计中需消除耦合项 $g_{\alpha}\tilde{\alpha}\tilde{Q}$。

Step4：沿式(3.6)，对 $\tilde{Q}$ 求时间的导数，可得

$$\dot{\tilde{Q}} = f_{Q} + g_{Q}\delta_{e} + \Delta_{Q} - \dot{Q}_{c} \tag{3.41}$$

针对式(3.41)，选取 Lyapunov 函数为

$$W_{Q} = \frac{1}{2}\tilde{Q}^{2} \tag{3.42}$$

对 W_Q 求时间的导数，可得

$$\dot{W}_{Q} = \tilde{Q}(f_{Q} + g_{Q}\delta_{e} + \Delta_{Q} - \dot{Q}_{c}) \tag{3.43}$$

设计 Q-子系统的实际控制量 δ_e 为

$$\delta_{e} = g_{Q}^{-1}[-k_{Q}\tilde{Q} - f_{Q} - g_{\alpha}\tilde{\alpha} + \dot{Q}_{c} - \Delta_{Q}\mathrm{sign}(\tilde{Q})] \tag{3.44}$$

式中：$k_Q > 0$，为设计参数。

式(3.44)中，虚拟控制量导数 $\dot{Q}_c$ 的解析计算如下：

$$\begin{aligned}\dot{Q}_c &= g_\alpha^{-1}(-k_\alpha\dot{\tilde{\alpha}} - \dot{f}_\alpha - \dot{g}_\gamma\tilde{\gamma} - g_\gamma\dot{\tilde{\gamma}} + \ddot{\alpha}_c - \dot{g}_\alpha Q_c)\\ &= g_\alpha^{-1}\{-k_\alpha(\dot{\alpha} - \dot{\alpha}_c) - \dot{f}_\alpha - \dot{g}_\gamma(\gamma - \gamma_c) -\\ &\quad \dot{g}_\gamma(\dot{\gamma} - \dot{\gamma}_c) + g_\gamma^{-1}[-k_\gamma(\ddot{\gamma} - \ddot{\gamma}_c) - \ddot{f}_\gamma -\\ &\quad \ddot{g}_h(h - h_{\mathrm{ref}}) - \dot{g}_h(\dot{h} - \dot{h}_{\mathrm{ref}}) + \dddot{\gamma}_c - \dot{g}_\gamma\dot{\alpha}_c] - \dot{g}_\alpha Q_c\}\end{aligned} \tag{3.45}$$

将式(3.45) 代入式(3.44),可得

$$W_Q = -k_Q\tilde{Q}^2 - g_\alpha\tilde{Q}\tilde{\alpha} + \tilde{Q}\Delta_Q - \Delta_Q^M\mid\tilde{Q}\mid \leqslant -k_Q\tilde{Q}^2 - g_\alpha\tilde{Q}\tilde{\alpha} \tag{3.46}$$

综合式(3.39) 和式(3.42),重新定义 Lyapunov 函数为

$$W_Q^* = W_\alpha^* + W_Q = \frac{1}{2}\tilde{h}^2 + \frac{1}{2}\tilde{\gamma}^2 + \frac{1}{2}\tilde{\alpha}^2 + \frac{1}{2}\tilde{Q}^2 \tag{3.47}$$

对 W_Q^* 求时间的导数,根据式(3.40) 和式(3.46),可得

$$\dot{W}_Q^* \leqslant -k_h\tilde{h}^2 - k_\gamma\tilde{\gamma}^2 - k_\alpha\tilde{\alpha}^2 - k_Q\tilde{Q}^2 \leqslant 0 \tag{3.48}$$

这说明,对于任意初始状态量跟踪误差 $\tilde{h}(0)$,$\tilde{\gamma}(0)$,$\tilde{\alpha}(0)$ 和 $\tilde{Q}(0)$,在实际控制式(3.44) 的作用下,h-相关子系统的状态量跟踪误差 $\tilde{h}$,$\tilde{\gamma}$,$\tilde{\alpha}$ 和 $\tilde{Q}$ 都能渐近趋于零,即 $t\to+\infty$ 时,$\tilde{h}(t)$,$\tilde{\gamma}(t)$,$\tilde{\alpha}(t)$,$\tilde{Q}(t)\to 0$。

令 $k=\min\{2k_h,2k_\gamma,2k_\alpha,2k_Q\}$,根据式(3.47) 和式(3.48) 可知,$\dot{W}_Q^*\leqslant -kW_Q^*$,两端同乘以 e^{kt},在区间$[0,t]$ 上积分后,可得 $W_Q^*(t)\leqslant W_Q^*(0)\mathrm{e}^{-kt}\leqslant W_Q^*(0)$。因此,对于 $\forall t\geqslant 0$,有

$$\tilde{h}^2\leqslant 2W_Q^*(0),\ \tilde{\gamma}^2\leqslant 2W_Q^*(0),\ \tilde{\alpha}^2\leqslant 2W_Q^*(0),\ \tilde{Q}^2\leqslant 2W_Q^*(0) \tag{3.49}$$

这说明,如果 $\tilde{h}(0)$、$\tilde{\gamma}(0)$、$\tilde{\alpha}(0)$ 和 $\tilde{Q}(0)$ 均有界,则 $\tilde{h}(t)$、$\tilde{\gamma}(t)$、$\tilde{\alpha}(t)$ 和 $\tilde{Q}(t)$ 在趋于零的过程中始终有界。又已知高度待跟踪的参考轨迹 $h_{\mathrm{ref}}(t)$ 有界,则在高度参考轨迹跟踪过程中,高度 $h(t)$ 始终有界。

进一步,根据式(3.2) 中函数 f_V 和 g_V 的表达式,并考虑到 $|\cos\alpha|\leqslant 1$,$|\sin\gamma|\leqslant 1$,$\forall t\geqslant 0$,可知 V-子系统中的实际控制量 Φ 有界。再依次根据式(3.3) ～ 式(3.6) 中函数 f_h 和 g_h、f_γ 和 g_γ、f_α 和 g_α 以及 f_Q 和 g_Q 的表达式,并考虑到高度状态量跟踪误差的定义式(3.17)、式(3.23) 和式(3.32),可以证明,h-相关子系统中的虚拟控制量 γ_c、α_c、Q_c 以及实际控制量 δ_e 均有界,且 h-相关子系统中的状态量 γ、α、Q 亦均有界。

根据式(3.7) 可知,如果刚体动力学系统状态量 —— 动压 $\bar{q}$、迎角 α,以及输入量 —— 升降舵偏角 δ_e 有界,且结构动力学系统振动矩阵 $\boldsymbol{A}_\eta$ 为 Hurwitz 矩阵,则弹性模态坐标 $\eta_i(i=1,2,3)$ 有界。由于 Φ 和 δ_e,$\bar{q}$ 和 α 均有界且最终稳定,故 $\eta_i(i=1,2,3)$ 有界且收敛于平衡状态。如果从动力学原理模型的角度来分析结构动力学系统的稳定性,也可得出相同的结论。已知第 i 阶广义弹性力为

$$N_i = \sum_{j=1}^{n}\varphi_i(x_j)F_j(t) + \int_{-l_a}^{l_f}\varphi_i(x)p(x,t)\mathrm{d}x \tag{3.50}$$

通过动力学原理建模过程可知,飞行器表面的法向集中作用力 $F_j(t)$ 和飞行器表面压强分布 $p(x,t)$ 为状态量 —— 迎角 α,输入量 —— 燃料 / 空气混合比 Φ 和升降舵偏 δ_e,以及自由流状态量 —— 马赫 Ma_∞、压强 P_∞、温度 T_∞ 的函数。因此,如果 α、Φ 和 δ_e 有界,则广义弹性力 N_i 亦有界。进一步,当结构动力学系统中表征机身结构固有振动特性的参数 —— 阻尼比 ζ_i 和

自然振动频率 ω_i 满足条件 $0<\zeta_i<1, \omega_i>0(i=1,\cdots,\infty)$ 时，弹性模态坐标 $\eta_i(i=1,\cdots,\infty)$ 能够趋于平衡状态。根据已有实验数据可知，以上阻尼比 ζ_i 和自然振动频率 ω_i 的取值范围符合实际情况。

至此，完成了吸气式高超声速飞行器纵向飞行控制系统设计的全部过程。最终，速度子系统的控制器为式(3.13)，高度相关子系统的控制器为式(3.44)，基于标准反演方法设计的控制系统结构如图 3.2 所示。

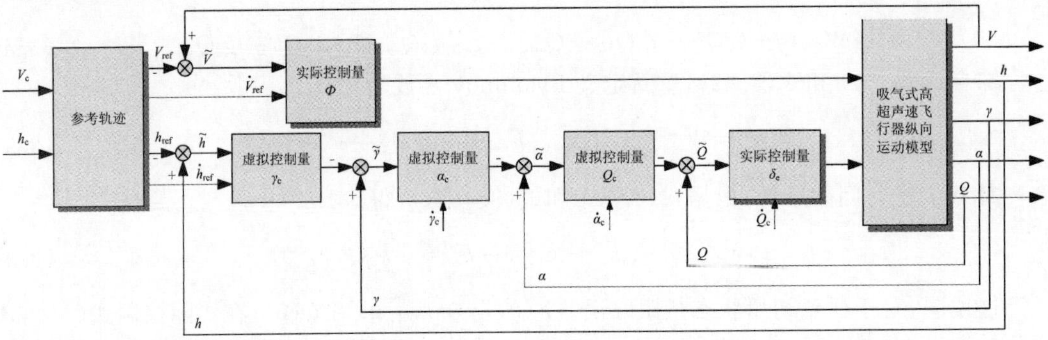

图 3.2　吸气式高超声速飞行器反演控制系统结构框图

3.3.3　问题分析

综合高度控制器设计过程可知，基于标准反演设计方法的控制系统设计是 Lyaponov 稳定意义下的递推设计过程。因引入了虚拟控制量的概念，使得当前子系统控制器设计完成后，留下了关于状态量跟踪误差的耦合项。为了确保整个系统的最终稳定，下一子系统控制器中设置了用于消除这些耦合的控制项。

进一步，通过对基于标准反演法设计的速度控制器和高度控制器的结构分析，可知：

(1) 虚拟控制量和实际控制量中都含有符号函数 sign(•)，正是该函数的存在使得设计的控制器成为一种变结构切换控制形式。在状态量跟踪误差 $\tilde{x}(\tilde{x}\in\{\tilde{V},\tilde{h},\tilde{\gamma},\tilde{\alpha},\tilde{Q}\})$ 趋于零的过程中，控制器对系统中的干扰具有鲁棒性。但在实际系统中，控制器的切换不可能瞬间完成，必然存在一定的时间滞后，这就会造成抖动问题，即控制器的不连续切换，造成控制系统状态量的非连续变化，进而表现为飞行器姿态的抖动，且随着跟踪误差被控制到零，抖动的频率不断提高。高频率、大幅度的抖动不仅不利于机载仪器的正常工作，而且会增强刚体动力系统与结构动力系统之间的耦合效应，不利于飞行控制。

(2) 虚拟控制量 α_c、Q_c 和实际控制量 δ_e 中分别含有内层子系统中虚拟控制量的 1 阶导数。高度子系统控制器设计完成后，实际控制量 δ_e 中将含有 γ_c 的 1 阶到 3 阶的导数，经迭代计算，最终将含有 h_{ref} 的 1 阶到 4 阶的导数、V 和 h 的 1 阶到 3 阶的导数、α 的 1 阶到 2 阶的导数以及 Q 的 1 阶导数，这使得 δ_e 的表达式非常复杂。

以上两方面分析提到的问题中，第一个问题是具有鲁棒性的变结构控制方法存在抖动的问题，第二个问题是标准反演设计方法存在计算膨胀的问题。

此外，作者曾尝试对标准反演方法设计的控制系统进行指令跟踪仿真实验，但是闭环系统内所有的信号在仿真开始的几个步长内就已趋于无穷大。而在对仿真结果进行分析时发现，虚拟控制量 α_c 中的耦合控制项 $g_\gamma^{-1}g_h\tilde{h}$ 在初始的控制过程中一直处于较大值，远远大于迎角 α 在

飞行包线内的 $-5°\sim+5°$ 的取值范围。由于设计了消除迎角跟踪误差 $\tilde{\alpha}$ 的虚拟控制量 γ_c，所以迎角 α 的响应也变得很大。从曲线拟合模型中各种作用力的拟合形式可以看出，整个系统严重依赖迎角 α，各种作用力对迎角 α 的变化也非常敏感，而过大的迎角 α 会造成系统的不稳定。去掉 α_c 中的控制项 $g_\gamma^{-1}g_h\tilde{h}$ 后再进行仿真，结果显示闭环系统稳定。但这只是实践中的结果，还没有给出理论上的证明。与以上分析对应的控制系统的仿真结果如图 3.3 所示，其中控制目标是在动压 $\bar{q}=95\ 760.6$ Pa，高度 $h=25\ 908$ m 条件下维持飞行器的稳态飞行。

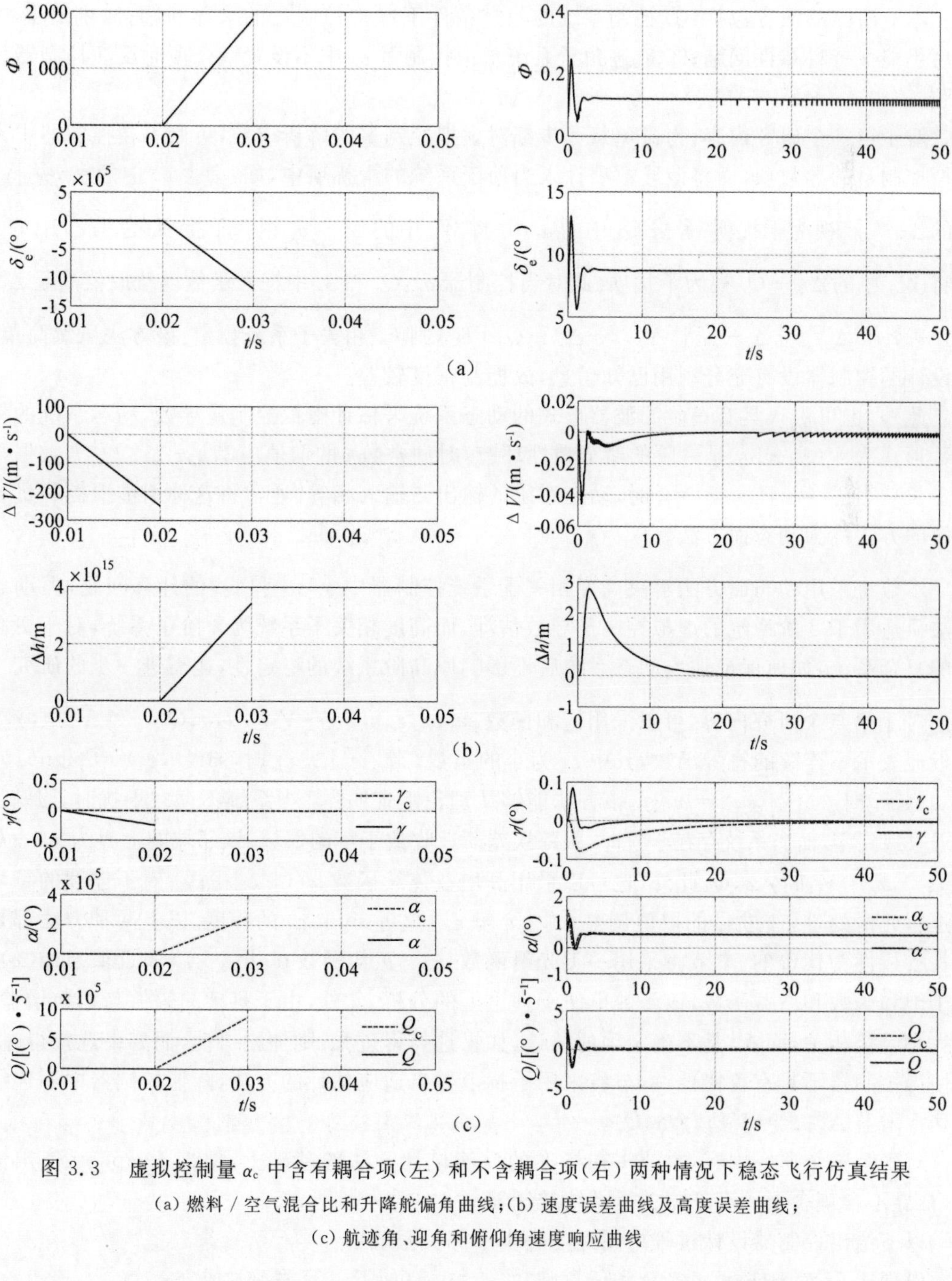

图 3.3　虚拟控制量 α_c 中含有耦合项（左）和不含耦合项（右）两种情况下稳态飞行仿真结果

(a) 燃料 / 空气混合比和升降舵偏角曲线；(b) 速度误差曲线及高度误差曲线；

(c) 航迹角、迎角和俯仰角速度响应曲线

事实上，标准的反演设计方法只是提供了控制系统设计的基本框架，在接下来的研究中，将针对以上分析中提出的几个问题，改进和完善适于吸气式高超声速飞行器控制系统设计的反演设计方法。

3.4 基于动态面反演设计方法的控制系统设计

本节研究的内容包括：① 控制系统的稳定条件下虚拟控制量的求导问题；② 控制器连续化后仍能保持鲁棒性问题；③ 航迹角子系统虚拟控制量 α_c 中不设置耦合项时反演控制器设计问题。

对于第一个研究内容，为避免每一步都对虚拟控制量的解析求导，可以不在控制器中设置虚拟控制量的导数项，而将该导数项计入当前子系统的干扰项中，如：舍去 α_c 中的 $\dot{\gamma}_c$，并将 $\dot{W}_\gamma$ 中的 $\Delta_\gamma - \dot{\gamma}_c$ 视为干扰项；舍去 Q_c 中的 $\dot{\alpha}_c$，并将 $\dot{W}_\alpha$ 中的 $\Delta_\alpha - \dot{\alpha}_c$ 视为干扰项；舍去 δ_e 中的 $\dot{Q}_c$，并将 W_Q 中的 $\Delta_Q - \dot{Q}_c$ 视为干扰项。此时当控制器 α_c，Q_c 和 δ_e 中符号函数增益取值满足 $\Delta_\gamma^M > |\Delta_\gamma - \dot{\gamma}_c|$，$\Delta_\alpha^M > |\Delta_\alpha - \dot{\alpha}_c|$，$\Delta_Q^M > |\Delta_Q - \dot{Q}_c|$ 时，则 h-相关子系统稳定。该方法虽然简单，但是设计的控制器没有充分利用已知信息，故控制精度较差。

此外，也可引入具有一阶滤波器形式的动态系统来估计虚拟控制量导数，动态系统的传递函数形式为 $s/(\tau s+1)$，是一阶的微分惯性环节，时间常数 τ 的取值应满足 $\tau \gg t_s$（t_s 为数据采样的步长）。当 $\tau \to 0$ 且 $t_s/\tau \to 0$ 时，动态系统的输出与输入相等。通常将这种用虚拟控制量导数求解的方法称为动态面方法。

本节将采用动态面方法解决高度相关子系统控制器中 $\dot{\gamma}_c$、$\dot{\alpha}_c$ 和 $\dot{Q}_c$ 的计算问题，但动态面方法只适用于 2 阶系统的虚拟控制量导数估计，而高度相关子系统为 4 阶子系统，对于更高阶次的复杂系统，如何保证加入动态系统后不影响原高阶系统的稳定性，还需进一步的研究。

对于第二个研究内容，可以采用饱和函数 $\mathrm{sat}(\bar{x},\varepsilon_x)$，$\bar{x} \in \{\bar{V},\tilde{h},\tilde{\gamma},\tilde{\alpha},\tilde{Q}\}$，$x = V, h,\gamma,\alpha,Q$ 来近似表示不连续的符号函数，其中 ε_x 为小的正数。当 $|\bar{x}| > \varepsilon_x$ 时，$\mathrm{sat}(\bar{x},\varepsilon_x) = \mathrm{sign}(\bar{x})$；当 $|\bar{x}| \leqslant \varepsilon_x$ 时，$\mathrm{sat}(\bar{x},\varepsilon_x) = \bar{x}/\varepsilon_x$。该方法能够从理论上证明[158] 当系统不存在干扰时，跟踪误差渐近收敛到零，而当系统存在干扰时，跟踪误差渐近收敛于零的邻域，该邻域的上界为 $\Delta_x^M/(k_x + \Delta_x^M/\varepsilon_x)$，$x = V,h,\gamma,\alpha,Q$。此外，也可以采用高增益连续函数 $\bar{x}/(|\bar{x}|+\varepsilon_x)$ 对不连续的符号函数进行光滑处理，通过 ε_x 的取值调整 $\bar{x}/[|\bar{x}|+\varepsilon_x]$ 逼近 $\mathrm{sign}(\bar{x})$ 的程度。以上两种方法都是以牺牲鲁棒性为代价的。本节将采用一类光滑函数 —— 正切函数 $\tanh(\bar{x}/\varepsilon_x)$ 来近似 $\mathrm{sign}(\bar{x})$，相比于饱和函数和增益函数，该函数更便于理论上的分析。此外，由于抖动的幅值与切换增益 Δ_x^M 的大小直接相关，而 Δ_x^M 是不确定项的估计，如果选择得过大，则加剧抖动，而如果选择得过小，则使得控制器不具有鲁棒性。本节将采用干扰上界自适应估计的方法，降低控制器中不连续项的切换增益 $\Delta_x^M(x = V,h,\gamma,\alpha,Q)$。

对于第三个研究内容，本节将在标准的反演设计方法的基础上，根据 Lyapnov 稳定性理论，推导不含耦合项的高度相关子系统控制器。

以下给出控制器设计过程中用到的基本不等关系式：

引理 3.1：对于任意 $x \in \mathbf{R}$ 和任意常数 $\varepsilon > 0$，有如下不等关系式成立[159]：

$$0 \leqslant |x| - x\tanh(x/\varepsilon) \leqslant \kappa\varepsilon \tag{3.51}$$

式中：κ 为常数，满足条件 $\kappa = \exp[-(\kappa + 1)]$，即 $\kappa \approx 0.278\,5$。

3.4.1　速度控制器的重新设计

定义 V-子系统中的干扰项上界 Δ_V^M 的估计为 $\hat{\Delta}_V^M$，估计误差为 $\tilde{\Delta}_V^M$，且 $\tilde{\Delta}_V^M = \hat{\Delta}_V^M - \Delta_V^M$。

重新设计 V-子系统的控制量 Φ 为

$$\Phi = g_V^{-1}[-k_V\tilde{V} - f_V + \dot{V}_{\text{ref}} - \hat{\Delta}_V^M \tanh(\tilde{V}/\varepsilon_V)] \tag{3.52}$$

式中：$k_V > 0$ 为设计参数；$\varepsilon_V > 0$ 为常数。

将 V-子系统干扰项上界 Δ_V^M 的自适应估计律设计成如下形式：

$$\dot{\hat{\Delta}}_V^M = \sigma_V(|\tilde{V}| - \beta_V\hat{\Delta}_V^M) \tag{3.53}$$

式中：$\sigma_V > 0$，$\beta_V > 0$，为设计参数；$-\beta_V\hat{\Delta}_V^M$ 为修正项，用于抑制 $\hat{\Delta}_V^M$ 自适应调节过程中的漂移。

基于式(3.52) 和式(3.53)，以下证明 V-子系统的稳定性。

对 $\tilde{V}$ 求时间的导数，根据式(3.2)、式(3.9) 和式(3.52)，可得

$$\begin{aligned}\dot{\tilde{V}} &= f_V + g_V\Phi + \Delta_V - \dot{V}_{\text{ref}} \\ &= -k_V\tilde{V} + [\Delta_V - \hat{\Delta}_V^M \tanh(\tilde{V}/\varepsilon_V)]\end{aligned} \tag{3.54}$$

针对式(3.54)，选取 Lyapunov 函数如下：

$$W_V = \frac{1}{2}\tilde{V}^2 + \frac{1}{2\sigma_V}(\tilde{\Delta}_V^M)^2 \tag{3.55}$$

沿式(3.53) 和式(3.54)，对 W_V 求时间的导数，可得

$$\begin{aligned}\dot{W}_V =& -k_V\tilde{V}^2 + \tilde{V}[\Delta_V - \hat{\Delta}_V^M \tanh(\tilde{V}/\varepsilon_V)] + \\ & |\tilde{V}|\tilde{\Delta}_V^M - \beta_V\tilde{\Delta}_V^M\hat{\Delta}_V^M\end{aligned} \tag{3.56}$$

式(3.56) 中，有关系式成立，即

$$\begin{aligned}-\beta_V\tilde{\Delta}_V^M\hat{\Delta}_V^M &= -\frac{\beta_V}{2}[\tilde{\Delta}_V^M(\Delta_V^M + \tilde{\Delta}_V^M) + (\hat{\Delta}_V^M - \Delta_V^M)\hat{\Delta}_V^M] \\ &= -\frac{\beta_V}{2}[(\tilde{\Delta}_V^M)^2 + (\hat{\Delta}_V^M)^2 - (\Delta_V^M)^2]\end{aligned} \tag{3.57}$$

此外，根据引理 3.1，有

$$\begin{aligned}\tilde{V}[\Delta_V - \hat{\Delta}_V^M \tanh(\tilde{V}/\varepsilon_V)] &\leqslant -|\tilde{V}|\tilde{\Delta}_V^M + \hat{\Delta}_V^M[|\tilde{V}| - \tilde{V}\tanh(\tilde{V}/\varepsilon_V)] \\ &\leqslant -|\tilde{V}|\tilde{\Delta}_V^M + \kappa_V|\hat{\Delta}_V^M|\varepsilon_V\end{aligned} \tag{3.58}$$

式中：κ_V 为引理 3.1 中的常数。

式(3.58) 中，根据 Young's 基本不等式 $\pm 2xy \leqslant cx^2 + (1/c)y^2$，其中 $c > 0$ 为常数，有

$$\kappa_V|\hat{\Delta}_V^M|\varepsilon_V \leqslant \frac{\beta_V}{2}(\hat{\Delta}_V^M)^2 + \frac{1}{2\beta_V}(\kappa_V\varepsilon_V)^2 \tag{3.59}$$

综合式(3.57) ～ 式(3.59)，可得

$$W_V \leqslant -k_V\tilde{V}^2 - \frac{\beta_V}{2}(\tilde{\Delta}_V^M)^2 + \frac{\beta_V}{2}(\Delta_V^M)^2 + \frac{(\kappa_V\varepsilon_V)^2}{2\beta_V} \tag{3.60}$$

令

$$\mu_{V,1} = \min\{2k_V, \sigma_V\beta_V\}$$

$$\mu_{V,2} = \beta_V(\Delta_V^M)^2/2 + (\kappa_V\varepsilon_V)^2/(2\beta_V)$$

并定义如下紧集：

$$\Omega_{\tilde{V}} = \{\tilde{V} \mid \tilde{V} \mid \leqslant \sqrt{\mu_{V,2}/k_V}\}$$

$$\Omega_{\tilde{\Delta}_V^M} = \{\tilde{\Delta}_V^M \mid \mid \tilde{\Delta}_V^M \mid \leqslant \sqrt{2\mu_{V,2}/\beta_V}\}$$

根据式(3.60)可知，如果 V-子系统 $\tilde{V}$ 或 $\tilde{\Delta}_V^M$ 分别在紧集 $\Omega_{\tilde{V}}$ 或 $\Omega_{\tilde{\Delta}_V^M}$ 之外，则 $\dot{W}_V \leqslant 0$。这说明，通过适当选择控制量 Φ 中的设计参数 λ_V 和 κ_V，以及干扰项上界的自适应估计 $\dot{\hat{\Delta}}_V^M$ 中的设计参数 σ_V 和 β_V，可使速度跟踪误差 $\tilde{V}$ 和干扰项上界的估计误差 $\tilde{\Delta}_V^M$ 最终一致收敛于原点的邻域。

进一步，根据式(3.60)可知，$\dot{W}_V \leqslant -\mu_{V,1}W_V + \mu_{V,2}$，两端同乘以 $e^{\mu_{V,1}t}$，有 $\frac{d}{dt}[W_V(t)e^{\mu_{V,1}t}] \leqslant \mu_{V,2}e^{\mu_{V,1}t}$，在区间 $[0,t]$ 上积分后，可得

$$W_V(t) \leqslant W_V(0)e^{-\mu_{V,1}t} + \mu_{V,2}\int_0^t e^{-\mu_{V,1}(t-\tau)}d\tau \leqslant W_V(0) + \frac{\mu_{V,2}}{\mu_{V,1}} \tag{3.61}$$

根据式(3.55)和式(3.61)可知，对于 $\forall t \geqslant 0$，有

$$|\tilde{V}|^2 \leqslant 2W_V(t) \leqslant 2\left[W_V(0) + \frac{\mu_{V,2}}{\mu_{V,1}}\right] \tag{3.62}$$

$$|\tilde{\Delta}_V^M|^2 \leqslant 2\sigma_V W_V(t) \leqslant 2\sigma_V\left[W_V(0) + \frac{\mu_{V,2}}{\mu_{V,1}}\right] \tag{3.63}$$

这说明，$\tilde{V}$ 和 $\tilde{\Delta}_V^M$ 在控制过程中始终有界。进一步，根据假设 3.1 和假设 3.2 可知，对于 $\forall t \geqslant 0$，$V(t)$ 和 $\hat{\Delta}_V^M(t)$ 有界。

注 3.1：只有式(3.53)中添加了修正项 $-\beta_V\hat{\Delta}_V^M$，才能推出 $W_V \leqslant -\mu_{V,1}W_V + \mu_{V,2}$，进而得出干扰项上界的估计误差 $\tilde{\Delta}_V^M$ 在调节过程有中界的结论，而如果式(3.53)中去掉该修正项，则不能证明此结论成立。

3.4.2 高度控制器的重新设计

h-相关子系统中的高度、航迹角、迎角以及俯仰角速度跟踪误差的定义与 3.4.1 小节相同，即 $\tilde{h} = h - h_{ref}$，$\tilde{\gamma} = \gamma - \gamma_c$，$\tilde{\alpha} = \alpha - \alpha_c$，$\tilde{Q} = Q - Q_c$。

定义虚拟控制量误差为

$$\tilde{\gamma}_c = \gamma_c - \hat{\gamma}_c,\ \tilde{\alpha}_c = \alpha_c - \hat{\alpha}_c,\ \tilde{Q}_c = Q_c - \hat{Q}_c \tag{3.64}$$

式中，$\hat{\gamma}_c$，$\hat{\alpha}_c$ 和 $\hat{Q}_c$ 分别取代 γ_c，α_c 和 Q_c 成为待设计的虚拟控制量。

基于动态面方法，引入具有滤波器形式的微分动态系统提供期望的虚拟控制量 γ_c，α_c，Q_c

及其导数 $\dot{\gamma}_c,\dot{\alpha}_c,\dot{Q}_c$,形式为

$$\dot{\gamma}_c = -\frac{1}{\tau_\gamma}\tilde{\gamma}_c,\gamma_c(0) = \hat{\gamma}_c(0) \tag{3.65}$$

$$\dot{\alpha}_c = -\frac{1}{\tau_\alpha}\tilde{\alpha}_c - g_\gamma\tilde{\gamma},\alpha_c(0) = \hat{\alpha}_c(0) \tag{3.66}$$

$$\dot{Q}_c = -\frac{1}{\tau_Q}\tilde{Q}_c - g_\alpha\tilde{\alpha},Q_c(0) = \hat{Q}_c(0) \tag{3.67}$$

式中:$\tau_\gamma,\tau_\alpha,\tau_Q$ 为时间常数。

将虚拟控制量 $\hat{\gamma}_c,\hat{\alpha}_c,\hat{Q}_c$ 以及实际控制量 δ_e 分别设计成如下形式

$$\hat{\gamma}_c = V^{-1}[-k_h\tilde{h} + \dot{h}_{ref} - \hat{\Delta}_h^M\tanh(\tilde{h}/\varepsilon_h)] \tag{3.68}$$

$$\hat{\alpha}_c = g_\gamma^{-1}[-k_\gamma\tilde{\gamma} - f_\gamma + \dot{\gamma}_c - \hat{\Delta}_\gamma^M\tanh(\tilde{\gamma}/\varepsilon_\gamma)] \tag{3.69}$$

$$\hat{Q}_c = g_\alpha^{-1}[-k_\alpha\tilde{\alpha} - f_\alpha - g_\gamma\tilde{\gamma} + \dot{\alpha}_c - \hat{\Delta}_\alpha^M\tanh(\tilde{\alpha}/\varepsilon_\alpha)] \tag{3.70}$$

$$\delta_e = g_Q^{-1}[-k_Q\tilde{Q} - f_Q - g_\alpha\tilde{\alpha} + \dot{Q}_c - \hat{\Delta}_Q\tanh(\tilde{Q}/\varepsilon_Q)] \tag{3.71}$$

式中:$k_x > 0(x = h,\gamma,\alpha,Q)$,为设计参数;$\varepsilon_x > 0(x = h,\gamma,\alpha,Q)$,为常数。

将 h-相关子系统中干扰项上界 $\hat{\Delta}_x^M(x = h,\gamma,\alpha,Q)$ 的自适应估计律分别设计成如下形式:

$$\dot{\hat{\Delta}}_h^M = \sigma_h(|\tilde{h}| - \beta_h\hat{\Delta}_h^M) \tag{3.72}$$

$$\dot{\hat{\Delta}}_\gamma^M = \sigma_\gamma(|\tilde{\gamma}| - \beta_\gamma\hat{\Delta}_\gamma^M) \tag{3.73}$$

$$\dot{\hat{\Delta}}_\alpha^M = \sigma_\alpha(|\tilde{\alpha}| - \beta_\alpha\hat{\Delta}_\alpha^M) \tag{3.74}$$

$$\dot{\hat{\Delta}}_Q^M = \sigma_Q(|\tilde{Q}| - \beta_Q\hat{\Delta}_Q^M) \tag{3.75}$$

式中:$\sigma_x > 0,\beta_x > 0(x = h,\gamma,\alpha,Q)$ 为设计参数。

根据 $\hat{\gamma}_c,\hat{\alpha}_c,\hat{Q}_c$ 的表达式,给出如下导数有界假设:

假设 3.4:$|\dot{\hat{\gamma}}_c| \leqslant \varphi_\gamma$,$|\dot{\hat{\alpha}}_c| \leqslant \varphi_\alpha$,$|\dot{\hat{Q}}_c| \leqslant \varphi_Q$,其中,$\varphi_\gamma > 0,\varphi_\alpha > 0,\varphi_Q > 0$,为未知常数。
基于式(3.65) ~ 式(3.75),进行 h-相关子系统的稳定性分析。
根据式(3.64) 和式(3.65) ~ 式(3.67),可得

$$\dot{\tilde{\gamma}}_c = -\frac{1}{\tau_\gamma}\tilde{\gamma}_c - \dot{\hat{\gamma}}_c \tag{3.76}$$

$$\dot{\tilde{\alpha}}_c = -\frac{1}{\tau_\alpha}\tilde{\alpha}_c - g_\gamma\tilde{\gamma} - \dot{\hat{\alpha}}_c \tag{3.77}$$

$$\dot{\tilde{Q}}_c = -\frac{1}{\tau_Q}\tilde{Q}_c - g_\alpha\tilde{\alpha} - \dot{\hat{Q}}_c \tag{3.78}$$

分别对 $\tilde{h},\tilde{\gamma},\tilde{\alpha},\tilde{Q}$ 求时间的导数,根据式(3.3) ~ 式(3.6) 和式(3.68) ~ 式(3.71),可得

$$\dot{\tilde{h}} = V\hat{\gamma}_c + V(\tilde{\gamma}_c + \tilde{\gamma}) + \Delta_h - \dot{h}_{ref}$$

$$=-k_h\tilde{h}+V\tilde{\gamma}_c+V\tilde{\gamma}+[\Delta_h-\hat{\Delta}_h^M\tanh(\tilde{h}/\varepsilon_h)] \tag{3.79}$$

$$\dot{\tilde{\gamma}}=f_\gamma+g_\gamma\hat{\alpha}_c+g_\gamma(\tilde{\alpha}_c+\tilde{\alpha})+\Delta_\gamma-\dot{\gamma}_c$$

$$=-k_\gamma\tilde{\gamma}+g_\gamma\tilde{\alpha}_c+g_\gamma\tilde{\alpha}+[\Delta_\gamma-\hat{\Delta}_\gamma^M\tanh(\tilde{\gamma}/\varepsilon_\gamma)] \tag{3.80}$$

$$\dot{\tilde{\alpha}}=f_\alpha+g_\alpha\hat{Q}_c+g_\alpha(\tilde{Q}_c+\tilde{Q})+\Delta_\alpha-\dot{\alpha}_c$$

$$=-k_\alpha\tilde{\alpha}-g_\gamma\tilde{\gamma}+g_\alpha\tilde{Q}_c+g_\alpha\tilde{Q}+[\Delta_\alpha-\hat{\Delta}_\alpha^M\tanh(\tilde{\alpha}/\varepsilon_\alpha)] \tag{3.81}$$

$$\dot{\tilde{Q}}=f_Q+g_Q\delta_e+\Delta_Q-\dot{Q}_c=-k_Q\tilde{Q}-g_\alpha\tilde{\alpha}+[\Delta_Q-\hat{\Delta}_Q\tanh(\tilde{Q}/\varepsilon_Q)] \tag{3.82}$$

针对式(3.79) ~ 式(3.82),选取 Lyapunov 函数,有

$$W_h^*=W_h+W_\gamma+W_\alpha+W_Q \tag{3.83}$$

式中:

$$W_h=\frac{1}{(V^M)^2}\left[\frac{1}{2}\tilde{h}^2+\frac{1}{2\sigma_h}(\tilde{\Delta}_h^M)^2\right]+\frac{1}{2}\tilde{\gamma}_c^2 \tag{3.84}$$

$$W_\gamma=\frac{1}{2}\tilde{\gamma}^2+\frac{1}{2\sigma_\gamma}(\tilde{\Delta}_\gamma^M)^2+\frac{1}{2}\tilde{\alpha}_c^2 \tag{3.85}$$

$$W_\alpha=\frac{1}{2}\tilde{\alpha}^2+\frac{1}{2\sigma_\alpha}(\tilde{\Delta}_\alpha^M)^2+\frac{1}{2}\tilde{Q}_c^2 \tag{3.86}$$

$$W_Q=\frac{1}{2}\tilde{Q}^2+\frac{1}{2\sigma_Q}(\tilde{\Delta}_Q^M)^2 \tag{3.87}$$

式中:V^M 为常数,且根据 3.4.1 节可知,对于 $\forall t\geqslant 0$,有 $V^M\geqslant|V(t)|$,在控制系统的设计过程中,之所以要先进行速度控制器设计,就是要确保状态量 V 有界。

沿式(3.76) ~ 式(3.78) 和式(3.79) ~ 式(3.82),对 $W_x(x=h,\gamma,\alpha,Q)$ 求时间的导数,可得

$$\dot{W}_h=-\frac{k_h}{(V^M)^2}\tilde{h}^2+\frac{V\tilde{\gamma}_c}{(V^M)^2}\tilde{h}+\frac{V\tilde{\gamma}}{(V^M)^2}\tilde{h}+$$
$$\frac{1}{(V^M)^2}\tilde{h}[\Delta_h-\hat{\Delta}_h^M\tanh(\tilde{h}/\varepsilon_h)]+$$
$$\frac{1}{(V^M)^2}[|\tilde{h}|\tilde{\Delta}_h^M-\beta_h\tilde{\Delta}_h^M\hat{\Delta}_h^M]-\frac{1}{\tau_\gamma}\tilde{\gamma}_c^2-\tilde{\gamma}_c\dot{\hat{\gamma}}_c \tag{3.88}$$

$$\dot{W}_\gamma=-k_\gamma\tilde{\gamma}^2+g_\gamma\tilde{\alpha}\tilde{\gamma}+\tilde{\gamma}^2[\Delta_\gamma-\hat{\Delta}_\gamma^M\tanh(\tilde{\gamma}/\varepsilon_\gamma)]+$$
$$|\tilde{\gamma}|\tilde{\Delta}_\gamma^M-\beta_\gamma\tilde{\Delta}_\gamma^M\hat{\Delta}_\gamma^M-\frac{1}{\tau_\alpha}\tilde{\alpha}_c^2-\tilde{\alpha}_c\dot{\hat{\alpha}}_c \tag{3.89}$$

$$\dot{W}_\alpha=-k_\alpha\tilde{\alpha}^2+g_\alpha\tilde{Q}\tilde{\alpha}-g_\gamma\tilde{\gamma}\tilde{\alpha}+\tilde{\alpha}[\Delta_\alpha-\hat{\Delta}_\alpha^M\tanh(\tilde{\alpha}/\varepsilon_\alpha)]+$$
$$|\tilde{\alpha}|\tilde{\Delta}_\alpha^M-\beta_\alpha\tilde{\Delta}_\alpha^M\Delta_\alpha^M-\frac{1}{\tau_Q}\tilde{Q}_c^2-\tilde{Q}_c\dot{\hat{Q}}_c \tag{3.90}$$

$$\dot{W}_Q=-k_Q\tilde{Q}^2-g_\alpha\tilde{\alpha}\tilde{Q}+\tilde{Q}[\Delta_Q-\Delta_Q^M\tanh(\tilde{Q}/\varepsilon_Q)]+$$
$$|\tilde{Q}|\tilde{\Delta}_Q^M-\beta_Q\tilde{\Delta}_Q^M\hat{\Delta}_Q^M \tag{3.91}$$

在式(3.88) ~ 式(3.91) 中,根据 Young's 基本不等式,有

$$\frac{V\tilde{\gamma}_c}{(V^M)^2}\tilde{h} \leqslant \frac{c_{h,1}/2}{(V^M)^2}\tilde{h}^2 + \frac{1}{2c_{h,1}}\frac{V^2}{(V^M)^2}\tilde{\gamma}_c^2 \leqslant \frac{c_{h,1}/2}{(V^M)^2}\tilde{h}^2 + \frac{1}{2c_{h,1}}\tilde{\gamma}_c^2 \tag{3.92}$$

$$\frac{V\tilde{\gamma}}{(V^M)^2}\tilde{h} \leqslant \frac{c_{h,2}/2}{(V^M)^2}\tilde{h}^2 + \frac{1}{2c_{h,2}}\frac{V^2}{(V^M)^2}\tilde{\gamma}^2 \leqslant \frac{c_{h,2}/2}{V_M^2}\tilde{h}^2 + \frac{1}{2c_{h,2}}\tilde{\gamma}^2 \tag{3.93}$$

$$-\tilde{\gamma}_c\dot{\hat{\gamma}}_c \leqslant \frac{c_\gamma}{2}\tilde{\gamma}_c^2 + \frac{1}{2c_\gamma}\dot{\hat{\gamma}}_c^2 \leqslant \frac{c_\gamma}{2}\tilde{\gamma}_c^2 + \frac{1}{2c_\gamma}\varphi_\gamma^2 \tag{3.94}$$

$$-\tilde{\alpha}_c\dot{\hat{\alpha}}_c \leqslant \frac{c_\alpha}{2}\tilde{\alpha}_c^2 + \frac{1}{2c_\alpha}\dot{\alpha}_c^2 \leqslant \frac{c_\alpha}{2}\tilde{\alpha}_c^2 + \frac{1}{2c_\alpha}\varphi_\alpha^2 \tag{3.95}$$

$$-\tilde{Q}_c\dot{\hat{Q}}_c \leqslant \frac{c_Q}{2}\tilde{Q}_c^2 + \frac{1}{2c_Q}\dot{Q}_c^2 \leqslant \frac{c_Q}{2}\tilde{Q}_c^2 + \frac{1}{2c_Q}\varphi_Q^2 \tag{3.96}$$

式中：$c_{h,1}, c_{h,2}, c_\gamma, c_\alpha, c_Q$ 为正常数。

此外，采用类似于 3.4.1 节中式(3.57) ～ 式(3.59) 关系式形式，有

$$-\beta_x\tilde{\Delta}_x^M\dot{\hat{\Delta}}_x^M = -\frac{\beta_x}{2}[(\tilde{\Delta}_x^M)^2 + (\hat{\Delta}_x^M)^2 - (\Delta_x^M)^2] \tag{3.97}$$

$$\bar{x}[\Delta_x - \hat{\Delta}_x^M\tanh(s_x/\varepsilon_x)] \leqslant -|\bar{x}|\tilde{\Delta}_x^M + \kappa_x|\hat{\Delta}_x^M|\varepsilon_x \tag{3.98}$$

$$\kappa_x|\hat{\Delta}_x^M|\varepsilon_x \leqslant \frac{\beta_x}{2}(\hat{\Delta}_x^M)^2 + \frac{1}{2\beta_x}(\kappa_x\varepsilon_x)^2 \tag{3.99}$$

式中：$\kappa_x(x = h, \gamma, \alpha, Q)$ 为引理 3.1 中的常数；$\bar{x} \in \{\tilde{h}, \tilde{\gamma}, \tilde{\alpha}, \tilde{Q}\}$。

综合式(3.92) ～ 式(3.99)，可得

$$\begin{aligned}\dot{W}_h^* \leqslant & -\frac{k_h - c_{h,1}/2 - c_{h,2}/2}{(V^M)^2}\tilde{h}^2 - \left(k_\gamma - \frac{1}{2c_{h,2}}\right)\tilde{\gamma}^2 - k_\alpha\tilde{\alpha}^2 - k_Q\tilde{Q}^2 - \\ & \left(\frac{1}{\tau_\gamma} - \frac{1}{2c_{h,1}} - \frac{c_\gamma}{2}\right)\tilde{\gamma}_c^2 - \left(\frac{1}{\tau_\alpha} - \frac{c_{\alpha,1}}{2}\right)\tilde{\alpha}_c^2 - \left(\frac{1}{\tau_Q} - \frac{c_{Q,1}}{2}\right)\tilde{Q}_c^2 - \\ & \frac{\beta_h}{2(V^M)^2}(\tilde{\Delta}_h^M)^2 - \frac{\beta_\gamma}{2}(\tilde{\Delta}_\gamma^M)^2 - \frac{\beta_\alpha}{2}(\tilde{\Delta}_\alpha^M)^2 - \frac{\beta_Q}{2}(\tilde{\Delta}_Q^M)^2 + \mu_{h,2}\end{aligned} \tag{3.100}$$

其中：

$$\begin{aligned}\mu_{h,2} = & \frac{1}{(V^M)^2}\left[\frac{\beta_h}{2}(\Delta_h^M)^2 + \frac{(\kappa_h\varepsilon_h)^2}{2\beta_h}\right] + \frac{1}{2c_{\gamma,1}}\varphi_\gamma^2 + \frac{\beta_\gamma}{2}(\Delta_\gamma^M)^2 + \\ & \frac{(\kappa_\gamma\varepsilon_\gamma)^2}{2\beta_\gamma} + \frac{1}{2c_{\alpha,1}}\varphi_\alpha^2 + \frac{\beta_\alpha}{2}(\Delta_\alpha^M)^2 + \frac{(\kappa_\alpha\varepsilon_\alpha)^2}{2\beta_\alpha} + \frac{1}{2c_{Q,1}}\varphi_Q^2 + \\ & \frac{\beta_Q}{2}(\Delta_Q^M)^2 + \frac{(\kappa_Q\varepsilon_Q)^2}{2\beta_Q}\end{aligned} \tag{3.101}$$

定义如下紧集：

$$\Omega_{\tilde{h}} = \left\{\tilde{h}\,\middle|\,|\tilde{h}| \leqslant \sqrt{\frac{(V^M)^2\mu_{h,2}}{k_h - c_{h,1}/2 - c_{h,2}/2}}\right\}, \Omega_{\tilde{\gamma}} = \left\{\tilde{\gamma}\,\middle|\,|\tilde{\gamma}| \leqslant \sqrt{\frac{\mu_{h,2}}{k_\gamma - 1/(2c_{h,2})}}\right\}$$

$$\Omega_{\tilde{\alpha}} = \{\tilde{\alpha}\,|\,|\tilde{\alpha}| \leqslant \sqrt{\mu_{h,2}/k_\alpha}\}, \Omega_{\tilde{Q}} = \{\tilde{Q}\,|\,|\tilde{Q}| \leqslant \sqrt{\mu_{h,2}/k_Q}\}$$

$$\Omega_{\tilde{\Delta}_h^M} = \{\tilde{\Delta}_h^M\,|\,|\tilde{\Delta}_h^M| \leqslant \sqrt{2(V^M)^2\mu_{h,2}/\beta_h}\}, \Omega_{\tilde{\Delta}_\gamma^M} = \{\tilde{\Delta}_\gamma^M\,|\,|\tilde{\Delta}_\gamma^M| \leqslant \sqrt{2\mu_{h,2}/\beta_\gamma}\}$$

$$\Omega_{\tilde{\Delta}_\alpha^M} = \{\tilde{\Delta}_\alpha^M\,|\,|\tilde{\Delta}_\alpha^M| \leqslant \sqrt{2\mu_{h,2}/\beta_\alpha}\}, \Omega_{\tilde{\Delta}_Q^M} = \{\tilde{\Delta}_Q^M\,|\,|\tilde{\Delta}_Q^M| \leqslant \sqrt{2\mu_{h,2}/\beta_Q}\}$$

根据式(3.100) 可知，如果 $\bar{x}(\bar{x} \in \{\tilde{h}, \tilde{\gamma}, \tilde{\alpha}, \tilde{Q}\})$ 或 $\tilde{\Delta}_x^M(x = h, \gamma, \alpha, Q)$ 分别在紧集 $\Omega_{\bar{x}}$ 或

$\Omega_{\tilde{\Delta}_x^M}$之外，则当式(3.68)和式(3.69)中的设计参数k_h和k_γ以及微分动态系统式(3.65)～式(3.67)中的时间常数τ_γ,τ_α和τ_Q取值满足如下条件时，$W_h^* \leqslant 0$，则有

$$\left.\begin{aligned} & k_h - \frac{c_{h,1}}{2} - \frac{c_{h,2}}{2} > 0 \\ & k_\gamma - \frac{1}{2c_{h,2}} > 0 \\ & \frac{1}{\tau_\gamma} - \frac{1}{2c_{h,1}} - \frac{c_\gamma}{2} > 0 \\ & \frac{1}{\tau_\alpha} - \frac{c_{\alpha,1}}{2} > 0 \\ & \frac{1}{\tau_Q} - \frac{c_{Q,1}}{2} > 0 \end{aligned}\right\} \tag{3.102}$$

这说明，$\bar{x}(\bar{x} \in \{\tilde{h},\tilde{\gamma},\tilde{\alpha},\tilde{Q}\})$和$\tilde{\Delta}_x^M(x = h,\gamma,\alpha,Q)$最终一致有界，且它们的收敛域$\Omega_{\bar{x}}$和$\Omega_{\tilde{\Delta}_x^M}$可以充分小。

令

$$\mu_{h,1} = \min\left\{2k_h - c_{h,1} - c_{h,2}, 2k_\gamma - \frac{1}{c_{h,2}}, 2k_\alpha, 2k_Q, \beta_h\sigma_h, \beta_\gamma\sigma_\gamma, \beta_\alpha\sigma_\alpha, \beta_Q\sigma_Q, \frac{2}{\tau_\gamma} - \frac{1}{c_{h,1}} - c_\gamma, \frac{2}{\tau_\alpha} - c_{\alpha,1}, \frac{2}{\tau_Q} - c_{Q,1}\right\}$$

根据式(3.83)和式(3.100)可知，$\dot{W}_h^* \leqslant -\mu_{h,1}W_h^* + \mu_{h,2}$，因此，对于$\forall t \geqslant 0$，有

$$|\tilde{h}|^2 \leqslant 2(V^M)^2\left[W_h^*(0) + \frac{\mu_{h,2}}{\mu_{h,1}}\right] \tag{3.103}$$

$$|\bar{x}|^2 \leqslant 2\left[W_h^*(0) + \frac{\mu_{h,2}}{\mu_{h,1}}\right], \bar{x} \in \{\tilde{\gamma},\tilde{\alpha},\tilde{Q}\} \tag{3.104}$$

$$|\tilde{\Delta}_h^M|^2 \leqslant 2(V^M)^2\sigma_h\left[W_h^*(0) + \frac{\mu_{h,2}}{\mu_{h,1}}\right] \tag{3.105}$$

$$|\tilde{\Delta}_x^M|^2 \leqslant 2\sigma_x\left[W_h^*(0) + \frac{\mu_{h,2}}{\mu_{h,1}}\right], x = \gamma,\alpha,Q \tag{3.106}$$

这说明，$\bar{x}(\bar{x} \in \{\tilde{h},\tilde{\gamma},\tilde{\alpha},\tilde{Q}\})$和$\tilde{\Delta}_x^M(x = h,\gamma,\alpha,Q)$在控制过程中始终有界。

注3.2：从式(3.69)中可以看出，不同于3.4.2节的标准反演设计方法的做法，虚拟控制量$\hat{\alpha}_c$中未设置用于消除$\tilde{h}$-子系统和$\tilde{\gamma}$-子系统的耦合项$V\tilde{h}\tilde{\gamma}$。通过在Lyapunov函数W_h中设置$1/(V^M)^2$项，并结合基本不等式变换，解决了耦合项$V\tilde{h}\tilde{\gamma}$给系统稳定性带来的问题。此外，针对W_h采用的不等式(3.92)和式(3.93)，有利于选择使系统稳定的控制增益k_h和k_γ，如果改用其他形式则无此效果。

3.4.3 定理的提出

综合3.4.1节和3.4.2节关于速度控制器和高度控制器的重新设计结果，能够证明V-子系统和h-相关子系统内的所有信号有界。进一步，由于Φ和δ_e以及$\bar{q}$和α均有界且稳定，所以在假设3.3的前提下，弹性模态坐标$\eta_i(i = 1,2,3)$能够趋于平衡状态。

总结本节提出的基于动态面技术的反演设计方法，可得如下定理：

定理 3.1：考虑到面向控制的吸气式高超声速飞行器纵向模型[见式(3.2) ~ 式(3.7)]，在满足假设 3.1 ~ 假设 3.4 的前提下，速度子系统控制器采用式(3.52)，高度相关子系统控制器采用式(3.71)，且系统干扰项上界的估计采用式(3.53) 和式(3.72) ~ 式(3.75)，用于虚拟控制量导数求解的微分动态系统采用式(3.65) ~ 式(3.67)，其中控制器的设计参数和微分动态系统的时间常数取值满足条件式(3.102)，则闭环系统内所有信号有界，且系统状态跟踪误差 $\bar{x}(\bar{x} \in \{\widetilde{V},\tilde{h},\tilde{\gamma},\tilde{\alpha},\widetilde{Q}\})$ 以及干扰项上界估计误差 $\widetilde{\Delta}_x^M(x = V,h,\gamma,\alpha,Q)$ 均最终一致收敛于系统原点的一个有界邻域 $\Omega = \Omega_{\bar{x}} \cup \Omega_{\widetilde{\Delta}_x^M}$，其中，$\Omega_{\bar{x}} = \Omega_{\widetilde{V}} \cup \Omega_{\tilde{h}} \cup \Omega_{\tilde{\gamma}} \cup \Omega_{\tilde{\alpha}} \cup \Omega_{\widetilde{Q}}$；$\Omega_{\widetilde{\Delta}_x^M} = \Omega_{\widetilde{\Delta}_V^M} \cup \Omega_{\widetilde{\Delta}_h^M} \cup \Omega_{\widetilde{\Delta}_\gamma^M} \cup \Omega_{\widetilde{\Delta}_\alpha^M} \cup \Omega_{\widetilde{\Delta}_Q^M}$。

本节灵活地运用 Lapunov 稳定性理论设计了速度和高度控制器，巧妙地避免了状态跟踪误差耦合项给系统稳定带来的问题。虽然已有大量的文章针对各种简单或复杂的系统研究过反演控制律设计问题，但是都未曾报道到过本书所提出的问题。本节的设计过程及结果表明，不存在一种普遍适用的理论可以解决所有理论或实际问题，这启发我们应当对具体问题进行具体分析。

3.5　仿真结果与分析

以吸气式高超声速飞行器纵向动力学原理模型为对象，对采用改进的反演设计方法设计的控制系统进行速度和高度指令跟踪仿真验证。

飞行器在动压 $\bar{q} = 95\ 760.6$ Pa，高度 $h = 25\ 908$ m 的初始巡航条件下，考虑两种典型的机动飞行情况。情况 1：保持动压不变，飞行器在 300 s 的时间内爬升 3 048 m。情况 2：在 300 s 的时间内飞行器以 3.048 m/s^2 的加速度爬升 9 144 m。

第 1 种情况下，高度指令的阶跃幅值为 $\Delta h_c = h_c(t) - h(0) = 3\ 048$ m。将 Δh_c 通过阻尼比 $\zeta_n = 0.95$ 和自然频率 $\omega_n = 0.03$ rad/s 的二阶参考模型环节，生成待跟踪的高度参考轨迹 $h_{\mathrm{ref}}(t)$ 和 $\dot{h}_{\mathrm{ref}}(t)$。速度参考轨迹通过 $V_{\mathrm{ref}}(t) = \{2\bar{q}\exp[(h_{\mathrm{ref}}(t) - h(0))/h_s]/\rho_0\}^{1/2}$，$\dot{V}_{\mathrm{ref}}(t) = \{2\bar{q}\exp[(h_{\mathrm{ref}}(t) - h_0)/h_s]/\rho_0\}1/2/(2h_s)$ 计算得到。

第 2 种情况下，速度指令的阶跃幅值 $\Delta V_c = V_c(t) - V(0) = 914.4$ m/s，高度指令的阶跃幅值 $\Delta h_c = h_c(t) - h(0) = 9\ 144$ m，将 ΔV_c 和 Δh_c 分别通过阻尼比 $\zeta_n = 0.95$ 和自然频率 $\omega_n = 0.03$ rad/s 的二阶参考模型环节生成待跟踪的速度参考轨迹 $V_{\mathrm{ref}}(t)$，$\dot{V}_{\mathrm{ref}}(t)$ 和高度参考轨迹 $h_{\mathrm{ref}}(t)$，$\dot{h}_{\mathrm{ref}}(t)$。

采用 4 阶 Runge-Kuta 数值求解方法，仿真步长取 0.01 s。选取控制器的设计参数分别为 $k_V = 1, k_h = 1, k_\gamma = 2, k_\alpha = 4, k_Q = 8$，系统干扰项上界估计律的设计参数分别为 $\sigma_V = \sigma_h = \sigma_\gamma = \sigma_\alpha = \sigma_Q = 0.1, \beta_V = \beta_h = \beta_\gamma = \beta_\alpha = \beta_Q = 10$，微分动态系统的时间常数分别为 $\tau_\gamma = \tau_\alpha = \tau_Q = 0.01$。为了消除跟踪静差，在控制器中引入关于状态量跟踪误差的积分项，积分项增益分别为 $k_{V,2} = k_{h,2} = k_{\gamma,2} = k_{\alpha,2} = k_{Q,2} = 0.2$。

第 1 种情况下的速度和高度轨迹跟踪仿真结果如图 3.4 所示。图 3.4(a)描绘了控制量——燃料/空气混合比和升降舵偏角曲线；图 3.4(b)(c)描绘了速度和高度轨迹跟踪及跟踪误差曲线；图 3.4(d)描绘了状态量——航迹角、迎角以及俯仰角速度的响应曲线；图 3.4(e)分时间段描绘了结构动力学系统中前 3 阶弹性模态坐标响应曲线；图 3.4(f)描绘了系统干扰项上界的估计过程曲线。从仿真结果可以看出，飞行速度和高度的跟踪误差在 300 s 的时间内趋于 0，而弹性模态坐标在指令阶跃变化时发生振荡，并且随着时间的推移都是逐渐衰减的，在控制器的作用下最终收敛于稳定状态。

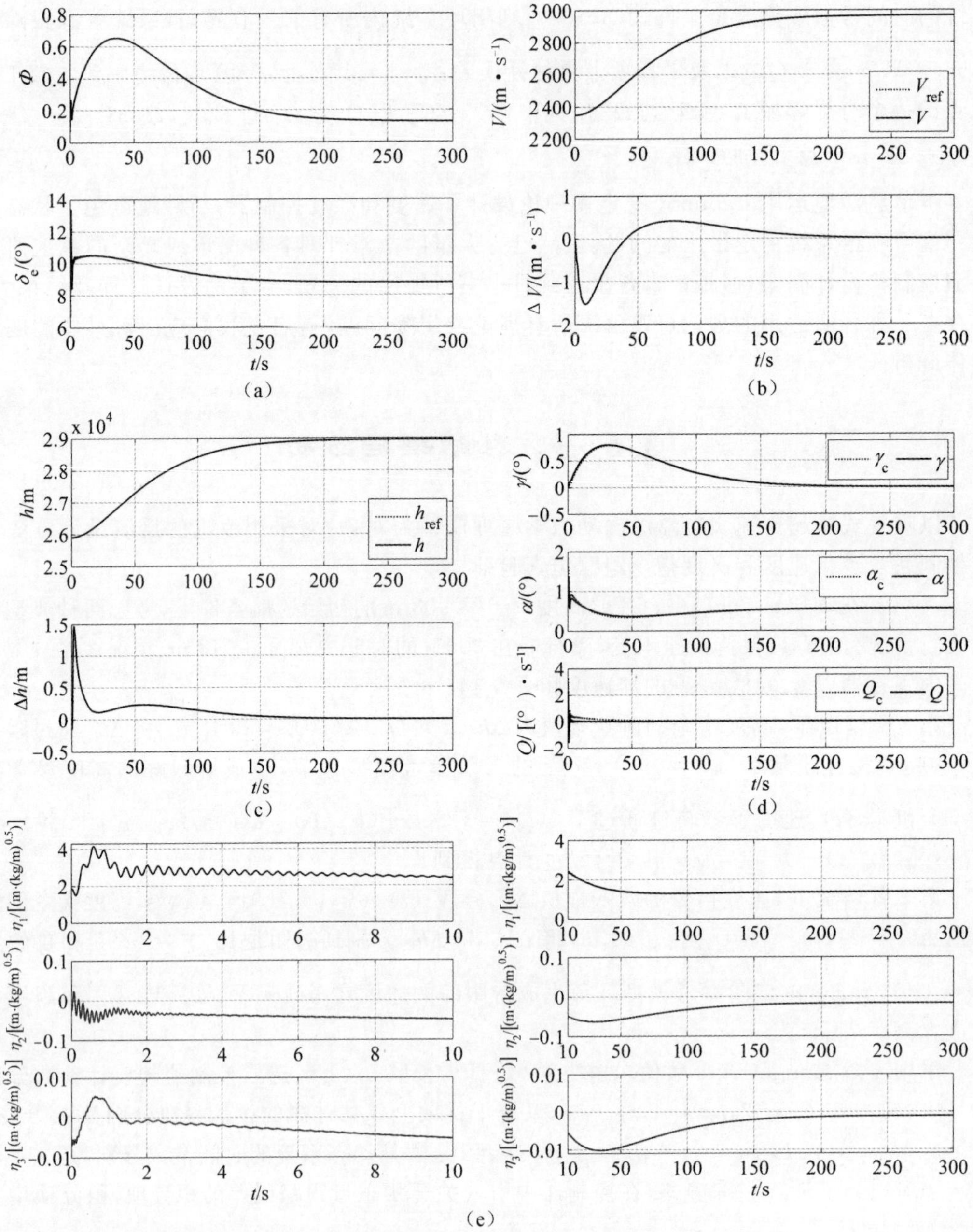

图 3.4　第 1 种机动飞行情况下的轨迹跟踪仿真结果

(a)燃料/空气混合比和升降舵偏角曲线；(b) 速度及速度跟踪误差曲线；

(c)高度及高度跟踪误差曲线；(d) 航迹角、迎角和俯仰角速度响应曲线；

(e) 前 3 阶弹性模态坐标响应曲线；

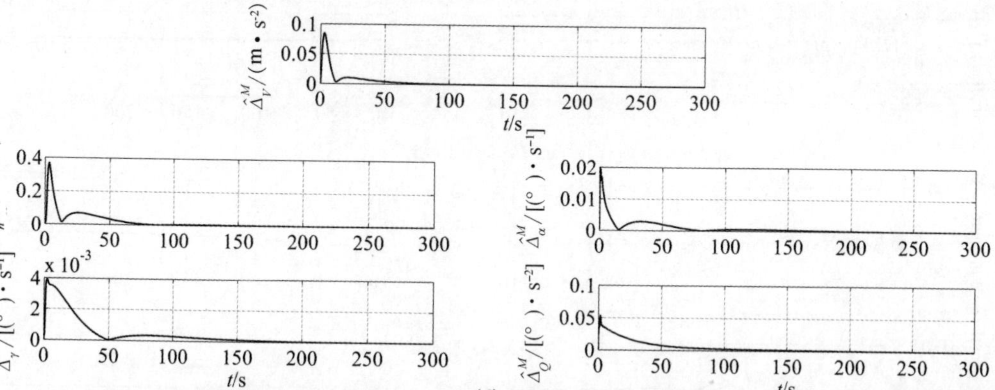

续图 3.4　第 1 种机动飞行情况下的轨迹跟踪仿真结果

(f)干扰项上界的估计曲线

第 2 种情况下的速度和高度轨迹跟踪仿真结果如图 3.5 所示。从仿真结果可以看出，飞行速度和高度在 300 s 的时间内能稳定跟踪给定的指令，弹性模态坐标在指令阶跃变化时振荡明显，但都能趋于另一平衡状态。

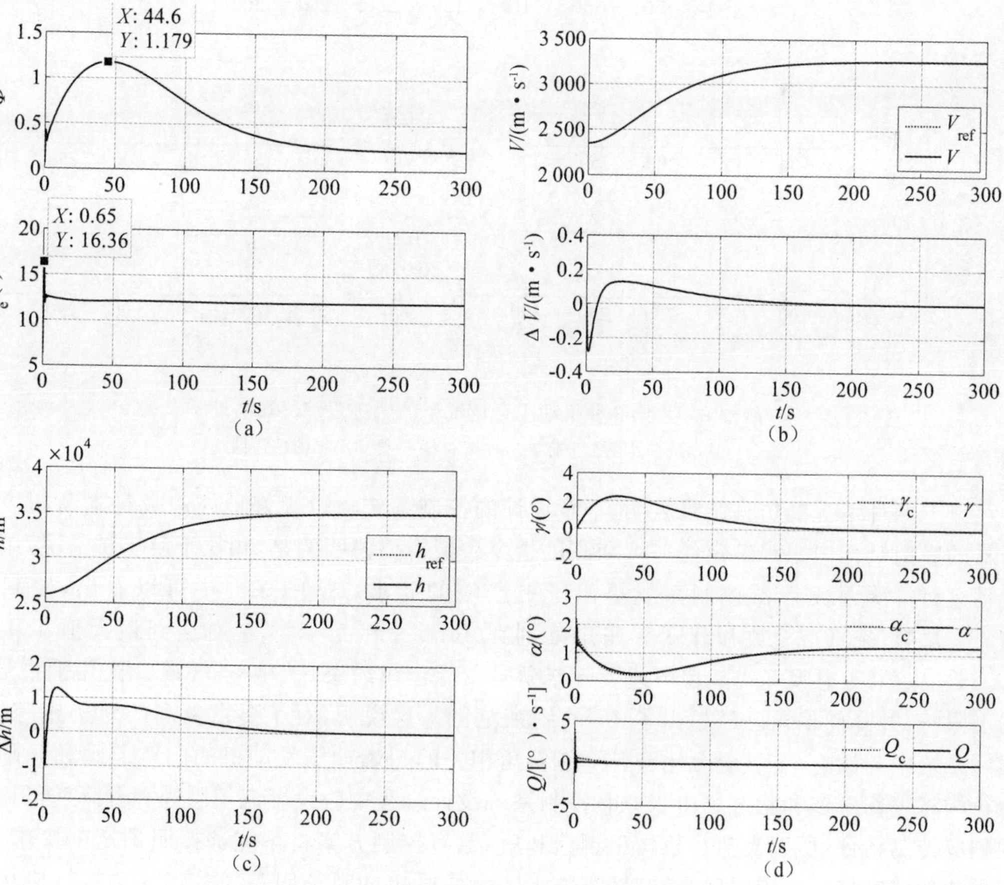

图 3.5　第 2 种机动飞行情况下的轨迹跟踪仿真结果

(a)燃料/空气混合比和升降舵偏角曲线；(b) 速度及速度跟踪误差曲线；

(c)高度及高度跟踪误差曲线；(d) 航迹角、迎角和俯仰角速度响应曲线；

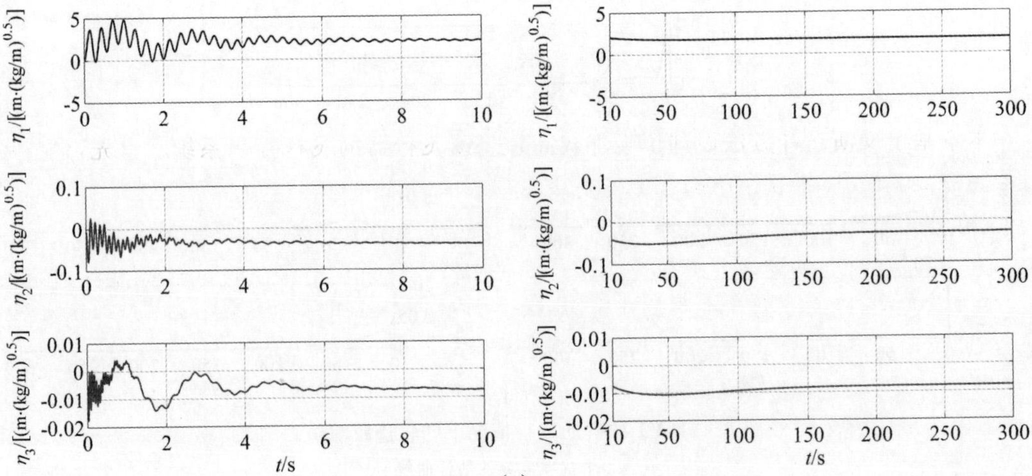

(e)

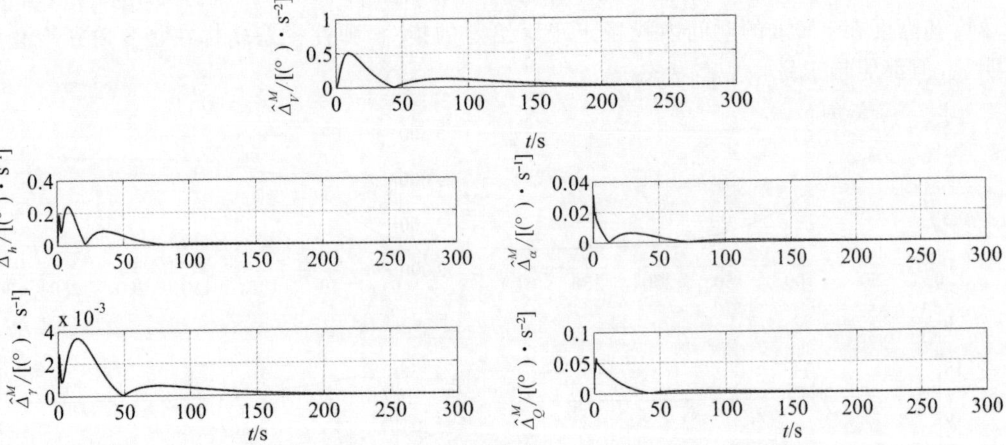

(f)

续图 3.5　第 2 种机动飞行情况下的轨迹跟踪仿真结果

(e) 前 3 阶弹性模态坐标响应曲线；(f) 干扰项上界的估计曲线

以上两种情况的仿真结果表明，本章设计的控制系统可以很好地控制吸气式高超声速飞行器的纵向平面内跟踪给定的速度和高度指令。但需要说明的是，相比于第 1 种情况，第 2 种机动飞行情况对飞行器控制系统提出了更严峻的要求。从图 3.5 中可以看出，控制输入量——燃料/空气混合比和升降舵偏角分别在 44.6 s 和 0.65 s 左右达到最大值 1.179 和 16.36°。如果考虑吸气式高超声速飞行器纵向飞行包线约束，燃料/空气混合比几乎接近 1.2 的上限，而升降舵偏角已经超出了 15°的约束范围。这说明，对于要求更高的轨迹跟踪任务，实际系统中与燃料/空气混合比和升降舵偏角相关的超燃冲压发动机油门调节阀和升降舵执行机构将工作于饱和状态。由于原有控制系统设计过程中假设燃流控制阀和升降舵可以连续的响应控制指令，所以当执行机构出现饱和后，原有控制方案将不能够按照预定的要求实施。如果这种状态持续一定时间，控制系统将无法完成既定的轨迹跟踪任务。针对执行机构饱和等输入受限问题，后面内容将主要研究确保闭环系统稳定的控制方法。

3.6 本章小结

本章基于反演设计方法设计了吸气式高超声速飞行器的飞行控制系统。首先,建立了面向控制的数学模型,将复杂的隐含非仿射控制系统的设计问题转化为严格反馈仿射控制系统的设计问题。其次,采用反演设计方法,分别设计速度子系统和高度子系统的虚拟和实际控制器。进一步,针对反演设计方法在速度和高度控制器设计过程中存在的问题,提出了改进的设计方案。通过不等式变换和控制器参数设计,消除了状态量跟踪误差耦合项给控制系统稳定性带来的影响。基于动态面方法,通过引入微分动态系统,得到虚拟控制量的导数,避免了复杂的解析计算,同时通过对不连续函数的光滑处理和系统干扰项上界的自适应估计,抑制了控制器的抖动,并保证了控制器的鲁棒性。最后,在给定的飞行条件下,对设计的控制系统进行了仿真分析,结果验证了所提出方法的可行性和有效性。

第4章 AHFV输入受限参数自适应反演控制

在第3章中，通过对吸气式高超声速飞行器动力学原理模型中推力、气动力和气动力矩等作用力的曲线拟合，建立了面向控制的模型，从而大大方便了控制系统的设计。面向控制模型中的曲线拟合多项式都是建立在对原理模型采样所得的数据集合之内，并通过优化算法计算出推力、气动力系数以及气动力矩系数值。在确定拟合多项式的过程中，遵循了简单性和精确性折中的原则。但是，当原理模型不完善，甚至不准确的情况下，面向控制模型将与原理模型之间出现较大的偏差，此时原有模型的控制器将不能很好地应用于新的原理模型中。这就要求所设计的控制器对面向控制模型具有一定的鲁棒性，以提高控制器的适用性。本章将通过对面向控制模型中的推力系数、气动力系数以及气动力矩系数的自适应估计，设计自适应控制器，从而提高控制系统的鲁棒性和更广泛的适用性。

吸气式高超声速飞行器参数的不确定性，以及原理模型和面向控制模型的不准确性，对反演设计方法提出了自适应控制的要求，需要在反演设计方法框架下探索自适应控制方法。但吸气式高超声速飞行器对控制系统的严格要求使得自适应控制方法在研究过程中需要考虑输入受限的因素。这是因为，采用自适应调整技术，在输入连续的情况下，跟踪误差由参数估计误差引起，而在输入受限的情况下，跟踪误差并非直接由估计误差引起，原自适应调整方法不能保证闭环系统稳定。这就是对于含光滑未知函数系统，自适应方法能够较好地发挥作用，而对于输入受限系统，自适应方法适应困难、动态响应特性恶化的原因。目前，在各种简单到复杂的控制系统设计过程中，学者专家们逐渐重视对输入受限问题的研究，但是研究并不充分。从研究内容来看，一些文献虽然也将其研究的问题称为输入受限问题，但是仅仅考虑了饱和约束，且将该约束作为了一种不确定性因素加以考虑，且没有从理论上进行分析。输入受限条件下的控制系统设计难点在于如何消除输入受限给控制系统稳定性带来的影响。本章将通过对输入受限偏差的滤波，完成原有跟踪误差的修正，从而使设计的参数自适应律不直接依赖于原有的跟踪误差，以降低输入受限对自适应估计过程的影响。

本章针对模型不确定性问题和输入受限控制问题，研究基于线性参数化模型的吸气式高超声速输入受限参数自适应控制方法。第一，基于推力、气动力和气动力矩的曲线拟合多项式，建立线性参数化形式的纵向运动模型；第二，通过引入关于设计输入量与可执行控制量之间偏差的一阶动态滤波系统，修正状态量跟踪误差的定义；第三，基于修正后的误差动态系统，在反演设计方法的框架下，设计使闭环系统稳定的自适应控制律，并给出气动与推进参数向量的有界自适应估计律；第四，通过 Lyapunov 稳定性理论证明参数估计误差和闭环系统跟踪误差渐进收敛于原点的可调邻域；第五，通过轨迹跟踪仿真表明，提出的自适应控制方法在控制输入受到一定约束的情况下能够确保飞行器控制的稳定性。

4.1　面向控制的线性参数化模型描述

引入关于推力系数、升力系数、阻力系数和气动力矩系数的参数向量：

$\boldsymbol{\theta}_T = [C_T^{\Phi\alpha^3}\ C_T^{\Phi\alpha^2}\ C_T^{\Phi\alpha}\ C_T^{\Phi}\ C_T^3\ C_T^2\ C_T^1\ C_T^0]^{\mathrm{T}}$；

$\boldsymbol{\theta}_L = [C_L^{\alpha}\ C_L^0]^{\mathrm{T}}$；

$\boldsymbol{\theta}_D = [C_D^{\alpha^2}\ C_D^{\alpha}\ C_D^{\delta_e^2}\ C_D^{\delta_e}\ C_D^0]^{\mathrm{T}}$；

$\boldsymbol{\theta}_M = [C_M^{\alpha^2}\ C_M^{\alpha}\ C_M^{\delta_e}\ C_M^0]^{\mathrm{T}}$。

接着引入关于状态量和输入量的基向量：

$\boldsymbol{B}_T(V,h,\alpha) = \bar{q}S\,[\alpha^3\ \alpha^2\ \alpha\ 1\ \mathbf{0}_{1\times4}]^{\mathrm{T}}$；

$\boldsymbol{\Psi}_T(V,h,\alpha) = \bar{q}S\,[\mathbf{0}_{1\times4}\ \alpha^3\ \alpha^2\ \alpha\ 1]^{\mathrm{T}}$；

$\boldsymbol{B}_L(V,h) = \bar{q}S\,[1\ 0]^{\mathrm{T}}$；

$\boldsymbol{\Psi}_L(V,h) = \bar{q}S\,[0\ 1]^{\mathrm{T}}$；

$\boldsymbol{\Psi}_D(V,h,\alpha,\delta_e) = \bar{q}S\,[\alpha^2\ \alpha\ \delta_e^2\ \delta_e\ 1]^{\mathrm{T}}$；

$\boldsymbol{B}_M(V,h) = \bar{q}S\bar{c}\,[\mathbf{0}_{1\times2}\ 1\ 0]^{\mathrm{T}}$；

$\boldsymbol{\Psi}_M(V,h,\alpha) = \bar{q}S\bar{c}\,[\alpha^2\ \alpha\ 0\ 1]^{\mathrm{T}}$。

则可将标称的推力、升力、阻力和气动力矩表示成如下线性参数向量的形式：

$T_n = \boldsymbol{\theta}_T^{\mathrm{T}}\boldsymbol{B}_T(V,h,\alpha)\Phi + \boldsymbol{\Psi}_T^{\mathrm{T}}(V,h,\alpha)\,\boldsymbol{\theta}_T$

$L_n = \boldsymbol{\theta}_L^{\mathrm{T}}\boldsymbol{B}_L(V,h)\alpha + \boldsymbol{\Psi}_L^{\mathrm{T}}(V,h)\,\boldsymbol{\theta}_L$

$D_n = \boldsymbol{\Psi}_D^{\mathrm{T}}(V,h,\alpha,\delta_e)\,\boldsymbol{\theta}_D$

$M_n = \boldsymbol{\theta}_M^{\mathrm{T}}\boldsymbol{B}_M(V,h)\delta_e + \boldsymbol{\Psi}_M^{\mathrm{T}}(V,h,\alpha)\,\boldsymbol{\theta}_M$

在第 3 章中，为了将 γ-子系统表示成状态量 α 的仿射形式，将该子系统中的 $T\sin\alpha$ 展开成了 α 的幂级数。基于此，引入如下基向量：

$$\boldsymbol{B}_T'(V,h,\Phi) = \bar{q}S\,[\mathbf{0}_{1\times3}\ \Phi\ \mathbf{0}_{1\times3}\ 1]^{\mathrm{T}}$$

则 $T\sin\alpha$ 的线性参数向量形式为

$$T\sin\alpha = \boldsymbol{\theta}_T^{\mathrm{T}}\boldsymbol{B}_T'(V,h,\Phi)\alpha + R(\alpha)$$

式中：$R(\alpha) = [\partial^2(T\sin\alpha)/\partial\alpha^2]\,|_{\alpha=\alpha^*}\,\alpha^2,\ \alpha^* \in [0,\alpha]$。

基于以上描述，则采用参数向量和基向量表示的纵向运动方程如下：

$$\left.\begin{aligned}
\dot{V} &= \frac{\boldsymbol{\theta}_T^{\mathrm{T}}\boldsymbol{B}_T\cos\alpha}{m}\Phi + \frac{\boldsymbol{\Psi}_T^{\mathrm{T}}\boldsymbol{\theta}_T\cos\alpha - \boldsymbol{\Psi}_D^{\mathrm{T}}\boldsymbol{\theta}_D}{m} + F_V + \Delta_V \\
\dot{h} &= V\gamma + \Delta_h \\
\dot{\gamma} &= \frac{\boldsymbol{\theta}_L^{\mathrm{T}}\boldsymbol{B}_L + \boldsymbol{\theta}_T^{\mathrm{T}}\boldsymbol{B}_T'}{mV}\alpha + \frac{\boldsymbol{\Psi}_L^{\mathrm{T}}\boldsymbol{\theta}_L}{mV} + F_\gamma + \Delta_\gamma \\
\dot{\alpha} &= Q - \frac{\boldsymbol{\theta}_L^{\mathrm{T}}\boldsymbol{B}_L\alpha + \boldsymbol{\Psi}_L^{\mathrm{T}}\boldsymbol{\theta}_L}{mV} - \frac{(\boldsymbol{\theta}_T^{\mathrm{T}}\boldsymbol{B}_T\Phi + \boldsymbol{\Psi}_T^{\mathrm{T}}\boldsymbol{\theta}_T)\sin\alpha}{mV} + F_\alpha + \Delta_\alpha \\
\dot{Q} &= \frac{\boldsymbol{\theta}_M^{\mathrm{T}}\boldsymbol{B}_M}{I_{yy}}\delta_e + \frac{z_T(\boldsymbol{\theta}_T^{\mathrm{T}}\boldsymbol{B}_T\Phi + \boldsymbol{\Psi}_T^{\mathrm{T}}\boldsymbol{\theta}_T) + \boldsymbol{\Psi}_M^{\mathrm{T}}\boldsymbol{\theta}_M}{I_{yy}} + \Delta_Q
\end{aligned}\right\} \tag{4.1}$$

式中：

$$F_V = -\mu\sin\gamma/(R_E + h)^2$$
$$F_\gamma = -[\mu - V^2(R_E + h)]\cos\gamma/[V(R_E + h)^2]$$
$$F_\alpha = [\mu - V^2(R_E + h)]\cos\gamma/[V(R_E + h)^2]$$
$$\Delta_V = (\varepsilon_T\cos\alpha - \varepsilon_D)/m$$
$$\Delta_h = \varepsilon_h V\gamma^2/2$$
$$\Delta_\gamma = (\varepsilon_L + \varepsilon_T'\alpha^2)/(mV)$$
$$\Delta_\alpha = -(\varepsilon_L + \varepsilon_T\sin\alpha)/(mV)$$
$$\Delta_Q = (z_T\varepsilon_T + \varepsilon_M)/I_{yy}$$

干扰项 $\Delta_x(x = V,h,\gamma,\alpha,Q)$ 可表示成线性参数向量的形式，令

$$\boldsymbol{\varepsilon}_f = [\varepsilon_T\,\varepsilon_L\,\varepsilon_D\,\varepsilon_M\,\varepsilon_T']^{\mathrm{T}}$$
$$\boldsymbol{\zeta}_V = [\cos\alpha\ 0\ -1\ 0\ 0]^{\mathrm{T}}/m$$
$$\zeta_h = V\gamma^2/2$$
$$\boldsymbol{\zeta}_\gamma = [1\ 0\ 0\ 0\ \alpha^2]^{\mathrm{T}}/(mV)$$
$$\boldsymbol{\zeta}_\alpha = [-\sin\alpha\ -1\ 0\ 0\ 0]^{\mathrm{T}}/(mV)$$
$$\boldsymbol{\zeta}_Q = [z_T\ 0\ 0\ 1\ 0]^{\mathrm{T}}/I_{yy}$$

则

$$\Delta_x = \boldsymbol{\varepsilon}_f^{\mathrm{T}}\boldsymbol{\zeta}_x,\ x = V,\gamma,\alpha,Q;\ \Delta_h = \varepsilon_h\zeta_h \tag{4.2}$$

式(4.1)中，参数向量 $\boldsymbol{\theta}_i(i = T,L,D,M)$ 分别为推力、升力、阻力和气动俯仰力矩的多项式拟合系数，考虑到拟合结果的不准确性，故对其进行自适应估计。

定义 $\boldsymbol{\theta}_i$ 的最优估计为 $\boldsymbol{\theta}_i^*$，自适应估计为 $\hat{\boldsymbol{\theta}}_i$，估计误差为 $\tilde{\boldsymbol{\theta}}_i = \hat{\boldsymbol{\theta}}_i - \boldsymbol{\theta}_i^*$，且

$$\boldsymbol{\theta}_i^* = \arg\min_{\boldsymbol{\theta}_i\in\Omega_i}\Big(\sup_{x\in A_x,u\in A_u}|f(\boldsymbol{x},\boldsymbol{u}) - f_n(\boldsymbol{x},\boldsymbol{u},\boldsymbol{\theta}_i)|\Big)$$
$$\varepsilon_i^*(\boldsymbol{x},\boldsymbol{u}) = f(\boldsymbol{x},\boldsymbol{u}) - f_n(\boldsymbol{x},\boldsymbol{u},\boldsymbol{\theta}_i)\,|_{\boldsymbol{\theta}_i=\boldsymbol{\theta}_i^*}$$
$$\varepsilon_T'^{*} = \{[\partial^2(T\sin\alpha)/\partial\alpha^2]\,|_{\alpha=\alpha^*}\}\,|_{\boldsymbol{\theta}_i=\boldsymbol{\theta}_i^*}$$

式中：$f(\boldsymbol{x},\boldsymbol{u}) \in \{T,L,D,M\}$；$f_n(\boldsymbol{x},\boldsymbol{u}) \in \{T_n,L_n,D_n,M_n\}$；$\boldsymbol{x} = [V\ h\ \gamma\ \alpha\ Q]^{\mathrm{T}}$；$\boldsymbol{u} = [\Phi\ \delta_e]^{\mathrm{T}}$；$\boldsymbol{A}_x$ 和 $\boldsymbol{A}_u$ 分别为 $\boldsymbol{x}$ 和 $\boldsymbol{u}$ 的紧子集；$\Omega_{\boldsymbol{\theta}_i}$ 为 $\boldsymbol{\theta}_i$ 的可行域，假设 $\Omega_{\boldsymbol{\theta}_i} = \{\boldsymbol{\theta}_i \mid \|\boldsymbol{\theta}_i\| \leqslant U_{\boldsymbol{\theta}_i}\}$，$U_{\boldsymbol{\theta}_i}$ 为 $\boldsymbol{\theta}_i$ 的界限值。

由于参数向量 $\boldsymbol{\theta}_T$ 和 $\boldsymbol{\theta}_L$ 在式(4.1)的多个子系统中同时出现，为避免对同一参数进行多次估计，即过参数化问题，令

$$\boldsymbol{\theta}_F = [\boldsymbol{\theta}_T^{\mathrm{T}}\quad \boldsymbol{\theta}_L^{\mathrm{T}}\quad \boldsymbol{\theta}_D^{\mathrm{T}}]^{\mathrm{T}}$$
$$\boldsymbol{B}_V = [\boldsymbol{B}_T^{\mathrm{T}}\cos\alpha\quad \boldsymbol{0}_{1\times2}\quad \boldsymbol{0}_{1\times5}]^{\mathrm{T}}$$
$$\boldsymbol{\Psi}_V = [\boldsymbol{\Psi}_T^{\mathrm{T}}\cos\alpha\quad \boldsymbol{0}_{1\times2}\quad -\boldsymbol{\Psi}_D^{\mathrm{T}}]^{\mathrm{T}}$$
$$\boldsymbol{B}_\gamma = [\boldsymbol{B}_T'^{\mathrm{T}}\quad \boldsymbol{B}_L^{\mathrm{T}}\quad \boldsymbol{0}_{1\times5}]^{\mathrm{T}}$$
$$\boldsymbol{\Psi}_\gamma = [\boldsymbol{0}_{1\times8}\quad \boldsymbol{\Psi}_L^{\mathrm{T}}\quad \boldsymbol{0}_{1\times5}]^{\mathrm{T}}$$
$$\boldsymbol{\Psi}_\alpha = [(\boldsymbol{B}_T^{\mathrm{T}}\Phi + \boldsymbol{\Psi}_T^{\mathrm{T}})\sin\alpha\quad \boldsymbol{B}_L^{\mathrm{T}}\alpha + \boldsymbol{\Psi}_L^{\mathrm{T}}\quad \boldsymbol{0}_{1\times5}]^{\mathrm{T}}$$
$$\boldsymbol{\Psi}_Q = [\boldsymbol{B}_T^{\mathrm{T}}\Phi + \boldsymbol{\Psi}_T^{\mathrm{T}}\quad \boldsymbol{0}_{1\times2}\quad \boldsymbol{0}_{1\times5}]^{\mathrm{T}}$$

引入各个子系统的状态量跟踪误差：$\tilde{V} = V - V_{\mathrm{ref}}$，$\tilde{h} = h - h_{\mathrm{ref}}$，$\tilde{\gamma} = \gamma - \gamma_{\mathrm{c}}$，$\tilde{\alpha} = \alpha - \alpha_{\mathrm{c}}$，

$\tilde{Q}=Q-Q_c$，其中 γ_c，α_c 和 Q_c 分别为 h-子系统、γ-子系统和 α-子系统的虚拟控制量。则采用参数向量和基向量表示的跟踪误差动态方程为

$$\left.\begin{aligned}
\dot{\tilde{V}} &= \frac{\boldsymbol{\theta}_F^{*\mathrm{T}}\boldsymbol{B}_V}{m}\Phi + \frac{\boldsymbol{\Psi}_V^{\mathrm{T}}\boldsymbol{\theta}_F^*}{m} + F_V - \dot{V}_{\mathrm{ref}} + \Delta_V \\
\dot{\tilde{h}} &= V(\gamma_c + \tilde{\gamma}) - \dot{h}_{\mathrm{ref}} + \Delta_h \\
\dot{\tilde{\gamma}} &= \frac{\boldsymbol{\theta}_F^{*\mathrm{T}}\boldsymbol{B}_\gamma}{mV}(\alpha_c + \tilde{\alpha}) + \frac{\boldsymbol{\Psi}_\gamma^{\mathrm{T}}\boldsymbol{\theta}_F^*}{mV} + F_\gamma - \dot{\gamma}_c + \Delta_\gamma \\
\dot{\tilde{\alpha}} &= Q_c + \tilde{Q} - \frac{\boldsymbol{\Psi}_\alpha^{\mathrm{T}}\boldsymbol{\theta}_F^*}{mV} + F_\alpha - \dot{\alpha}_c + \Delta_\alpha \\
\dot{\tilde{Q}} &= \frac{\boldsymbol{\theta}_M^{*\mathrm{T}}\boldsymbol{B}_M}{I_{yy}}\delta_e + \frac{z_T\boldsymbol{\Psi}_Q^{\mathrm{T}}\boldsymbol{\theta}_F^* + \boldsymbol{\Psi}_M^{\mathrm{T}}\boldsymbol{\theta}_M^*}{I_{yy}} - \dot{Q}_c + \Delta_Q
\end{aligned}\right\} \tag{4.3}$$

4.2　输入受限问题分析

面向控制模型中的输入量和状态量是受到一定条件限制的，因此控制系统在设计过程中必须考虑输入受限问题对系统稳定性带来的影响，而在吸气式高超声速飞行器输入受限制问题中，最为突出的两个问题就是飞行器机身结构变形问题和超燃冲压发动机稳定工作问题，以下就这两个方面的问题分别进行分析。

4.2.1　机身结构变形问题分析

由于结构动力学系统中的弹性模态反映了飞行器机身结构的变形程度，所以，对于机身结构变形问题可选取弹性模态进行研究。

在第 3 章中，给出了如下形式的结构动力学方程：

$$\dot{\boldsymbol{\eta}} = \boldsymbol{A}_\eta\boldsymbol{\eta} + \bar{q}S[A_0 + A_1\alpha + A_2\alpha^2] + \bar{q}SB\delta_e \tag{4.4}$$

该方程的解为

$$\boldsymbol{\eta}(t) = \exp(\boldsymbol{A}_\eta t)\boldsymbol{\eta}(0) + \int_0^t \boldsymbol{A}_\eta(t-\tau)\bar{q}(\tau)S[A_0 + A_1\alpha(\tau) + A_2\alpha^2(\tau)]B\delta_e(\tau)\mathrm{d}\tau \tag{4.5}$$

式中：第一项是初始状态的响应，第二项是输入作用的响应。

弹性状态量 $\boldsymbol{\eta}(t)$ 稳定，不仅要求振动矩阵 $\boldsymbol{A}_\eta$ 为 Hurwitz 矩阵，而且要求刚体动力学系统状态量 —— 动压 $\bar{q}$ 和迎角 α，以及输入量 —— 升降舵偏角 δ_e 有界。由于振动矩阵 $\boldsymbol{A}_\eta$ 的性质由弹性模态固有的振动阻尼和自然频率决定，所以弹性模态主要受动压 $\bar{q}$、迎角 α 以及升降舵偏角 δ_e 的影响。

为了保证飞行器的结构安全，要求弹性模态坐标 $\eta_i(i=1,2,3)$ 的弹性形变量不能超过极限值 $\eta_i^{\max}(i=1,2,3)$。此时，式(4.5) 应满足 $\|\boldsymbol{\eta}(t)\| \leqslant \min\{\eta_i^{\max}, i=1,2,3\}$，则 $\tilde{\eta}+\bar{\eta}\leqslant \min\{\eta_i^{\max}, i=1,2,3\}$，其中：$\tilde{\eta}=\|\exp(A_\eta t)\boldsymbol{\eta}(0)\|$，为弹性模态坐标的超调量；$\bar{\eta}=\left\|\int_0^t A_\eta(t-\tau)\bar{q}(\tau)S[A_0 + A_1\alpha(\tau) + A_2\alpha^2(\tau)]B\delta_e(\tau)\mathrm{d}\tau\right\|$，为弹性模态坐标的稳态值。

为了保证控制系统的稳定性，并尽量减小弹性模态对控制系统的影响，要求弹性模态坐标 $\eta_i(i=1,2,3)$ 的调节时间不能超过最长时间 $t_{\eta_i}(i=1,2,3)$。此时，式(4.5) 应满足

$t\{|\ \|\eta(t)\|-\bar{\eta}\ |\prec 0.05\bar{\eta}\}\leqslant t_{\eta_i}$，其中符号"$\prec$"表示恒小于。

根据最大弹性变形量 $\eta_i^{\max}(i=1,2,3)$ 和调节时间 $t_{\eta_i}(i=1,2,3)$ 指标，可以计算出动压 $\bar{q}$、迎角 α 以及升降舵偏角 δ_e 的幅值约束条件：$|\bar{q}(t)|\leqslant\bar{q}^{\max}$，$|\alpha(t)|\leqslant\alpha^{\max}$，$|\delta_e(t)|\leqslant\delta_e^{\max}$，$\forall t\geqslant 0$。

下述从原理模型的角度来分析飞行器整体稳定性和结构安全性对输入量和状态量的约束。第 i 阶弹性模态坐标的动力学方程为 $\ddot{\eta}_i=-2\zeta_i\omega_i\dot{\eta}_i-\omega_i^2\eta_i+N_i$，其中第 i 阶广义弹性力 $N_i=\sum_{j=1}^{n}\varphi_i(x_j)F_j(t)+\int_{-l_a}^{l_f}\varphi_i(x)P(x,t)\mathrm{d}x$ 为状态量 —— 迎角 α，输入量 —— 燃料 / 空气混合比 Φ、升降舵偏角 δ_e，以及自由流状态量 —— 马赫 Ma_∞、压强 P_∞、温度 T_∞ 的函数。

对于阶跃型输入，弹性模态坐标 η_i 的超调量和调节时间分别为

$$\sigma\%=|N_i|\exp(-\pi\zeta_i/\sqrt{1-\zeta_i^2})\times 100\%,\ t_s=3.5|N_i|/(\zeta_i\omega_i) \tag{4.6}$$

根据最大弹性变形量 $\eta_i^{\max}$ 和调节时间 t_{η_i} 指标的要求，则

$$|N_i|\left|\exp(-\pi\zeta_i/\sqrt{1-\zeta_i^2})+1\right|\leqslant\eta_i^{\max},\ 3.5|N_i|/(\zeta_i\omega_i)\leqslant t_{\eta_i} \tag{4.7}$$

再根据 $N_i=N_i(\alpha,\Phi,\delta_e)$，可计算出迎角 α、燃料 / 空气混合比 Φ 以及升降舵偏角 δ_e 的幅值约束条件：$|\alpha(t)|\leqslant\alpha^{\max}$，$|\Phi(t)|\leqslant\Phi^{\max}$，$|\delta_e(t)|\leqslant\delta_e^{\max}$，$\forall t\geqslant 0$。

4.2.2 超燃冲压发动机稳定工作问题分析

现在考虑超燃冲压发动机能够正常工作对面向控制模型的状态量和输入量提出的约束条件。

(1) 由于超燃冲压发动机依赖于机身前体下表面对空气流的增压作用，所以要求机身前体能够产生斜激波。根据动力学原理建模过程可知，此条件对飞行器飞行速度相对自由来流的方向，即迎角 α，提出了约束，即要求：

1) 机身前体下表面气流转折角 $\delta_f=\tau_f+\alpha>0$，即 $\alpha>-\tau_f$，这是机身前体能够产生激波的条件。

2) 机身前体下表面斜激波角 θ_f 的正弦平方 $\sin^2\theta_f$ 是三次方程 $x^3+Ax^2+Bx+C=0$ 的次根，即方程存在三个不同的实根，且次根大于零，其中 $A=-(Ma_\infty^2+2)/Ma_\infty^2-\gamma_0\sin^2(\tau_f+\alpha)$，$B=(2Ma_\infty^2+1)/Ma_\infty^4+\sin^2(\tau_f+\alpha)[(\gamma_0+1)^2/4+(\gamma_0-1)]/Ma_\infty^2$，$C=-\cos(\tau_f+\alpha)/Ma_\infty^4$，即 $A=A(\alpha)$，$B=B(\alpha)$，$C=C(\alpha)$，这是存在斜激波解的条件。

(2) 超燃冲压发动机燃烧室内的燃料稳定燃烧，要求进入超燃冲压发动机的空气质量流大于临界空气质量流，即满足 $\dot{m}_a\geqslant\dot{m}_a^{\min}$，其中 $\dot{m}_a=P_\infty Ma_\infty\sqrt{\gamma_0/R_0T_\infty}A_0$，$A_0=h_i\cos\tau_f\sin\theta_f/\sin(\theta_f-\alpha-\tau_f)$，即 $\dot{m}_a=\dot{m}_a(\alpha)$，此条件对迎角 α 提出了约束。

此外，为避免超燃冲压发动机燃烧室内出现热壅塞现象，要求燃烧室内加热量小于临界加热量。假设燃烧室内经过等截面热增加过程，通过对式(2.66)中燃烧室出口马赫数 Ma_{ce} 和燃烧室入口马赫数 Ma_{ci} 关系的分析可知，当 $Ma_{ce}\geqslant 1$ 时，等式左端项 $Ma_{ce}^2\{1+[(\gamma_0-1)/2]Ma_{ce}^2\}/(\gamma_0Ma_{ce}^2+1)^2$ 是 Ma_{ce} 的单调减函数，故当燃烧室内燃料燃烧释放的热量不断增加，即式(2.66)的右端项中的燃烧室出口 / 燃烧室入口流体总温变化量 ΔT_t 不断增大，达到临界加热量时，有 $Ma_{ce}=1$，这与出现热壅塞现象，燃烧室出口马赫数等于1已有结论相一致。通过对式(2.66)中的燃烧室出口 / 燃烧室入口流体总温变化量 ΔT_t 的分析可知，ΔT_t 是燃料混

合比 Φ 的单调增函数。因此，最大加热量约束对应于 Φ 的最大幅值约束，即要求 $\Phi \leqslant \Phi(Ma_{ce} = 1)$，当给定燃烧室入口气流条件 M_{ci} 和 T_{ci}，根据式(2.10)和式(2.11)，可解析求解 $\Phi(Ma_{ce} = 1)$。

综合以上分析，超燃冲压发动机的正常工作对面向控制模型的状态量和输入量提出的约束条件为：$\Phi^{\min} \leqslant \Phi \leqslant \Phi^{\max}$，$\alpha^{\min} \leqslant \alpha \leqslant \alpha^{\max}$，其中，$\Phi^{\min}$ 和 $\Phi^{\max}$，$\alpha^{\min}$ 和 $\alpha^{\max}$ 由飞行器几何参数、超燃冲压发动机燃料参数以及自由流状态决定。

本节从理论方面分析了吸气式高超声速飞行器的输入受限制问题，给出了面向控制模型的输入量 —— 燃料/空气混合比 Φ、升降舵偏角 δ_e 和状态量 —— 迎角 α 的约束范围，此约束仅是幅值上饱和受限约束。如果考虑实际系统中存在的各种因素，输入量和状态量还受到速率和带宽的约束，这些约束指标是根据实际系统的物理结构和工作机理提出来的。

根据第 3 章控制系统设计过程可知，为了完成升降舵的反演控制律设计，将高度子系统分解成了 4 个 1 阶的子系统，然后分别为各个子系统设计了虚拟控制器和最终的实际控制器。虚拟控制器的作用在于保证子系统状态稳定跟踪内层虚拟控制量，因此虚拟控制量的跟踪精度将最终影响高度指令的跟踪效果。从该角度来看，在控制系统的设计过程中，不仅应该考虑输入量的约束问题，还必须考虑虚拟控制量的约束对系统稳定性的影响。

反演设计方法用于控制系统的设计能够很好地体现状态量约束问题，这是其他设计方法所不具备的优势。对于反演设计方法，状态量约束问题可以转化为虚拟控制量约束问题，而虚拟控制量又可以视为子系统的控制输入，因此可将状态量的约束问题归结到输入受限问题进行研究。

综合以上分析，本章针对面向控制模型进行反演控制器设计过程中，不仅要考虑输入量 Φ 和 δ_e 地饱约束等输入受限问题，还将考虑与状态量 α、γ 和 Q 相关的虚拟控制量的约束问题，从而更好的适应吸气式高超声速飞行器的控制稳定性要求。

本章的研究问题可归结为：基于线性参数化的面向控制模型，考虑到其输入受限问题，采用反演设计方法设计速度和高度子系统的自适应控制律，使得模型输出 $\boldsymbol{y} = [V(t)\ h(t)]^{\mathrm{T}}$ 从给定的初始状态集合出发，跟踪参考轨迹 $\boldsymbol{y}_{\mathrm{ref}} = [V_{\mathrm{ref}}(t)\ h_{\mathrm{ref}}(t)]^{\mathrm{T}}$，并保证自适应估计过程稳定。

4.3　输入受限参数自适应反演控制律设计

标准的反演设计方法中，Φ，γ_c，α_c，Q_c 和 δ_e 既是各子系统待设计输入量也是各子系统的可执行控制量，而在输入受限的条件下，待设计输入量和可执行控制量之间不再是同一个概念。首先，定义 Φ 为 V-子系统的可执行控制量，Φ^0 为 V-子系统的待设计输入量；γ_c 为 h-子系统的可执行控制量，γ_c^0 为 h-子系统的待设计输入量；α_c 为 γ-子系统的可执行控制量，α_c^0 为 γ-子系统的待设计输入量；Q_c 为 α-子系统的可执行控制量，Q_c^0 为 α-子系统的待设计输入量；δ_e 为 Q-子系统的可执行控制量，δ_e^0 为 Q-子系统的待设计输入量。

4.3.1　输入受限条件下跟踪误差修正

考虑到在输入连续的情况下，推进参数与气动参数的自适应估计律是根据跟踪误差进行设计的，而在输入受限的条件下，待设计输入量和可执行控制量之间出现较大偏差，使得跟踪误差突然增大，从而影响了自适应估计过程的稳定性，因此需要对原有跟踪误差进行修正，以尽量降低对自适应估计过程的影响。

先对待设计输入量和可执行输入量之间出现较大的偏差进行滤波，引入 V-子系统关于 Φ 和 Φ^0 偏差的一阶滤波动态系统，即

$$\dot{X}_V(t)=-k_V X_V(t)+\frac{\hat{\boldsymbol{\theta}}_F^{\mathrm{T}}\boldsymbol{B}_V}{m}(\Phi-\Phi^0) \tag{4.8}$$

式中：$k_V>0$ 为设计参数。

再分别引入 h-相关子系统关于 γ_c 和 γ_c^0 偏差，α_c 和 α_c^0 偏差，Q_c 和 Q_c^0 偏差，δ_e 和 δ_e^0 偏差的一阶滤波动态系统，即

$$\dot{X}_h(t)=-k_h X_h(t)+V(\gamma_c-\gamma_c^0) \tag{4.9}$$

$$\dot{X}_\gamma(t)=-k_\gamma X_\gamma(t)+\frac{\hat{\boldsymbol{\theta}}_F^{\mathrm{T}}\boldsymbol{B}_\gamma}{mV}(\alpha_c-\alpha_c^0) \tag{4.10}$$

$$\dot{X}_\alpha(t)=-k_\alpha X_\alpha(t)+(Q_c-Q_c^0) \tag{4.11}$$

$$\dot{X}_Q(t)=-k_Q X_Q(t)+\frac{\hat{\boldsymbol{\theta}}_M^{\mathrm{T}}\boldsymbol{B}_M}{I_{yy}}(\delta_e-\delta_e^0) \tag{4.12}$$

式中：$k_x>0(x=h,\gamma,\alpha,Q)$ 为设计参数。

基于一阶滤波动态系统状态量 $X_x(x=V,h,\gamma,\alpha,Q)$，重新定义修正后的状态量跟踪误差如下：

$$\bar{V}=\tilde{V}-X_V,\ \bar{h}=\tilde{h}-X_h \tag{4.13}$$

$$\bar{\gamma}=\tilde{\gamma}-X_\gamma,\ \bar{\alpha}=\tilde{\alpha}-X_\alpha,\ \bar{Q}=\tilde{Q}-X_Q \tag{4.14}$$

对修正后的状态量跟踪误差求时间的导数，根据式(4.3)和式(4.9)～式(4.12)，可得

$$\dot{\bar{V}}=\frac{\boldsymbol{\Psi}_V^{\mathrm{T}}\boldsymbol{\theta}_F^*}{m}+F_V-\dot{V}_{\mathrm{ref}}+k_V X_V+\frac{\boldsymbol{\theta}_F^{*\mathrm{T}}\boldsymbol{B}_V}{m}\Phi-\frac{\hat{\boldsymbol{\theta}}_F^{\mathrm{T}}\boldsymbol{B}_V}{m}(\Phi-\Phi^0)+\Delta_V \tag{4.15}$$

$$\dot{\bar{h}}=-\dot{h}_{\mathrm{ref}}+k_h X_h+V(\gamma_c+\tilde{\gamma})-V(\gamma_c-\gamma_c^0)+\Delta_h \tag{4.16}$$

$$\dot{\bar{\gamma}}=\frac{\boldsymbol{\Psi}_\gamma^{\mathrm{T}}\boldsymbol{\theta}_F^*}{mV}+F_\gamma-\dot{\gamma}_c+k_\gamma X_\gamma+\frac{\boldsymbol{\theta}_F^{*\mathrm{T}}\boldsymbol{B}_\gamma}{mV}(\alpha_c+\tilde{\alpha})-\frac{\hat{\boldsymbol{\theta}}_F^{\mathrm{T}}\boldsymbol{B}_\gamma}{mV}(\alpha_c-\alpha_c^0)+\Delta_\gamma \tag{4.17}$$

$$\dot{\bar{\alpha}}=-\frac{\boldsymbol{\Psi}_\alpha^{\mathrm{T}}\boldsymbol{\theta}_F^*}{mV}+F_\alpha-\dot{\alpha}_c+k_\alpha X_\alpha+Q_c+\tilde{Q}-(Q_c-Q_c^0)+\Delta_\alpha \tag{4.18}$$

$$\dot{\bar{Q}}=\frac{z_T\boldsymbol{\Psi}_Q^{\mathrm{T}}\boldsymbol{\theta}_F^*+\boldsymbol{\Psi}_M^{\mathrm{T}}\boldsymbol{\theta}_M^*}{I_{yy}}-\dot{Q}_c+k_Q X_Q+\frac{\boldsymbol{\theta}_M^{*\mathrm{T}}\boldsymbol{B}_M}{I_{yy}}\delta_e-\frac{\hat{\boldsymbol{\theta}}_M^{\mathrm{T}}\boldsymbol{B}_M}{I_{yy}}(\delta_e-\delta_e^0)+\Delta_Q \tag{4.19}$$

4.3.2　参数自适应反演控制律设计

Step1：针对修正后的速度跟踪误差 $\bar{V}$ 子系统，设计输入量 Φ^0 为

$$\Phi^0=\frac{1}{\hat{\boldsymbol{\theta}}_F^{\mathrm{T}}\boldsymbol{B}_V}\left[m(-k_V\tilde{V}-F_V+\dot{V}_{\mathrm{ref}}-\hat{\Delta}_V)-\boldsymbol{\Psi}_V^{\mathrm{T}}\hat{\boldsymbol{\theta}}_F\right] \tag{4.20}$$

式中：$\hat{\Delta}_V = \hat{\boldsymbol{\varepsilon}}_f^{\mathrm{T}} \boldsymbol{\zeta}_V$，其中$\hat{\boldsymbol{\varepsilon}}_f$ 为$\boldsymbol{\varepsilon}_f^*$ 的估计，且估计误差$\hat{\boldsymbol{\varepsilon}}_f = \tilde{\boldsymbol{\varepsilon}}_f + \boldsymbol{\varepsilon}_f^*$。

将式(4.20)代入式(4.15)，可得

$$\begin{aligned}\dot{\bar{V}} &= \frac{\boldsymbol{\Psi}_V^{\mathrm{T}} \boldsymbol{\theta}_F^*}{m} + F_V - \dot{V}_{\mathrm{ref}} + k_V X_V - \frac{\tilde{\boldsymbol{\theta}}_F^{\mathrm{T}} \boldsymbol{B}_V}{m}\Phi + \frac{\hat{\boldsymbol{\theta}}_F^{\mathrm{T}} \boldsymbol{B}_V}{m}\Phi^0 + \Delta_V \\ &= -k_V \bar{V} - \frac{\tilde{\boldsymbol{\theta}}_F^{\mathrm{T}} \boldsymbol{B}_V}{m}\Phi - \frac{\boldsymbol{\Psi}_V^{\mathrm{T}} \tilde{\boldsymbol{\theta}}_F}{m} - \tilde{\boldsymbol{\varepsilon}}_f^{\mathrm{T}} \boldsymbol{\zeta}_V\end{aligned} \tag{4.21}$$

Step2：针对修正后的高度跟踪误差 $\bar{h}$ 子系统，设计输入量 γ_{c}^0 为

$$\gamma_{\mathrm{c}}^0 = \frac{-k_h \tilde{h} + \dot{h}_{\mathrm{ref}} - \hat{\Delta}_h}{V} - X_\gamma \tag{4.22}$$

式中：$\hat{\Delta}_h = \hat{\varepsilon}_h \zeta_h$，$\hat{\varepsilon}_h$ 为 ε_h 的估计，且估计误差 $\hat{\varepsilon}_h = \tilde{\varepsilon}_h + \varepsilon_h$。

将式(4.22)代入式(4.16)，可得

$$\dot{\bar{h}} = -\dot{h}_{\mathrm{ref}} + k_h X_h + V\tilde{\gamma} + V\gamma_{\mathrm{c}}^0 + \Delta_h = -k_h \bar{h} + V\bar{\gamma} - \tilde{\varepsilon}_h \zeta_h \tag{4.23}$$

Step3：针对修正后的航迹角跟踪误差 $\bar{\gamma}$ 子系统，采用反演设计方法，设计输入量 α_{c}^0 为

$$\alpha_{\mathrm{c}}^0 = \frac{1}{\hat{\boldsymbol{\theta}}_F^{\mathrm{T}} \boldsymbol{B}_\gamma}[mV(-k_\gamma \tilde{\gamma} - F_\gamma + \dot{\gamma}_{\mathrm{c}} - \hat{\Delta}_\gamma) - \boldsymbol{\Psi}_\gamma^{\mathrm{T}} \hat{\boldsymbol{\theta}}_F] - X_\alpha \tag{4.24}$$

式中：$\hat{\Delta}_\gamma = \hat{\boldsymbol{\varepsilon}}_f^{\mathrm{T}} \boldsymbol{\zeta}_\gamma$。

将式(4.24)代入式(4.17)，可得

$$\begin{aligned}\dot{\bar{\gamma}} &= \frac{\boldsymbol{\Psi}_\gamma^{\mathrm{T}} \boldsymbol{\theta}_F^*}{mV} + F_\gamma - \dot{\gamma}_{\mathrm{c}} + k_\gamma X_\gamma - \frac{\tilde{\boldsymbol{\theta}}_F^{\mathrm{T}} \boldsymbol{B}_\gamma}{mV}\alpha_{\mathrm{c}} + \frac{(\hat{\boldsymbol{\theta}}_F - \tilde{\boldsymbol{\theta}}_F)^{\mathrm{T}} \boldsymbol{B}_\gamma}{mV}\tilde{\alpha} + \frac{\hat{\boldsymbol{\theta}}_F^{\mathrm{T}} \boldsymbol{B}_\gamma}{mV}\alpha_{\mathrm{c}}^0 + \Delta_\gamma \\ &= -\frac{\boldsymbol{\Psi}_\gamma^{\mathrm{T}} \tilde{\boldsymbol{\theta}}_F}{mV} - k_\gamma \bar{\gamma} - \tilde{\boldsymbol{\varepsilon}}_f^{\mathrm{T}} \boldsymbol{\zeta}_\gamma + \frac{\hat{\boldsymbol{\theta}}_F^{\mathrm{T}} \boldsymbol{B}_\gamma}{mV}\bar{\alpha} - \frac{\tilde{\boldsymbol{\theta}}_F^{\mathrm{T}} \boldsymbol{B}_\gamma}{mV}\alpha\end{aligned} \tag{4.25}$$

Step4：针对修正后的迎角跟踪误差 $\bar{\alpha}$ 子系统，采用反演设计方法，设计输入量 Q_{c}^0 为

$$Q_{\mathrm{c}}^0 = -k_\alpha \tilde{\alpha} - F_\alpha + \dot{\alpha}_{\mathrm{c}} - \hat{\Delta}_\alpha + \frac{\boldsymbol{\Psi}_\alpha^{\mathrm{T}} \hat{\boldsymbol{\theta}}_F}{mV} - \frac{\hat{\boldsymbol{\theta}}_F^{\mathrm{T}} \boldsymbol{B}_\gamma}{mV}\bar{\gamma} - X_Q \tag{4.26}$$

式中：$\hat{\Delta}_\alpha = \hat{\boldsymbol{\varepsilon}}_f^{\mathrm{T}} \boldsymbol{\zeta}_\alpha$。

将式(4.26)代入式(4.18)，可得

$$\begin{aligned}\dot{\bar{\alpha}} &= -\frac{\boldsymbol{\Psi}_\alpha^{\mathrm{T}} \boldsymbol{\theta}_F^*}{mV} + F_\alpha - \dot{\alpha}_{\mathrm{c}} + k_\alpha X_\alpha + \tilde{Q} + Q_{\mathrm{c}}^0 + \Delta_\alpha \\ &= -k_\alpha \bar{\alpha} + \frac{\boldsymbol{\Psi}_\alpha^{\mathrm{T}} \tilde{\boldsymbol{\theta}}_F}{mV} - \frac{\hat{\boldsymbol{\theta}}_F^{\mathrm{T}} \boldsymbol{B}_\gamma}{mV}\bar{\gamma} + \bar{Q} - \tilde{\boldsymbol{\varepsilon}}_f^{\mathrm{T}} \boldsymbol{\zeta}_\alpha\end{aligned} \tag{4.27}$$

Step5：针对修正后的俯仰角速度跟踪误差 $\bar{Q}$ 子系统，采用反演设计方法，设计输入量 δ_{e}^0 为

$$\delta_{\mathrm{e}}^0 = \frac{1}{\hat{\boldsymbol{\theta}}_M^{\mathrm{T}} \boldsymbol{B}_M}[I_{yy}(-k_Q \tilde{Q} + \dot{Q}_{\mathrm{c}} - \bar{\alpha} - \hat{\Delta}_Q) - (z_T \boldsymbol{\Psi}_Q^{\mathrm{T}} \hat{\boldsymbol{\theta}}_F + \boldsymbol{\Psi}_M^{\mathrm{T}} \hat{\boldsymbol{\theta}}_M)] \tag{4.28}$$

式中：$\hat{\Delta}_Q = \hat{\boldsymbol{\varepsilon}}_f^{\mathrm{T}} \boldsymbol{\zeta}_Q$。

将式(4.28)代入式(4.19),可得

$$\begin{aligned}\dot{\bar{Q}} &= \frac{z_T \boldsymbol{\Psi}_Q^{\mathrm{T}} \boldsymbol{\theta}_F^* + \boldsymbol{\Psi}_M^{\mathrm{T}} \boldsymbol{\theta}_M^*}{I_{yy}} - \dot{Q}_c + k_Q X_Q - \frac{\tilde{\boldsymbol{\theta}}_M^{\mathrm{T}} \boldsymbol{B}_M}{I_{yy}}\delta_e + \frac{\hat{\boldsymbol{\theta}}_M^{\mathrm{T}} \boldsymbol{B}_M}{I_{yy}}\delta_e^0 + \Delta_Q \\ &= -\frac{z_T \boldsymbol{\Psi}_Q^{\mathrm{T}} \tilde{\boldsymbol{\theta}}_F + \boldsymbol{\Psi}_M^{\mathrm{T}} \tilde{\boldsymbol{\theta}}_M}{I_{yy}} - k_Q\bar{Q} - \frac{\tilde{\boldsymbol{\theta}}_M^{\mathrm{T}} \boldsymbol{B}_M}{I_{yy}}\delta_e - \bar{\alpha} - \tilde{\boldsymbol{\varepsilon}}_f^{\mathrm{T}} \boldsymbol{\zeta}_Q\end{aligned} \tag{4.29}$$

将式(4.20)、式(4.24)、式(4.26)和式(4.28)中参数向量$\hat{\boldsymbol{\theta}}_F$、$\hat{\boldsymbol{\theta}}_M$和$\hat{\boldsymbol{\varepsilon}}_f$,以及式(4.22)中的参数$\hat{\varepsilon}_h$的自适应调节律设计成如下形式:

$$\dot{\hat{\boldsymbol{\theta}}}_F = \begin{cases}\boldsymbol{\Gamma}_F(\boldsymbol{\Psi}_{\bar{x}}\bar{\boldsymbol{x}} - \beta_F\hat{\boldsymbol{\theta}}_F), \text{ if } \|\hat{\boldsymbol{\theta}}_F\| < U_{\theta_F} \text{ or } \|\hat{\boldsymbol{\theta}}_F\| = U_{\theta_F} \text{ or } \hat{\boldsymbol{\theta}}_F^{\mathrm{T}}\boldsymbol{\Psi}_{\bar{x}}\bar{\boldsymbol{x}} \leqslant 0 \\ \mathrm{Pr}_{\hat{\theta}_F}(\cdot), \text{ if } \|\hat{\boldsymbol{\theta}}_F\| = U_{\boldsymbol{\theta}_F} \text{ and } \hat{\boldsymbol{\theta}}_F^{\mathrm{T}}\boldsymbol{\Psi}_{\bar{x}}\bar{\boldsymbol{x}} > 0\end{cases} \tag{4.30}$$

$$\dot{\hat{\boldsymbol{\theta}}}_M = \begin{cases}\boldsymbol{\Gamma}_M(\boldsymbol{\Psi}_{\bar{Q}}\bar{Q} - \beta_M\hat{\boldsymbol{\theta}}_M), \text{ if } \|\hat{\boldsymbol{\theta}}_M\| < U_{\theta_M} \text{ or } \|\hat{\boldsymbol{\theta}}_M\| = U_{\boldsymbol{\theta}_M} \text{ or } \hat{\boldsymbol{\theta}}_M^{\mathrm{T}}\boldsymbol{\Psi}_{\bar{Q}}\bar{Q} \leqslant 0 \\ \mathrm{Pr}_{\hat{\boldsymbol{\theta}}_M}(\cdot), \text{ if } \|\hat{\boldsymbol{\theta}}_M\| = U_{\theta_M} \text{ and } \hat{\boldsymbol{\theta}}_M^{\mathrm{T}}\boldsymbol{\Psi}_{\bar{Q}}\bar{Q} > 0\end{cases} \tag{4.31}$$

$$\dot{\hat{\boldsymbol{\varepsilon}}}_f = \begin{cases}\boldsymbol{\Gamma}_f(\boldsymbol{\zeta}_{\bar{x}}\bar{\boldsymbol{x}} - \beta_f\hat{\boldsymbol{\varepsilon}}_f), \text{ if } \|\hat{\boldsymbol{\varepsilon}}_f\| < U_{\varepsilon_f} \text{ or } \|\hat{\boldsymbol{\varepsilon}}_f\| = U_{\varepsilon_f} \text{ or } \hat{\boldsymbol{\varepsilon}}_f^{\mathrm{T}}\boldsymbol{\zeta}_{\bar{x}}\bar{\boldsymbol{x}} \leqslant 0 \\ \mathrm{Pr}_{\hat{\varepsilon}_f}(\cdot), \text{ if } \|\hat{\boldsymbol{\varepsilon}}_f\| = U_{\varepsilon_f} \text{ and } \hat{\boldsymbol{\varepsilon}}_f^{\mathrm{T}}\boldsymbol{\zeta}_{\bar{x}}\bar{\boldsymbol{x}} > 0\end{cases} \tag{4.32}$$

$$\dot{\hat{\varepsilon}}_h = \begin{cases}\Gamma_h(\zeta_h\bar{h} - \beta_h\varepsilon_h), \text{ if } |\varepsilon_h| < U_h \text{ or } |\hat{\varepsilon}_h| = U_h \text{ and } \hat{\varepsilon}_h\zeta_h\bar{h} \leqslant 0 \\ \mathrm{Pr}_{\hat{\varepsilon}_h}(\cdot), \text{ if } |\hat{\varepsilon}_h| = U_h \text{ and } \varepsilon_h\zeta_h\bar{h} > 0\end{cases} \tag{4.33}$$

式中:

$$\bar{\boldsymbol{x}} = [\bar{V}\ \ \bar{h}\ \ \bar{\gamma}\ \ \bar{\alpha}\ \ \bar{Q}]^{\mathrm{T}}$$

$$\boldsymbol{\zeta}_{\bar{x}} = [\boldsymbol{\zeta}_V\ \ \boldsymbol{0}_{4\times 1}\ \ \boldsymbol{\zeta}_\gamma\ \ \boldsymbol{\zeta}_\alpha\ \ \boldsymbol{\zeta}_Q]$$

$$\boldsymbol{\Psi}_{\bar{x}} = \left[\frac{(\boldsymbol{B}_V\Phi + \boldsymbol{\Psi}_V)}{m}\ \ \boldsymbol{0}_{16\times 1}\ \ \frac{(\boldsymbol{\Psi}_\gamma + \boldsymbol{B}_\gamma\alpha)}{mV}\ \ -\frac{\boldsymbol{\Psi}_\alpha}{mV}\ \ \frac{z_T\boldsymbol{\Psi}_Q}{I_{yy}}\right]$$

$$\boldsymbol{\Psi}_{\bar{Q}} = \frac{\boldsymbol{\Psi}_M}{I_{yy}} + \frac{\boldsymbol{B}_M\delta_e}{I_{yy}}$$

式(4.30)～式(4.33)中,$\mathrm{Pr}_{\hat{\theta}_F}(\cdot)$,$\mathrm{Pr}_{\hat{\theta}_M}(\cdot)$,$\mathrm{Pr}_{\hat{\varepsilon}_f}(\cdot)$以及$\mathrm{Pr}_{\hat{\varepsilon}_h}(\cdot)$为投影算子,其定义如下:

$$\left.\begin{aligned}\mathrm{Pr}_{\hat{\theta}_F}(\cdot) &= \boldsymbol{\Gamma}_F(\boldsymbol{\Psi}_{\bar{x}}\bar{\boldsymbol{x}} - \beta_F\hat{\boldsymbol{\theta}}_F) - \boldsymbol{\Gamma}_F\frac{\hat{\boldsymbol{\theta}}_F^T\boldsymbol{\Psi}_{\bar{x}}\bar{\boldsymbol{x}}}{\|\hat{\boldsymbol{\theta}}_F\|^2}\hat{\boldsymbol{\theta}}_F \\ \mathrm{Pr}_{\hat{\theta}_M}(\cdot) &= \boldsymbol{\Gamma}_M(\boldsymbol{\Psi}_{\bar{Q}}\bar{Q} - \beta_M\hat{\boldsymbol{\theta}}_M) - \boldsymbol{\Gamma}_M\frac{\hat{\boldsymbol{\theta}}_M^T\Psi_{\bar{Q}}\bar{Q}}{\|\hat{\boldsymbol{\theta}}_M\|^2}\hat{\boldsymbol{\theta}}_M \\ \mathrm{Pr}_{\hat{\theta}_f}(\cdot) &= \boldsymbol{\Gamma}_f(\boldsymbol{\zeta}_{\bar{x}}\bar{\boldsymbol{x}} - \beta_f\hat{\boldsymbol{\varepsilon}}_f) - \boldsymbol{\Gamma}_f\frac{\hat{\boldsymbol{\varepsilon}}_f^T\boldsymbol{\zeta}_{\bar{x}}\bar{\boldsymbol{x}}}{\|\hat{\boldsymbol{\varepsilon}}_f\|^2}\hat{\boldsymbol{\varepsilon}}_f \\ \mathrm{Pr}_{\hat{\varepsilon}_h}(\cdot) &= -\Gamma_h\cdot\beta_f\hat{\varepsilon}_h\end{aligned}\right\} \tag{4.34}$$

以上投影算法用于确保$\hat{\boldsymbol{\theta}}_F$ 和$\hat{\boldsymbol{\theta}}_M$ 以及$\hat{\boldsymbol{\varepsilon}}_f$ 和$\hat{\varepsilon}_h$ 调整过程中始终有界。

基于反演方法设计的输入量式(4.24)、式(4.26) 和式(4.28) 中分别含有控制量的导数项 $\dot{\gamma}_c$、$\dot{\alpha}_c$ 和 $\dot{Q}_c$，对于输入受限情况中的幅值(饱和) 约束，$\dot{\gamma}_c = 0$，$\dot{\alpha}_c = 0$，$\dot{Q}_c = 0$；对于输入受限情况中的响应速率约束，$\dot{\gamma}_c = R_{\gamma_c}$，$\dot{\alpha}_c = R_{\alpha_c}$，$\dot{Q}_c = R_{Q_c}$，其中 R_{γ_c}，R_{α_c}，R_{Q_c} 为实际系统的响应速率约束参数；对于 γ_c^0、α_c^0、Q_c^0 的连续状态，可采用第 3 章中提出的动态面方法求解 $\dot{\gamma}_c$、$\dot{\alpha}_c$、$\dot{Q}_c$。假设 $|\dot{\gamma}_c^0| \leqslant \varphi_\gamma$，$|\dot{\alpha}_c^0| \leqslant \varphi_\alpha$，$|\dot{Q}_c^0| \leqslant \varphi_Q$，其中，$\varphi_\gamma > 0$，$\varphi_\alpha > 0$，$\varphi_Q > 0$ 为常数，并定义控制量的跟踪误差 $\tilde{\gamma}_c = \gamma_c - \gamma_c^0$，$\tilde{\alpha}_c = \alpha_c - \alpha_c^0$，$\tilde{Q}_c = Q_c - Q_c^0$，进而可引入含有鲁棒项的一阶微分动态系统，即

$$\dot{\gamma}_c = -\frac{1}{\tau_\gamma}\tilde{\gamma}_c - \frac{\varphi_\gamma^2}{2\varepsilon_\gamma},\gamma_c(0) = \gamma_c^0(0) \tag{4.35}$$

$$\dot{\alpha}_c = -\frac{1}{\tau_\alpha}\tilde{\alpha}_c - \frac{\varphi_\alpha^2}{2\varepsilon_\alpha},\alpha_c(0) = \alpha_c^0(0) \tag{4.36}$$

$$\dot{Q}_c = -\frac{1}{\tau_Q}\tilde{Q}_c - \frac{\varphi_Q^2}{2\varepsilon_Q},Q_c(0) = Q_c^0(0) \tag{4.37}$$

式中：τ_γ，τ_α，τ_Q 为时间常数，取值分别依据实际系统中的带宽约束。

以下将根据 Lyapunov 稳定性理论对所设计的控制律作用下系统的稳定性进行证明。

4.3.3　稳定性分析

定理 4.1：如果参数$\hat{\boldsymbol{\theta}}_F$ 和$\hat{\boldsymbol{\theta}}_M$，以及$\hat{\boldsymbol{\varepsilon}}_f$ 和$\hat{\varepsilon}_h$ 的调整规律设计成式(4.30) ～ 式(4.33) 所示的自适应形式，则有：

(1) $\hat{\boldsymbol{\theta}}_F$ 和$\hat{\boldsymbol{\theta}}_M$ 以及$\hat{\boldsymbol{\varepsilon}}_f$ 和$\hat{\varepsilon}_h$ 在调整过程中始终有界，即满足 $\|\hat{\boldsymbol{\theta}}_F\| \leqslant U_{\theta_F}$，$\|\hat{\boldsymbol{\theta}}_M\| \leqslant U_{\theta_M}$，$\|\hat{\boldsymbol{\varepsilon}}_f\| \leqslant U_{\varepsilon_f}$，$\|\hat{\varepsilon}_h\| \leqslant U_{\varepsilon_h}$。

(2) 在速度子系统控制律式(4.20) 和高度子系统控制律式(4.28) 作用下，系统状态量跟踪误差收敛至原点的一个邻域内。

证明：

(1) 令 $W_{\hat{\theta}_F} = \hat{\boldsymbol{\theta}}_F^{\mathrm{T}}\boldsymbol{\Gamma}_{\theta_F}\hat{\boldsymbol{\theta}}_F$，将$\hat{\boldsymbol{\theta}}_F$ 的初始值选择在可行域内，讨论其调整过程中抵达可行域边界时的情况：当式(4.30) 的第一个条件成立时，$\dot{W}_{\hat{\theta}_F} < 0$；当式(4.30) 的第二个条件成立时，$\dot{W}_{\hat{\theta}_F} \leqslant 0$。因此，对于 $\forall t \geqslant 0$，只要$\hat{\boldsymbol{\theta}}_F(0) \in \Omega_{\theta_F}$，则$\hat{\boldsymbol{\theta}}_F(t) \in \Omega_{\theta_F}$，即 $\|\hat{\boldsymbol{\theta}}_F(t)\| \leqslant U_{\theta_F}$。同理可证 $\|\hat{\boldsymbol{\theta}}_M(t)\| \leqslant U_{\theta_M}$，$\|\hat{\boldsymbol{\varepsilon}}_f(t)\| \leqslant U_{\varepsilon_f}$，$\|\hat{\varepsilon}_h\| \leqslant U_{\varepsilon_h}$。

(2) 选取 Lyapunov 函数：

$$\begin{aligned} W = {} & \frac{1}{2}\bar{V}^2 + \frac{1}{2(V^M)^2}\bar{h}^2 + \frac{1}{2}(\bar{\gamma}^2 + \bar{\alpha}^2 + \bar{Q}^2) + \frac{1}{2}(\tilde{\gamma}_c^2 + \tilde{\alpha}_c^2 + \tilde{Q}_c^2) + \\ & \frac{1}{2}\tilde{\boldsymbol{\theta}}_F^{\mathrm{T}}\boldsymbol{\Gamma}_F^{-1}\tilde{\boldsymbol{\theta}}_F + \frac{1}{2}\tilde{\boldsymbol{\theta}}_M^{\mathrm{T}}\boldsymbol{\Gamma}_M^{-1}\tilde{\boldsymbol{\theta}}_M + \frac{1}{2}\tilde{\boldsymbol{\varepsilon}}_f^{\mathrm{T}}\boldsymbol{\Gamma}_f^{-1}\tilde{\boldsymbol{\varepsilon}}_f + \frac{1}{2(V^M)^2}\Gamma_h^{-1}\tilde{\varepsilon}_h^2 \end{aligned} \tag{4.38}$$

式中：$V^M \geqslant |V(t)|$，$\forall t \geqslant 0$；$\boldsymbol{\Gamma}_F = \boldsymbol{\Gamma}_F^{\mathrm{T}} > 0$，$\boldsymbol{\Gamma}_M = \boldsymbol{\Gamma}_M^{\mathrm{T}} > 0$，$\boldsymbol{\Gamma}_f = \boldsymbol{\Gamma}_f^{\mathrm{T}} > 0$。需要指出的是，对于 γ_c^0，α_c^0，Q_c^0 的饱和约束和响应速率约束情况，Lyapunov 函数 W 中不需设置$(\tilde{\gamma}_c^2 + \tilde{\alpha}_c^2 + \tilde{Q}_c^2)/2$ 项，

以下将不再对此种情况进行单独分析。

沿式(4.15)～式(4.19),对 W 求时间的导数,经整理可得

$$\dot{W}=-k_V\bar{V}^2-\frac{k_h}{(V^M)^2}\bar{h}^2+\frac{V\bar{\gamma}}{(V^M)^2}\bar{h}-k_\gamma\bar{\gamma}^2-k_\alpha\bar{\alpha}^2-k_Q\bar{Q}^2-$$

$$\frac{1}{\tau_\gamma}\tilde{\gamma}_c^2-\tilde{\gamma}_c^2\frac{\varphi_\gamma^2}{2\varepsilon_\gamma}-\tilde{\gamma}_c\dot{\gamma}_c^0-\frac{1}{\tau_\alpha}\tilde{\alpha}_c^2-\tilde{\alpha}_c\dot{\alpha}_c^0-\tilde{\alpha}_c^2\frac{\varphi_\alpha^2}{2\varepsilon_\alpha}-\frac{1}{\tau_Q}\tilde{Q}_c^2-\tilde{Q}_c\dot{Q}_c^0-\tilde{Q}_c^2\frac{\varphi_Q^2}{2\varepsilon_Q}-$$

$$\frac{\tilde{\boldsymbol{\theta}}_F^{\mathrm{T}}\boldsymbol{B}_V\Phi}{m}\bar{V}-\frac{\boldsymbol{\Psi}_V^{\mathrm{T}}\tilde{\boldsymbol{\theta}}_F}{m}\bar{V}-\frac{\boldsymbol{\Psi}_\gamma^{\mathrm{T}}\tilde{\boldsymbol{\theta}}_F}{mV}\bar{\gamma}-\frac{\tilde{\boldsymbol{\theta}}_F^{\mathrm{T}}\boldsymbol{B}_{\gamma}\alpha}{mV}\bar{\gamma}+\frac{\boldsymbol{\Psi}_\alpha^{\mathrm{T}}\tilde{\boldsymbol{\theta}}_F}{mV}\bar{\alpha}-\frac{z_T\boldsymbol{\Psi}_Q^{\mathrm{T}}\tilde{\boldsymbol{\theta}}_F}{I_{yy}}\bar{Q}-$$

$$\frac{\boldsymbol{\Psi}_M^{\mathrm{T}}\tilde{\boldsymbol{\theta}}_M}{I_{yy}}\bar{Q}-\frac{\tilde{\boldsymbol{\theta}}_M^{\mathrm{T}}\boldsymbol{B}_M\delta_e}{I_{yy}}\bar{Q}-\bar{V}\tilde{\boldsymbol{\varepsilon}}_f^{\mathrm{T}}\boldsymbol{\zeta}_V-\frac{1}{(V^M)^2}\bar{h}\tilde{\varepsilon}_h\zeta_h-\bar{\gamma}\tilde{\boldsymbol{\varepsilon}}_f^{\mathrm{T}}\boldsymbol{\zeta}_\gamma-\bar{\alpha}\tilde{\boldsymbol{\varepsilon}}_f^{\mathrm{T}}\boldsymbol{\zeta}_\alpha-$$

$$\bar{Q}\tilde{\boldsymbol{\varepsilon}}_f^{\mathrm{T}}\boldsymbol{\zeta}_Q+\tilde{\boldsymbol{\theta}}_F^{\mathrm{T}}\boldsymbol{\Gamma}_F^{-1}\dot{\tilde{\boldsymbol{\theta}}}_F+\tilde{\boldsymbol{\theta}}_M^{\mathrm{T}}\boldsymbol{\Gamma}_M^{-1}\dot{\tilde{\boldsymbol{\theta}}}_M+\tilde{\boldsymbol{\varepsilon}}_f^{\mathrm{T}}\boldsymbol{\Gamma}_f^{-1}\dot{\tilde{\boldsymbol{\varepsilon}}}_f+\frac{1}{(V^M)^2}\tilde{\varepsilon}_h\dot{\tilde{\varepsilon}}_h \tag{4.39}$$

根据 Young's 不等式,式(4.39)中有如下关系式成立:

$$\frac{V\bar{\gamma}}{(V^M)^2}\bar{h}\leqslant\frac{c_h/2}{(V^M)^2}\bar{h}^2+\frac{1}{2c_h}\frac{V^2}{(V^M)^2}\bar{\gamma}^2\leqslant\frac{c_h/2}{(V^M)^2}\bar{h}^2+\frac{1}{2c_h}\bar{\gamma}^2 \tag{4.40}$$

$$-\tilde{\gamma}_c\dot{\gamma}_c^0\leqslant|\tilde{\gamma}_c|\cdot|\varphi_\gamma|\leqslant\tilde{\gamma}_c^2\frac{\varphi_\gamma^2}{2\varepsilon_\gamma}+\frac{\varepsilon_\gamma}{2} \tag{4.41}$$

$$-\tilde{\alpha}_c\dot{\alpha}_c^0\leqslant|\tilde{\alpha}_c|\cdot|\varphi_\alpha|\leqslant\tilde{\alpha}_c^2\frac{\varphi_\alpha^2}{2\varepsilon_\alpha}+\frac{\varepsilon_\alpha}{2} \tag{4.42}$$

$$-\tilde{Q}_c\dot{Q}_c^0\leqslant|\tilde{Q}_c|\cdot|\varphi_Q|\leqslant\tilde{Q}_c^2\frac{\varphi_Q^2}{2\varepsilon_Q}+\frac{\varepsilon_Q}{2} \tag{4.43}$$

式中:$c_h>0$ 为常数。

注意到$\dot{\tilde{\boldsymbol{\theta}}}_F=\dot{\hat{\boldsymbol{\theta}}}_F$,$\dot{\tilde{\boldsymbol{\theta}}}_M=\dot{\hat{\boldsymbol{\theta}}}_M$,$\dot{\tilde{\boldsymbol{\varepsilon}}}_f=\dot{\hat{\boldsymbol{\varepsilon}}}_f$,$\dot{\tilde{\varepsilon}}_h=\dot{\hat{\varepsilon}}_h$,将自适应律式(4.30)～式(4.33)代入式(4.39),可得

$$\dot{W}\leqslant-k_V\bar{V}^2-\frac{k_h-c_h/2}{(V^M)^2}\bar{h}^2-(k_\gamma-\frac{1}{2c_h})\bar{\gamma}^2-k_\alpha\bar{\alpha}^2-k_Q\bar{Q}^2-$$

$$\frac{1}{\tau_\gamma}\tilde{\gamma}_c^2-\frac{1}{\tau_\alpha}\tilde{\alpha}_c^2-\frac{1}{\tau_Q}\tilde{Q}_c^2+\frac{\varepsilon_\gamma}{2}+\frac{\varepsilon_\alpha}{2}+\frac{\varepsilon_Q}{2}-$$

$$\beta_F\tilde{\boldsymbol{\theta}}_F^{\mathrm{T}}\hat{\boldsymbol{\theta}}_F-\beta_M\tilde{\boldsymbol{\theta}}_M^{\mathrm{T}}\hat{\boldsymbol{\theta}}_M-\beta_f\tilde{\boldsymbol{\varepsilon}}_f^{\mathrm{T}}\hat{\boldsymbol{\varepsilon}}_f-\beta_f\tilde{\varepsilon}_h\hat{\varepsilon}_h-$$

$$\nu_1\cdot\tilde{\boldsymbol{\theta}}_F^{\mathrm{T}}\frac{\hat{\boldsymbol{\theta}}_F^{\mathrm{T}}\boldsymbol{\Psi}_{\bar{x}}\bar{x}}{\|\hat{\boldsymbol{\theta}}_F\|^2}\hat{\boldsymbol{\theta}}_F-\nu_2\cdot\tilde{\boldsymbol{\theta}}_M^{\mathrm{T}}\frac{\hat{\boldsymbol{\theta}}_M^{\mathrm{T}}\boldsymbol{\Psi}_{\bar{Q}}\bar{Q}}{\|\hat{\boldsymbol{\theta}}_M\|^2}\hat{\boldsymbol{\theta}}_M-$$

$$\nu_3\cdot\tilde{\boldsymbol{\varepsilon}}_f^{\mathrm{T}}\frac{\hat{\boldsymbol{\varepsilon}}_f^{\mathrm{T}}\boldsymbol{\zeta}_{\bar{x}}\bar{x}}{\|\hat{\boldsymbol{\varepsilon}}_f\|^2}\hat{\boldsymbol{\varepsilon}}_f-\nu_4\cdot\tilde{\varepsilon}_h\zeta_h\bar{h} \tag{4.44}$$

式中:ν_1,ν_2 和 ν_3 为0或1,当自适应律的第一个条件成立时,ν_1,ν_2 和 ν_3 取0,而当自适应律的第二个条件成立时,ν_1,ν_2 和 ν_3 取1。

考虑到

$$\begin{aligned}\tilde{\boldsymbol{\theta}}_F^{\mathrm{T}}\hat{\boldsymbol{\theta}}_F &= \frac{1}{2}\tilde{\boldsymbol{\theta}}_F^{\mathrm{T}}(\tilde{\boldsymbol{\theta}}_F+\boldsymbol{\theta}_F^*)+\frac{1}{2}(\hat{\boldsymbol{\theta}}_F-\boldsymbol{\theta}_F^*)^{\mathrm{T}}\hat{\boldsymbol{\theta}}_F \\ &= \frac{1}{2}\tilde{\boldsymbol{\theta}}_F^{\mathrm{T}}\tilde{\boldsymbol{\theta}}_F+\frac{1}{2}\hat{\boldsymbol{\theta}}_F^{\mathrm{T}}\hat{\boldsymbol{\theta}}_F-\frac{1}{2}\boldsymbol{\theta}_F^{*\mathrm{T}}\boldsymbol{\theta}_F^* \\ &= \frac{1}{2}(\|\tilde{\boldsymbol{\theta}}_F\|^2+\|\hat{\boldsymbol{\theta}}_F\|^2-\|\boldsymbol{\theta}_F^*\|^2)\end{aligned} \tag{4.45}$$

则式(4.44)中有如下关系式成立：

$$-\beta_F\tilde{\boldsymbol{\theta}}_F^{\mathrm{T}}\hat{\boldsymbol{\theta}}_F\leqslant-\frac{\beta_F}{2}\|\tilde{\boldsymbol{\theta}}_F\|^2+\frac{\beta_F}{2}\|\boldsymbol{\theta}_F^*\|^2 \tag{4.46}$$

同理，可得

$$-\beta_M\tilde{\boldsymbol{\theta}}_M^{\mathrm{T}}\hat{\boldsymbol{\theta}}_M\leqslant-\frac{\beta_M}{2}\|\tilde{\boldsymbol{\theta}}_M\|^2+\frac{\beta_M}{2}\|\boldsymbol{\theta}_M^*\|^2 \tag{4.47}$$

$$-\beta_f\tilde{\boldsymbol{\varepsilon}}_f^{\mathrm{T}}\hat{\boldsymbol{\varepsilon}}_f\leqslant-\frac{\beta_f}{2}\|\tilde{\boldsymbol{\varepsilon}}_f\|^2+\frac{\beta_f}{2}\|\boldsymbol{\varepsilon}_f^*\|^2 \tag{4.48}$$

$$-\beta_h\hat{\varepsilon}_h\tilde{\varepsilon}_h\leqslant-\frac{\beta_h}{2}|\tilde{\varepsilon}_h|^2+\frac{\beta_h}{2}|\varepsilon_h|^2 \tag{4.49}$$

进一步，考虑到$\tilde{\boldsymbol{\theta}}_F^{\mathrm{T}}\hat{\boldsymbol{\theta}}_F\geqslant(\|\hat{\boldsymbol{\theta}}_F\|^2-\|\boldsymbol{\theta}_F^*\|^2)/2$，则当$\hat{\boldsymbol{\theta}}_F$ 自适应律的第二个条件成立时，即 $\|\hat{\boldsymbol{\theta}}_F\|=U_{\theta_F}\geqslant\|\boldsymbol{\theta}_F^*\|$ 时，有$\tilde{\boldsymbol{\theta}}_F^{\mathrm{T}}\hat{\boldsymbol{\theta}}_F\geqslant0$。同理，当$\hat{\boldsymbol{\theta}}_M$，$\hat{\boldsymbol{\varepsilon}}_f$ 和$\hat{\varepsilon}_h$ 自适应律的第二个条件成立时，有$\tilde{\boldsymbol{\theta}}_M^{\mathrm{T}}\hat{\boldsymbol{\theta}}_M\geqslant0$，$\tilde{\boldsymbol{\varepsilon}}_f^{\mathrm{T}}\hat{\boldsymbol{\varepsilon}}_f\geqslant0$，$\hat{\varepsilon}_h^2\geqslant0$。故当$\hat{\boldsymbol{\theta}}_F$，$\hat{\boldsymbol{\theta}}_M$，$\hat{\boldsymbol{\varepsilon}}_f$ 以及 $\tilde{\varepsilon}_h$ 的第二个条件成立时，式(4.44)的后 4 项是非负的。

综合以上分析，可得

$$\dot{W}\leqslant-\mu_1W+\mu_2 \tag{4.50}$$

式中：

$$\mu_1=\min\begin{cases}2k_V,(2k_h-c_h)/(V^M)^2,2k_\gamma-1/c_h,2k_\alpha,2k_Q\\ \dfrac{2}{\tau_\gamma},\dfrac{2}{\tau_\alpha},\dfrac{2}{\tau_Q}\\ \dfrac{\beta_F}{\lambda_{\max}(\boldsymbol{\Gamma}_F^{-1})},\dfrac{\beta_M}{\lambda_{\max}(\boldsymbol{\Gamma}_M^{-1})},\dfrac{\beta_f}{\lambda_{\max}(\boldsymbol{\Gamma}_f^{-1})},\Gamma_h\beta_h\end{cases}$$

$$\mu_2=\frac{\varepsilon_\gamma}{2}+\frac{\varepsilon_\alpha}{2}+\frac{\varepsilon_Q}{2}+\frac{\beta_F}{2}U_{\theta_F}+\frac{\beta_f}{2}U_{\varepsilon_f}+\frac{\beta_h}{2}U_{\varepsilon_h}$$

式中：$\lambda_{\max}(\cdot)$ 表示矩阵的最大特征值。

式(4.49)两端同乘以 $e^{\mu_{V,1}t}$ 并在区间[0，t]上积分后，可得 $W(t)\leqslant W(0)+\mu_2/\mu_1$。因此，对于 $\forall t\geqslant0$，有

$$|\bar{x}|^2\leqslant2\left(W(0)+\frac{\mu_2}{\mu_1}\right),\bar{x}=\bar{V},\bar{\gamma},\bar{\alpha},\bar{Q},\ |\bar{h}|^2\leqslant2(V^M)^2\left(W(0)+\frac{\mu_2}{\mu_1}\right)$$

$$\|\tilde{\boldsymbol{\theta}}_F\|^2\leqslant\frac{2}{\lambda_{\min}(\boldsymbol{\Gamma}_F^{-1})}\left(W(0)+\frac{\mu_2}{\mu_1}\right),\ \|\tilde{\boldsymbol{\theta}}_M\|^2\leqslant\frac{2}{\lambda_{\min}(\boldsymbol{\Gamma}_M^{-1})}\left(W(0)+\frac{\mu_2}{\mu_1}\right)$$

$$\|\hat{\boldsymbol{\varepsilon}}_f\|^2\leqslant\frac{2}{\lambda_{\min}(\boldsymbol{\Gamma}_f^{-1})}\left(W(0)+\frac{\mu_2}{\mu_1}\right),\ |\hat{\varepsilon}_h|^2\leqslant2\Gamma_h\left(W(0)+\frac{\mu_2}{\mu_1}\right)$$

式中：$\lambda_{\min}(\cdot)$ 表示矩阵的最小特征值。

通过以上证明过程可知，系统修正后的状态量跟踪误差和参数估计误差始终有界，且最终一致收敛于系统原点的邻域，而且该邻域可通过调整设计参数的大小来调整。此外，一阶滤波动态系统式(4.8) ~ 式(4.12) 的状态量也在控制过程中始终有界，且最终一致收敛于原点的一个可调邻域内。因此，控制系统内的所有信号有界。进一步，当结构动力学系统的阻尼比 $0 < \zeta_i < 1$，自然振动频率 $\omega_i > 0(i = 1,2,3)$ 时，弹性模态坐标 $\eta_i(i = 1,2,3)$ 稳定。

根据一阶滤波动态系统式(4.8) ~ 式(4.12) 可知，如果设计输入量和可执行控制量之间不存在偏差，即控制系统输入处于线性工作区或控制系统状态量处于约束范围之内，则一阶滤波动态系统的状态量 $X_x(x = V,h,\gamma,\alpha,Q)$ 渐进收敛于零，此时修正后的状态量跟踪误差 $\bar{x}$，$\bar{x} \in \{\bar{V},\bar{h},\bar{\gamma},\bar{\alpha},\bar{Q}\}$ 等价于原系统状态量跟踪误差 $\tilde{x}$，$\tilde{x} \in \{\tilde{V},\tilde{h},\tilde{\gamma},\tilde{\alpha},\tilde{Q}\}$，$\tilde{x}$ 渐进收敛于原点的邻域。而如果设计输入量和可执行控制量之间存在偏差，即输入量处于受限制的工作状态或状态量处于受约束状态，则一阶滤波动态系统发挥作用，通过一阶滤波动态系统的滤波，使得设计输入量和可执行控制量之间的较大偏差不至于对参数估计过程造成较大冲击，从而确保了参数估计过程的稳定。需要指出的是，如果控制系统输入一直处于非连续的工作状态，说明飞行器机动能力有限，无法完成对预定参考轨迹的跟踪。

基于误差修正的参数自适应控制系统结构如图 4.1 所示。

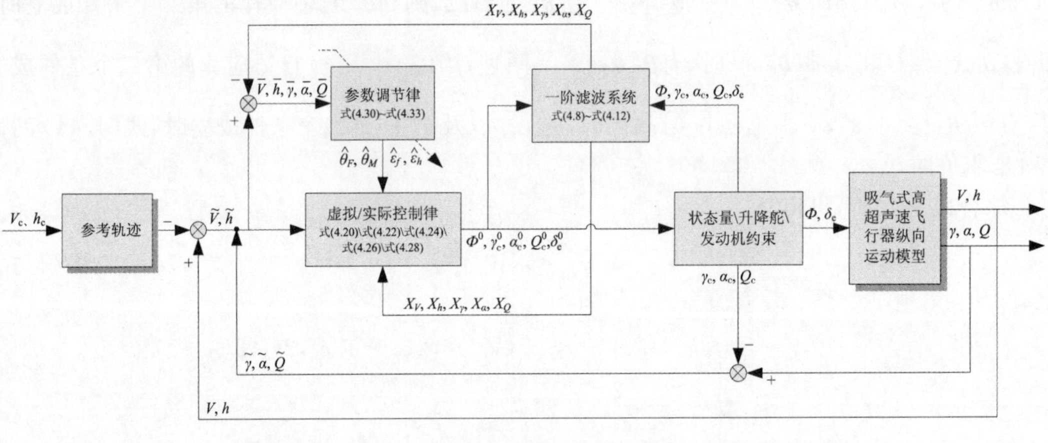

图 4.1　基于误差修正的参数自适应控制系统结构框图

4.4　仿真结果与分析

对吸气式高超声速飞行器原理模型进行闭环系统仿真，通过设定速度和高度指令跟踪任务，验证所提出的自适应控制策略在输入受限情况下的有效性。

飞行器在动压 $\bar{q} = 95\ 760.6$ Pa，高度 $h = 25\ 908$ m 的初始巡航条件下，完成以下三种指令跟踪任务：

任务 1：高度指令为幅值 $\Delta h_c = 7\ 278.6$ m 的阶跃信号，速度指令为幅值 $\Delta V_c = 853.44$ m/s 的阶跃信号。

任务 2：高度指令为幅值 $\Delta h_c = 5\ 791.2$ m，周期为 600 s 的方波信号，速度维持在 $V = 2\ 347.6$ m/s。

任务3：速度指令为幅值 $\Delta V_c = 41.148\ \text{m/s}$，周期为 600 s 的方波信号，高度维持在$h = 25\ 908\ \text{m}$。

将以上三种任务中的速度指令和高度指令通过阻尼比 $\zeta_n = 0.95$ 和自然频率 $\omega_n = 0.03\ \text{rad/s}$ 的二阶参考模型生成参考轨迹 $V_{\text{ref}}(t)$ 和 $\dot{V}_{\text{ref}}(t)$，$h_{\text{ref}}(t)$ 和 $\dot{h}_{\text{ref}}(t)$。

综合考虑使弹性模态约束和超燃冲压发动机工作受限的因素，并结合飞行器的飞行包线，将控制指令的约束范围设定为：$\Phi \in [0.1,\ 1.0]$，$\delta_e \in [-15°,\ 15°]$，$\alpha_c \in [-5°,\ 5°]$，$\gamma_c \in [-5°,\ 5°]$，$Q_c \in [-10(°)/\text{s},\ 10(°)/\text{s}]$。

采用4阶Runge-Kuta数值求解方法，仿真步长为0.01 s。控制器设计参数取值为 $k_V = 1$，$k_h = 1$，$k_\gamma = 2$，$k_\alpha = 4$，$k_Q = 8$。一阶滤波动态系统时间常数取值为 $\tau_\gamma = 1/20$，$\tau_\alpha = 1/30$，$\tau_Q = 1/60$。参数向量$\hat{\boldsymbol{\theta}}_F$ 和$\hat{\boldsymbol{\theta}}_M$ 的自适应调节律设计参数取值为$\boldsymbol{\Gamma}_F = 10 \times \boldsymbol{I}_{15\times 15}$，$\boldsymbol{\Gamma}_M = 10 \times \boldsymbol{I}_{4\times 4}$，$\beta_F = \beta_M = 0.1$，误差向量$\hat{\boldsymbol{\varepsilon}}_f$ 和近似误差$\hat{\varepsilon}_h$ 的自适应律的学习参数取值分别为$\boldsymbol{\Gamma}_f = 1.0 \times \boldsymbol{I}_{5\times 5}$，$\Gamma_h = 1.0$，$\beta_f = \beta_h = 0.1$。参数向量$\hat{\boldsymbol{\theta}}_F$ 和$\hat{\boldsymbol{\theta}}_M$ 中各元素的初始值按照推力、气动力和气动力矩系数拟合值摄动40％选取，误差向量$\hat{\boldsymbol{\varepsilon}}_f$ 以及近似误差$\hat{\varepsilon}_h$ 中各元素的初始值选取为0。

对于速度和高度阶跃指令跟踪任务1，图4.2给出了未经改进自适应控制方法（即自适应调节律中 $\bar{\boldsymbol{x}} = \tilde{\boldsymbol{x}}$）对速度和高度轨迹的跟踪仿真结果，图4.3给出了经误差修正后的自适应控制方法对速度和高度轨迹的跟踪仿真结果。由图4.2和图4.3中的升降舵偏角和燃料/空气混合比曲线可知，任务1对于飞行器控制系统是一种极限跟踪任务，升降舵和发动机都出现了受限制工作状态。由图4.2的仿真结果可以看出，升降舵偏角在仿真开始的0.5 s内进入饱和，而燃料/空气混合比在仿真进行到3.5 s后出现了饱和和死区之间的调整现象，由于没有采取应对输入受限的策略，控制系统在不到14 s的时间就出现了严重的发散。而由图4.3的仿真结果可以看出，采用改进的自适应控制律设计方法进行闭环系统仿真，升降舵饱和工作区在0.55～1.36 s的时间区间，发动机饱和工作区在34.1～57.99 s的时间区间，同样是在升降舵偏角先进入饱和的情况下，由于采取了饱和偏差滤波和跟踪误差修正，避免了饱和对控制系统的直接影响，也正因为如此，随后，当发动机进入饱和工作状态时，速度跟踪误差经短暂的调整后仍能稳定到零，各个子系统状态量跟踪误差动态方程中，与推力、气动力和气动力矩系数估计相关的线性参数化函数项$\hat{\boldsymbol{\theta}}_F^{\text{T}}\boldsymbol{B}_V/m$，$\hat{\boldsymbol{\theta}}_F^{\text{T}}\boldsymbol{B}_\gamma/mV$，$\hat{\boldsymbol{\theta}}_M^{\text{T}}\boldsymbol{B}_M/I_{yy}$，以及线性参数化控制系数$\boldsymbol{\Psi}_V^{\text{T}}\hat{\boldsymbol{\theta}}_F^{\text{T}}/m$，$\boldsymbol{\Psi}_\gamma^{\text{T}}\hat{\boldsymbol{\theta}}_F^{\text{T}}/mV$，$\boldsymbol{\Psi}_\alpha^{\text{T}}\hat{\boldsymbol{\theta}}_F^{\text{T}}/mV$，$(z_T\boldsymbol{\Psi}_Q^{\text{T}}\hat{\boldsymbol{\theta}}_F + \boldsymbol{\Psi}_M^{\text{T}}\hat{\boldsymbol{\theta}}_M)/I_{yy}$ 在控制过程中均未出现较大的波动。

对于高度指令跟踪任务2，图4.4给出了未经改进自适应控制方法的轨迹跟踪仿真结果，图4.5给出了经误差修正后的自适应控制方法的轨迹跟踪仿真结果。由图4.4和图4.5中的升降舵偏角和燃料混合比曲线可知，在初始的300 s仿真时间内升降舵和发动机处于连续工作区，而随后的高度指令的切换使得升降舵出现了以饱和为特征的受限制工作状态，同时发动机则出现了以死区为特征的受限制工作状态。由图4.4和图4.5的仿真结果可以看出，在高度指令阶跃变化过程中，未经改进的自适应方法已不能完成高度指令的跟踪任务，高度跟踪误差发散。但是采用改进的自适应控制律设计方法能够确保系统输入量进入受限工作区域内时推进、气动系数自适应估计过程的稳定。通过对任务2的仿真说明，虽然高度指令切换过程是短暂的，但是如果不考虑此过程中输入量的受限制情况，控制系统将可能在指令切换过程中变得不稳定。

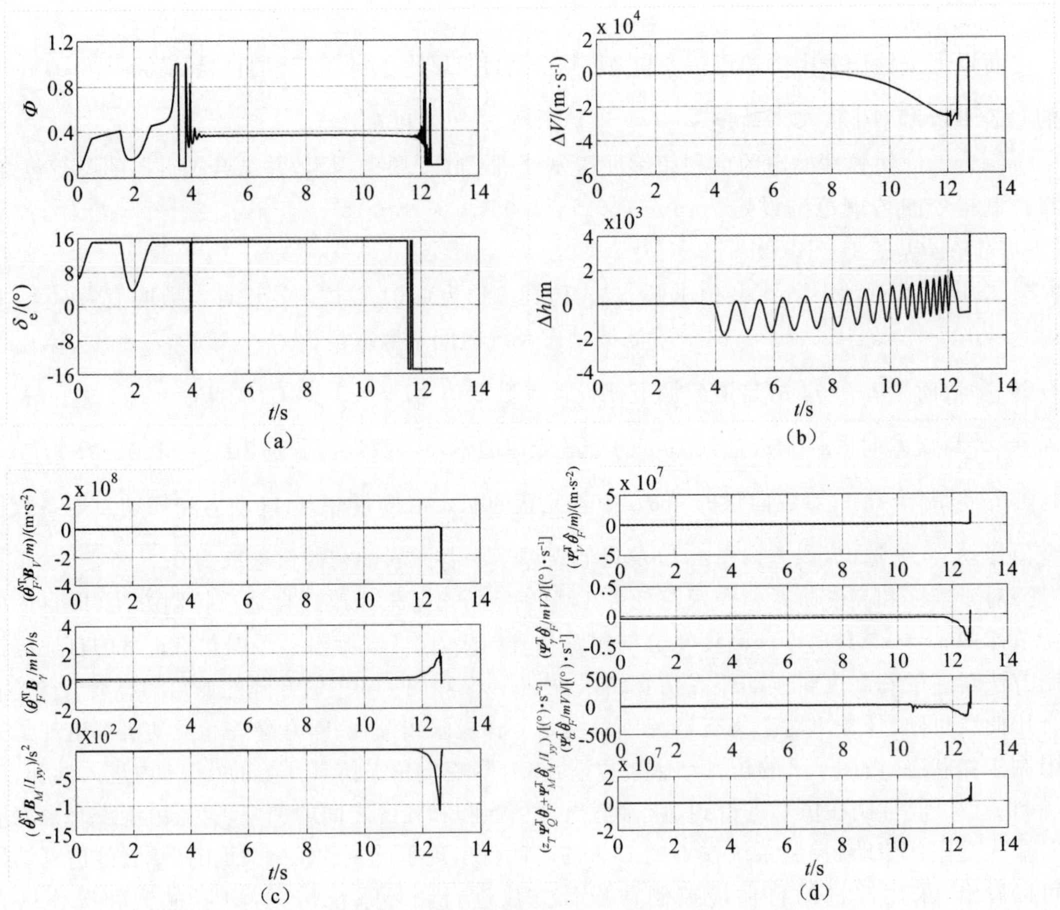

图 4.2　未经改进的自适应方法轨迹跟踪仿真结果

(a)燃料/空气混合比和升降舵偏角曲线；(b)速度和高度跟踪误差曲线；

(c)线性参数化控制系数估计曲线；(d)线性参数化函数项估计曲线

对于速度指令跟踪任务 3，图 4.6 同时给出了未经改进自适应控制方法和经误差修正后的自适应控制方法的轨迹跟踪仿真结果，其中，前者以“—·—”表示，后者以“—”表示。由图 4.6 中的燃料混合比曲线可以看出，速度指令的切换使得发动机出现了以死区为特征的受限制工作状态。由图 4.6 的仿真结果可知，虽然误差修正与否都能保证控制系统的稳定，但是与经误差修正后的自适应控制方法相比，未经改进的自适应控制方法受发动机工作下限约束影响明显，在燃料混合比进入受限区域过程中的动态特性较差，而经误差修正后控制系统的动态过程品质得到了提高。

以上通过对阶跃信号和方波信号的指令跟踪，验证了飞行器的发动机和升降舵处于受限制工作状态情况时本书所设计控制系统的有效性。上述三种指令跟踪任务的仿真结果表明，对推力、气动力和气动力矩等作用力系数进行自适应估计并设计反演控制律，需要考虑输入受限对估计过程的影响，经输入滤波和跟踪误差修正方法能够保证在控制系统受到一定程度约束时，自适应估计维持稳定，从而使得设计的控制律在输入受限制的条件下仍能够发挥作用。

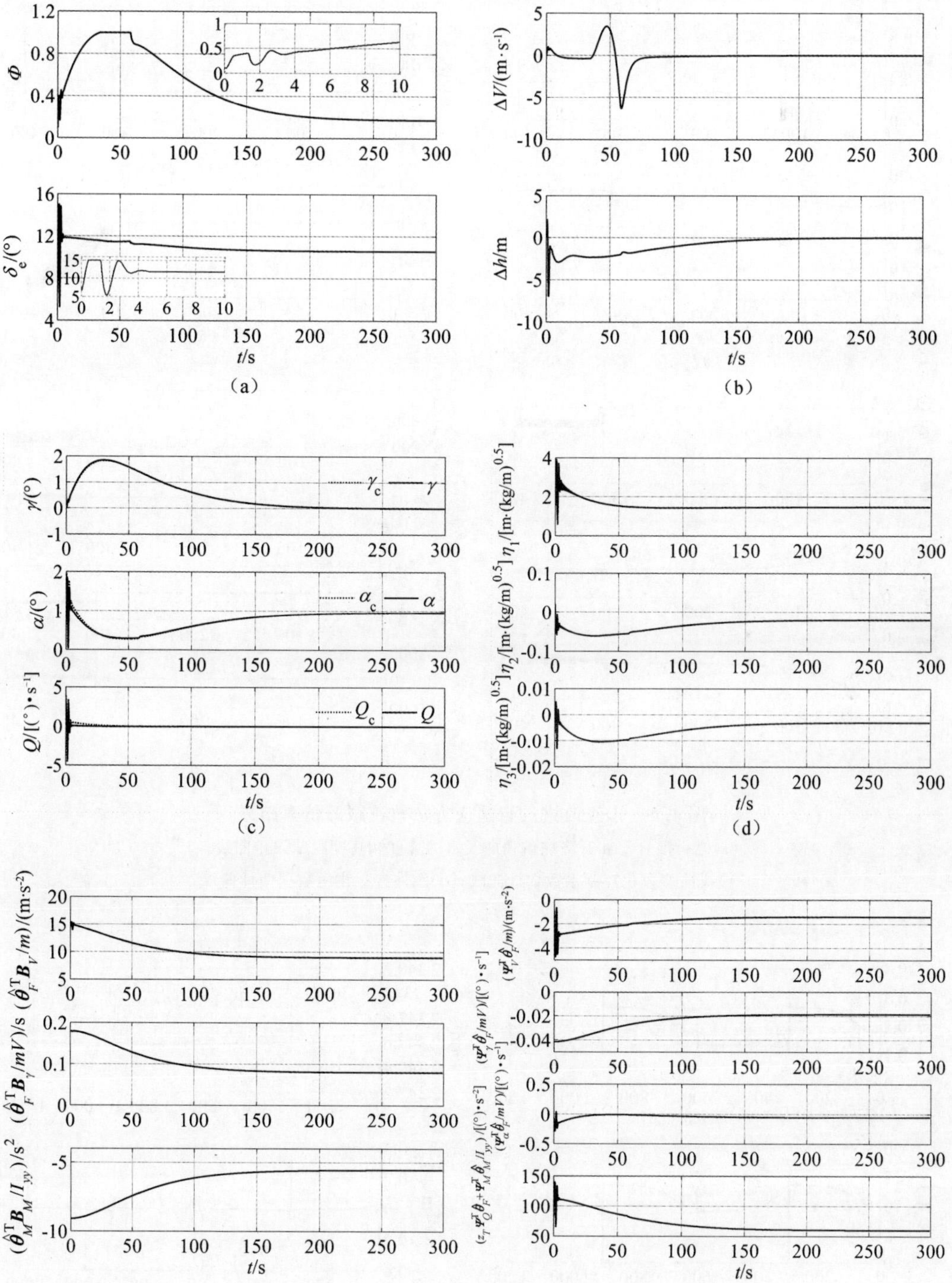

图 4.3　基于误差修正后的自适应控制方法轨迹跟踪仿真结果

(a)燃料/空气混合比和升降舵偏角曲线；(b)速度和高度跟踪误差曲线；
(c)航迹角、迎角和俯仰角速度响应曲线；(d)前 3 阶弹性模态响应曲线；
(e)线性参数化控制系数估计曲线；(f)线性参数化函数项估计曲线

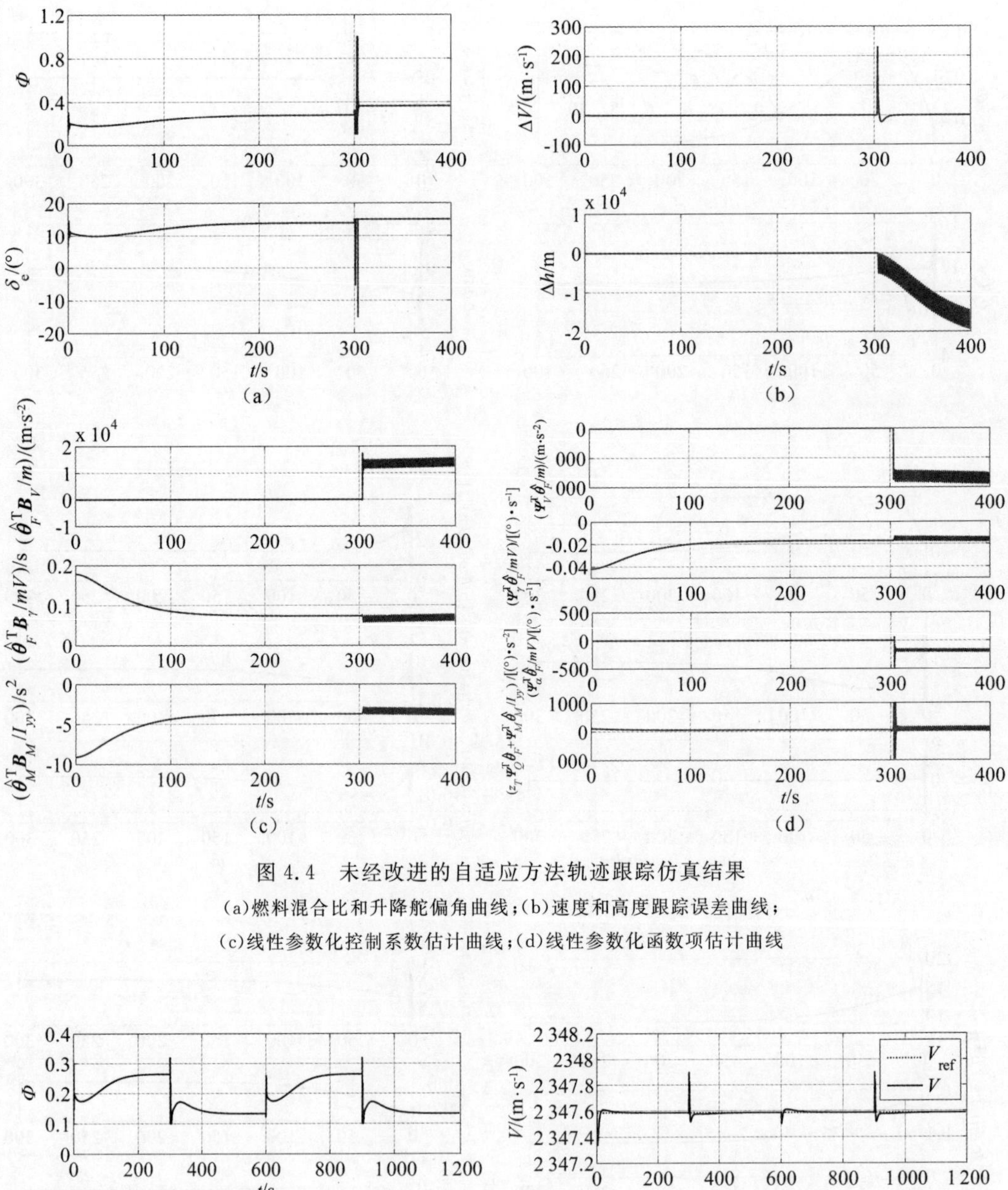

图 4.4　未经改进的自适应方法轨迹跟踪仿真结果

(a)燃料混合比和升降舵偏角曲线；(b)速度和高度跟踪误差曲线；

(c)线性参数化控制系数估计曲线；(d)线性参数化函数项估计曲线

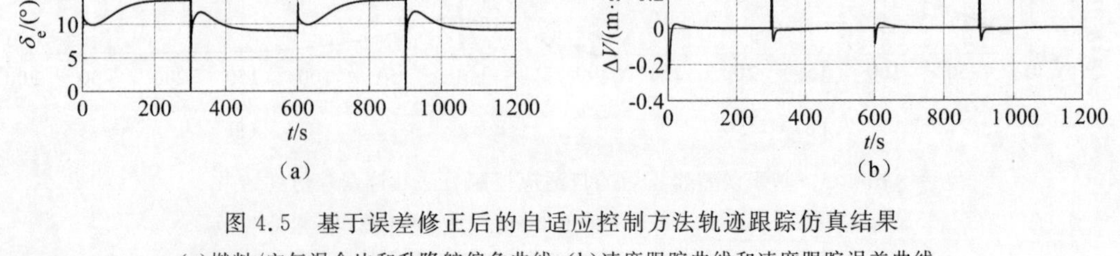

图 4.5　基于误差修正后的自适应控制方法轨迹跟踪仿真结果

(a)燃料/空气混合比和升降舵偏角曲线；(b)速度跟踪曲线和速度跟踪误差曲线；

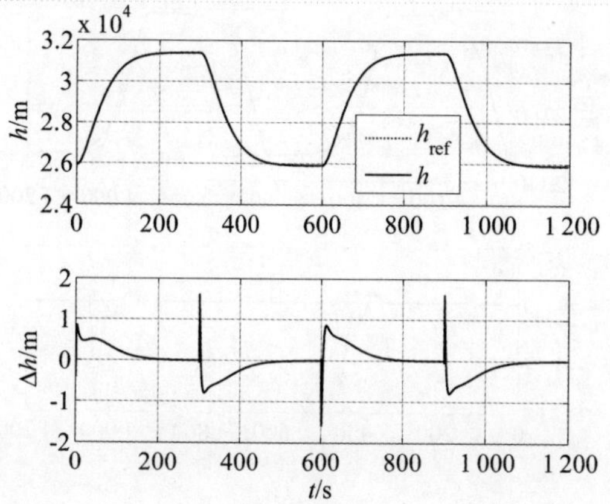

(c)

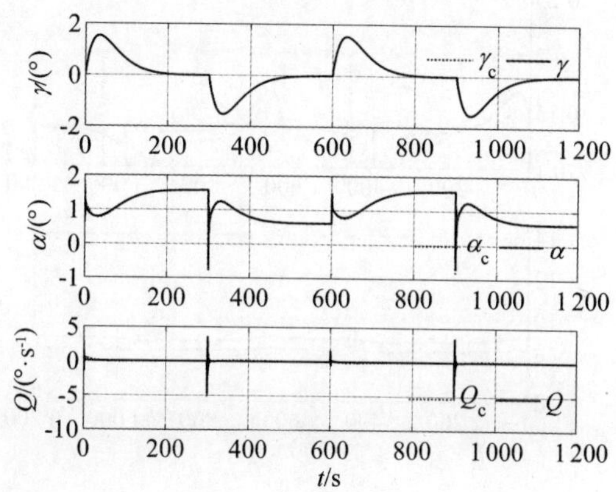

(d)

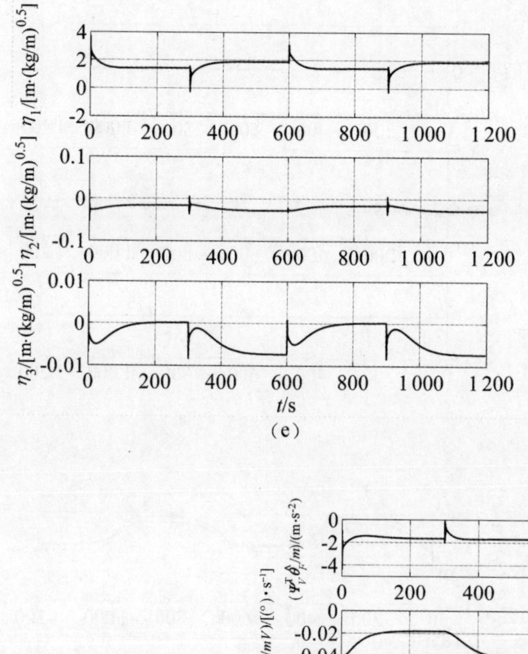

(e)

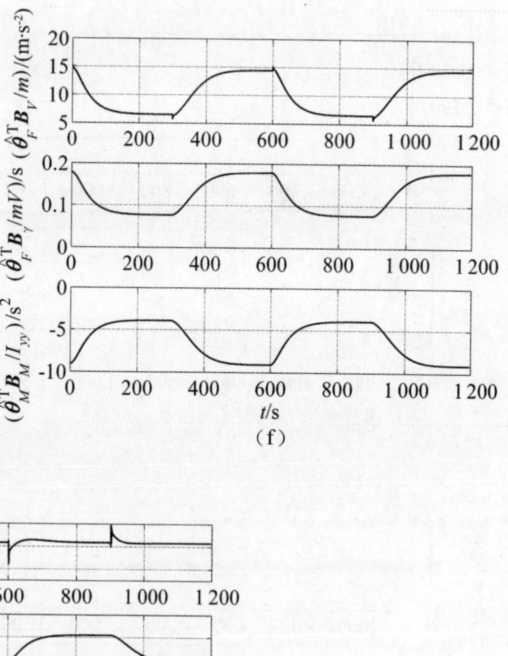

(f)

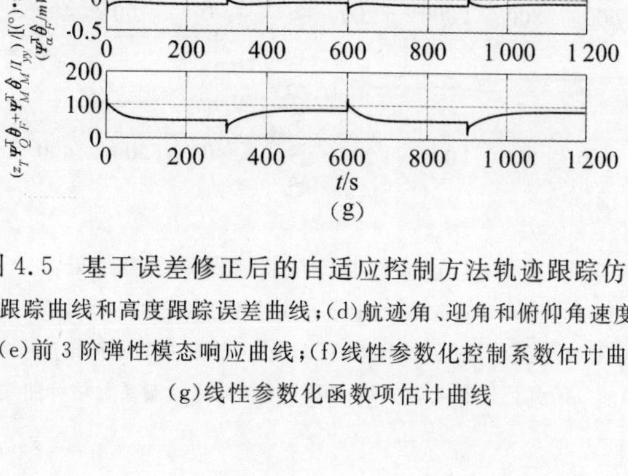

(g)

续图 4.5　基于误差修正后的自适应控制方法轨迹跟踪仿真结果

(c)高度跟踪曲线和高度跟踪误差曲线；(d)航迹角、迎角和俯仰角速度响应曲线；

(e)前 3 阶弹性模态响应曲线；(f)线性参数化控制系数估计曲线；

(g)线性参数化函数项估计曲线

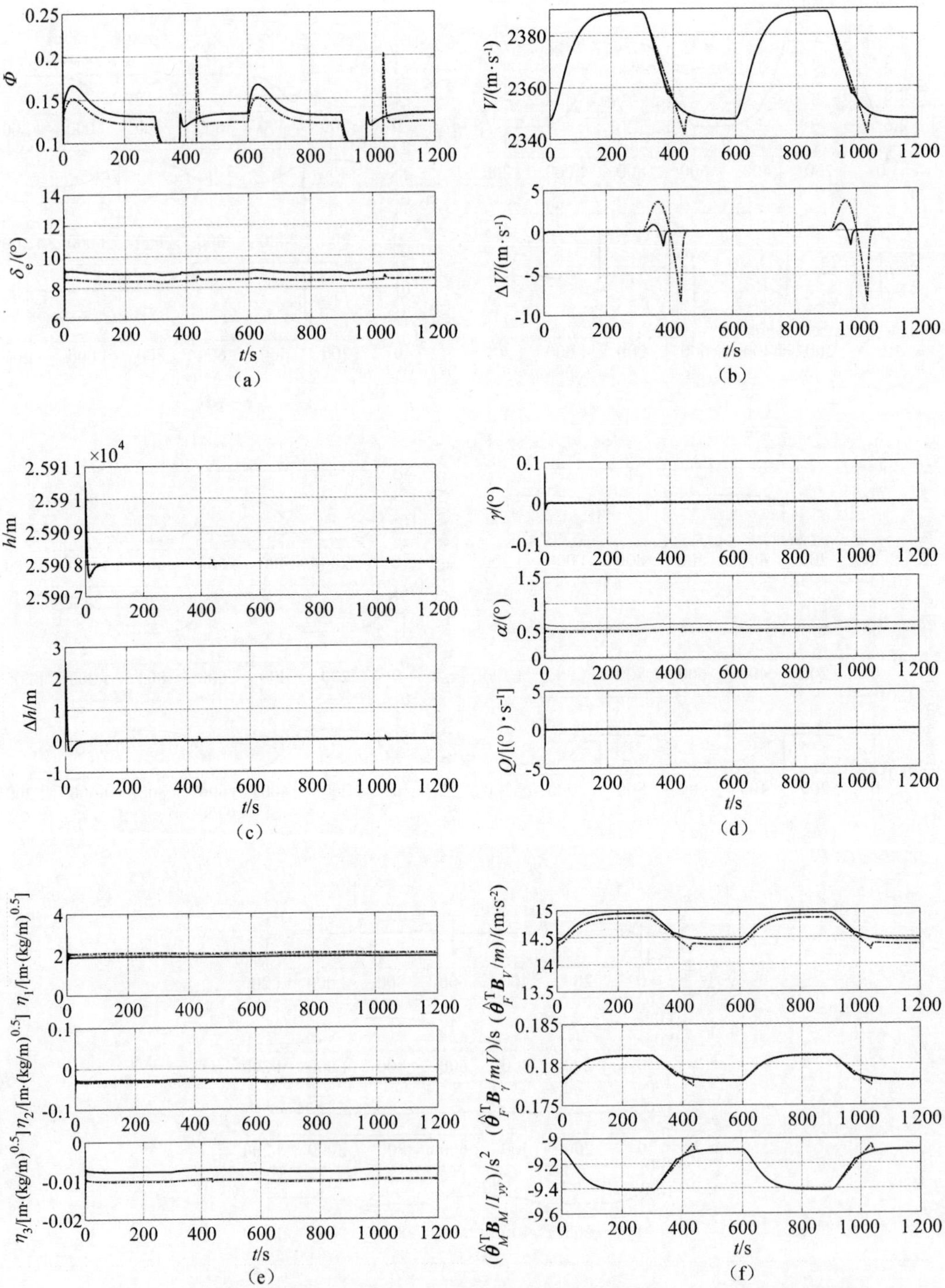

图 4.6　自适应控制方法轨迹跟踪仿真结果

(a)燃料/空气混合比和升降舵偏角曲线；(b) 速度跟踪曲线和速度跟踪误差曲线；

(c)高度跟踪曲线和高度跟踪误差曲线；(d)航迹角、迎角和俯仰角速度响应曲线；

(e)前 3 阶弹性模态响应曲线；(f)线性参数化控制系数估计曲线；

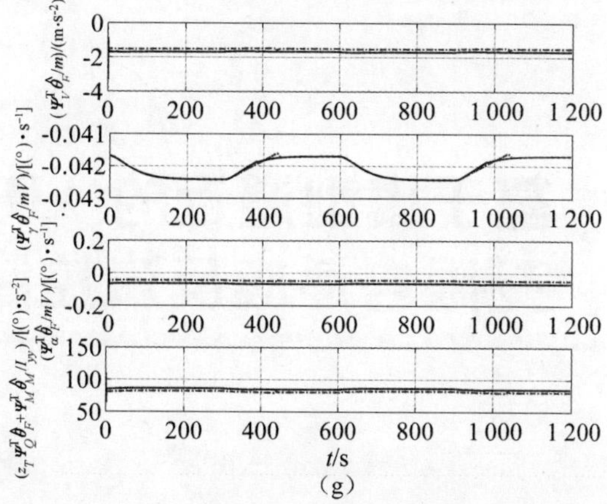

续图 4.6　自适应控制方法轨迹跟踪仿真结果

(g)线性参数化函数项估计曲线

("—·—"未改进;"—"误差修正)

4.5　本章小结

本章基于线性参数化的面向控制模型,研究了状态量和输入量受幅值、速率和带宽等约束时的控制系统设计问题,提出了输入受限参数自适应的反演控制方法。考虑到面向控制模型中的推力、气动力和气动力矩系数取值具有不确定性,建立线性参数化的模型,通过对推力、气动力和气动力矩系数的自适应估计,增强控制器的鲁棒性和更广泛的适用性。参数自适应控制方法是否有效的一个最为重要的问题就是如何确保在输入受限情况下自适应估计过程的稳定性,为此,引入一阶滤波动态系统,通过该系统对输入受限偏差的滤波作用,避免了因输入受限产生的较大偏差直接对自适应估计过程产生影响。通过仿真验证了以反演设计方法为基础的输入受限参数自适应控制策略抑制了推力、气动力和气动力矩系数变化给控制过程带来的影响,保证了输入受限情况下吸气式高超声速飞行器纵向飞行的稳定性。

第 5 章　基于模型逼近的 AHFV 输入受限自适应反演控制

基于数学模型设计控制器时，精确的数学模型有利于降低控制器的调节时间、提高控制器的动态品质和控制精度。但是，建立完全准确的数学模型需要对实际系统进行完全描述，这可能使得所建立的数学模型并不具有控制器设计所需的形式。此外，基于精确数学模型设计的控制器对于系统参数变化和外部扰动的鲁棒性会大打折扣，当所研究的实际系统因参数摄动和外部干扰而发生某种变化时，针对原有系统数学模型设计的控制器可能不再具有良好的性能。

本书第 4 章提出了基于线性参数化模型的输入受限自适应反演控制方法，通过推力、气动力和气动力矩拟合多项式系数的自适应估计，降低了控制器对多项式系数拟合精度的要求，增强了控制器的鲁棒性。当然，推力、气动力和气动力矩的拟合多项式形式并不能任意选取，需要有利于将纵向运动方程表示为严格反馈的面向控制模型，这就使得面向控制模型与原理模型之间可能出现较大偏差，从而对控制器的鲁棒性提出了更高的要求。

研究表明，要提高控制器的鲁棒性，就必须弱化其对模型的依赖。目前，采用神经网络设计在线逼近的方法来获取被控对象模型是一种被广泛引用的方法。考虑到神经网络具有逼近任意连续函数的能力，如果以神经网络逼近模型作为控制器的设计对象，则可以大大弱化对模型数据的依赖，从而提高控制器的鲁棒性和广泛适用性。但是，输入受限问题使神经网络在线逼近方法的应用受到了极大的限制，这是因为神经网络的输入为被控对象模型的状态量和控制量，当这些变量因输入受限而处于非线性的工作状态时，神经网络的构建与被控对象模型的获取将变得非常困难。

本章为了进一步弱化控制律对模型的依赖，利用神经网络可在线逼近任意数学模型的思想，研究基于径向基函数神经网络逼近的吸气式高超声速飞行器输入受限自适应反演控制方法。首先，引入具有幅值、速率和带宽约束的二阶参考模型对输入受限问题进行数学描述；其次，采用联结权自适应调整的 RBF 神经网络逼近面向控制模型中的非线性函数；再次，以反演设计方法为速度子系统和高度子系统控制器的设计框架，从能够获得闭环系统稳定性结论的角度出发，在控制器中引入辅助分析系统，消除 Lyapunov 函数中输入受限偏差耦合项；最后，通过控制系统的轨迹跟踪飞行仿真分析，验证所提方法的可行性和有效性。此外，本章还对基于线性参数化和基于模型逼近的两种输入受限自适应控制方法进行对比分析，总结各自的优缺点。

5.1　问题的描述与分析

上述分析了确保弹性模态收敛过程调节时间短、超调量小以及超燃冲压发动机稳定工作，面向控制模型中的状态量和输入量应满足的不等式约束条件。为了更好地适应飞行器控制稳定性要求，在控制系统设计过程中还需进一步考虑状态量和输入量的速率和带宽约束问题。该问题的困难之处在于，如何将实际系统中控制指令的速率和带宽约束用数学的方法描述出来。本章引入具有非线性环节的二阶参考模型来反映实际系统对控制指令的响应特性，这一模型可很好地解决此问题。具有幅值、速率和带宽约束的二阶参考模型结构如图 5.1 所示。

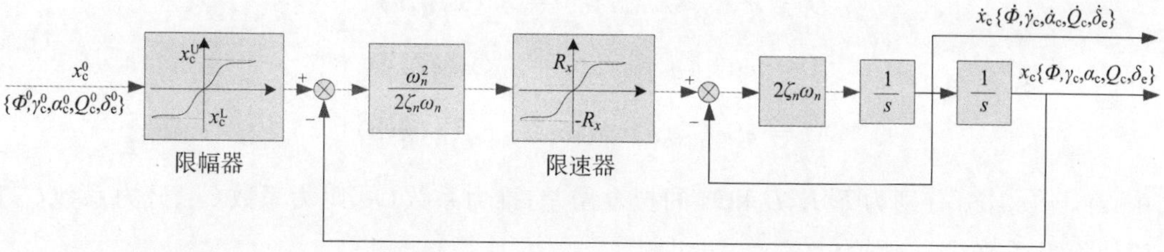

图 5.1　含幅值、速率和带宽约束的二阶参考模型结构图

该二阶参考模型的状态空间表达式为

$$E_c = \mathrm{sat}(x_c^0, x_c^L, x_c^U) - x_1, E'_c = \mathrm{sat}\left(E_c, -\frac{2\zeta_n R_x}{\omega_n}, \frac{2\zeta_n R_x}{\omega_n}\right) \tag{5.1}$$

$$\begin{bmatrix} \dot{x}_1 \\ \dot{x}_2 \end{bmatrix} = \begin{bmatrix} 0 & 1 \\ 0 & -2\zeta_n\omega_n \end{bmatrix}\begin{bmatrix} x_1 \\ x_2 \end{bmatrix} + \begin{bmatrix} 0 \\ \omega_n^2 \end{bmatrix} E'_c, \begin{bmatrix} x_c \\ \dot{x}_c \end{bmatrix} = \begin{bmatrix} 1 & 0 \\ 0 & 1 \end{bmatrix}\begin{bmatrix} x_1 \\ x_2 \end{bmatrix} \tag{5.2}$$

式中：sat(·) 为饱和函数；x_c^0 为输入指令；x_c 为输出指令；x_c^L 为指令的上限幅值约束，x_c^U 为指令的下限幅值约束；$\pm R_x$ 为指令的速率约束；ζ_n 和 ω_n 分别为二阶参考模型的阻尼比和自然频率，根据这两个参数可得指令的带宽约束为

$$\omega_b = \omega_n \sqrt{1 - 2\zeta_n^2 + \sqrt{2 - 4\zeta_n^2 + 4\zeta_n^4}} \tag{5.3}$$

将二阶参考模型环节引入控制系统设计过程时，该环节的输入为待设计的输入量 Φ^0，γ_c^0，α_c^0，Q_c^0，δ_e^0，该环节的输出为可执行的控制量 Φ，γ_c，α_c，Q_c，δ_e。同时，二阶参考模型环节还能够提供虚拟控制量的导数 $\dot{\gamma}_c$，$\dot{\alpha}_c$，$\dot{Q}_c$，可以避免虚拟控制量的直接解析计算。此外，分析后还可以看出二阶参考模型环节的引入使得面向控制建模的自主性大大提高。

标准的反演设计方法要求面向控制模型中各个 1 阶子系统为虚拟控制量或实际控制量的严格反馈的仿射形式，即面向控制建模过程中，推力 T、阻力 D、升力 L 和俯仰力矩 M 的拟合多项式形式需要根据 V-子系统、γ-子系统、α-子系统以及 Q-子系统的控制量进行设置，如 V-子系统采用燃料 / 空气混合比 Φ 进行控制，所以推力 T 的拟合多项式中只设置 Φ 的 1 次项；γ-子系统采用迎角 α 进行控制，所以升力 L 的拟合多项式中只设置 α 的 1 次项；Q-子系统采用升降舵偏角 δ_e 进行控制，所以俯仰力矩 M 的拟合多项式中只设置 δ_e 的 1 次项。经过以严格反馈仿射形式为原则的处理过程后，面向控制模型中 V-子系统表示成了燃料 / 空气混合比 Φ 的 1 次标称形式；γ-子系统表示成了迎角 α 的 1 次标称形式；Q-子系统表示成了升降舵偏角 δ_e 的 1 次标称形式，进一步根据 $\alpha=\alpha_c+\tilde{\alpha}$ 可知，α_c 成为 γ-子系统的待设计的虚拟控制量。

但是，引入二阶参考模型后，可完全取消严格反馈仿射对推力 T、阻力 D、升力 L 和气动俯仰力矩 M 拟合多项式形式的限制。这是因为二阶参考模型对控制量进行了重新定义，此时，标准反演控制中的实际控制量 Φ 和 δ_e 以及虚拟控制量 α_c 都不再是待设计的控制量，而只是二阶参考模型环节提供的输出量，所以推力 T、升力 L 和俯仰力矩 M 不再需要拘泥于拟合成燃料/空气混合比 Φ、迎角 α 以及升降舵偏角 δ_e 的 1 次标称形式。

基于以上分析，令 $\bar{L}=L+T\sin\alpha$，将 $T,D,\bar{L}$ 和 M 重新采用如下形式表示，即

$$\left.\begin{aligned}T&=\bar{q}SC_T(\alpha,Ma,\Phi)+\varepsilon_T(\boldsymbol{x},\boldsymbol{\eta},\boldsymbol{u})\\D&=\bar{q}SC_D(\alpha,Ma,\delta_e)+\varepsilon_D(\boldsymbol{x},\boldsymbol{\eta},\boldsymbol{u})\\\bar{L}&=\bar{q}SC_{\bar{L}}(\alpha,Ma,\Phi)+\varepsilon_{\bar{L}}(\boldsymbol{x},\boldsymbol{\eta},\boldsymbol{u})\\M&=\bar{q}S\bar{c}C_M(\alpha,Ma,\delta_e)+\varepsilon_M(\boldsymbol{x},\boldsymbol{\eta},\boldsymbol{u})\end{aligned}\right\}\tag{5.4}$$

式中：$\varepsilon_T,\varepsilon_{\bar{L}},\varepsilon_D,\varepsilon_M$ 分别为 $T,\bar{L},D$ 和 M 的拟合误差；推力系数 C_T、阻力系数 C_D、升力系数 $C_{\bar{L}}$ 以及俯仰力矩系数 C_M 分别为

$$\left.\begin{aligned}C_T(\alpha,Ma,\Phi)&=C_T^0(\alpha,Ma)+C_T^{\Phi}(\alpha,Ma,\Phi)\Phi\\C_{\bar{L}}(\alpha,Ma,\Phi)&=C_{\bar{L}}^0(Ma,\Phi)+C_{\bar{L}}^{\alpha}(\alpha,Ma,\Phi)\alpha\\C_M(\alpha,Ma,\delta_e)&=C_M^0(\alpha,Ma)+C_M^{\delta_e}(\alpha,Ma,\delta_e)\delta_e\end{aligned}\right\}\tag{5.5}$$

由于推力 T、升力 L 和俯仰力矩 M 与飞行速度 V 和高度 h 密切相关，动压 $\bar{q}$ 虽然是由 V 和 h 定义的变量，但是 $\bar{q}$ 与 V 和 h 并不是一一映射关系，而引入飞行马赫数 Ma 后，通过 $\bar{q}$ 和 Ma 可唯一确定 V 和 h。不在 T、L 和 M 中直接引入 V 和 h 的原因在于，V 和 h 的数量级与 α 和 Ma 的数量级差别较大，拟合时需要预先进行数据处理。

标准的严格反馈仿射模型要求燃料/空气混合比 Φ 的导数 C_T^{Φ}、升降舵偏角 δ_e 的导数 $C_M^{\delta_e}$ 和迎角 α 的导数 $C_{\bar{L}}^{\alpha}$ 分别不能再含有与 Φ、δ_e、α 相关的拟合项。但是引入二阶参考模型后，升力 T、推力 L、俯仰力矩 M 分别是 Φ、α 和 δ_e 的高次拟合式。与标准形式相比，高次拟合形式可为神经网络的学习和训练提供更多信息，从而提高神经网络的逼近速度和逼近精度。

综合以上分析，吸气式高超声速飞行器纵向运动方程可改写成如下形式：

$$\dot{V}=f_V(\bar{q},Ma,\alpha,\delta_e)+g_V(\bar{q},\alpha,Ma,\Phi)\Phi+F_V(h,\gamma)+\Delta_V(\boldsymbol{x},\boldsymbol{\eta},\boldsymbol{u})\tag{5.6}$$

$$\dot{h}=V\gamma+\Delta_h(V,\gamma)\tag{5.7}$$

$$\dot{\gamma}=f_\gamma(\bar{q},Ma,\Phi)+g_\gamma(\bar{q},\alpha,Ma,\Phi)\alpha+F_\gamma(V,h,\gamma)+\Delta_\gamma(\boldsymbol{x},\boldsymbol{\eta},\boldsymbol{u})\tag{5.8}$$

$$\dot{\alpha}=f_\alpha(\bar{q},\alpha,Ma,\Phi)+Q+F_\alpha(V,h,\gamma)+\Delta_\alpha(\boldsymbol{x},\boldsymbol{\eta},\boldsymbol{u})\tag{5.9}$$

$$\dot{Q}=f_Q(\bar{q},\alpha,Ma,\Phi)+g_Q(\bar{q},\alpha,Ma,\Phi,\delta_e)\delta_e+\Delta_Q(\boldsymbol{x},\boldsymbol{\eta},\boldsymbol{u})\tag{5.10}$$

式中：

$$\begin{aligned}f_V&=\bar{q}S(C_T^0\cos\alpha-C_D)/m\\g_V&=\bar{q}SC_T^{\Phi}\cos\alpha/m\\F_V&=-\mu\sin\gamma/(R_E+h)^2\end{aligned}$$

$$f_\gamma = \bar{q}SC_L^0/(mV)$$
$$g_\gamma = \bar{q}SC_L^\alpha/(mV)$$
$$F_\gamma = -[\mu - V^2(R_E + h)]\cos\gamma/[V(R_E + h)^2]$$
$$f_\alpha = -(f_\gamma + g_\gamma\alpha)$$
$$F_\alpha = [\mu - V^2(R_E + h)]\cos\gamma/[V(R_E + h)^2]$$
$$f_Q = \bar{q}S[z_T(C_T^0 + C_T^\Phi\Phi) + \bar{c}C_M^0]/I_{yy}$$
$$g_Q = \bar{q}S\bar{c}C_M^\delta/I_{yy}$$

式(5.6)～式(5.10)分别为V-子系统、h-子系统、γ-子系统、α-子系统、Q-子系统面向控制的模型，其中$\Delta_x(x = V,h,\gamma,\alpha,Q)$表示因力和力矩拟合而引入模型的干扰项，其具体形式分别为

$$\Delta_V(\boldsymbol{x},\boldsymbol{\eta},\boldsymbol{u}) = (\varepsilon_T\cos\alpha - \varepsilon_D)/m \tag{5.11}$$
$$\Delta_h(V,\gamma) = -V\gamma^2\sin\gamma^*/2,\gamma^* \in [0,\gamma] \tag{5.12}$$
$$\Delta_\gamma(\boldsymbol{x},\boldsymbol{\eta},\boldsymbol{u}) = \varepsilon_L^-/mV \tag{5.13}$$
$$\Delta_\alpha(\boldsymbol{x},\boldsymbol{\eta},\boldsymbol{u}) = -\varepsilon_L^-/mV \tag{5.14}$$
$$\Delta_Q(\boldsymbol{x},\boldsymbol{\eta},\boldsymbol{u}) = (z_T\varepsilon_T + \varepsilon_M)/I_{yy} \tag{5.15}$$

5.2　RBF 神经网络的原理与结构

对 RBF 神经网络的原理与结构进行简要的说明。RBF 神经网络具有如图 5.2 所示的结构形式。

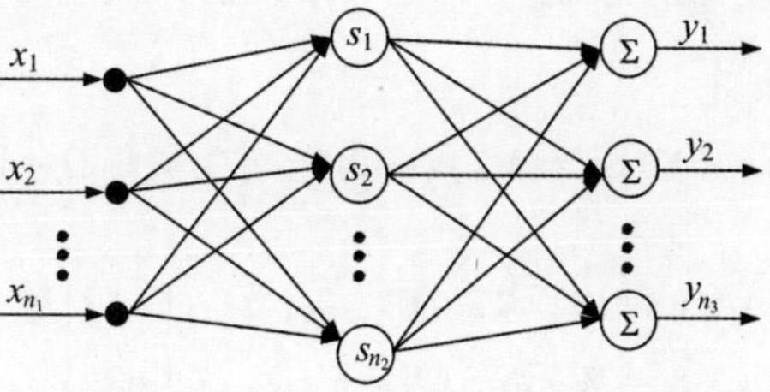

图 5.2　RBF 神经网络结构示意图

从图 5.2 中可以看出，RBF 神经网络是一种 3 层前向神经网络，第一层为输入层，第二层为隐含层，该层节点具有径向基激活函数，通常取高斯型指数函数；第三层为输出层，具有线性的激活函数。采用 n_1，n_2 和 n_3 分别表示输入向量维数、隐含层神经元个数和输出向量维数，定义 RBF 神经网络输入输出映射表达式为$\boldsymbol{Y} = \boldsymbol{W}^{\mathrm{T}}\boldsymbol{S}(\boldsymbol{X})$，其中，$\boldsymbol{X} = [x_1 \quad x_2 \quad \cdots \quad x_{n_1}]^{\mathrm{T}}$ 为 RBF 神经网络的输入；$\boldsymbol{Y} = [y_1 \quad y_2 \quad \cdots \quad y_{n_3}]^{\mathrm{T}}$ 为 RBF 神经网络的输出；$\boldsymbol{W} = (w_{i,j}) \in \mathbf{R}^{(n_2+1)\times n_3}(i = 0,1,2,\cdots,n_2,j = 1,2,\cdots,n_3)$，为 RBF 神经网络的联结权矩阵；$\boldsymbol{S}(\boldsymbol{X}) = [1 \quad s_1(X) \quad \cdots \quad s_{n_2}(X)]^{\mathrm{T}} \in \boldsymbol{R}^{(n_2+1)\times 1}$，为 RBF 神经网络的径向基向量，$s_i(X)$ 为第 i 个节点的高斯基函数：

$$s_0(\boldsymbol{X}) = 1, \quad s_i(\boldsymbol{X}) = \exp\left[\frac{-(\boldsymbol{X} - \boldsymbol{c}_i)^{\mathrm{T}}(\boldsymbol{X} - \boldsymbol{c}_i)}{2b_i^2}\right], i = 1,2,\cdots,n_2 \tag{5.16}$$

式中：$\boldsymbol{c}_i = [c_{i1} \quad c_{i2} \quad \cdots \quad ,c_{in_1}]^{\mathrm{T}}$ 为高斯基函数中心；b_i 为高斯基函数宽度。

已经证明，RBF 神经网络能够以任意精度逼近任意连续函数。假设 $f(\boldsymbol{X})$：$\mathbf{R}^{n_1} \to \mathbf{R}$ 为定义

在紧子集上 $\Omega_X \subset \mathbf{R}^{n_1}$ 的连续实函数，且 $f(\boldsymbol{X})$ 的显式表达式未知，对于任意精度逼近误差 $\varepsilon > 0$，总存在最优联结权 $\boldsymbol{W}^*$，使得

$$f(\boldsymbol{X}) = \boldsymbol{W}^{*\mathrm{T}}\boldsymbol{S}(\boldsymbol{X}) + \varepsilon^*(\boldsymbol{X}),\ |\varepsilon^*(\boldsymbol{X})| \leqslant \varepsilon,\ \forall \boldsymbol{X} \in \Omega_X \tag{5.17}$$

最优联结权 $\boldsymbol{W}^*$ 是理想的常值矩阵，只用于理论分析，$\boldsymbol{W}^*$ 定义如下：

$$\boldsymbol{W}^* = \arg\min_{W\in\Omega_W}\left[\sup_{Z\in\Omega_Z}|f(\boldsymbol{X}) - f(\boldsymbol{X} \mid \boldsymbol{W})|\right],\ f(\boldsymbol{X} \mid \boldsymbol{W}) := \boldsymbol{W}^{\mathrm{T}}S(\boldsymbol{X}) \tag{5.18}$$

式中：$\Omega_W \subset \mathbf{R}^{n_2+1}$ 为联结权 $\boldsymbol{W}$ 的可行域。最优联结权 $\boldsymbol{W}^*$ 虽然存在，但是无法直接获得。因此，需要通过联结权的自适应调整来完成 RBF 神经网络的构建和函数的逼近。

5.3 输入受限自适应 RBF 神经网络控制律设计

5.3.1 假设及引理

采用 RBF 神经网络对式(5.6)、式(5.8)和式(5.10)中的函数 $f_x(\boldsymbol{X})$ 和 $g_x(\boldsymbol{X})$，$x = V, \gamma, Q$ 进行逼近，即

$$f_x(\boldsymbol{X}) = \boldsymbol{W}_{f_x}^{\mathrm{T}}\boldsymbol{S}_{f_x}(\boldsymbol{X}),\ g_x(\boldsymbol{X}) = \boldsymbol{W}_{g_x}^{\mathrm{T}}\boldsymbol{S}_{g_x}(\boldsymbol{X}),\ x \in \{V, \gamma, Q\} \tag{5.19}$$

式中：$\boldsymbol{X} \in \Omega_X \subset \mathbf{R}^5$，$\Omega_X$ 为集合 $\{\bar{q}, Ma, \alpha, \Phi, \delta_e\}$ 构成的子集；$\boldsymbol{W}_{f_x}, \boldsymbol{W}_{g_x}$ 为 RBF 神经网络联结权；$\boldsymbol{S}_{f_x}(\boldsymbol{X}), \boldsymbol{S}_{g_x}(\boldsymbol{X})$ 为径向基函数向量。

定义联结权 $\boldsymbol{W}_{f_x}$ 的可行域为紧集 $\Omega_{W_{f_x}} = \{\boldsymbol{W}_{f_x} \mid \|\boldsymbol{W}_{f_x}\| \leqslant \boldsymbol{W}_{f_x}^M\}$，定义联结权 $\boldsymbol{W}_{g_x}$ 的可行域为紧集 $\Omega_{W_{g_x}} = \{\boldsymbol{W}_{g_x} \mid \|\boldsymbol{W}_{g_x}\| \leqslant \boldsymbol{W}_{g_x}^M\}$。定义联结权 $\boldsymbol{W}_{f_x}, \boldsymbol{W}_{g_x}$ 的最优值分别为 $\boldsymbol{W}_{f_x}^*, \boldsymbol{W}_{g_x}^*$，最优联结权 $\boldsymbol{W}_{f_x}^*, \boldsymbol{W}_{g_x}^*$ 的估计值分别为 $\hat{\boldsymbol{W}}_{f_x}, \hat{\boldsymbol{W}}_{g_x}$，联结权估计误差分别为 $\tilde{\boldsymbol{W}}_{f_x}, \tilde{\boldsymbol{W}}_{g_x}$，其中，$\tilde{\boldsymbol{W}}_{f_x} = \hat{\boldsymbol{W}}_{f_x} - \boldsymbol{W}_{f_x}^*$；$\tilde{\boldsymbol{W}}_{g_x} = \hat{\boldsymbol{W}}_{g_x} - \boldsymbol{W}_{g_x}^*$。

假设 5.1：函数 $f_x(\boldsymbol{X}), g_x(\boldsymbol{X})$，$x = V, \gamma, Q$ 为定义在紧集 Ω_X 上的连续实函数，且对于给定误差界 $\varepsilon_{f_x}^M > 0$，$\varepsilon_{g_x}^M > 0$，有

$$f_x(\boldsymbol{X}) = \boldsymbol{W}_{f_x}^{*\mathrm{T}}\boldsymbol{S}_{f_x}(\boldsymbol{X}) + \varepsilon_{f_x}^*,\quad |\varepsilon_{f_x}^*| \leqslant \varepsilon_{f_x}^M \tag{5.20}$$

$$g_x(\boldsymbol{X}) = \boldsymbol{W}_{g_x}^{*\mathrm{T}}\boldsymbol{S}_{g_x}(\boldsymbol{X}) + \varepsilon_{g_x}^*,\quad |\varepsilon_{g_x}^*| \leqslant \varepsilon_{g_x}^M \tag{5.21}$$

式中：$\boldsymbol{W}_{f_x}^* \in \Omega_{W_{f_x}}$，$\boldsymbol{W}_{g_x}^* \in \Omega_{W_{g_x}}$。

引理 5.1：对于任意维向量 $\boldsymbol{W}^*$，$\hat{\boldsymbol{W}}$ 和 $\tilde{\boldsymbol{W}}$，其中 $\tilde{\boldsymbol{W}} = \boldsymbol{W} - \boldsymbol{W}^*$，有如下不等式成立：

$$\tilde{\boldsymbol{W}}^{\mathrm{T}}\hat{\boldsymbol{W}} \geqslant \frac{1}{2}(\|\tilde{\boldsymbol{W}}\|^2 - \|\boldsymbol{W}^*\|^2) \tag{5.22}$$

$$\tilde{\boldsymbol{W}}^{\mathrm{T}}\hat{\boldsymbol{W}} \geqslant \frac{1}{2}(\|\hat{\boldsymbol{W}}\|^2 - \|\boldsymbol{W}^*\|^2) \tag{5.23}$$

根据关系式 $\tilde{\boldsymbol{W}}^{\mathrm{T}}\hat{\boldsymbol{W}} = [\tilde{\boldsymbol{W}}^{\mathrm{T}}(\boldsymbol{W}^* + \tilde{\boldsymbol{W}}) + (\hat{\boldsymbol{W}} - \boldsymbol{W}^*)^{\mathrm{T}}\hat{\boldsymbol{W}}]/2 = (\|\tilde{\boldsymbol{W}}\|^2 + \|\hat{\boldsymbol{W}}\|^2 - \|\boldsymbol{W}^*\|^2)/2$，可知引理 5.1 成立。

引理 5.2：对于任意维向量 $\hat{\boldsymbol{W}}$，采用如下投影算法修正 $\hat{\boldsymbol{W}}$ 的调节律：

$$\dot{\hat{\boldsymbol{W}}} = \boldsymbol{\Gamma}\mathrm{Proj}(\hat{\boldsymbol{W}}, \nu, \beta),\quad \boldsymbol{\Gamma} > 0, \beta > 0 \tag{5.24}$$

式中：

$$\mathrm{Proj}(\hat{\boldsymbol{W}},\nu,\beta)=\begin{cases}\nu-\beta\hat{\boldsymbol{W}},\ \text{if}\ \|\hat{\boldsymbol{W}}\|<\boldsymbol{W}^M\ \text{or}\ \|\hat{\boldsymbol{W}}\|=\boldsymbol{W}^M,\quad \nu^{\mathrm{T}}\hat{\boldsymbol{W}}\leqslant 0\\ \nu-\beta\hat{\boldsymbol{W}}-\dfrac{\hat{\boldsymbol{W}}\hat{\boldsymbol{W}}^{\mathrm{T}}\nu}{\|\hat{\boldsymbol{W}}\|^2},\ \text{if}\ \|\hat{\boldsymbol{W}}\|=\boldsymbol{W}^M,\quad \nu^{\mathrm{T}}\hat{\boldsymbol{W}}>0\end{cases}$$

如果 $\hat{\boldsymbol{W}}$ 的初始状态选择在紧集 $\Omega_{\hat{W}}=\{\hat{\boldsymbol{W}}\mid \|\hat{\boldsymbol{W}}\|\leqslant\boldsymbol{W}^M\}$ 内，则 $\hat{\boldsymbol{W}}$ 在调节过程中始终满足 $\|\hat{\boldsymbol{W}}(t)\|\leqslant\boldsymbol{W}^M,\forall t\geqslant 0$。

通过对 $\hat{\boldsymbol{W}}$ 的 Lyapunov 函数 $\boldsymbol{W}_{\hat{W}}=\hat{\boldsymbol{W}}^{\mathrm{T}}\boldsymbol{I}\hat{\boldsymbol{W}}$ 求时间的导数，易证明引理 5.2 成立。引理 5.2 用于确保 $\hat{\boldsymbol{W}}$ 在调节过程中始终有界。

采用第 3 章中关于干扰项上界的自适应估计方法，定义干扰项 $\Delta_x(x=V,h,\gamma,\alpha,Q)$ 的上界为 Δ_x^M，上界的估计误差为 $\tilde{\Delta}_x^M$，且 $\tilde{\Delta}_x^M=\hat{\Delta}_x^M-\Delta_x^M$。

5.3.2　速度子系统控制律设计

沿 V-子系统式(5.6)，对速度跟踪误差 $\tilde{V}=V-V_{\mathrm{ref}}$ 求时间的导数，可得

$$\begin{aligned}\dot{\tilde{V}}&=f_V+g_V\Phi+F_V+\Delta_V-\dot{V}_{\mathrm{ref}}\\&=\hat{f}_V+\hat{g}_V\Phi^0+[(f_V-\hat{f}_V)+(g_V-\hat{g}_V)\Phi]+\\&\quad\hat{g}_V(\Phi-\Phi^0)+F_V+\Delta_V-\dot{V}_{\mathrm{ref}}\end{aligned}\tag{5.25}$$

式中：

$$\hat{f}_V=\hat{\boldsymbol{W}}_{f_V}^{\mathrm{T}}\boldsymbol{S}_{f_V}(\bar{q},Ma,\alpha,\delta_{\mathrm{e}})$$

$$\hat{g}_V=\hat{\boldsymbol{W}}_{g_V}^{\mathrm{T}}\boldsymbol{S}_{g_V}(\bar{q},\alpha,Ma,\Phi)$$

$$(f_V-\hat{f}_V)+(g_V-\hat{g}_V)\Phi=-\tilde{\boldsymbol{W}}_{f_V}^{\mathrm{T}}\boldsymbol{S}_{f_V}-\tilde{\boldsymbol{W}}_{g_V}^{\mathrm{T}}\boldsymbol{S}_{g_V}\Phi+\varepsilon_{f_V}^*+\varepsilon_{g_V}^*\Phi$$

设计 V-子系统的输入量 Φ^0 为

$$\Phi^0=\hat{g}_V^{-1}\left[-k_{V,1}\tilde{V}-k_{V,2}\int_0^t\tilde{V}\mathrm{d}\tau+k_{V,3}\chi_V-F_V+\dot{V}_{\mathrm{ref}}-\hat{f}_V-\hat{\Delta}_V^M\tanh(\tilde{V}/\varepsilon_V)\right]\tag{5.26}$$

式中：$k_{V,1}>0,k_{V,2}>0,k_{V,3}>0$ 为设计参数；χ_V 为辅助分析系统的状态量；$\varepsilon_V>0$ 为常数。

将式(5.26) 代入式(5.25)，可得

$$\begin{aligned}\dot{\tilde{V}}=&-k_{V,1}\tilde{V}-k_{V,2}\int_0^t\tilde{V}\mathrm{d}\tau+k_{V,3}\chi_V-\tilde{\boldsymbol{W}}_{f_V}^{\mathrm{T}}S_{f_V}-\tilde{\boldsymbol{W}}_{g_V}^{\mathrm{T}}S_{g_V}\Phi+\\&\varepsilon_{f_V}^*+\varepsilon_{g_V}^*\Phi+g_V(\Phi-\Phi^0)+[\Delta_V-\hat{\Delta}_V^M\tanh(\tilde{V}/\varepsilon_V)]\end{aligned}\tag{5.27}$$

针对式(5.27)，选取 Lyapunov 函数为

$$\begin{aligned}W_V=&\frac{1}{2}\tilde{V}^2+\frac{k_{V,2}}{2}\left(\int_0^t\tilde{V}\mathrm{d}\tau\right)^2+\frac{1}{2}\chi_V^2+\frac{1}{2\sigma_V}(\tilde{\Delta}_V^M)^2+\\&\frac{1}{2}\tilde{\boldsymbol{W}}_{f_V}^{\mathrm{T}}\boldsymbol{\Gamma}_{f_V}^{-1}\tilde{\boldsymbol{W}}_{f_V}+\frac{1}{2}\tilde{\boldsymbol{W}}_{g_V}^{\mathrm{T}}\boldsymbol{\Gamma}_{g_V}^{-1}\tilde{\boldsymbol{W}}_{g_V}\end{aligned}\tag{5.28}$$

式中：$\sigma_V>0,\boldsymbol{\Gamma}_{f_V}=\boldsymbol{\Gamma}_{f_V}^{\mathrm{T}}>0,\boldsymbol{\Gamma}_{g_V}=\boldsymbol{\Gamma}_{g_V}^{\mathrm{T}}>0$。

沿式(5.28),对 W_V 求时间的导数,可得

$$\begin{aligned}\dot{W}_V = & -k_{V,1}\tilde{V}^2 + k_{V,3}\tilde{V}\chi_V - \tilde{V}(\tilde{\boldsymbol{W}}_{f_V}^{\mathrm{T}}\boldsymbol{S}_{f_V} + \tilde{\boldsymbol{W}}_{g_V}^{\mathrm{T}}\boldsymbol{S}_{g_V}\Phi) + \\ & \tilde{V}(\varepsilon_{f_V}^* + \varepsilon_{g_V}^*\Phi) + \tilde{V}\hat{g}_V(\Phi - \Phi^0) + \tilde{V}[\Delta_V - \Delta_V^M \tanh(\tilde{V}/\varepsilon_V)] - \\ & \chi_V\dot{\chi}_V + \frac{1}{\sigma_V}\tilde{\Delta}_V^M\dot{\tilde{\Delta}}_V^M + \tilde{\boldsymbol{W}}_{f_V}^{\mathrm{T}}\boldsymbol{\Gamma}_{f_V}^{-1}\dot{\tilde{\boldsymbol{W}}}_{f_V} + \tilde{\boldsymbol{W}}_{g_V}^{\mathrm{T}}\boldsymbol{\Gamma}_{g_V}^{-1}\dot{\tilde{\boldsymbol{W}}}_{g_V}\end{aligned} \tag{5.29}$$

式中:$\dot{\tilde{\Delta}}_V^M = \dot{\hat{\Delta}}_V^M$,$\dot{\tilde{\boldsymbol{W}}}_{f_V} = \dot{\hat{\boldsymbol{W}}}_{f_V}$,$\dot{\tilde{\boldsymbol{W}}}_{g_V} = \dot{\hat{\boldsymbol{W}}}_{g_V}$。

当输入受限时,可执行控制量 Φ 与设计输入量 Φ^0 之间存在偏差,此时式(5.29)中所含有的项 $\tilde{V}\hat{g}_V(\Phi-\Phi^0)$ 不为零,该项将影响控制系统的最终稳定性。为了消除式(5.29)中关于 Φ 与 Φ^0 之间偏差项 $\tilde{V}\hat{g}_V(\Phi-\Phi^0)$,引入如下形式的辅助分析系统,即

$$\dot{\chi}_V = -\kappa_V\chi_V - \frac{\tilde{V}\hat{g}_V(\Phi-\Phi^0)}{\chi_V} \tag{5.30}$$

式中:$\kappa_V > 0$ 为设计参数。

由于式(5.30)右端第二项的分母中含有状态量 χ_V,当 $\chi_V \approx 0$ 时,该项可能趋于无穷大,因此需要对其进行防止奇异修正。修正后的辅助分析系统形式为

$$\dot{\chi}_V = -\kappa_V\chi_V - \frac{\tilde{V}\hat{g}_V(\Phi-\Phi^0)}{\chi_V^2+\delta_V^2}\chi_V \tag{5.31}$$

$$\dot{\delta}_V = \begin{cases} -\lambda_V\delta_V - \dfrac{\tilde{V}\hat{g}_V(\Phi-\Phi^0)}{\chi_V^2+\delta_V^2}\delta_V, & \text{当}\ |\chi_V| \geqslant e_V\ \text{时} \\ 0, & \text{当}\ |\chi_V| < e_V\ \text{时}\end{cases} \tag{5.32}$$

式中:$\lambda_V > 0$ 为设计参数;$e_V > 0$ 为较小的常数,可考虑将其设定为 χ_V 的容许精度,故以下主要考虑 $|\chi_V| \geqslant e_V$ 的情况。

选取神经网络联结权估计值 $\hat{\boldsymbol{W}}_{f_V}$ 和 $\hat{\boldsymbol{W}}_{g_V}$ 的自适应调节律分别为

$$\dot{\hat{\boldsymbol{W}}}_{f_V} = \boldsymbol{\Gamma}_{f_V}(\boldsymbol{S}_{f_V}\tilde{V} - \beta_{f_V}\hat{\boldsymbol{W}}_{f_V}) \tag{5.33}$$

$$\dot{\hat{\boldsymbol{W}}}_{g_V} = \boldsymbol{\Gamma}_{g_V}(\boldsymbol{S}_{g_V}\Phi\tilde{V} - \beta_{g_V}\hat{\boldsymbol{W}}_{g_V}) \tag{5.34}$$

式中:$\beta_{f_V} > 0$,$\beta_{g_V} > 0$ 为设计参数。神经网络用于控制系统设计时,联结权的调整应既要保证系统的稳定,又要保证自身有界。为确保 $\hat{\boldsymbol{W}}_{f_V}$ 和 $\hat{\boldsymbol{W}}_{g_V}$ 调节过程中始终有界,采用引理 5.2 的投影算法对式(5.33)和式(5.34)进行修正,即

$$\dot{\hat{\boldsymbol{W}}}_{f_V} = \boldsymbol{\Gamma}_{f_V}\mathrm{Proj}(\hat{\boldsymbol{W}}_{f_V}, \boldsymbol{S}_{f_V}\tilde{V}, \beta_{f_V}) \tag{5.35}$$

$$\dot{\hat{\boldsymbol{W}}}_{g_V} = \boldsymbol{\Gamma}_{g_V}\mathrm{Proj}(\hat{\boldsymbol{W}}_{g_V}, \boldsymbol{S}_{g_V}\Phi\tilde{V}, \beta_{g_V}) \tag{5.36}$$

选取干扰项上界 Δ_V^M 的自适应估计律为

$$\dot{\hat{\Delta}}_V^M = \sigma_V(|\tilde{V}| - \beta_V\hat{\Delta}_V^M) \tag{5.37}$$

式中:$\beta_V > 0$ 为设计参数。

重新选取 Lyapunov 函数 $\boldsymbol{W}_V^* = \boldsymbol{W}_V + \delta_V/2$，对 $\boldsymbol{W}_V^*$ 求时间的导数，并根据式(5.29) 和式(5.31) ~ 式(5.37)，可得

$$\begin{aligned}\dot{\boldsymbol{W}}_V^* = &-k_{V,1}\tilde{V}^2 + k_{V,3}\tilde{V}\chi_V - \kappa_V\chi_V^2 - \lambda_V\delta_V^2 + \tilde{V}(\varepsilon_{f_V}^* + \varepsilon_{g_V}^*\Phi) + \\ &\tilde{V}[\Delta_V - \hat{\Delta}_V^M\tanh(\tilde{V}/\varepsilon_V)] + |\tilde{V}|\hat{\Delta}_V^M - \beta_V\tilde{\Delta}_V^M\hat{\Delta}_V^M - \\ &\beta_{f_V}\tilde{\boldsymbol{W}}_{f_V}^{\mathrm{T}}\hat{\boldsymbol{W}}_{f_V} - \beta_{g_V}\tilde{\boldsymbol{W}}_{g_V}^{\mathrm{T}}\hat{\boldsymbol{W}}_{g_V} - \nu_{f_V}\tilde{\boldsymbol{W}}_{f_V}^{\mathrm{T}}\hat{\boldsymbol{W}}_{f_V}\frac{\hat{\boldsymbol{W}}_{f_V}^{\mathrm{T}}\boldsymbol{S}_{f_V}\tilde{V}}{\|\hat{\boldsymbol{W}}_{f_V}\|^2} - \\ &\nu_{g_V}\tilde{\boldsymbol{W}}_{g_V}^{\mathrm{T}}\hat{\boldsymbol{W}}_{g_V}\frac{\hat{\boldsymbol{W}}_{g_V}^{\mathrm{T}}\boldsymbol{S}_{g_V}\Phi\tilde{V}}{\|\hat{\boldsymbol{W}}_{g_V}\|^2}\end{aligned} \tag{5.38}$$

式(5.38) 中，当 $\hat{\boldsymbol{W}}_{f_V}$ 和 $\hat{\boldsymbol{W}}_{g_V}$ 自适应调节律中的第一个条件成立时，即 $\|\hat{\boldsymbol{W}}_{f_V}\| > \varepsilon$ 或 $\|\hat{\boldsymbol{W}}_{f_V}\| = \varepsilon$ 且$(\boldsymbol{S}_{f_V}\tilde{V})^{\mathrm{T}}\hat{\boldsymbol{W}}_{f_V} \leqslant 0$，以及 $\|\hat{\boldsymbol{W}}_{g_V}\| > \varepsilon$ 或 $\|\hat{\boldsymbol{W}}_{g_V}\| = \varepsilon$ 且$(\boldsymbol{S}_{g_V}\Phi\tilde{V})^{\mathrm{T}}\hat{\boldsymbol{W}}_{g_V} \leqslant 0$，$\nu_{f_V}$ 和 ν_{g_V} 取 0；而当 $\hat{\boldsymbol{W}}_{f_V}$ 和 $\hat{\boldsymbol{W}}_{g_V}$ 自适应调节律的第二个条件成立时，即 $\|\hat{\boldsymbol{W}}_{f_V}\| = \varepsilon$ 且$(\boldsymbol{S}_{f_V}\tilde{V})^{\mathrm{T}}\hat{\boldsymbol{W}}_{f_V} > 0$，以及 $\|\hat{\boldsymbol{W}}_{g_V}\| = \varepsilon$ 且$(\boldsymbol{S}_{g_V}\Phi\tilde{V})^{\mathrm{T}}\hat{\boldsymbol{W}}_{g_V} > 0$，$\nu_{f_V}$ 和 ν_{g_V} 取 1。此时，根据关系式 $\tilde{\boldsymbol{W}}_{f_V}^{\mathrm{T}}\hat{\boldsymbol{W}}_{f_V} = (\|\tilde{\boldsymbol{W}}_{f_V}\|^2 + \|\hat{\boldsymbol{W}}_{f_V}\|^2 - \|\boldsymbol{W}_{f_V}^*\|^2) \div 2 \geqslant 0$，$\tilde{\boldsymbol{W}}_{g_V}^{\mathrm{T}}\hat{\boldsymbol{W}}_{g_V} = (\|\tilde{\boldsymbol{W}}_{g_V}\|^2 + \|\hat{\boldsymbol{W}}_{g_V}\|^2 - \|\boldsymbol{W}_{g_V}^*\|^2) \div 2 \geqslant 0$，可知 $\dot{\boldsymbol{W}}_V$ 中的最后两项非正。

式(5.38) 经配方整理，可得

$$\begin{aligned}\dot{\boldsymbol{W}}_V^* \leqslant &-\mu_{V,1}(\tilde{V} - \mu_{V,2}\chi_V)2 - \mu_{V,3}[\tilde{V} - \mu_{V,4}(\varepsilon_{fv}^* + \varepsilon_{gv}^*\phi)]^2 - \lambda_V\delta_V^2 + \\ &\mu_{V,5}(\varepsilon_{fv}^* + \varepsilon_{gv}^*\phi)^2 + \tilde{V}[\Delta_V - \hat{\Delta}_V^M\tanh(\tilde{V}/\varepsilon_V)] + |\tilde{V}|\hat{\Delta}_V^M - \\ &\beta_V\tilde{\Delta}_V^M\hat{\Delta}_V^M\beta_{f_V}\tilde{\boldsymbol{W}}_{f_V}^{\mathrm{T}}\hat{\boldsymbol{W}}_{f_V} - \beta_{g_V}\tilde{\boldsymbol{W}}_{g_V}^{\mathrm{T}}\hat{\boldsymbol{W}}_{g_V}\end{aligned} \tag{5.39}$$

式中：

$$\begin{aligned}\mu_{V,1} &= k_{V,3}^2/(4\kappa_V) \\ \mu_{V,2} &= 2\kappa_V/k_{V,3} \\ \mu_{V,3} &= k_{V,1} - \mu_{V,1} \\ \mu_{V,4} &= 1/(2\mu_{V,3}) \\ \mu_{V,5} &= \mu_{V,3}\mu_{V,4}^2\end{aligned}$$

根据第 3 章的推导结果，式(5.39) 中有如下关系式成立：

$$\tilde{V}[\Delta_V - \hat{\Delta}_V^M\tanh(\tilde{V}/\varepsilon_V)] \leqslant -|\tilde{V}|\hat{\Delta}_V^M + \frac{\beta_V(\hat{\Delta}_V^M)^2}{2} + \frac{(k_V\varepsilon_V)^2}{2\beta_V} \tag{5.40}$$

$$-\beta_V\tilde{\Delta}_V^M\hat{\Delta}_V^M = -\frac{\beta_V}{2}[(\tilde{\Delta}_V^M)^2 + (\hat{\Delta}_V^M)^2 - (\Delta_V^M)^2] \tag{5.41}$$

根据引理 5.1，式(5.39) 中有如下关系式成立：

$$-\beta_{f_V}\tilde{\boldsymbol{W}}_{f_V}^{\mathrm{T}}\hat{\boldsymbol{W}}_{f_V} \leqslant -\frac{\beta_{f_V}}{2}(\|\tilde{\boldsymbol{W}}_{f_V}\|^2 - \|\boldsymbol{W}_{f_V}^*\|^2) \tag{5.42}$$

$$-\beta_{g_V}\widetilde{\boldsymbol{W}}_{g_V}^{\mathrm{T}}\hat{\boldsymbol{W}}_{g_V}\leqslant-\frac{\beta_{g_V}}{2}(\|\widetilde{\boldsymbol{W}}_{g_V}\|^2-\|\boldsymbol{W}_{g_V}^*\|^2) \tag{5.43}$$

综合式(5.40)～式(5.43),可得

$$\begin{aligned}\dot{\boldsymbol{W}}_V^*\leqslant&-\mu_{V,1}(\widetilde{V}-\mu_{V,2}\chi_V)^2-\mu_{V,3}[\widetilde{V}-\mu_{V,4}(\varepsilon_{fv}^*+\varepsilon_{gv}^*\Phi)]^2-\lambda_V\delta_V^2-\\&\frac{\beta_V}{2}(\Delta_V^M)^2-\frac{\beta_{f_V}}{2}\|\widetilde{\boldsymbol{W}}_{f_V}\|^2-\frac{\beta_{g_V}}{2}\|\widetilde{\boldsymbol{W}}_{g_V}\|^2+\mu_{V,5}(\varepsilon_{fv}^*+\varepsilon_{gv}^*\Phi)^2+\\&\frac{k_V^2}{2\beta_V}\varepsilon_V^2+\frac{\beta_V}{2}(\Delta_V^M)^2+\frac{\beta_{f_V}}{2}\|\boldsymbol{W}_{f_V}^*\|^2+\frac{\beta_{g_V}}{2}\|\boldsymbol{W}_{g_V}^*\|^2\end{aligned} \tag{5.44}$$

由于 Φ 为二阶参考模型环节的输出量,所以式(5.44)中 $\varepsilon_{g_V}^*\Phi$ 项所含 Φ 有界,这对于确定速度跟踪误差 $\widetilde{V}$ 的收敛域很重要。

5.3.3 高度子系统控制律设计

沿 h-相关子系统模型式(5.7)～式(5.10),分别对状态量跟踪误差 $\widetilde{h}=h-h_{\mathrm{ref}}$,$\widetilde{\gamma}=\gamma-\gamma_{\mathrm{c}}$,$\widetilde{\alpha}=\alpha-\alpha_{\mathrm{c}}$,$\widetilde{Q}=Q-Q_{\mathrm{c}}$ 求时间的导数,可得

$$\begin{aligned}\dot{\widetilde{h}}&=V\gamma+\Delta_h-\dot{h}_{\mathrm{ref}}\\&=V\gamma_{\mathrm{c}}^0+V\widetilde{\gamma}+V(\gamma_{\mathrm{c}}-\gamma_{\mathrm{c}}^0)+\Delta_h-\dot{h}_{\mathrm{ref}}\end{aligned} \tag{5.45}$$

$$\begin{aligned}\dot{\widetilde{\gamma}}&=f_\gamma+g_\gamma\alpha+F_\gamma+\Delta_\gamma-\dot{\gamma}_{\mathrm{c}}\\&=\hat{f}_\gamma+\hat{g}_\gamma\alpha_{\mathrm{c}}^0+[(f_\gamma-\hat{f}_\gamma)+(g_\gamma-\hat{g}_\gamma)\alpha]+\\&\quad\hat{g}_\gamma(\alpha_{\mathrm{c}}-\alpha_{\mathrm{c}}^0)+\hat{g}_\gamma\widetilde{\alpha}+F_\gamma+\Delta_\gamma-\dot{\gamma}_{\mathrm{c}}\end{aligned} \tag{5.46}$$

$$\begin{aligned}\dot{\widetilde{\alpha}}&=-(f_\gamma+g_\gamma\alpha)+Q+F_\alpha+\Delta_\alpha-\dot{\alpha}_{\mathrm{c}}\\&=-(\hat{f}_\gamma+\hat{g}_\gamma\alpha)+Q_{\mathrm{c}}^0-[(f_\gamma-\hat{f}_\gamma)+(g_\gamma-\hat{g}_\gamma)\alpha]+\\&\quad(Q_{\mathrm{c}}-Q_{\mathrm{c}}^0)+\widetilde{Q}+F_\alpha+\Delta_\alpha-\dot{\alpha}_{\mathrm{c}}\end{aligned} \tag{5.47}$$

$$\begin{aligned}\dot{\widetilde{Q}}&=f_Q+g_Q\delta_{\mathrm{e}}+\Delta_Q-\dot{Q}_{\mathrm{c}}\\&=\hat{f}_Q+\hat{g}_Q\delta_{\mathrm{e}}^0+[(f_Q-\hat{f}_Q)+(g_Q-\hat{g}_Q)\delta_{\mathrm{e}}]+\\&\quad\hat{g}_Q(\delta_{\mathrm{e}}-\delta_{\mathrm{e}}^0)+\Delta_Q-\dot{Q}_{\mathrm{c}}\end{aligned} \tag{5.48}$$

式中:

$$\hat{f}_\gamma=\hat{\boldsymbol{W}}_{f_\gamma}^{\mathrm{T}}\boldsymbol{S}_{f_\gamma}(\bar{q},Ma,\Phi)$$

$$\hat{g}_\gamma=\hat{\boldsymbol{W}}_{g_\gamma}^{\mathrm{T}}\boldsymbol{S}_{g_\gamma}(\bar{q},\alpha,Ma,\Phi)$$

$$\hat{f}_Q=\hat{\boldsymbol{W}}_{f_Q}^{\mathrm{T}}\boldsymbol{S}_{f_Q}(\bar{q},\alpha,Ma,\Phi)$$

$$\hat{g}_Q=\hat{\boldsymbol{W}}_{g_Q}^{\mathrm{T}}\boldsymbol{S}_{g_Q}(\bar{q},\alpha,Ma,\Phi,\delta_{\mathrm{e}})$$

$$(f_\gamma-\hat{f}_\gamma)+(g_\gamma-\hat{g}_\gamma)\alpha=-\tilde{\boldsymbol{W}}_{f_\gamma}^{\mathrm{T}}\boldsymbol{S}_{f_\gamma}-\tilde{\boldsymbol{W}}_{g_\gamma}^{\mathrm{T}}\boldsymbol{S}_{g_\gamma}\alpha+\varepsilon_{f_\gamma}^*+\varepsilon_{g_\gamma}^*\alpha$$

$$(f_Q-\hat{f}_Q)+(g_Q-\hat{g}_Q)\delta_{\mathrm{e}}=-\tilde{\boldsymbol{W}}_{f_Q}^{\mathrm{T}}\boldsymbol{S}_{f_Q}-\tilde{\boldsymbol{W}}_{f_Q}^{\mathrm{T}}\boldsymbol{S}_{g_Q}\delta_{\mathrm{e}}+\varepsilon_{f_Q}^*+\varepsilon_{g_Q}^*\delta_{\mathrm{e}}$$

基于反演设计方法的设计结果，选取 h -相关子系统的输入量 $\gamma_{\mathrm{c}}^0,\alpha_{\mathrm{c}}^0,Q_{\mathrm{c}}^0,\delta_{\mathrm{e}}^0$ 分别为

$$\gamma_{\mathrm{c}}^0=V^{-1}\left[-k_{h,1}\tilde{h}-k_{h,2}\int_0^t\tilde{h}\mathrm{d}\tau+k_{h,3}\chi_h+\dot{h}_{\mathrm{ref}}-\hat{\Delta}_h^M\tanh(\tilde{h}/\varepsilon_h)\right] \tag{5.49}$$

$$\begin{aligned}\alpha_{\mathrm{c}}^0=\hat{g}_\gamma^{-1}[&-k_{\gamma,1}\tilde{\gamma}-k_{\gamma,2}\int_0^t\tilde{\gamma}\mathrm{d}\tau+k_{\gamma,3}\chi_\gamma-\hat{f}_\gamma-\\&F_\gamma+\dot{\gamma}_{\mathrm{c}}-\hat{\Delta}_\gamma^M\tanh(\tilde{\gamma}/\varepsilon_\gamma)-c_\gamma\tilde{\gamma}\alpha^2/2]\end{aligned} \tag{5.50}$$

$$\begin{aligned}Q_{\mathrm{c}}^0=&-k_{\alpha,1}\tilde{\alpha}-k_{\alpha,2}\int_0^t\tilde{\alpha}\mathrm{d}\tau+k_{\alpha,3}\chi_\alpha+\hat{f}_\gamma+\hat{g}_\gamma\alpha-\\&F_\alpha-\hat{g}_\gamma\tilde{\gamma}+\dot{\alpha}_{\mathrm{c}}-\hat{\Delta}_\alpha^M\tanh(\tilde{\alpha}/\varepsilon_\alpha)-(c_{\alpha,1}+c_{\alpha,2}\alpha^2)\tilde{\alpha}/2\end{aligned} \tag{5.51}$$

$$\begin{aligned}\delta_{\mathrm{e}}^0=\hat{g}_Q^{-1}[&-k_{Q,1}\tilde{Q}-k_{Q,2}\int_0^t\tilde{Q}\mathrm{d}\tau+k_{Q,3}\chi_Q-\\&\hat{f}_Q-\tilde{\alpha}+\dot{Q}_{\mathrm{c}}-\hat{\Delta}_Q\tanh(\tilde{Q}/\varepsilon_Q)]\end{aligned} \tag{5.52}$$

式中：$k_{x,1}>0,k_{x,2}>0,k_{x,3}>0,x=h,\gamma,\alpha,Q$ 为设计参数；$\chi_x(x=h,\gamma,\alpha,Q)$ 分别为辅助分析系统的状态量；$c_\gamma,c_{\alpha,1},c_{\alpha,2},\varepsilon_x>0(x=h,\gamma,\alpha,Q)$ 为常数。

将式(5.49) ~ 式(5.52) 分别代入式(5.45) ~ 式(5.48)，可得

$$\begin{aligned}\dot{\tilde{h}}=&-k_{h,1}\tilde{h}-k_{h,2}\int_0^t\tilde{h}\mathrm{d}\tau+k_{h,3}\chi_h+V\tilde{\gamma}+V(\gamma_{\mathrm{c}}-\gamma_{\mathrm{c}}^0)+\\&[\Delta_h-\hat{\Delta}_h^M\tanh(\tilde{h}/\varepsilon_h)]\end{aligned} \tag{5.53}$$

$$\begin{aligned}\dot{\tilde{\gamma}}=&-k_{\gamma,1}\tilde{\gamma}-k_{\gamma,2}\int_0^t\tilde{\gamma}\mathrm{d}\tau+k_{\gamma,3}\chi_\gamma+\hat{g}_\gamma\tilde{\alpha}-c_\gamma\tilde{\gamma}\alpha^2/2-\\&\tilde{\boldsymbol{W}}_{f_\gamma}^{\mathrm{T}}\boldsymbol{S}_{f_\gamma}-\tilde{\boldsymbol{W}}_{g_\gamma}^{\mathrm{T}}\boldsymbol{S}_{g_\gamma}\alpha+\varepsilon_{f_\gamma}^*+\varepsilon_{g_\gamma}^*\alpha+\hat{g}_\gamma(\alpha_{\mathrm{c}}-\alpha_{\mathrm{c}}^0)+\\&[\Delta_\gamma-\hat{\Delta}_\gamma^M\tanh(\tilde{\gamma}/\varepsilon_\gamma)]\end{aligned} \tag{5.54}$$

$$\begin{aligned}\dot{\tilde{\alpha}}=&-k_{\alpha,1}\tilde{\alpha}-k_{\alpha,2}\int_0^t\tilde{\alpha}\mathrm{d}\tau+k_{\alpha,3}\chi_\alpha-\hat{g}_\gamma\tilde{\gamma}-(c_{\alpha,1}+\\&c_{\alpha,2}\alpha^2)\tilde{\alpha}/2+\tilde{Q}+(\tilde{\boldsymbol{W}}_{f_\gamma}^{\mathrm{T}}\boldsymbol{S}_{f_\gamma}+\tilde{\boldsymbol{W}}_{g_\gamma}^{\mathrm{T}}\boldsymbol{S}_{g_\gamma}\alpha)-(\varepsilon_{f_\gamma}^*+\\&\varepsilon_{g_\gamma}^*\alpha)+(Q_{\mathrm{c}}-Q_{\mathrm{c}}^0)+[\Delta_\alpha-\hat{\Delta}_\alpha^M\tanh(\tilde{\alpha}/\varepsilon_\alpha)]\end{aligned} \tag{5.55}$$

$$\begin{aligned}\dot{\tilde{Q}}=&-k_{Q,1}\tilde{Q}-k_{Q,2}\int_0^t\tilde{Q}\mathrm{d}\tau+k_{Q,3}\chi_Q-\tilde{\alpha}+\tilde{\boldsymbol{W}}_{f_Q}^{\mathrm{T}}\boldsymbol{S}_{f_Q}-\\&\tilde{\boldsymbol{W}}_{g_Q}^{\mathrm{T}}\boldsymbol{S}_{g_Q}\delta_{\mathrm{e}}+\varepsilon_{f_Q}^*+\varepsilon_{g_Q}^*\delta_{\mathrm{e}}+\hat{g}_Q(\delta_{\mathrm{e}}-\delta_{\mathrm{e}}^0)+\\&[\Delta_Q-\hat{\Delta}_Q^M\tanh(\tilde{Q}/\varepsilon_Q)]\end{aligned} \tag{5.56}$$

针对式(5.53) ~ 式(5.56)，分别选取 Lyapunov 函数为

$$W_h=\frac{1}{(V^M)^2}\left[\frac{1}{2}\tilde{h}^2+\frac{k_{h,2}}{2}\left(\int_0^t\tilde{h}\mathrm{d}\tau\right)^2+\frac{1}{2}\chi_h^2+\frac{1}{2\sigma_h}(\tilde{\Delta}_h^M)^2\right] \tag{5.57}$$

$$\boldsymbol{W}_\gamma = \frac{1}{2}\tilde{\gamma}^2 + \frac{k_{\gamma,2}}{2}\left(\int_0^t \tilde{\gamma}\mathrm{d}\tau\right)^2 + \frac{1}{2}\chi_\gamma^2 + \frac{1}{2\sigma_\gamma}(\tilde{\Delta}_\gamma^M)^2 + \frac{1}{2}\tilde{\boldsymbol{W}}_{f_\gamma}^{\mathrm{T}}\boldsymbol{\Gamma}_{f_\gamma}^{-1}\tilde{\boldsymbol{W}}_{f_\gamma} + \frac{1}{2}\tilde{\boldsymbol{W}}_{g_\gamma}^{\mathrm{T}}\boldsymbol{\Gamma}_{g_\gamma}^{-1}\tilde{\boldsymbol{W}}_{g_\gamma} \tag{5.58}$$

$$\boldsymbol{W}_\alpha = \frac{1}{2}\tilde{\alpha}^2 + \frac{k_{\alpha,2}}{2}\left(\int_0^t \tilde{\alpha}\mathrm{d}\tau\right)^2 + \frac{1}{2}\chi_\alpha^2 + \frac{1}{2\sigma_\alpha}(\tilde{\Delta}_\alpha^M)^2 \tag{5.59}$$

$$\boldsymbol{W}_Q = \frac{1}{2}\tilde{Q}^2 + \frac{k_{Q,2}}{2}\left(\int_0^t \tilde{Q}\mathrm{d}\tau\right)^2 + \frac{1}{2}\chi_Q^2 + \frac{1}{2\sigma_Q}(\tilde{\Delta}_Q^M)^2 + \frac{1}{2}\tilde{\boldsymbol{W}}_{f_Q}^{\mathrm{T}}\boldsymbol{\Gamma}_{f_Q}^{-1}\tilde{\boldsymbol{W}}_{f_Q} + \frac{1}{2}\tilde{\boldsymbol{W}}_{g_Q}^{\mathrm{T}}\boldsymbol{\Gamma}_{g_Q}^{-1}\tilde{\boldsymbol{W}}_{g_Q} \tag{5.60}$$

式中：$V^M > |V(t)|, \forall t \geqslant 0$ 为常数；$\sigma_x > 0, \boldsymbol{\Gamma}_{f_\gamma} = \boldsymbol{\Gamma}_{f_\gamma}^{\mathrm{T}} > 0, \boldsymbol{\Gamma}_{g_\gamma} = \boldsymbol{\Gamma}_{g_\gamma}^{\mathrm{T}} > 0, \boldsymbol{\Gamma}_{f_\alpha} = \boldsymbol{\Gamma}_{f_\alpha}^{\mathrm{T}} > 0, \boldsymbol{\Gamma}_{g_\alpha} = \boldsymbol{\Gamma}_{g_\alpha}^{\mathrm{T}} > 0$。

沿式(5.53) ~ 式(5.56)，对 $\boldsymbol{W}_x(x = h,\gamma,\alpha,Q)$ 求时间的导数，可得

$$\dot{\boldsymbol{W}}_h = \frac{1}{(V^M)^2}\{-k_{h,1}\tilde{h}^2 + k_{h,3}\tilde{h}\chi_h + \tilde{h}V\tilde{\gamma} + \tilde{h}V(\gamma_c - \gamma_c^0) + \tilde{h}[\Delta_h - \hat{\Delta}_h^M\tanh(\tilde{h}/\varepsilon_h)] + \chi_h\dot{\chi}_h + \tilde{\Delta}_h^M\dot{\hat{\Delta}}_h^M/\sigma_h\} \tag{5.61}$$

$$\begin{aligned}\dot{\boldsymbol{W}}_\gamma = &-k_{\gamma,1}\tilde{\gamma}^2 + k_{\gamma,3}\tilde{\gamma}\chi_\gamma + \tilde{\gamma}\hat{g}_\gamma\tilde{\alpha} - c_\gamma\tilde{\gamma}^2\alpha^2/2 - \tilde{\gamma}(\tilde{\boldsymbol{W}}_{f_\gamma}^{\mathrm{T}}\boldsymbol{S}_{f_\gamma} + \tilde{\boldsymbol{W}}_{g_\gamma}^{\mathrm{T}}\boldsymbol{S}_{g_\gamma}\alpha) + \\ &\tilde{\gamma}(\varepsilon_{f_\gamma}^* + \varepsilon_{g_\gamma}^*\alpha) + \tilde{\gamma}\hat{g}_\gamma(\alpha_c - \alpha_c^0) + \tilde{\gamma}[\Delta_\gamma - \hat{\Delta}_\gamma^M\tanh(\tilde{\gamma}/\varepsilon_\gamma)] + \\ &\chi_\gamma\dot{\chi}_\gamma + \tilde{\Delta}_\gamma^M\dot{\tilde{\Delta}}_\gamma^M/\sigma_\gamma + \tilde{\boldsymbol{W}}_{f_\gamma}^{\mathrm{T}}\boldsymbol{\Gamma}_{f_\gamma}^{-1}\dot{\tilde{\boldsymbol{W}}}_{f_\gamma} + \tilde{\boldsymbol{W}}_{g_\gamma}^{\mathrm{T}}\boldsymbol{\Gamma}_{g_\gamma}^{-1}\dot{\tilde{\boldsymbol{W}}}_{g_\gamma}\end{aligned} \tag{5.62}$$

$$\begin{aligned}\dot{\boldsymbol{W}}_\alpha = &-k_{\alpha,1}\tilde{\alpha}^2 + k_{\alpha,3}\tilde{\alpha}\chi_\alpha - \tilde{\alpha}\hat{g}_\gamma\tilde{\gamma} - (c_{\alpha,1} + c_{\alpha,2}\alpha^2)\tilde{\alpha}^2/2 + \tilde{\alpha}\tilde{Q} + \\ &\tilde{\alpha}(\tilde{\boldsymbol{W}}_{f_\gamma}^{\mathrm{T}}\boldsymbol{S}_{f_\gamma} + \tilde{\boldsymbol{W}}_{g_\gamma}^{\mathrm{T}}\boldsymbol{S}_{g_\gamma}\alpha) - \tilde{\alpha}(\varepsilon_{f_\gamma}^* + \varepsilon_{g_\gamma}^*\alpha) + \tilde{\alpha}(Q_c - Q_c^0) + \\ &\tilde{\alpha}[\Delta_\alpha - \hat{\Delta}_\alpha^M\tanh(\tilde{\alpha}/\varepsilon_\alpha)] + \chi_\alpha\dot{\chi}_\alpha + \tilde{\Delta}_\alpha^M\dot{\tilde{\Delta}}_\alpha^M/\sigma_\alpha\end{aligned} \tag{5.63}$$

$$\begin{aligned}\dot{\boldsymbol{W}}_Q = &-k_{Q,1}\tilde{Q}^2 + k_{Q,3}\tilde{Q}\chi_Q - \tilde{Q}\tilde{\alpha} - \tilde{Q}(\tilde{\boldsymbol{W}}_{f_Q}^{\mathrm{T}}\boldsymbol{S}_{f_Q} + \tilde{\boldsymbol{W}}_{g_Q}^{\mathrm{T}}\boldsymbol{S}_{g_Q}\delta_e) + \tilde{Q}(\varepsilon_{f_Q}^* + \\ &\varepsilon_{g_Q}^*\delta_e) + \tilde{Q}\hat{g}_Q(\delta_e - \delta_e^0) + \tilde{Q}[\Delta_Q - \hat{\Delta}_Q^M\tanh(\tilde{Q}/\varepsilon_Q)] + \\ &\chi_Q\dot{\chi}_Q + \tilde{\Delta}_Q^M\dot{\tilde{\Delta}}_Q^M/\sigma_Q + \tilde{\boldsymbol{W}}_{f_Q}^{\mathrm{T}}\boldsymbol{\Gamma}_{f_Q}^{-1}\dot{\tilde{\boldsymbol{W}}}_{f_Q} + \tilde{\boldsymbol{W}}_{g_Q}^{\mathrm{T}}\boldsymbol{\Gamma}_{g_Q}^{-1}\dot{\tilde{\boldsymbol{W}}}_{g_Q}\end{aligned} \tag{5.64}$$

式中：$\dot{\tilde{\Delta}}_x^M = \dot{\hat{\Delta}}_x^M(x = h,\gamma,\alpha,Q)$；$\dot{\tilde{\boldsymbol{W}}}_{f_\gamma} = \dot{\hat{\boldsymbol{W}}}_{f_\gamma}$；$\dot{\tilde{\boldsymbol{W}}}_{g_\gamma} = \dot{\hat{\boldsymbol{W}}}_{g_\gamma}$；$\dot{\tilde{\boldsymbol{W}}}_{f_Q} = \dot{\hat{\boldsymbol{W}}}_{f_Q}$；$\dot{\tilde{\boldsymbol{W}}}_{g_Q} = \dot{\hat{\boldsymbol{W}}}_{g_Q}$。

根据 Young's 基本不等式，式(5.61) 中有如下关系式成立，即

$$\frac{\tilde{h}V\tilde{\gamma}}{(V^M)^2} \leqslant \frac{c_h/2}{(V^M)^2}\tilde{h}^2 + \frac{1}{2c_h}\tilde{\gamma}^2, c_h > 0 \tag{5.65}$$

根据第 3 章的推导结果，式(5.61) ~ 式(5.64) 中有如下关系式成立，即

$$\tilde{x}[\Delta_x - \hat{\Delta}_x^M\tanh(\tilde{x}/\varepsilon_x)] \leqslant -|\tilde{x}|\tilde{\Delta}_x^M + k_x|\hat{\Delta}_x^M|\varepsilon_x,\ x = h,\gamma,\alpha,Q \tag{5.66}$$

由于 δ_e 为二阶参考模型环节的输出量，所以式(5.64) 中的 $\varepsilon_{g_Q}^*\delta_e$ 项所含 δ_e 有界。而式(5.62) 中的 $\tilde{\gamma}\varepsilon_{g_\gamma}^*\alpha$ 项和式(5.63) 中的 $\tilde{\alpha}\varepsilon_{g_\gamma}^*\alpha$ 项所含 α 是否有界尚未确定，根据 Young's 基本不等式，将 $\tilde{\gamma}\varepsilon_{g_\gamma}^*\alpha$ 和 $\tilde{\alpha}\varepsilon_{g_\gamma}^*\alpha$ 中的 α 与 $\varepsilon_{g_\gamma}^*$ 分离，有

$$\tilde{\gamma}\varepsilon_{g_\gamma}^{*}\alpha \leqslant \frac{c_\gamma \tilde{\gamma}^2 \alpha^2}{2} + \frac{\varepsilon_{g_\gamma}^{*2}}{2c_\gamma} \tag{5.67}$$

$$\begin{aligned} -\tilde{\alpha}(\varepsilon_{f_\gamma}^{*} + \varepsilon_{g_\gamma}^{*}\alpha) &= -\tilde{\alpha}\varepsilon_{f_\gamma}^{*} - \tilde{\alpha}\alpha\varepsilon_{g_\gamma}^{*} \leqslant \frac{c_{\alpha,1}\tilde{\alpha}^2}{2} + \frac{\varepsilon_{f_\gamma}^{*2}}{2c_{\alpha,1}} + \frac{c_{\alpha,2}\tilde{\alpha}^2\alpha^2}{2} + \frac{\varepsilon_{g_\gamma}^{*2}}{2c_{\alpha,2}} = \\ &\tilde{\alpha}^2\left(\frac{c_{\alpha,1}}{2} + \frac{c_{\alpha,2}\alpha^2}{2}\right) + \frac{\varepsilon_{f_\gamma}^{*2}}{2c_{\alpha,1}} + \frac{\varepsilon_{g_\gamma}^{*2}}{2c_{\alpha,2}} \end{aligned} \tag{5.68}$$

式中：$c_\gamma > 0, c_{\alpha,1} > 0, c_{\alpha,2} > 0$ 为常数。

当输入受限时，可执行控制量 γ_c、α_c、Q_c、δ_e 与设计输入量 γ_c^0、α_c^0、Q_c^0、δ_e^0 之间存在偏差，此时式(5.61) ~ 式(5.64)中分别所含的项 $\tilde{h}V(\gamma_c-\gamma_c^0)$、$\tilde{\gamma}\hat{g}_\gamma(\alpha_c-\alpha_c^0)$、$\tilde{\alpha}(Q_c-Q_c^0)$、$\tilde{Q}\hat{g}_Q(\delta_e-\delta_e^0)$ 不为零，这些项将影响控制系统的最终稳定性。为了消除式(5.61) ~ 式(5.64)中的输入受限偏差项 $\tilde{h}V(\gamma_c-\gamma_c^0)$、$\tilde{\gamma}\hat{g}_\gamma(\alpha_c-\alpha_c^0)$、$\tilde{Q}\hat{g}_Q(\delta_e-\delta_e^0)$，引入如下形式的辅助分析系统：

$$\dot{\chi}_h = -\kappa_h\chi_h - \frac{\tilde{h}V(\gamma_c-\gamma_c^0)}{\chi_h^2+\delta_h^2}\chi_h \tag{5.69}$$

$$\dot{\delta}_h = \begin{cases} -\lambda_h\delta_h - \dfrac{\tilde{h}V(\gamma_c-\gamma_c^0)}{\chi_h^2+\delta_h^2}\delta_h, & |\chi_h| \geqslant e_h \\ 0, & |\chi_h| < e_h \end{cases} \tag{5.70}$$

$$\dot{\chi}_\gamma = -\kappa_\gamma\chi_\gamma - \frac{\tilde{\gamma}\hat{g}_\gamma(\alpha_c-\alpha_c^0)}{\chi_\gamma^2+\delta_\gamma^2}\chi_\gamma \tag{5.71}$$

$$\dot{\delta}_\gamma = \begin{cases} -\lambda_\gamma\delta_\gamma - \dfrac{\tilde{\gamma}\hat{g}_\gamma(\alpha_c-\alpha_c^0)}{\chi_\gamma^2+\delta_\gamma^2}\delta_\gamma, & |\chi_\gamma| \geqslant e_\gamma \\ 0, & |\chi_\gamma| < e_\gamma \end{cases} \tag{5.72}$$

$$\dot{\chi}_\alpha = -\kappa_\alpha\chi_\alpha - \frac{\tilde{\alpha}(Q_c-Q_c^0)}{\chi_\alpha^2+\delta_\alpha^2}\chi_\alpha \tag{5.73}$$

$$\dot{\delta}_\alpha = \begin{cases} -\lambda_\alpha\delta_\alpha - \dfrac{\tilde{\alpha}(Q_c-Q_c^0)}{\chi_\alpha^2+\delta_\alpha^2}\delta_\alpha, & |\chi_\alpha| \geqslant e_\alpha \\ 0, & |\chi_\alpha| < e_\alpha \end{cases} \tag{5.74}$$

$$\dot{\chi}_Q = -\kappa_Q\chi_Q - \frac{\tilde{Q}\hat{g}_Q(\delta_e-\delta_e^0)}{\chi_Q^2+\delta_Q^2}\chi_Q \tag{5.75}$$

$$\dot{\delta}_Q = \begin{cases} -\lambda_Q\delta_Q - \dfrac{\tilde{Q}\hat{g}_Q(\delta_e-\delta_e^0)}{\chi_Q^2+\delta_Q^2}\delta_Q, & |\chi_Q| \geqslant e_Q \\ 0, & |\chi_Q| < e_Q \end{cases} \tag{5.76}$$

式中：$\kappa_x, \lambda_x > 0, x = h,\gamma,\alpha,Q$ 为设计参数；$e_x > 0 (x = h,\gamma,\alpha,Q)$ 为较小的常数，可考虑将其设定为 χ_x 的容许精度，故以下主要考虑 $|\chi_x| \geqslant e_x$ 的情况。

选取神经网络联结权估计值 $\hat{\boldsymbol{W}}_{f_\gamma}, \hat{\boldsymbol{W}}_{g_\gamma}, \hat{\boldsymbol{W}}_{f_Q}, \hat{\boldsymbol{W}}_{g_Q}$ 的自适应调节律分别为

$$\dot{\hat{\boldsymbol{W}}}_{f_\gamma} = \boldsymbol{\Gamma}_{f_\gamma}\mathrm{Proj}(\hat{\boldsymbol{W}}_{f_\gamma}, \boldsymbol{S}_{f_\gamma}(\tilde{\gamma}-\tilde{\alpha}), \beta_{f_\gamma}) \tag{5.77}$$

$$\dot{\hat{\boldsymbol{W}}}_{g_\gamma}=\boldsymbol{\Gamma}_{g_\gamma}\operatorname{Proj}(\hat{\boldsymbol{W}}_{g_\gamma},\boldsymbol{S}_{g_\gamma}\alpha(\tilde{\gamma}-\tilde{\alpha}),\beta_{g_\gamma})\tag{5.78}$$

$$\dot{\hat{\boldsymbol{W}}}_{f_Q}=\boldsymbol{\Gamma}_{f_Q}\operatorname{Proj}(\hat{\boldsymbol{W}}_{f_Q},\boldsymbol{S}_{f_Q}\tilde{Q},\beta_{f_Q})\tag{5.79}$$

$$\dot{\hat{\boldsymbol{W}}}_{g_Q}=\boldsymbol{\Gamma}_{g_Q}\operatorname{Proj}(\hat{\boldsymbol{W}}_{g_Q},\boldsymbol{S}_{g_Q}\delta_e\tilde{Q},\beta_{g_Q})\tag{5.80}$$

式中：$\beta_{f_\gamma}>0,\beta_{g_\gamma}>0,\beta_{f_Q}>0,\beta_{g_Q}>0$ 为设计参数。

选取模型干扰项上界 $\Delta_x^M(x=h,\gamma,\alpha,Q)$ 的自适应估计律分别为

$$\dot{\hat{\Delta}}_h^M=\sigma_h(|\tilde{h}|-\beta_h\hat{\Delta}_h^M)\tag{5.81}$$

$$\dot{\hat{\Delta}}_\gamma^M=\sigma_\gamma(|\tilde{\gamma}|-\beta_\gamma\hat{\Delta}_\gamma^M)\tag{5.82}$$

$$\dot{\hat{\Delta}}_\alpha^M=\sigma_\alpha(|\tilde{\alpha}|-\beta_\alpha\hat{\Delta}_\alpha^M)\tag{5.83}$$

$$\dot{\hat{\Delta}}_Q^M=\sigma_Q(|\tilde{Q}|-\beta_Q\hat{\Delta}_Q^M)\tag{5.84}$$

式中：$\beta_x>0(x=h,\gamma,\alpha,Q)$ 为设计参数。

重新选取 Lyapunov 函数 $\boldsymbol{W}_h^*=(V^M)^2\boldsymbol{W}_h+\delta_h/2,\boldsymbol{W}_x^*=\boldsymbol{W}_x+\delta_x/2(x=\gamma,\alpha,Q)$，对 $\boldsymbol{W}_x^*(x=h,\gamma,\alpha,Q)$ 求时间的导数后，将式(5.61)～式(5.64)和式(5.69)～式(5.84)代入式 $\dot{\boldsymbol{W}}_x^*$，经配方整理得

$$\dot{\boldsymbol{W}}_h^*=-\mu_{h,1}(\tilde{h}-\mu_{h,2}\chi_h)^2-\mu_{h,3}\tilde{h}^2+k_h|\hat{\Delta}_h^M|\varepsilon_h-\lambda_h\delta_h^2-\beta_h\tilde{\Delta}_h^M\hat{\Delta}_h^M\tag{5.85}$$

$$\begin{aligned}\dot{\boldsymbol{W}}_\gamma^*+\dot{\boldsymbol{W}}_\alpha^*\leqslant&-\mu_{\gamma,1}(\tilde{\gamma}-\mu_{\gamma,2}\chi_\gamma)^2-\mu_{\alpha,1}(\tilde{\alpha}-\mu_{\alpha,2}\chi_\alpha)^2-\mu_{\gamma,3}(\tilde{\gamma}-\\&\mu_{\gamma,4}\varepsilon_{f_\gamma}^*)^2-\mu_{\alpha,3}\tilde{\alpha}^2+(\mu_{\gamma,5}+\frac{1}{2c_{\alpha,1}})\varepsilon_{f_\gamma}^{*2}+(\frac{1}{2c_\gamma}+\frac{1}{2c_{\alpha,2}})\varepsilon_{g_\gamma}^{*2}+\\&\tilde{\alpha}\tilde{Q}+k_\gamma|\hat{\Delta}_\gamma^M|\varepsilon_\gamma+k_\alpha|\hat{\Delta}_\alpha^M|\varepsilon_\alpha-\lambda_\gamma\delta_\gamma^2-\lambda_\alpha\delta_\alpha^2-\\&\beta_\gamma\tilde{\Delta}_\gamma^M\hat{\Delta}_\gamma^M-\beta_\alpha\tilde{\Delta}_\alpha^M\hat{\Delta}_\alpha^M-\beta_{f_\gamma}\tilde{\boldsymbol{W}}_{f_\gamma}^{\mathrm{T}}\hat{\boldsymbol{W}}_{f_\gamma}-\beta_{g_\gamma}\tilde{\boldsymbol{W}}_{g_\gamma}^{\mathrm{T}}\hat{\boldsymbol{W}}_{g_\gamma}-\\&\nu_{f_\gamma}\tilde{\boldsymbol{W}}_{f_\gamma}^{\mathrm{T}}\hat{\boldsymbol{W}}_{f_\gamma}\frac{\hat{\boldsymbol{W}}_{f_\gamma}^{\mathrm{T}}\boldsymbol{S}_{f_\gamma}(\tilde{\gamma}-\tilde{\alpha})}{\|\hat{\boldsymbol{W}}_{f_\gamma}\|^2}-\nu_{g_\gamma}\tilde{\boldsymbol{W}}_{g_\gamma}^{\mathrm{T}}\hat{\boldsymbol{W}}_{g_\gamma}\frac{\hat{\boldsymbol{W}}_{g_\gamma}^{\mathrm{T}}\boldsymbol{S}_{g_\gamma}\alpha(\tilde{\gamma}-\tilde{\alpha})}{\|\hat{\boldsymbol{W}}_{g_\gamma}\|^2}\end{aligned}\tag{5.86}$$

$$\begin{aligned}\dot{\boldsymbol{W}}_Q^*\leqslant&-\mu_{Q,1}(\tilde{Q}-\mu_{Q,2}\chi_Q)^2-\mu_{Q,3}[\tilde{Q}-\mu_{Q,4}(\varepsilon_{f_Q}^*+\varepsilon_{g_Q}\delta_e)]^2+\\&\mu_{Q,5}(\varepsilon_{f_Q}^*+\varepsilon_{g_Q}\delta_e)^2-\tilde{Q}\tilde{\alpha}+k_Q|\hat{\Delta}_Q^M|\varepsilon_Q-\\&\lambda_Q\delta_Q^2-\beta_Q\tilde{\Delta}_Q^M\hat{\Delta}_Q^M-\beta_{f_Q}\tilde{\boldsymbol{W}}_{f_Q}^{\mathrm{T}}\hat{\boldsymbol{W}}_{f_Q}-\beta_{g_Q}\tilde{\boldsymbol{W}}_{g_Q}^{\mathrm{T}}\hat{\boldsymbol{W}}_{g_Q}-\\&\nu_{f_Q}\tilde{\boldsymbol{W}}_{f_Q}^{\mathrm{T}}\hat{\boldsymbol{W}}_{f_Q}\frac{\hat{\boldsymbol{W}}_{f_Q}^{\mathrm{T}}\boldsymbol{S}_{f_Q}\tilde{Q}}{\|\hat{\boldsymbol{W}}_{f_Q}\|^2}-\nu_{g_Q}\tilde{\boldsymbol{W}}_{g_Q}^{\mathrm{T}}\hat{\boldsymbol{W}}_{g_Q}\frac{\hat{\boldsymbol{W}}_{g_Q}^{\mathrm{T}}\boldsymbol{S}_{g_Q}\delta_e\tilde{Q}}{\|\hat{\boldsymbol{W}}_{g_Q}\|^2}\end{aligned}\tag{5.87}$$

式中：

$$\mu_{x,1}=k_{x,3}^2/(4\kappa_x)(x=h,\gamma,\alpha,Q)$$
$$\mu_{x,2}=2\kappa_x/k_{x,3}(x=h,\gamma,\alpha,Q)$$
$$\mu_{h,3}=k_{h,1}-c_h/2-\mu_{h,1}$$

$$\mu_{\gamma,3} = k_{\gamma,1} - 1/(2c_h) - \mu_{\gamma,1}$$
$$\mu_{\alpha,3} = k_{\alpha,1} - \mu_{\alpha,1}$$
$$\mu_{Q,3} = k_{Q,1} - \mu_{Q,1}$$
$$\mu_{x,4} = 1/(2\mu_{x,3})$$
$$\mu_{x,5} = \mu_{x,3}\mu_{x,4}^2 (x = h,\gamma,\alpha,Q)$$

式(5.86)中,当$\hat{\boldsymbol{W}}_{f_\gamma}$ 和$\hat{\boldsymbol{W}}_{g_\gamma}$ 自适应调节律中的第一个条件成立时,ν_{f_γ} 和ν_{g_γ} 取0;而当$\hat{\boldsymbol{W}}_{f_\gamma}$ 和$\hat{\boldsymbol{W}}_{g_\gamma}$ 自适应调节律的第二个条件成立时,ν_{g_γ} 和ν_{g_γ} 取1,此时根据关系式$\tilde{\boldsymbol{W}}_{f_\gamma}^{\mathrm{T}}\hat{\boldsymbol{W}}_{f_\gamma} \geqslant 0$,$\tilde{\boldsymbol{W}}_{g_\gamma}^{\mathrm{T}}\hat{\boldsymbol{W}}_{g_\gamma} \geqslant 0$,可知$\dot{\boldsymbol{W}}_\gamma + \dot{\boldsymbol{W}}_\alpha$ 中的最后两项非正。同理,式(5.87)中,当$\hat{\boldsymbol{W}}_{f_Q}$ 和$\hat{\boldsymbol{W}}_{g_Q}$ 自适应调节律中的第一个条件成立时,ν_{f_γ} 和ν_{g_γ} 取0;而当$\hat{\boldsymbol{W}}_{f_\gamma}$ 和$\hat{\boldsymbol{W}}_{g_\gamma}$ 自适应调节律的第二个条件成立时,ν_{f_γ} 和ν_{g_γ} 取1,此时$\dot{\boldsymbol{W}}_Q$ 中的最后一项非正。

根据第3章的推导结果,式(5.85)～式(5.87)中有如下关系式成立,即

$$k_x \mid \hat{\Delta}_x^M \mid \varepsilon_x \leqslant \frac{\beta_x (\hat{\Delta}_x^M)^2}{2} + \frac{(k_x\varepsilon_x)^2}{2\beta_x},\ x = h,\gamma,\alpha,Q \tag{5.88}$$

$$-\beta_x\tilde{\Delta}_x^M\hat{\Delta}_x^M = -\frac{\beta_x}{2}[(\tilde{\Delta}_x^M)^2 + (\hat{\Delta}_x^M)^2 - (\Delta_x^M)^2],x = h,\gamma,\alpha,Q \tag{5.89}$$

根据引理5.1,式(5.86)和式(5.87)中有如下关系式成立,即

$$-\beta_{f_x}\tilde{\boldsymbol{W}}_{f_x}^{\mathrm{T}}\hat{\boldsymbol{W}}_{f_x} \leqslant -\frac{\beta_{f_x}}{2}(\|\tilde{\boldsymbol{W}}_{f_x}\|^2 - \|\boldsymbol{W}_{f_x}^*\|^2),x = h,\gamma,\alpha,Q \tag{5.90}$$

$$-\beta_{g_x}\tilde{\boldsymbol{W}}_{g_x}^{\mathrm{T}}\hat{\boldsymbol{W}}_{g_x} \leqslant -\frac{\beta_{g_x}}{2}(\|\tilde{\boldsymbol{W}}_{g_x}\|^2 - \|\boldsymbol{W}_{g_x}^*\|^2),x = h,\gamma,\alpha,Q \tag{5.91}$$

将式(5.88)～式(5.91)代入(5.85)～式(5.87),可得

$$\begin{aligned}\dot{\boldsymbol{W}}_h^* = &-\mu_{h,1}(\tilde{h} - \mu_{h,2}\chi_h)^2 - \mu_{h,3}\tilde{h}^2 - \lambda_h\delta_h^2 - \\ &\frac{\beta_h}{2}(\tilde{\Delta})^2 + \frac{k_h^2}{2\beta_h}\varepsilon_h^2 + \frac{\beta_h}{2}(\Delta_h^M)^2\end{aligned} \tag{5.92}$$

$$\begin{aligned}\dot{\boldsymbol{W}}_\gamma^* + \dot{\boldsymbol{W}}_\alpha^* \leqslant &-\mu_{\gamma,1}(\tilde{\gamma} - \mu_{\gamma,2}\chi_\gamma)^2 - \mu_{\alpha,1}(\tilde{\alpha} - \mu_{\alpha,2}\chi_\alpha)^2 - \\ &\mu_{\gamma,3}(\tilde{\gamma} - \mu_{\gamma,4})^2 - \mu_{\alpha,3}\tilde{\alpha}^2 - \frac{\beta_\gamma}{2}(\tilde{\Delta}_\gamma^M)^2 - \frac{\beta_\alpha}{2}(\tilde{\Delta}_\alpha^M)^2 - \\ &\frac{\beta_{f_\gamma}}{2}\|\tilde{\boldsymbol{W}}_{f_\gamma}\|^2 - \frac{\beta_{g_\gamma}}{2}\|\tilde{\boldsymbol{W}}_{g_\gamma}\|^2 - \lambda_\gamma\delta_\gamma^2 - \lambda_\alpha\delta_\alpha^2 + \tilde{\alpha}\tilde{Q} + \\ &(\mu_{\gamma,5} + \frac{1}{2c_{\alpha,1}})\varepsilon_{f_\gamma}^{*2} + (\frac{1}{2c_\gamma} + \frac{1}{2c_{\alpha,2}})\varepsilon_{g_\gamma}^{*2} + \\ &\frac{k_\gamma^2}{2\beta_\gamma}\varepsilon_\gamma^2 + \frac{k_\alpha^2}{2\beta_\alpha}\varepsilon_\alpha^2 + \frac{\beta_\gamma}{2}(\tilde{\Delta}_\gamma^M)^2 + \frac{\beta_\alpha}{2}(\tilde{\Delta}_\alpha^M)^2 + \\ &\frac{\beta_{f_\gamma}}{2}\|\boldsymbol{W}_{f_\gamma}^*\|^2 + \frac{\beta_{g_\gamma}}{2}\|\boldsymbol{W}_{g_\gamma}^*\|^2\end{aligned} \tag{5.93}$$

$$\begin{aligned}\dot{\boldsymbol{W}}_Q^* \leqslant & -\mu_{Q,1}(\tilde{Q}-\mu_{Q,2}\chi_Q)^2-\mu_{Q,3}[\tilde{Q}-\mu_{Q,4}(\delta_{f_Q}^*+\delta_e)]^2- \\ & \frac{\beta_Q}{2}(\tilde{\Delta}_Q^M)^2-\frac{\beta_{f_Q}}{2}\|\tilde{\boldsymbol{W}}_{f_Q}\|^2-\frac{\beta_{g_Q}}{2}\|\tilde{\boldsymbol{W}}_{g_Q}\|^2-\lambda_Q\delta_Q^2-\tilde{Q}\tilde{\alpha}+ \\ & \mu_{Q,5}(\delta_{f_Q}^*+\delta_e^*)^2+\frac{k_Q^2}{2\beta_Q}\varepsilon_Q^2+\frac{\beta_Q}{2}(\Delta_Q^M)^2+ \\ & \frac{\beta_{f_Q}}{2}\|\boldsymbol{W}_{f_Q}^*\|^2+\frac{\beta_{g_Q}}{2}\|\boldsymbol{W}_{g_Q}^*\|^2\end{aligned} \tag{5.94}$$

5.3.4 稳定性分析

根据 5.3.2 小节和 5.3.3 小节中 Lyapunov 函数 $\boldsymbol{W}_x^*\ (x=V,h,\gamma,\alpha,Q)$ 的定义可知，如果 $\boldsymbol{W}_x^*$ 正定，则速度子系统和高度子系统控制律应满足以下条件：

$$\left.\begin{aligned}& k_{h,1}>k_{h,3}^2/(4\kappa_h)+c_h/2,\ k_{\gamma,1}>k_{\gamma,3}^2/(4\kappa_\gamma)+1/(2c_h) \\ & k_{x,1}>k_{x,3}^2/(4\kappa_x),\ x=V,\gamma,Q \\ & \boldsymbol{\Gamma}_{f_x}=\boldsymbol{\Gamma}_{f_x}^{\mathrm{T}}>0,\boldsymbol{\Gamma}_{g_x}=\boldsymbol{\Gamma}_{g_x}^{\mathrm{T}}>0,\beta_{f_x}>0,\beta_{g_x}>0 \\ & \kappa_x>0,\ \lambda_x>0,\ \sigma_x>0,\ \beta_x>0,\ x=V,h,\gamma,\alpha,Q\end{aligned}\right\} \tag{5.95}$$

选取 Lyapunov 函数如下：

$$\boldsymbol{W}^*=\boldsymbol{W}_V^*+\boldsymbol{W}_h^*+\boldsymbol{W}_\gamma^*+\boldsymbol{W}_\alpha^*+\boldsymbol{W}_Q^* \tag{5.96}$$

对 $\boldsymbol{W}^*$ 求时间的导数，综合式(5.44) 和式(5.92) ~ 式(5.94)，可得

$$\begin{aligned}\boldsymbol{W}^* \leqslant & -\mu_{V,3}[\tilde{V}-\mu_{V,4}(\varepsilon_{f_V}^*+\varepsilon_{g_V}^*\Phi)]^2-\mu_{h,3}\tilde{h}^2-\mu_{\gamma,3}(\tilde{\gamma}-\mu_{\gamma,4}\varepsilon_{f_\gamma}^*)^2-\mu_{\alpha,3}\tilde{\alpha}^2- \\ & \mu_{Q,3}[\tilde{Q}-\mu_{Q,4}(\varepsilon_{f_Q}^*+\varepsilon_{g_Q}^*\delta_e)]^2-\Sigma_x\mu_{x,1}(\tilde{x}-\mu_{x,2}\chi_x)^2-\Sigma_x\lambda_x\delta_x^2- \\ & \frac{1}{2}\Sigma_x\beta_x(\tilde{\Delta}_x^M)^2-\frac{1}{2}\Sigma_x\beta_{f_x}\|\tilde{\boldsymbol{W}}_{f_x}\|^2-\frac{1}{2}\Sigma_x\beta_{g_x}\|\tilde{\boldsymbol{W}}_{g_x}\|^2+ \\ & \mu_{V,5}(\varepsilon_{f_V}^*+\varepsilon_{g_V}^*\Phi)^2+\left(\mu_{\gamma,5}+\frac{1}{2c_{\alpha,1}}\right)\varepsilon_{f_\gamma}^{*2}+\left(\frac{1}{2c_\gamma}+\frac{1}{2c_{\alpha,2}}\right)\varepsilon_{g_\gamma}^{*2}+ \\ & \mu_{Q,5}(\varepsilon_{f_Q}^*+\varepsilon_{g_Q}^*\delta_e)^2+\frac{1}{2}\Sigma_x\frac{k_x^2}{\beta_x}\varepsilon_x^2+\frac{1}{2}\Sigma_x\beta_x(\Delta_x^M)^2+ \\ & \frac{1}{2}\Sigma_x\beta_{f_x}\|\boldsymbol{W}_{f_x}^*\|^2+\frac{1}{2}\Sigma_x\beta_{g_x}\|\boldsymbol{W}_{g_x}^*\|^2\end{aligned} \tag{5.97}$$

定义常数 Σ 为

$$\begin{aligned}\Sigma= & \mu_{V,5}(\varepsilon_{f_V}^M+\varepsilon_{g_V}^M\Phi^M)^2+\left(\mu_{\gamma,5}+\frac{1}{2c_{\alpha,1}}\right)(\varepsilon_{f_\gamma}^M)^2+ \\ & \left(\frac{1}{2c_\gamma}+\frac{1}{2c_{\alpha,2}}\right)(\varepsilon_{g_\gamma}^M)^2+\mu_{Q,5}(\varepsilon_{f_Q}^M+\varepsilon_{g_Q}^M\delta_e^M)^2+ \\ & \frac{1}{2}\Sigma_x\left[\frac{(k_x\varepsilon_x)^2}{\beta_x}+\beta_x(\Delta_x^M)^2+\beta_{f_x}(\boldsymbol{W}_{f_x}^M)^2+\beta_{g_x}(\boldsymbol{W}_{g_x}^M)^2\right]\end{aligned}$$

并定义如下紧集合：

$$\Omega_{\tilde{V}} = \left\{ \tilde{V} \mid |\tilde{V}| \leqslant \mu_{V,4}(\varepsilon_{f_V}^M + \varepsilon_{g_V}^M \Phi^M) + \sqrt{\Sigma/\mu_{V,3}} \right\}$$

$$\Omega_{\tilde{h}} = \left\{ \tilde{h} \mid |\tilde{h}| \leqslant \sqrt{\Sigma/\mu_{h,3}} \right\}$$

$$\Omega_{\tilde{\gamma}} = \left\{ \tilde{\gamma} \mid |\tilde{\gamma}| \leqslant \mu_{\gamma,4}\varepsilon_{f_\gamma}^M + \sqrt{\Sigma/\mu_{\gamma,3}} \right\}$$

$$\Omega_{\tilde{\alpha}} = \left\{ \tilde{\alpha} \mid |\tilde{\alpha}| \leqslant \sqrt{\Sigma/\mu_{\alpha,3}} \right\}$$

$$\Omega_{\tilde{Q}} = \left\{ \tilde{Q} \mid |\tilde{Q}| \leqslant \mu_{Q,4}(\varepsilon_{f_Q}^M + \varepsilon_{g_Q}^M \delta_e^M) + \sqrt{\Sigma/\mu_{Q,3}} \right\}$$

$$\Omega_{\tilde{\Delta}_x^M} = \left\{ \tilde{\Delta}_x^M \mid \| \tilde{\Delta}_x^M \| \leqslant \sqrt{\Sigma/\beta_x} \right\}, x = V,h,\gamma,\alpha,Q$$

$$\Omega_{\tilde{\boldsymbol{W}}_{f_x}} = \left\{ \tilde{\boldsymbol{W}}_{f_x} \mid \| \tilde{\boldsymbol{W}}_{f_x} \| \leqslant \sqrt{\Sigma/\beta_{f_x}} \right\}, x = V,h,\gamma,\alpha,Q$$

$$\Omega_{\tilde{\boldsymbol{W}}_{g_x}} = \left\{ \tilde{\boldsymbol{W}}_{g_x} \mid \| \tilde{\boldsymbol{W}}_{g_x} \| \leqslant \sqrt{\Sigma/\beta_{g_x}} \right\}, x = V,h,\gamma,\alpha,Q$$

其中，$\Phi^M = \max\{|\Phi^L|, |\Phi^U|\}$；$\delta_e^M = \max\{|\delta_e^L|, |\delta_e^U|\}$。

根据式(5.97)可知，如果系统状态量跟踪误差 $\tilde{x}, \tilde{x} \in \{\tilde{V}, \tilde{h}, \tilde{\gamma}, \tilde{\alpha}, \tilde{Q}\}$，RBF 神经网联结权估计误差 $\tilde{\boldsymbol{W}}_{f_x}$ 和 $\tilde{\boldsymbol{W}}_{g_x}$ $(x = V,\gamma,Q)$ 或模型干扰项的上界估计误差 $\tilde{\Delta}_x^M$ $(x = V,h,\gamma,\alpha,Q)$ 分别在紧集 $\Omega_{\tilde{x}}$，$\Omega_{\tilde{\boldsymbol{W}}_{fx}}$，$\Omega_{\tilde{\boldsymbol{W}}_{gx}}$ 或 $\Omega_{\tilde{\Delta}_x^M}$ 之外，则当式(5.95)条件成立时，有 $\boldsymbol{W}^* > 0$，$\dot{\boldsymbol{W}}^* \leqslant 0$，进而 $\tilde{x}$，$\tilde{\boldsymbol{W}}_{f_x}$，$\tilde{\boldsymbol{W}}_{g_x}$ 以及 $\tilde{\Delta}_x^M$ 最终一致有界。调整式(5.95)中的设计参数，可调整收敛域 $\Omega_{\tilde{x}}$、$\Omega_{\tilde{\boldsymbol{W}}_{fx}}$、$\Omega_{\tilde{\boldsymbol{W}}_{gx}}$ 和 $\Omega_{\tilde{\Delta}_x^M}$ 的大小以及 $\tilde{x}$，$\tilde{\boldsymbol{W}}_{f_x}$，$\tilde{\boldsymbol{W}}_{g_x}$ 和 $\tilde{\Delta}_x^M$ 的收敛速度。辅助分析系统状态量 χ_x，δ_x $(x = V,h,\gamma,\alpha,Q)$ 亦最终有界，其中 χ_x 的收敛域由 $\Omega_{\tilde{x}}$ 确定。

总结控制律设计过程和稳定性分析过程，可得如下结论：

定理 5.1：考虑系统式(5.6) ～ 式(5.10)，在假设 5.1 的前提下，采用速度子系统控制律式(5.26)和高度相关子系统控制律式(5.52)，且引入的辅助分析系统形式如式(5.31)和式(5.32)以及式(5.69) ～ 式(5.76)所示，神经网络联结权的自适应调节律如式(5.35)、式(5.36)以及式(5.77) ～ 式(5.80)所示，干扰项上界估计如式(5.37)和式(5.81) ～ 式(5.84)所示，如果设计参数满足条件式(5.95)，则系统状态量跟踪误差、神经网络联接权估计误差以及干扰项上界估计误差均有界且收敛于系统原点的一个可调邻域内。

根据系统状态量跟踪误差的定义，$\tilde{V} = V - V_{\text{ref}}$，$\tilde{h} = h - h_{\text{ref}}$，$\tilde{\gamma} = \gamma - \gamma_c$，$\tilde{\alpha} = \alpha - \alpha_c$，$\tilde{Q} = Q - Q_c$，并考虑到 γ_c、α_c、Q_c 是二阶参考模型环节的输出，可知系统状态量 V, h, γ, α, Q 有界，且分别收敛于 V_{ref}、h_{ref}、γ_c、α_c、Q_c 的邻域内。因结构动力学系统中的阻尼比和自然振动频率满足 $0 < \zeta_i < 1, \omega_i > 0 (i = 1, 2, \cdots, \infty)$，且 Φ、δ_e 和 α 均有界，所以弹性模态坐标 $\eta_i (i = 1, 2, \cdots, \infty)$ 亦有界。

本章通过在各个系统待设计的输入量中引入辅助分析系统，消除了输入受限偏差项对闭环系统稳定造成的影响，所提出的方法可使神经网络的设计不受输入受限的影响，从而增加了设计的灵活性。本章提出的基于模型逼近的控制系统结构如图 5.3 所示。

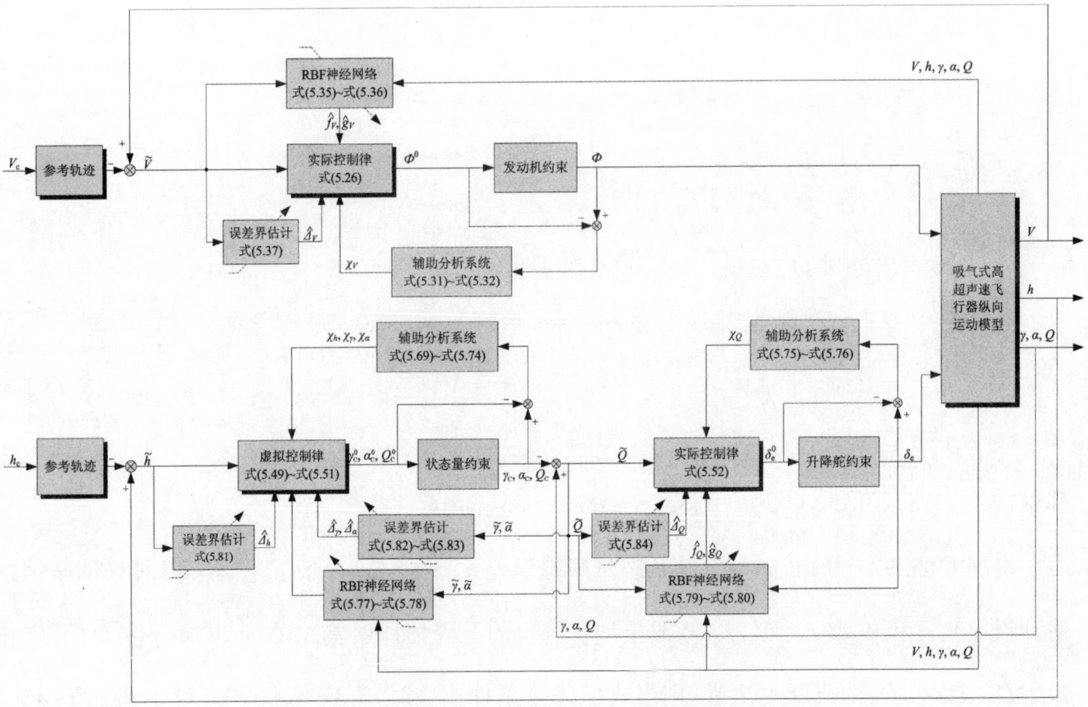

图 5.3　基于神经网络模型逼近的控制系统结构框图

5.4　仿真结果及分析

针对吸气式高超声速飞行器的动力学原理模型，选取 X-43A 技术验证机的典型测试轨迹，对控制系统进行轨迹跟踪仿真验证，即飞行器在 $\bar{q}=95\ 760$ Pa，$h=25\ 908$ m 的初始巡航条件下，要求在 450 s 的时间内跟踪给定的机动指令 $V_c(t)$ 和 $h_c(t)$：首先保持动压不变的情况下，以 15.24 m/s 的速度爬升；当马赫数达到 10 时，在保持该马赫数不变的情况下，改以 42.367 2 m/s 的速度爬升；当高度达到 35 052 m 时，水平飞行。将 $\Delta V_c(t)=V_c(t)-V(0)$，$\Delta h_c(t)=h_c(t)-h(0)$ 分别通过阻尼比 $\zeta_n=1$ 和自然频率 $\omega_n=0.2$ rad/s 的二阶低通滤波环节获得参考轨迹 V_{ref}、$\dot{V}_{\mathrm{ref}}$ 和 h_{ref}、$\dot{h}_{\mathrm{ref}}$。

吸气式高超声速飞行器进行实际飞行过程中需要克服大气扰动，如紊流、阵风、风切变等对控制系统性能产生的影响。考虑到阵风干扰可使飞行迎角瞬态变化，容易引起执行机构的瞬时饱和，在仿真时刻 100 s 和 300 s 处分别加入幅值为 17 m/s 和 14 m/s 的垂直阵风，持续时间为 10 s，以检验飞行器在风场扰动下的轨迹跟踪效果。飞行器在水平和垂直阵风作用下形成的附加迎角分别为

$$\alpha_u=\arctan\frac{u\sin\gamma}{V+u\cos\gamma},\quad \alpha_w=\arctan\frac{w\cos\gamma}{V-w\sin\gamma}$$

式中：α_u 和 α_w 分别为水平附加迎角和垂直附加迎角；u 和 w 分别为水平风速和垂直风速。在纵向运动方程中，推力 T、阻力 D、升力 L 和气动俯仰力矩 M 都是迎角 α 的函数，在阵风的作用下，因迎角偏差 $\Delta\alpha=\{\alpha_u,\alpha_w\}$ 而产生干扰力摄动 $\Delta T(\Delta\alpha)$，$\Delta L(\Delta\alpha)$，$\Delta D(\Delta\alpha)$ 和干扰力矩摄动 $\Delta M(\Delta\alpha)$。

模型中控制量的幅值约束范围分别为：$\Phi \in [0.1, 1.0]$，$\delta_e \in [-15°, 15°]$，$\alpha_c \in [-5°, 5°]$，$\gamma_c \in [-5°, 5°]$，$Q_c \in [-10\ (°)/s, 10\ (°)/s]$，$\Phi$和$\delta_e$的速率约束分别为10和$\pm 60(°)/s$，$\Phi$、$\delta_e$、$\gamma_c$、$\alpha_c$、$Q_c$的带宽约束分别为20 rad/s、20 rad/s、30 rad/s、40 rad/s、60 rad/s，二阶参考模型阻尼比均取1。

采用4阶Runge-Kuta数值求解，仿真步长为0.01 s。控制律的设计参数取值分别为$k_{V,1} = k_{h,1} = 0.4$，$k_{\gamma,1} = k_{\alpha,1} = k_{Q,1} = 1$，$k_{V,2} = k_{h,2} = k_{\gamma,2} = k_{\alpha,2} = k_{Q,2} = 0.2$，$k_{V,3} = k_{h,3} = k_{\gamma,3} = k_{\alpha,3} = k_{Q,3} = 0.1$，$\kappa_V = \kappa_h = \kappa_\gamma = \kappa_\alpha = \kappa_Q = 10$，$\varepsilon_V = \varepsilon_h = \varepsilon_\gamma = \varepsilon_\alpha = \varepsilon_Q = 1.0$。RBF神经网络的输入向量按各自约束范围进行规范化处理，每一维5等分，其中，$\bar{q} \in [23.940\ 2 \times 10^3, 95.760\ 6 \times 10^3]$，$Ma \in [7, 12]$。RBF神经网络联结权初始值分别在区间$[-1\times 10^{-3}, 1\times 10^{-3}]$ $[-1\times 10^{-2}, 1\times 10^{-2}]$ $[-2\times 10^{-3}, 2\times 10^{-3}]$ $[-1\times 10^{-4}, 1\times 10^{-4}]$ $[-1\times 10^{-3}, 1\times 10^{-3}]$ $[-5\times 10^{-3}, 5\times 10^{-3}]$上随机取值；联结权界值分别取$W^M_{f_V} = 20$，$W^M_{g_V} = 50$，$W^M_{f_\gamma} = 0.01$，$W^M_{g_\gamma} = 0.2$，$W^M_{f_Q} = 5$，$W^M_{g_Q} = 10$；径向基函数中心向量均匀分布在$[-1, 1]$上，宽度为4。联结权估计值的自适应调节参数取值分别为：$\boldsymbol{\Gamma}_{f_V} = 0.01 \times \boldsymbol{I}_{625\times 625}$，$\boldsymbol{\Gamma}_{g_V} = 0.1 \times \boldsymbol{I}_{625\times 625}$，$\boldsymbol{\Gamma}_{f_\gamma} = 0.01 \times \boldsymbol{I}_{125\times 125}$，$\boldsymbol{\Gamma}_{g_\gamma} = 0.1 \times \boldsymbol{I}_{625\times 625}$，$\boldsymbol{\Gamma}_{f_Q} = 0.01 \times \boldsymbol{I}_{625\times 625}$，$\boldsymbol{\Gamma}_{g_Q} = 0.1 \times \boldsymbol{I}_{3125\times 3125}$，$\beta_{f_\gamma} = \beta_{g_\gamma} = 0.1$，$\beta_{f_Q} = \beta_{g_Q} = 0.1$。模型干扰项上界的估计参数分别为$\beta_V = 0.1$，$\sigma_V = 1$，$\beta_h = 0.1$，$\sigma_h = 1$，$\beta_\gamma = 0.1$，$\sigma_\gamma = 1$，$\beta_\alpha = 0.1$，$\sigma_\alpha = 1$，$\beta_Q = 0.1$，$\sigma_Q = 1$。

下面分别给出无风干扰和阵风干扰情况下的轨迹跟踪仿真结果。

1.无风干扰情况下的轨迹跟踪仿真结果

无风干扰情况下飞行器控制系统对轨迹跟踪的仿真结果如图5.4所示。由图5.4中速度和高度跟踪曲线可知，在450 s的仿真时间内飞行器存在三个机动飞行阶段，第一个阶段为加速爬升期，经历约215 s的时间，随后进入第二个加速爬升阶段，该阶段持续140 s的时间，最终进入第三个阶段，即95 s的定高巡航飞行阶段。由图5.4中模型输入量——燃料/空气混合比Φ和升降舵面的偏转角δ_e曲线可知，在三个飞行阶段内，发动机处于连续工作状态，而升降舵面的偏转也在限制范围内，二者没有出现受限制的情况，在三个飞行阶段的衔接处，燃料/空气混合比Φ和升降舵面的偏转角δ_e也没有出现较大的波动和振荡，保证了飞行轨迹的平滑性。由图5.4中的高度和速度跟踪误差曲线可知，高度和速度跟踪误差在每个飞行阶段内都能稳定的收敛于0。由图5.4中与飞行姿态相关的迎角、航迹角、俯仰角速度响应曲线，以及与机身振动相关的弹性模态响应曲线可知，迎角稳定在约束范围内，保证了发动机的正常工作，弹性模态在控制过程中稳定收敛于平衡状态。此外，由图5.4中RBF神经网络对各个系统中函数f_x和g_x估计曲线可知，神经网络自适应学习过程具有较好的动态特性。

通过调节二阶低通滤波环节的自然频率ω_n，可以生成对飞行器控制系统更具有挑战性的参考轨迹，例如，$\omega_n = 0.2$时，跟踪参考轨迹要求控制系统的调节时间为23.75 s，而增大ω_n的取值至0.8后，所要求的调节时间为5.937 5 s，即控制系统需提高75%的动态响应速度，此时飞行器需要消耗更多的控制能量。这说明，可以通过测试轨迹的调节，检验所设计控制系统的动态性能指标。当ω_n取值为0.8时，本章所设计的控制系统对轨迹跟踪的仿真结果如图5.5所示。从图5.5中的输入量曲线可以看出，相比于图5.4中给出的仿真结果，升降舵面的偏转角δ_e在开始进入第二个和第三个飞行阶段的过程中出现了饱和情况，尽管如此，控制系统仍然能够较好地控制飞行器完成轨迹跟踪任务。

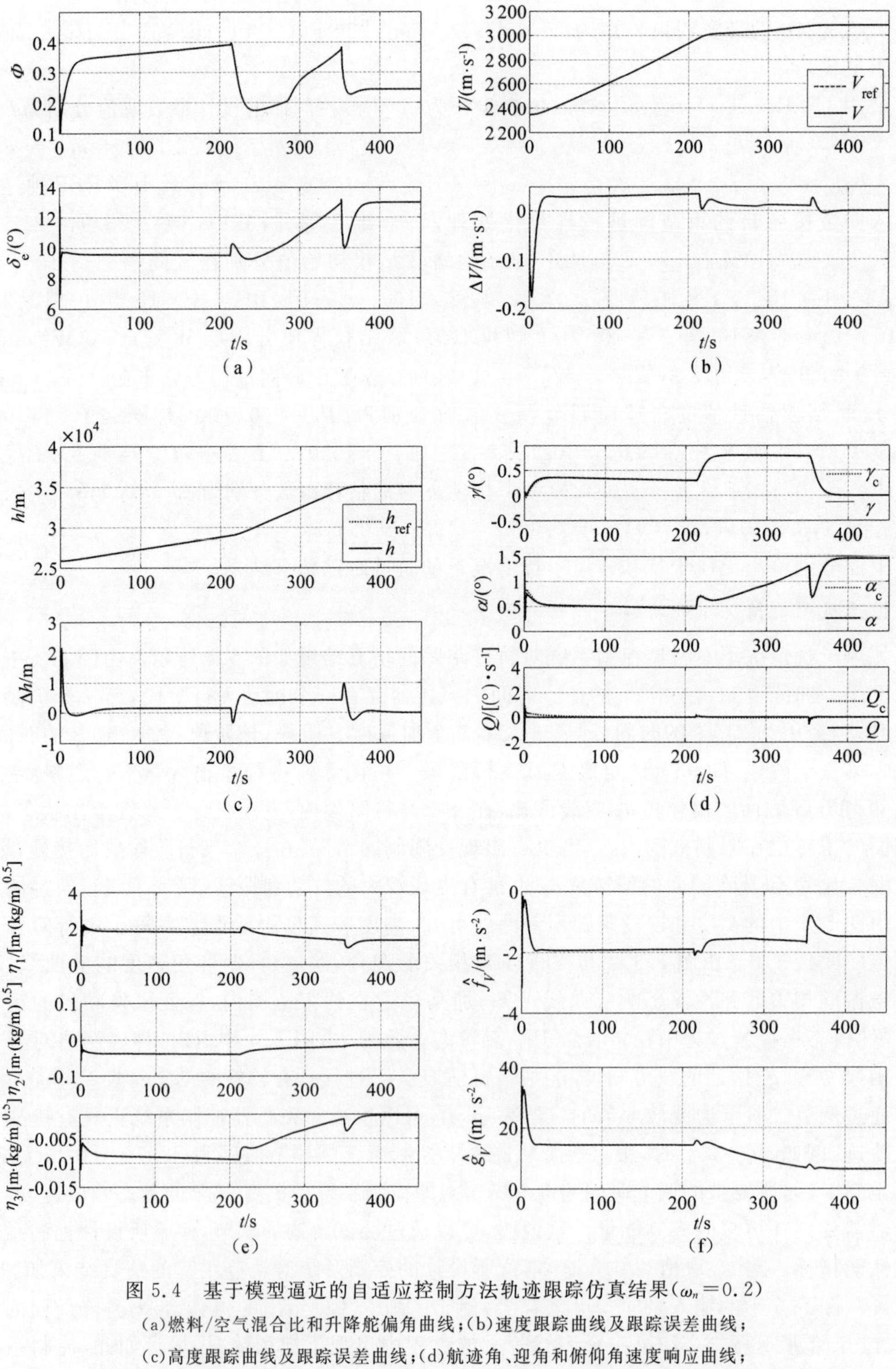

图 5.4　基于模型逼近的自适应控制方法轨迹跟踪仿真结果($\omega_n=0.2$)

(a)燃料/空气混合比和升降舵偏角曲线；(b)速度跟踪曲线及跟踪误差曲线；

(c)高度跟踪曲线及跟踪误差曲线；(d)航迹角、迎角和俯仰角速度响应曲线；

(e)前 3 阶弹性模态响应曲线；(f)速度子系统函数估计曲线；

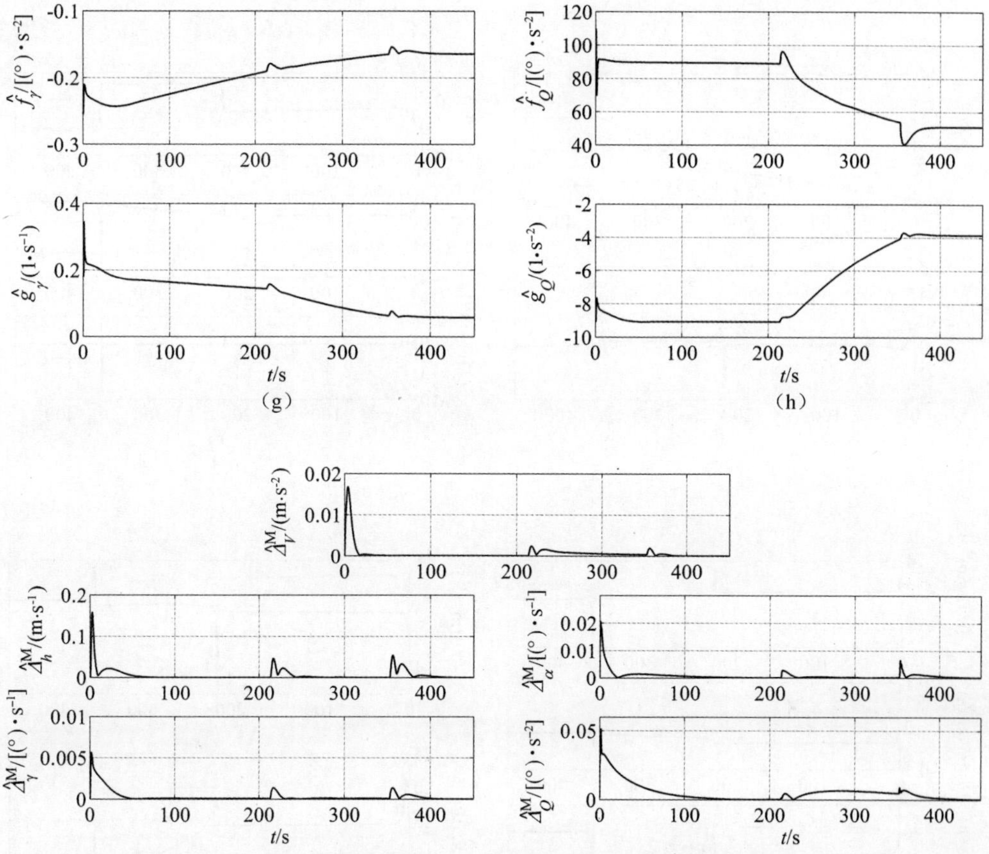

续图 5.4　基于模型逼近的自适应控制方法轨迹跟踪仿真结果($\omega_n=0.2$)

(g)航迹角子系统函数估计曲线；(h)俯仰角速度子系统函数估计曲线；

(i)模型干扰项的上界估计曲线

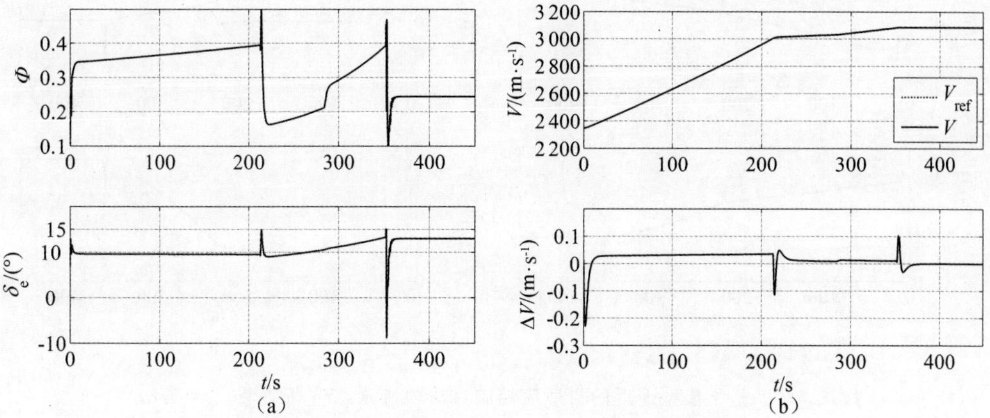

图 5.5　基于模型逼近的自适应控制方法轨迹跟踪仿真结果($\omega_n=0.8$)

(a)燃料/空气混合比和舵偏控制量曲线；(b)速度跟踪曲线及跟踪误差曲线；

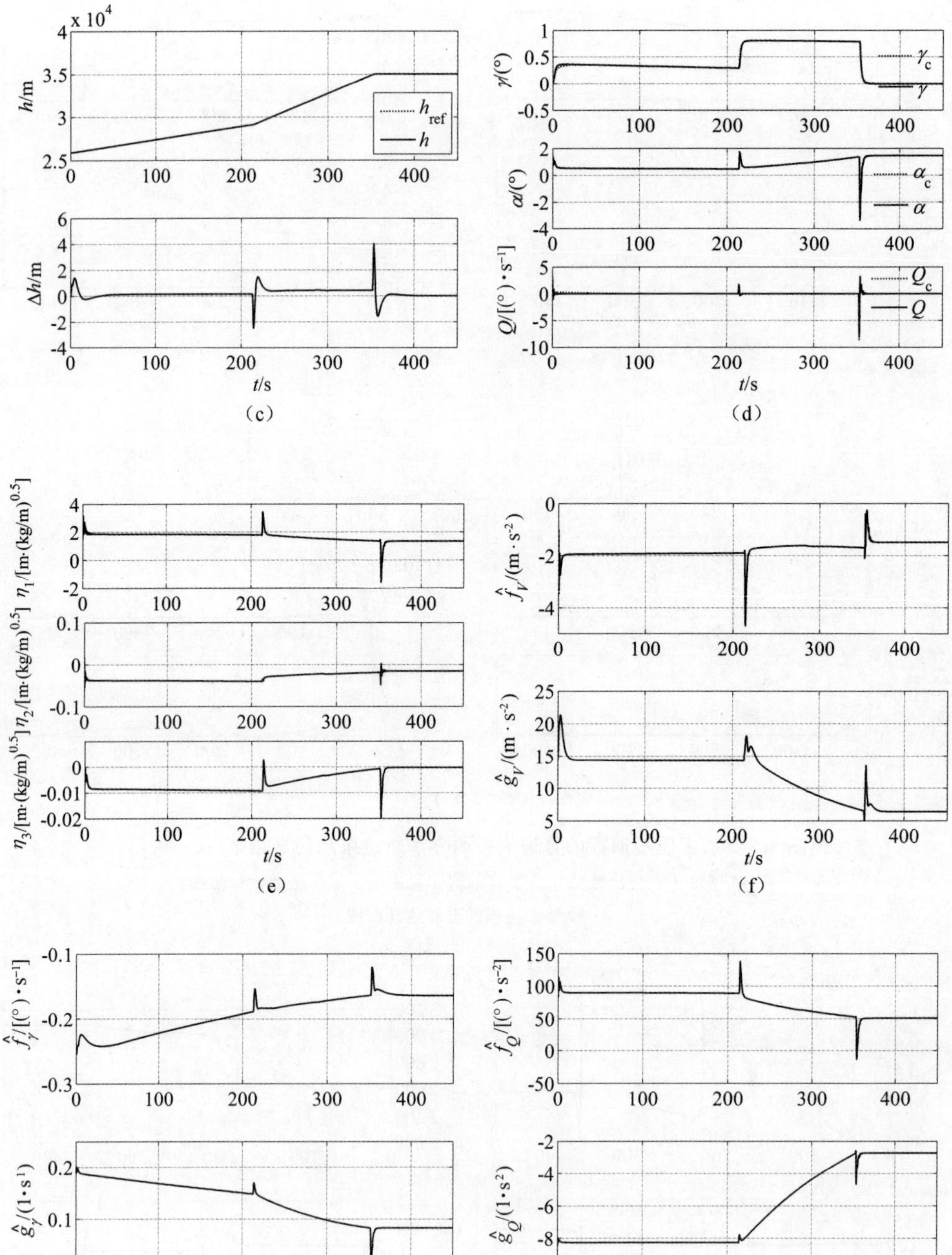

续图 5.5　基于模型逼近的自适应控制方法轨迹跟踪仿真结果($\omega_n=0.8$)

(c)高度跟踪曲线及跟踪误差曲线；(d)航迹角、迎角和俯仰角速度响应曲线；

(e)前 3 阶弹性模态响应曲线；(f)速度子系统函数估计曲线；

(g)航迹角子系统函数估计曲线；(h)俯仰角速度子系统函数估计曲线；

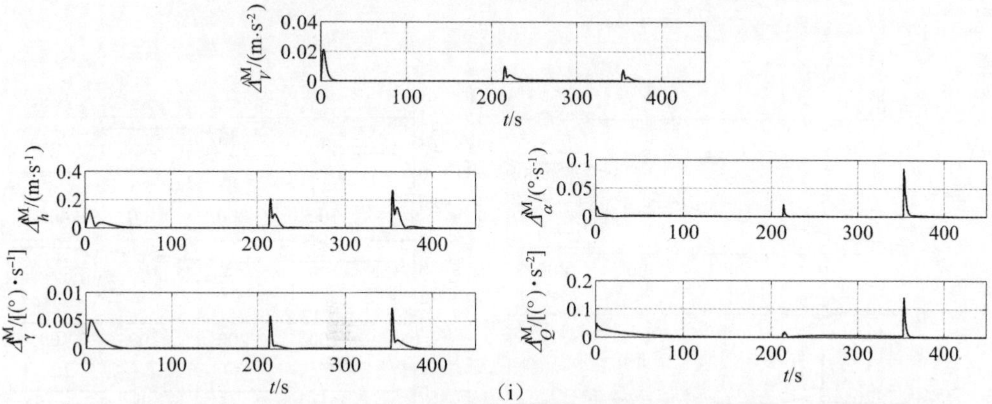

(i)

续图 5.5　基于模型逼近的自适应控制方法轨迹跟踪仿真结果($\omega_n=0.8$)

(i)模型干扰项的上界估计曲线

2. 阵风干扰情况下的轨迹跟踪仿真结果

阵风干扰情况下飞行器控制系统对轨迹跟踪的仿真结果如图 5.6 所示，为了进行比较，同时对控制律中不设置辅助分析系统状态 $\chi_i(i=V,h,\gamma,\alpha,Q)$项时的轨迹跟踪过程进行仿真，其结果如图 5.7 所示。从图 5.6 和图 5.7 中可以看出，在 100 s 和 300 s 的阵风作用时刻，模型输入量中的升降舵偏角 δ_e 出现了瞬时饱和现象，这是因为在阵风作用下，飞行器的升降舵需要提供额外的俯仰力矩来平衡因迎角的瞬态变化而引入控制系统的俯仰力矩摄动，这说明飞行器控制系统主要是利用升降舵抑制大气扰动影响。此外，从图 5.6 和图 5.7 中还可以看出，相比于图 5.4 中无阵风干扰时的响应结果，飞行器的航迹角、迎角以及俯仰角速度发生突变，弹性模态也伴随有显著的抖动。经过图 5.6 和图 5.7 的仿真结果比较可知，升降舵面发生瞬时饱和时，不采取输入受限应对策略，飞行器无法完成高度轨迹跟踪任务，飞行姿态也失去稳定，虽然飞行速度能够维持稳定，但是跟踪误差出现了较大的偏差，而将输入受限因素考虑到控制系统的设计过程中，采用防止饱和的控制策略，飞行器经过短暂调节仍能维持稳定飞行，这说明所设计的控制器具有较强的自适应学习能力和应对阵风干扰的鲁棒性。

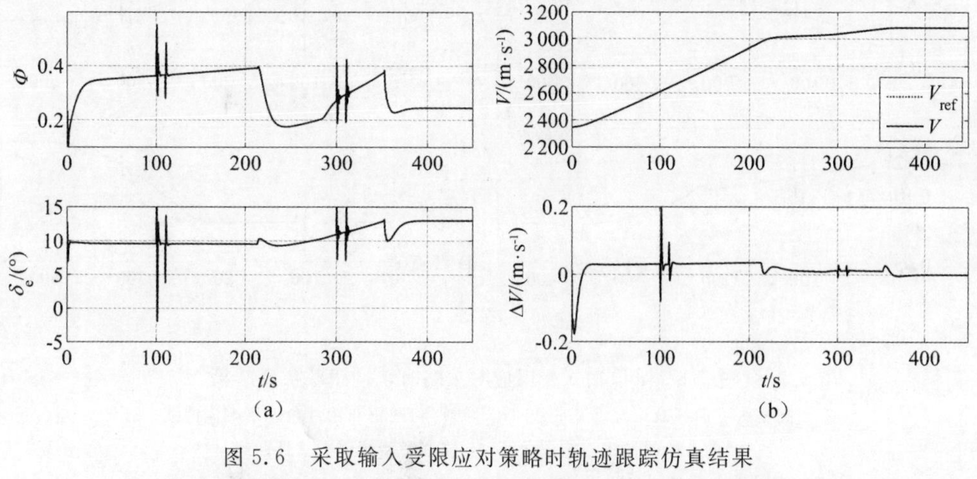

(a)　　(b)

图 5.6　采取输入受限应对策略时轨迹跟踪仿真结果

(a)燃料混合比和舵偏控制量曲线；(b) 速度跟踪曲线及跟踪误差曲线；

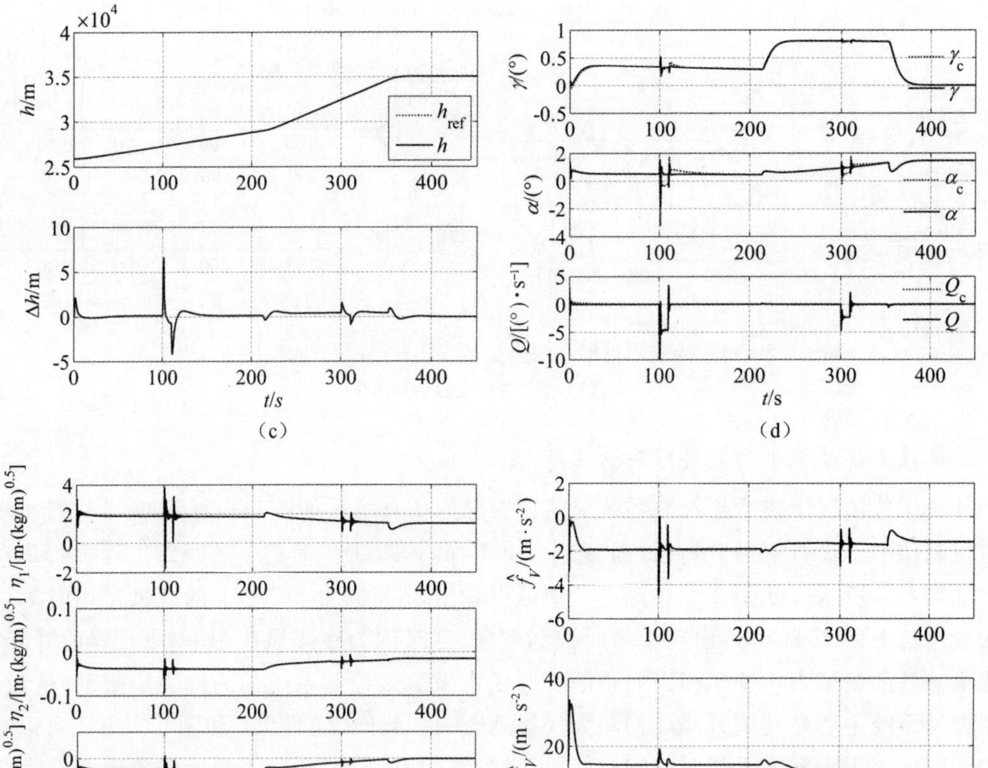

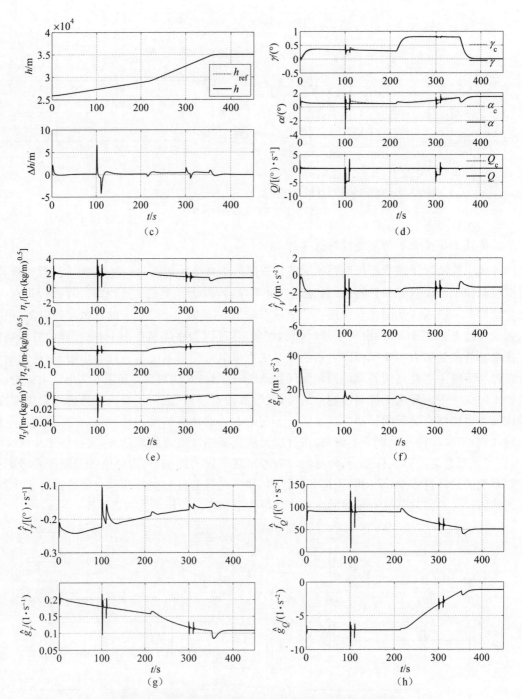

续图 5.6　采取输入受限应对策略时轨迹跟踪仿真结果

(c)高度跟踪曲线及跟踪误差曲线；(d) 航迹角、迎角和俯仰角速度响应曲线；

(e)前 3 阶弹性模态响应曲线；(f)速度子系统函数估计曲线；

(g)航迹角子系统函数估计曲线；(h) 俯仰角速度子系统函数估计曲线；

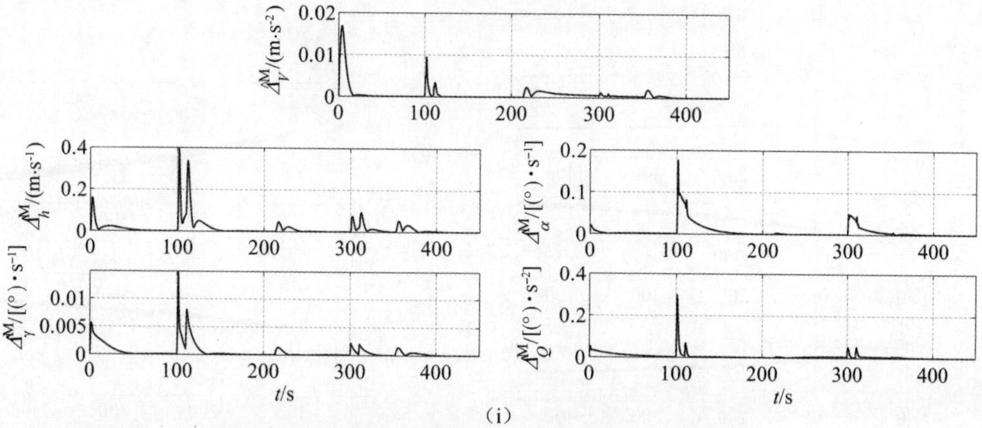

(i)

续图 5.6　采取输入受限应对策略时轨迹跟踪仿真结果

(i)模型干扰项的上界估计曲线

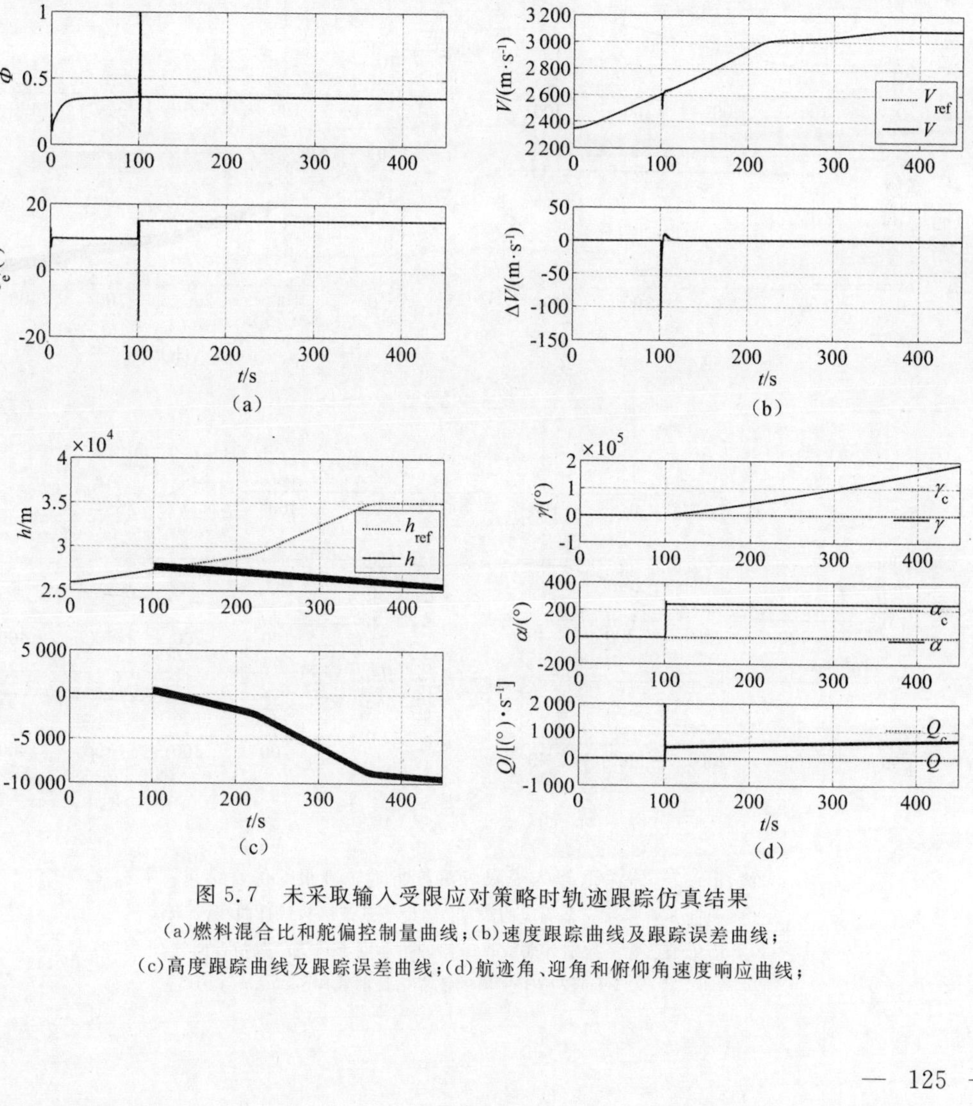

图 5.7　未采取输入受限应对策略时轨迹跟踪仿真结果

(a)燃料混合比和舵偏控制量曲线；(b)速度跟踪曲线及跟踪误差曲线；

(c)高度跟踪曲线及跟踪误差曲线；(d)航迹角、迎角和俯仰角速度响应曲线；

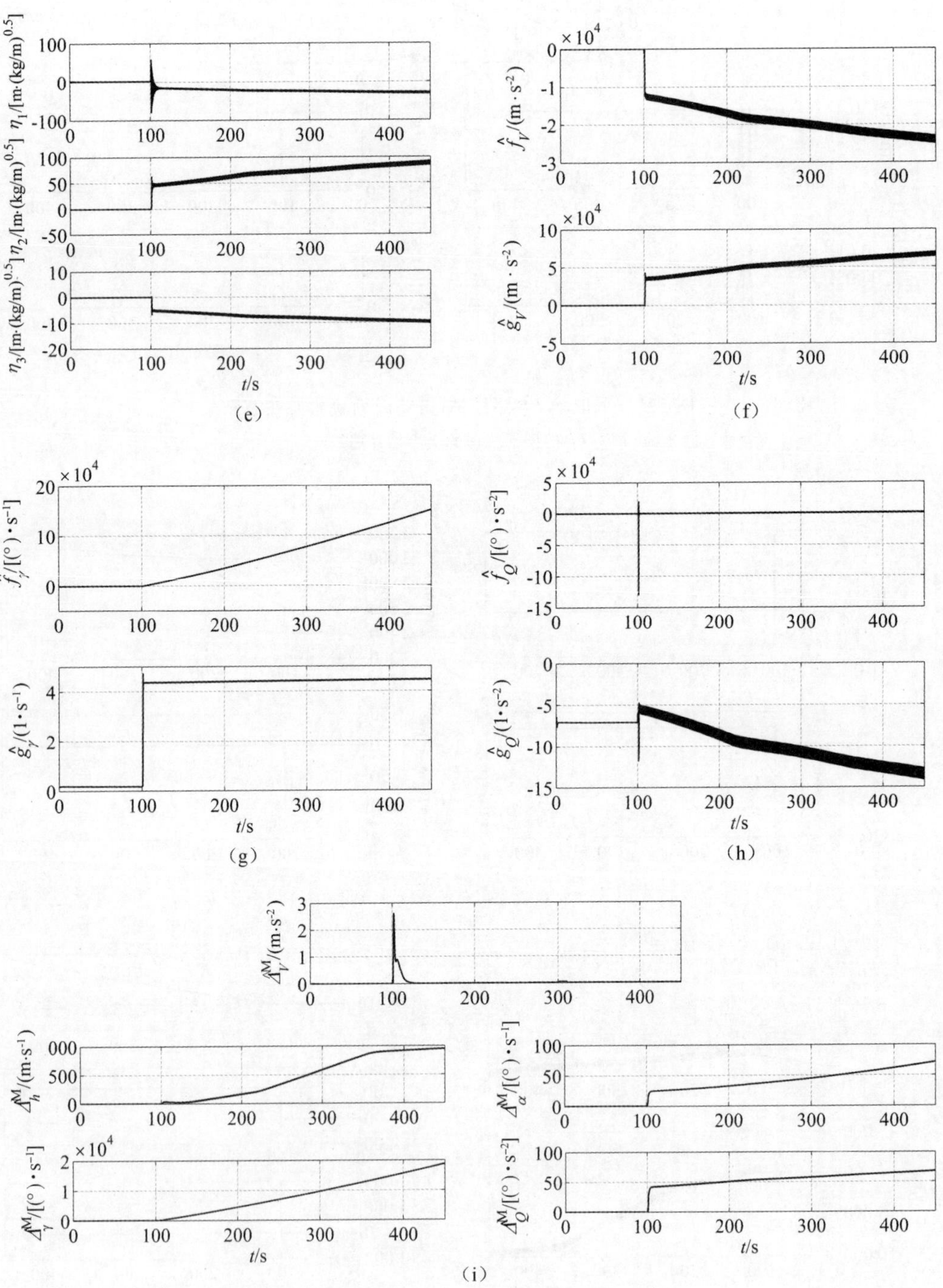

续图 5.7　未采取输入受限应对策略时轨迹跟踪仿真结果

(e)前 3 阶弹性模态响应曲线；(f)速度子系统函数估计曲线；

(g)航迹角子系统函数估计曲线；(h)俯仰角速度子系统函数估计曲线；

(i)模型干扰项的上界估计曲线

通过以上仿真结果说明，本章所提出的基于模型逼近的输入受限自适应控制方法具良好的动态过程品质和较强的应对风扰的鲁棒性能，在飞行器发动机和升降舵处于有效的工作状态和受限制的工作状态两种情况下，都能够很好地控制飞行器纵向机动飞行，确保弹性模态的稳定。

5.5　输入受限自适应控制方法的分析与比较

本书第 4 章和第 5 章在反演设计方法的框架下，考虑了模型中状态量和输入量受约束带来的输入受限问题，提出了两种自适应控制策略，通过仿真得到了良好的控制效果。下述就其中所采用的方法进行对比分析。

(1)两种控制策略在面向控制模型选取上存在差异：

1)在第 4 章中，将纵向运动方程表示成了关于推力、气动力和气动力矩系数的线性参数化模型，通过对推力、气动力和气动力矩系数的自适应估计，实现了对推力、气动力和气动力矩的逼近。

2)在第 5 章中，将纵向运动的各个子系统的方程表示成了含未知非线性的面向控制模型，通过对未知非线性部分的在线学习与重构，实现了对纵向运动方程中各个子系统模型的逼近。

第一种线性参数化的建模方法优势在于：能够充分利用推力、气动力和气动力矩的拟合多项式形式，推力、气动力和气动力矩的气动系数自适应估计时，可选取离线的拟合数据作为初始值，从而加快了估计过程的收敛速度，进而改善控制器的动态过程品质。不过要充分发挥该模型选取方法的优势，就需要进行一定的离线数据分析。此外，该模型选取方法主要考虑的是气动系数的不准确性问题，没有充分考虑飞行器参数变化和未建模动态等不确定性因素。

相比较而言，第二种基于模型逼近的建模方法采用神经网络逼近系统模型，摆脱了推力、气动力和气动力矩拟合多项式形式的束缚，也在一定程度上摆脱了标准反演设计方法对面向控制模型的约束。以未知非线性模型作为控制器的设计对象，可避免已知模型与实际模型之间因多种因素所造成的较大偏差，保证控制的实时性和系统的强鲁棒性能。但是由于不依赖已知模型信息，所以要发挥出模型逼近建模方法对控制器设计带来的鲁棒性优势，神经网络必须具有良好的逼近性能。神经网络逼近未知模型的品质主要由联接权的取值决定，合理取值并非易事，如果取值过小，则导致神经网络的逼近速度过慢，难以满足控制系统状态量的高动态变化特性，而取值过大虽然提高了逼近速度，但需要付出更多的控制能量，控制系统状态量也会出现较大的超调量。

通过以上分析可知，线性参数化的建模方法简单且易于操作，而模型逼近的建模方法适用性更广泛、鲁棒性更强，两种模型选取方法为自适应控制器设计提供了很好的基础。在控制器的设计过程中，利用和不利用模型信息是矛盾的，利用模型信息可以提高控制器的动态品质，但是这种品质的提高是有条件的，即面向控制模型中的信息必须是准确的，如果控制器在应用过程中被控制对象参数发生某种变化或受到不可预知的干扰，则控制器的鲁棒性自然下降。从另外一个方面来说，降低对已知模型信息的依赖可增强控制器的广泛适用性，但是要想在控制器应用过程中获得良好的动态品质，就要在控制器设计过程中结合具体对象并考虑多种因素对所设计的控制器预先进行验证与改进。

(2)两种控制策略解决输入受限稳定控制问题的方法不同：

1)在第 4 章中,从稳定推力、气动力和气动力矩系数的自适应估计过程出发,通过引入待设计控制量和可执行控制量之间偏差的滤波系统,修正系统状态量的跟踪误差,从而使得估计律的更新不直接依赖于原系统的状态量跟踪误差,避免了输入受限带来的较大跟踪误差对估计过程产生冲击。

2)在第 5 章中,引入具有幅值、速率和带宽约束的二阶参考模型,保证了反演设计方法中的期望跟踪控制量在各自约束的范围之内,从能够形成理论上稳定的结论出发,通过辅助分析系统,消除跟踪误差子系统中关于引入待设计控制和可执行控制之间的偏差余项,保证了跟踪误差和神经网络估计误差的收敛性。

第一种方法适合解决具有线性参数形式的模型的输入受限参数自适应估计问题,而第二种方法适合解决含不确定非线性项模型的输入受限自适应控制问题,这恰好与面向控制建模的方法相互呼应。

(3)两种控制策略在解决虚拟控制导数的计算问题方面也有所区别:

1)在第 4 章中,沿用了在改进的标准反演控制律设计方法中引入一阶微分系统的做法,并在微分系统中加入了鲁棒项,增强了反演控制器的鲁棒性。

2)在第 5 章中,充分利用二阶参考模型的求导数功能,在通过具有幅值、速率和带宽约束的二阶参考模型生成可执行的虚拟控制量的同时,也输出虚拟控制量的一阶导数,从而大大简化了控制器的设计过程。

第一种做法可以通过设置一阶微分系统的时间常数,反映虚拟控制量的带宽约束,但是无法体现其他控制量的速率和带宽约束。而第二种做法则完全可以将控制系统中的所有控制量的幅值、速率和带宽约束因素描述出来,有利于对所设计的控制器进行仿真验证。

综合以上分析,本书所提出的两种控制策略在三个方面扩展了反演设计方法,即面向控制建模问题、控制输入和虚拟控制量约束问题,以及虚拟控制量求导的计算问题,这对于拓展反演设计方法的应用范围、提高控制系统设计的灵活性具有重要意义。

5.6 本章小结

本章采用模型逼近的方法设计了自适应飞行控制系统,解决了因模型的信息未知而产生的控制问题。首先,通过引入二阶参考模型环节,模拟状态量和输入量的幅值、速率和带宽约束,该环节的输出可同时提供虚拟控制量的导数值,从而避免了冗繁的虚拟控制信号微分计算;其次,通过权值在线有界调整的 RBF 神经网络,逼近面向控制模型中的未知函数,不仅取消了推力、气动力和气动力矩离线拟合过程,而且放宽了反演设计方法对于面向控制模型的仿射反馈形式要求;再次,基于逼近模型,设计了速度子系统和高度相关子系统的输入受限自适应反演控制律,从能够证明 Lyapunov 意义下稳定的角度出发,引入关于待设计输入量与可执行控制量偏差的辅助分析系统,消除了各个动态子系统中的输入受限偏差项,实现了非约束和约束条件下闭环系统信号的最终一致有界且系统跟踪误差收敛于原点的一个邻域;最后,通过爬升和巡航任务的轨迹跟踪仿真验证了所设计的控制律的有效性。本章所提出的方法适合解决在复杂飞行条件下的飞行器运动控制问题。

第 6 章 基于精确微分器的状态重构与 AHFV 鲁棒反演控制

前文针对吸气式高超声速飞行器动力学系统中所特有的多变量耦合非线性特性，综合考虑了动力学模型的不确定性和面向控制模型的不准确性，通过对反演设计方法系统深入的研究，建立了反演设计方法设计吸气式高超声速飞行器控制系统的基本框架，提出了输入受限自适应反演控制方法，较好地解决了吸气式高超声速飞行器输入受限条件下的自适应控制问题。

反演设计方法是一种反馈形式的控制系统设计方式，本书前面三章的研究是建立在全状态反馈反演设计方法基础上的，即假设吸气式高超声速飞行器动力学系统中的所有状态变量都是可以获得的。状态反馈控制能够更多地利用系统内部的变量信息，因而在抑制或消除非匹配扰动影响、解决状态量约束等问题上具有优势。在实际应用过程中，为了利用状态变量形成反馈，必须用传感器来测量状态变量，但并不是所有状态量都容易测量。通过第 1 章的分析可知，严重的气动加热使得传统物理测量设备对迎角和航迹角等小角度值的测量极为困难，而机身弹性振动又会对俯仰角速度的测量结果造成影响。因此，考虑到吸气式高超声速飞行器动力学系统的状态量不便测量或不完全可测量因素，研究状态重构和全反馈控制实现方法对于本书提出的反演控制方法走向工程应用具有重要的意义。

观测器是理论上解决状态反馈控制中不便测量或不能测量状态变量重构的有效途径。观测器分为两大类：一类是干扰观测器，用于实现对系统不确定项和外部干扰的估计或逼近，可视为一种增强控制器鲁棒性的补偿机制；另一类是状态观测器，用于对系统中不可测量状态进行估计，可视为一种系统结构的重构机制，状态观测器被广泛应用于全状态反馈控制器设计、故障检测、传感器容错控制等方面。无论是干扰观测器还是状态观测器，其设计过程都是引入与原系统结构形式相一致的辅助动态系统，通过对该系统的设计，使其输出逼近原系统输出，从而完成对原系统的重新构造。如何保证在观测误差收敛的前提下提升观测器的动态性能是目前的一个研究方向。从已有文献来看，目前观测器设计方面的研究主要针对的是含有非线性不确定项的线性系统，即具有线性系统的典范形式：$\dot{x}=\boldsymbol{A}x+\boldsymbol{B}u+f(x,u)$，$y=\boldsymbol{C}x$，并且对系统矩阵 $\boldsymbol{A}$ 也有一定的限制。因此，对于具有一般形式的非线性系统的观测器设计问题仍然有待解决。

本章从吸气式高超声速飞行器纵向运动方程中状态量之间的相互关系着手，通过引入收敛速度快、估计精度高的任意阶精确微分器设计状态观测器实现对控制系统中反馈信号的快速稳定跟踪和不可测量信号的重新构造，为反演设计方法设计全状态反馈控制器提供条件。进一步，充分利用微分器在收敛性和鲁棒性方面的优势，设计虚拟控制量的导数求解器和模型重构误差的干扰观测器，提出基于状态量重构和干扰观测的鲁棒反演控制方法，从而为反演设计方法设计吸气式高超声速飞行器控制系统提供新的方法。

6.1 基于任意阶精确微分器的状态重构

6.1.1 任意阶精确微分器理论

现在给出一种任意阶微分器有限时间收敛的性质。

引理 6.1[160]：设 $y_0(t) \in Y^{(n)}$ 为时间域 $t \in [0,\infty)$ 上的未知有界信号，$Y^{(n)}$ 为 n 次连续可微 Lipshitz 函数集。已知 $y(t)$ 为 t 时刻 $y_0(t)$ 的测量信号，且 $y(t) = y_0(t) + w(t)$，其中 w：$\mathbf{R} \rightarrow [-w_m, w_m]$，$0 < w_m < +\infty$ 为 Lebesgue 可测噪声。考虑如下关于 $\chi_i(i=0,1,\cdots,n)$ 的动态系统：

$$\left.\begin{aligned}
&\dot{\chi}_0 = \nu_0 \\
&\nu_0 = -\lambda_0 \mid \chi_0 - y(t) \mid^{n/(n+1)} \mathrm{sign}[\chi_0 - y(t)] + \chi_1 \\
&\dot{\chi}_1 = \nu_1 \\
&\nu_1 = -\lambda_1 \mid \chi_1 - \nu_0 \mid^{(n-1)/n} \mathrm{sign}(\chi_1 - \nu_0) + \chi_2 \\
&\cdots\cdots \\
&\dot{\chi}_{n-1} = \nu_{n-1} \\
&\nu_{n-1} = -\lambda_{n-1} \mid \chi_{n-1} - \nu_{n-2} \mid^{1/2} \mathrm{sign}(\chi_{n-1} - \nu_{n-2}) + \chi_n \\
&\dot{\chi}_n = -\lambda_n \mathrm{sign}(\chi_n - \nu_{n-1})
\end{aligned}\right\} \tag{6.1}$$

式中：$\lambda_i > 0(i=0,1,\cdots,n)$ 为设计参数。可适当选择 $\lambda_i(i=0,1,\cdots,n)$ 使得对于 $\forall t \geqslant t_f$，$0 \leqslant t_f < +\infty$，则有

$$\mid \chi_i(t) - y_0^{(i)}(t) \mid \leqslant \mu_i \parallel w \parallel^{(n-i+1)/(n+1)}, \quad i = 0,1,\cdots,n \tag{6.2}$$

式中：$\parallel w \parallel = \sup\{\mid w(t) \mid, t \in [0, +\infty)\}$；$\mu_i > 0(i=0, 1,\cdots,n)$ 为只依赖于 $\lambda_i(i=0, 1,\cdots,n)$ 的常数序列。

式(6.1) 称为 n 阶或任意阶鲁棒精确微分器(Arbitrary-order Robust Exact Differentiator)，当不考虑测量噪声时，即 $w(t) \equiv 0$，$\forall t \geqslant 0$，$\chi_i(t)(i=0,1,\cdots,n)$ 分别为 $y^{(i)}(t)(i=0,1,\cdots,n)$ 的精确微分估计。

式(6.1) 中的参数 λ_i 决定精确微分器的收敛速度，一组使精确微分器收敛的取值形式为 $\lambda_i = a_i L^{1/(n-i+1)}(i=0,1,\cdots,n)$，其中，$L$ 为 $y_0^{(n)}(t)$ 在 $[0,\infty)$ 上的 Lipshitz 常数；$a_i > 0(i=0, 1,\cdots,n)$ 为 $L=1$ 时满足精确微分器收敛的常数，当 $n \leqslant 5$ 时，$\{a_{n-i+1}\}_{i=1}^{n+1} = \{1.1, 1.5, 2, 3, 5, 8\}$ 或 $\{a_{n-i+1}\}_{i=1}^{n+1} = \{1.1, 1.5, 3, 5, 8, 12\}$。

6.1.2 状态观测器设计

吸气式高超声速飞行器纵向运动模型中，可测量的状态量为速度 V、高度 h 和俯仰角速度 Q，不便测量的状态量为航迹角 γ 和迎角 α，不可测量的状态量为弹性模态坐标 η_i 及其导数 $\dot{\eta}_i(i=1,2,3)$。考虑到俯仰角速度测量通道受结构变形和弹性振动的影响，位于机身 x_{rg} 处的速率陀螺测量的俯仰角速度为[121]

$$Q_f = Q - \sum_{i=1}^{\infty} \frac{\mathrm{d}\varphi_i(x_{rg})^{\cdot}}{\mathrm{d}x}\eta_i \tag{6.3}$$

根据引理 6.1 可知，任意阶鲁棒精确微分器都具有鲁棒性、精确性和有限时间收敛的性质。下面利用任意阶鲁棒精确微分器[见式(6.1)]，实现对状态量的重构、跟踪和微分。

采用$(\hat{\cdot})$表示$(\cdot)$的重构状态量。通过观察吸气式高超声速飞行器纵向运动方程[见式(2.11)]可知，高度子系统 $\dot{h} = V\sin\gamma$ 中不含不确定项，如果能够获得高度 h 的时间导数 $\dot{h}$，则可通过关系式 $\gamma = \arcsin(\dot{h}/V)$ 获得航迹角 γ 的重构状态 $\hat{\gamma}$。基于已重构状态量 $\hat{\gamma}$，可进一步对 $\dot{\gamma}$ 但进行估计。然后，通过对迎角方程 $\dot{\alpha} = -\dot{\gamma} + Q$ 的积分，即可获得迎角 α 的重构状态 $\hat{\alpha}$。

以上关于 γ 和 α 的重构过程简单，可操作性强。基于以上思路，首先引入三个精确微分器分别对控制系统速度 V、高度 h 和俯仰角速度 Q 这三个状态量进行重构，精确微分器的输入量为 V，h 和 Q 的测量值，输出量为 V，h，Q 以及各自导数的估计值。需要说明的是，虽然理论上不需要对可测量状态量 V，h，Q 进行重构，但是在实际应用中，考虑到这些测量值中含有噪声并可能存在初始偏差，故不宜直接参与计算，而引入具有鲁棒性的精确微分器，可在完成重构的同时，提供这些测量值的导数估计。接下来，为了实现对迎角 α 的重构，可再引入一个精确微分器，该微分器的输入为航迹角重构状态 $\hat{\gamma}$，输出为 $\hat{\gamma}$ 的导数估计。不过也可采用更为简便的方法，即利用关系式 $\dot{\gamma} = (\ddot{h} - \dot{V}\sin\gamma)/(V\cos\gamma)$ 获得 $\hat{\gamma}$ 的导数估计，该关系式中的 $\ddot{h}$ 是高度精确微分器的输出。基于精确微分器的状态重构方案如图 6.1 所示。

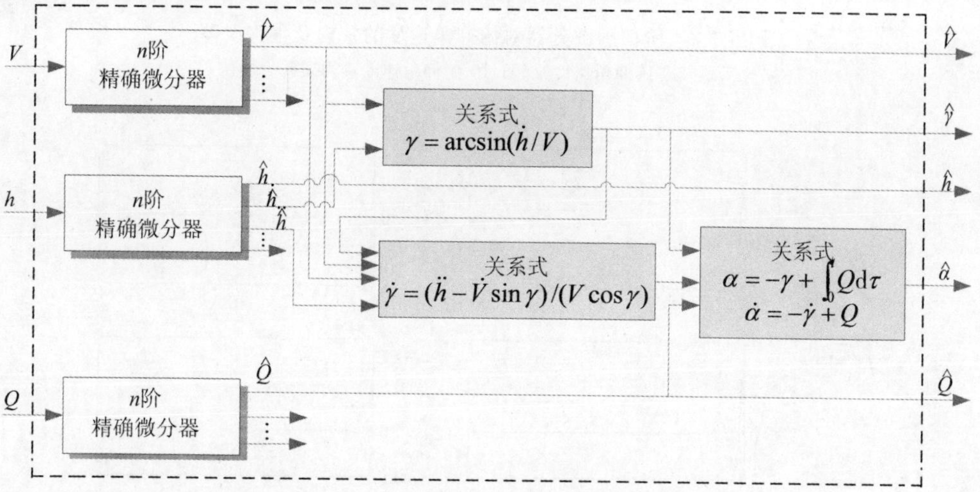

图 6.1　基于精确微分器的状态重构方案示意图

6.1.3　实例分析

下面分别以俯仰角速度信号的重构为实例，验证基于鲁棒精确微分器的构建状态观测器的有效性。

图 6.2 和图 6.3 分别给出了采用 1 阶和 2 阶精确微分器时俯仰角速度的估计结果，其中，Q_0 表示俯仰角速度的真实信号；$\hat{Q}$ 表示微分器输出值。图 6.4 和图 6.5 分别为 1 阶和 2 阶精确

微分器输出的俯仰角速度时间导数，以$\dot{\hat{Q}}$表示。在此实例中，微分器参数λ_i按照引理 6.1 取值，1 阶微分器的 Lipschitz 常数L'分别取值 0.01，0.1，1.0，2 阶微分器的 Lipschitz 常数L''分别取值 1，10，100，需要注意的是，L'和L''并非同一个概念，所以二者取值的大小不具有可比性。

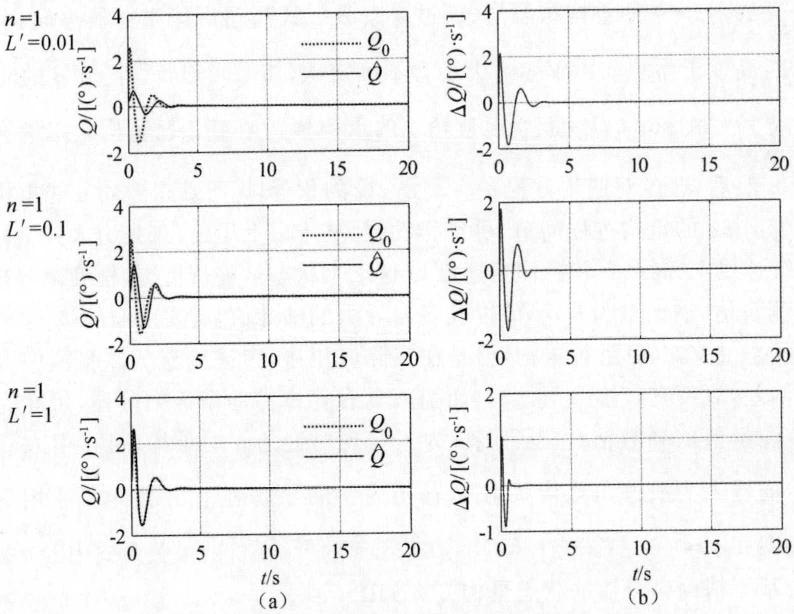

图 6.2　1 阶精确微分器对俯仰角速度的重构及重构误差

(a) 俯仰角速度重构；(b) 俯仰角速度重构误差

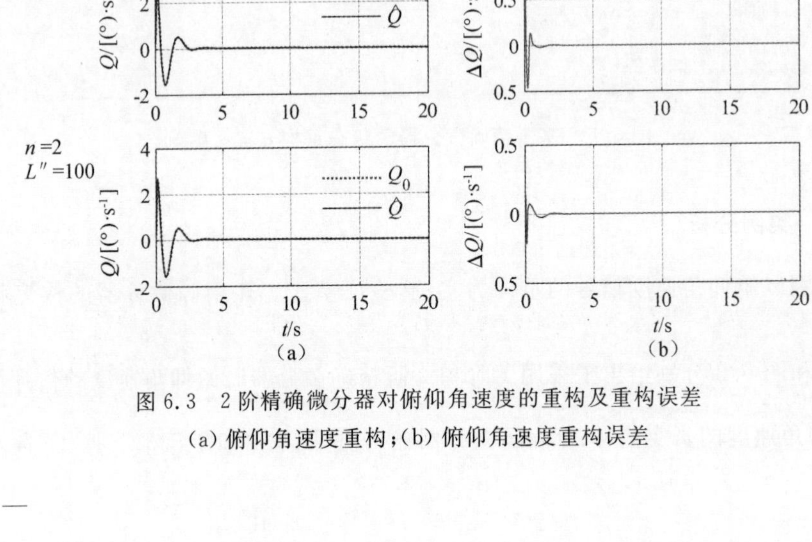

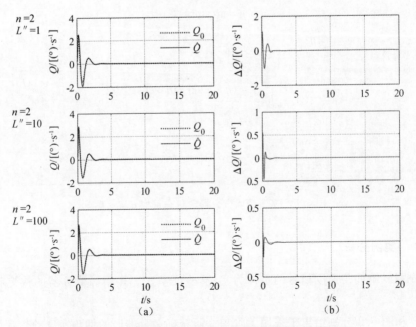

图 6.3　2 阶精确微分器对俯仰角速度的重构及重构误差

(a) 俯仰角速度重构；(b) 俯仰角速度重构误差

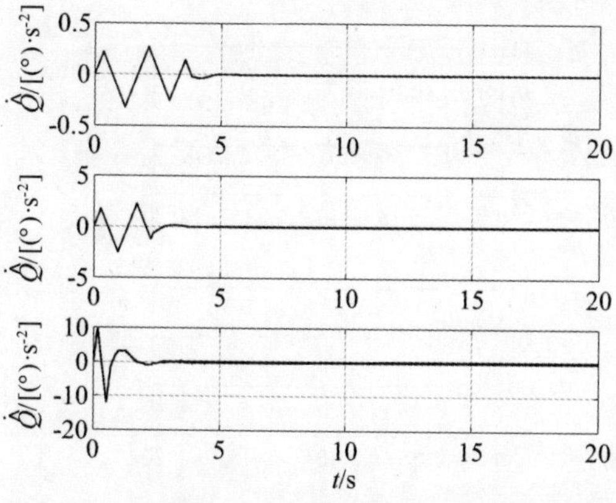

图 6.4　1 阶精确微分器输出的俯仰角速度导数

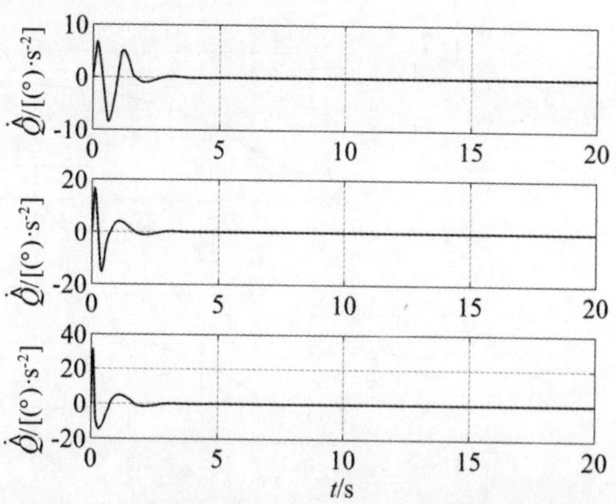

图 6.5　2 阶精确微分器输出的俯仰角速度导数

图 6.6 和图 6.7 给出了初始误差为 30.48 m 的高度信号重构实例，其中，h_0 表示高度的真实信号；$\hat{h}$ 表示微分器输出值，$h_0(0)-\hat{h}(0)=30.48$ m。图 6.8 和图 6.9 分别为 1 阶和 2 阶精确微分器输出的高度的时间导数，以 $\dot{\hat{h}}$ 表示。此例中，微分器参数 λ_i 按照引理 6.1 取值，1 阶微分器的 Lipschitz 常数 L' 分别取值 1，10，100，2 阶微分器的 Lipschitz 常数 L'' 分别取值 1、10、100。

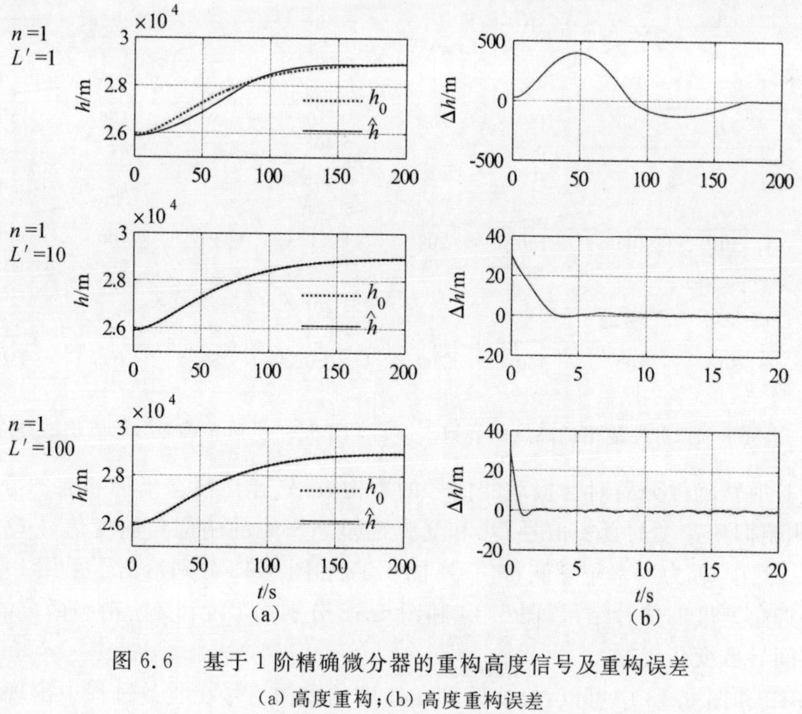

图 6.6　基于 1 阶精确微分器的重构高度信号及重构误差

(a) 高度重构；(b) 高度重构误差

从以上仿真结果可以看出，精确微分器能够在短暂的时间内完成俯仰角速度信号和高度信号的重构任务，而且随着 Lipschitz 常数取值的增大(即对应于 λ_i 增大)，以及阶次 n 的增加，精确微分器的重构精度均逐步提高。

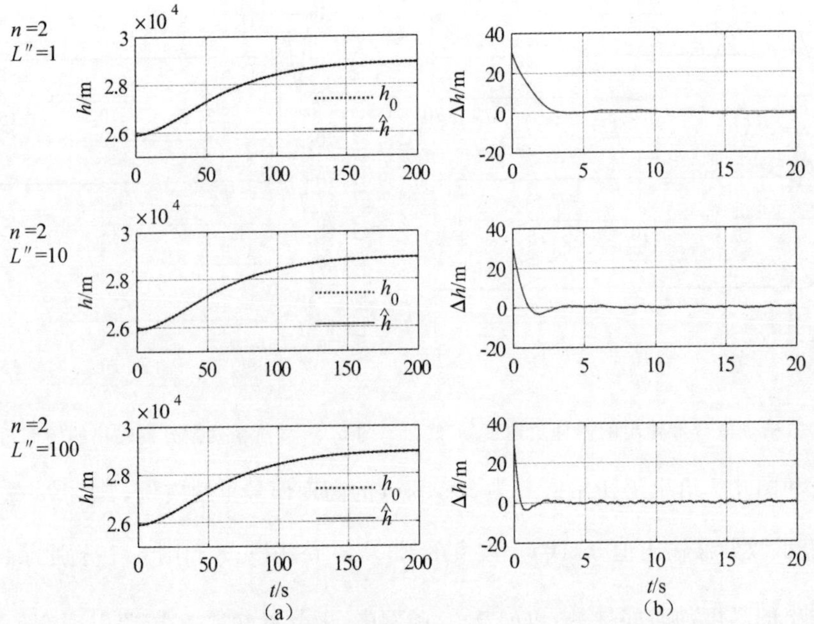

图 6.7　基于 2 阶精确微分器的重构高度信号及重构误差

(a) 高度重构;(b) 高度重构误差

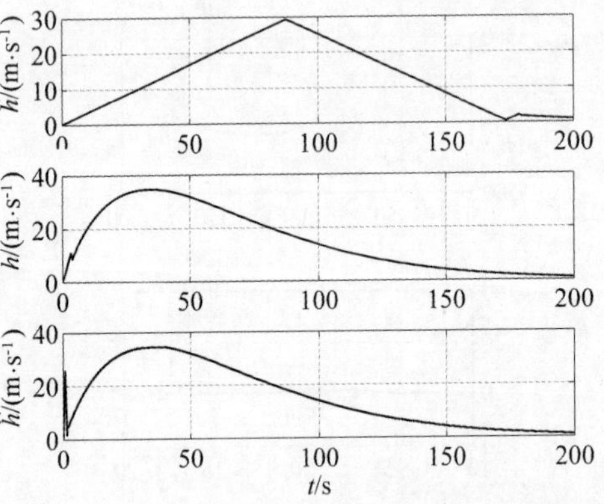

图 6.8　1 阶精确微分器输出的高度的导数

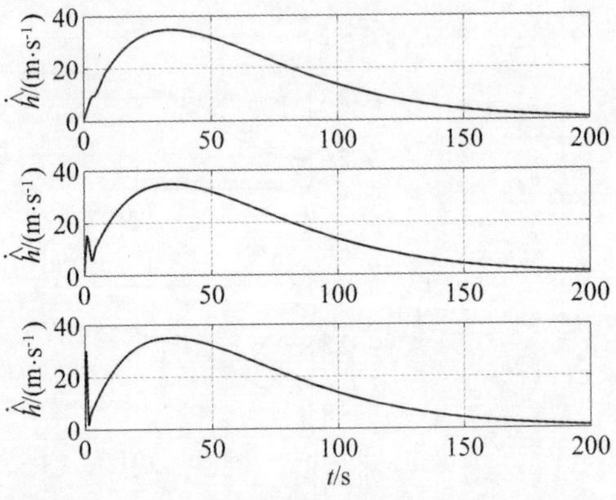

图 6.9　2 阶精确微分器输出的高度的导数

下面将验证精确微分器对含摄动的信号的重构效果。弹性模态坐标导数的分布如图 6.10 所示,待观测俯仰角速度的真实信号 Q_0 和受弹性模态影响的俯仰角速度信号 Q_f 分布情况如图 6.11 所示,其中 Q_f 为速率陀螺测量信号。图 6.12 和图 6.13 分别给出了采用 1 阶和 2 阶精确微分器时俯仰角速度的估计结果。图 6.14 和图 6.15 分别为 1 阶和 2 阶精确微分器输出的俯仰角速度的时间导数变化规律。

从图 6.12 和图 6.13 中可以看出,俯仰角速度的重构信号在收敛过程中出现了小幅抖动,而且微分器精度越高,抖动越明显。从图 6.16 和图 6.17 给出的测量信号 Q_f 和微分器输出的重构信号 $\hat{Q}$ 小时间尺度上的局部变化规律可知,精确微分器输出的重构信号的抖动反映了含弹性摄动的俯仰角速度的信号特征,也就是说微分器输出的信号实际是对测量信号的重构结果,这体现了微分器的精确性。

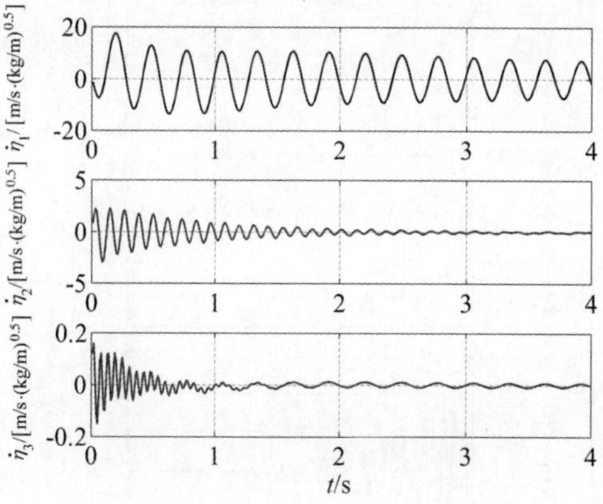

图 6.10　弹性模态坐标导数曲线

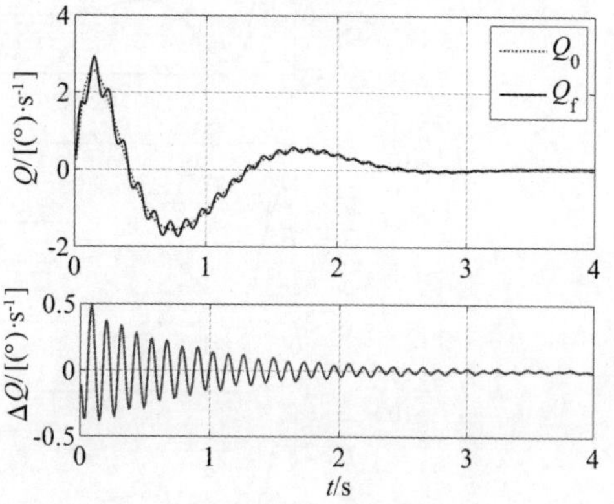

图 6.11　俯仰角速度响应曲线

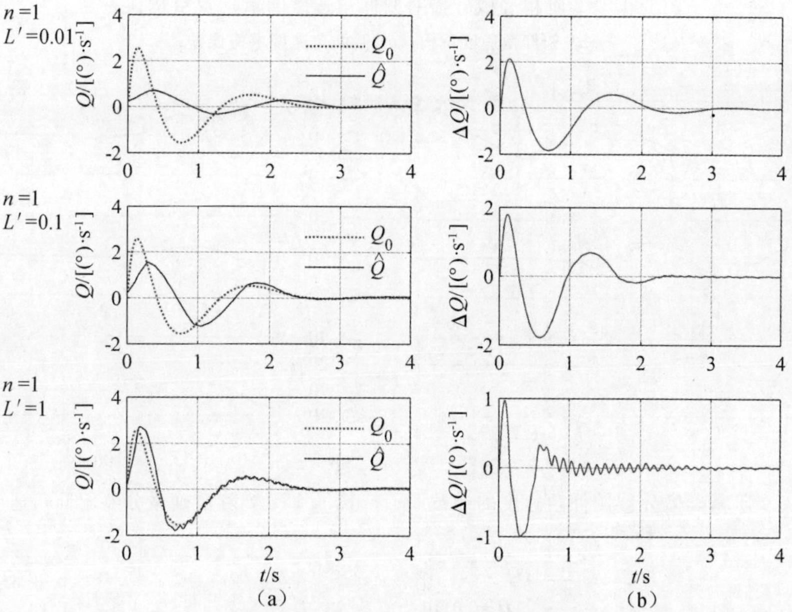

图 6.12　1 阶鲁棒精确微分器对俯仰角速度的重构及重构误差

(a) 俯仰角速度重构；(b) 俯仰角速度重构误差

对含测量噪声的高度信号 h 进行重构，图 6.18 和图 6.19 分别给出了采用 1 阶和 2 阶精确微分器时高度的估计结果，其中，测量噪声均值为 0、标准差为 1.5 m，$\hat{h}$ 为微分器输出的高度重构信号。图 6.20 和图 6.21 分别为 1 阶和 2 阶精确微分器输出的对高度求时间的导数的变化规律。

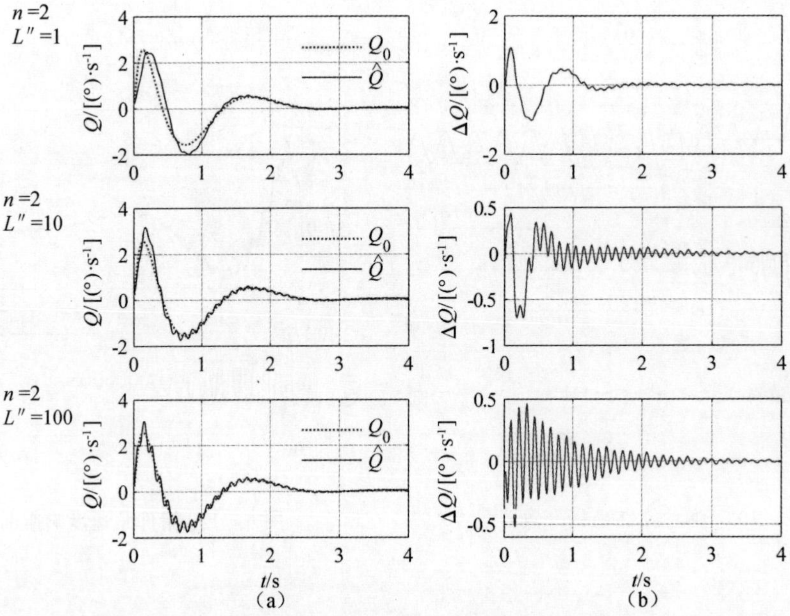

图 6.13　2 阶精确微分器对俯仰角速度的重构及重构误差

(a) 俯仰角速度重构；(b) 俯仰角速度重构误差

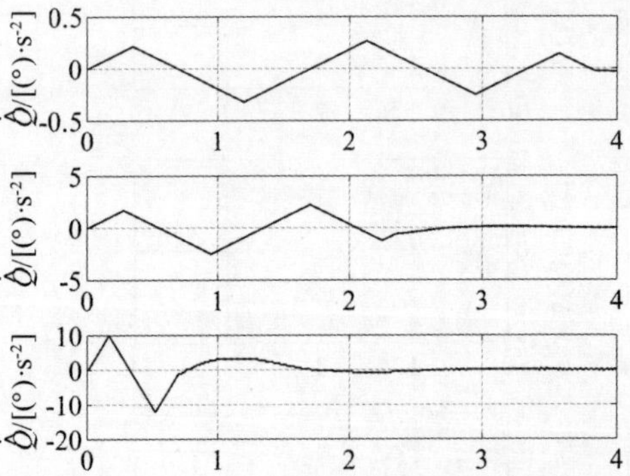

图 6.14　1 阶精确微分器俯仰角速度的导数

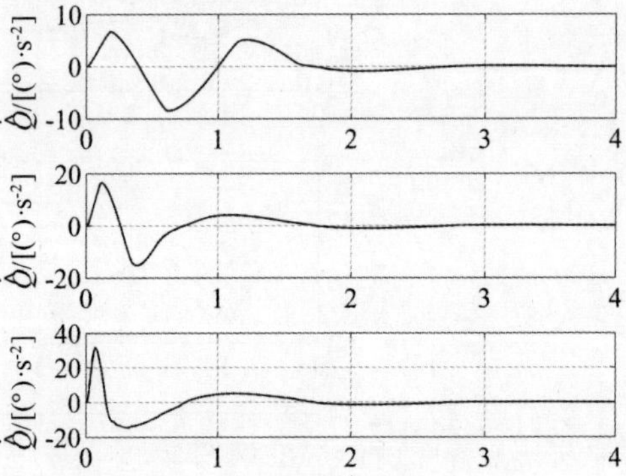

图 6.15　2 阶精确微分器俯仰角速度的导数

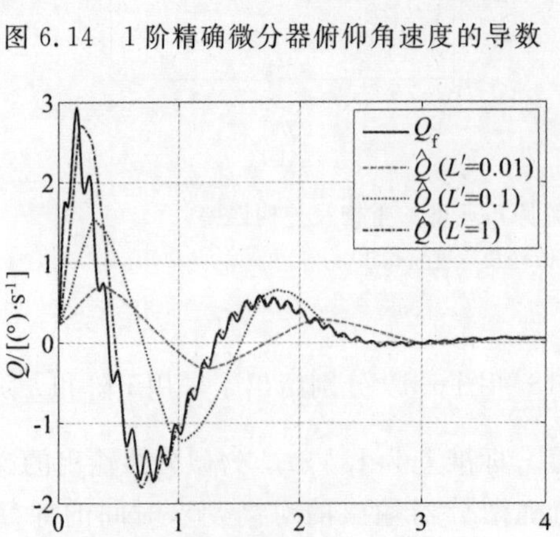

图 6.16　1 阶精确微分器对含摄动信号的逼近

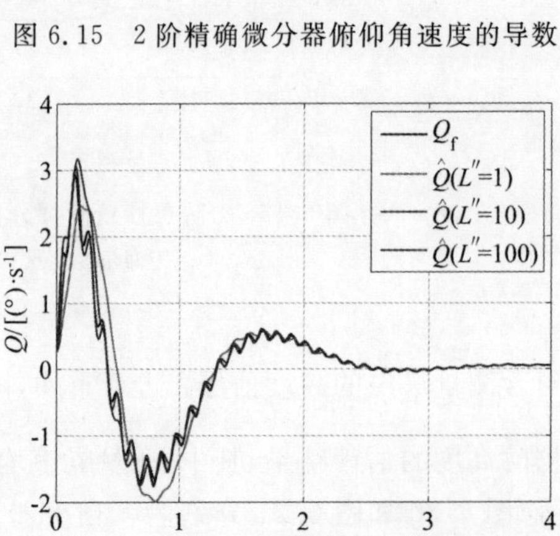

图 6.17　2 阶精确微分器对含摄动信号的逼近

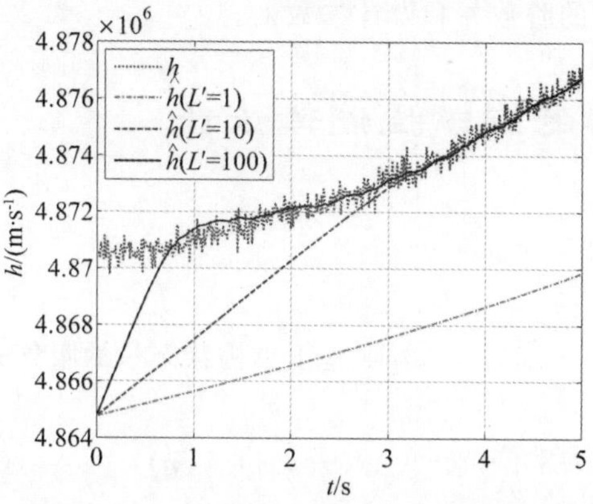

图 6.18　1 阶精确微分器对高度信号的重构

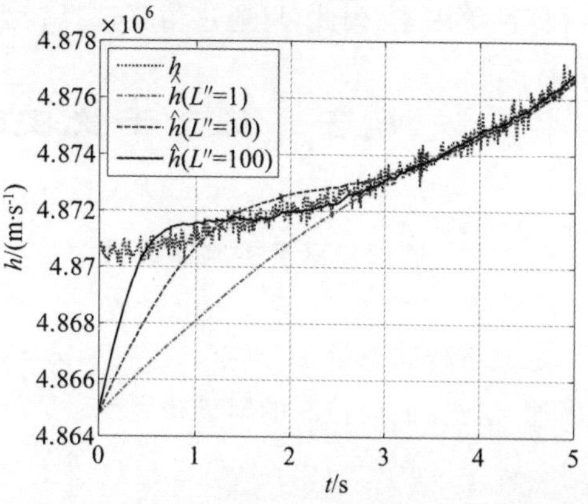

图 6.19　2 阶精确微分器对高度信号的重构

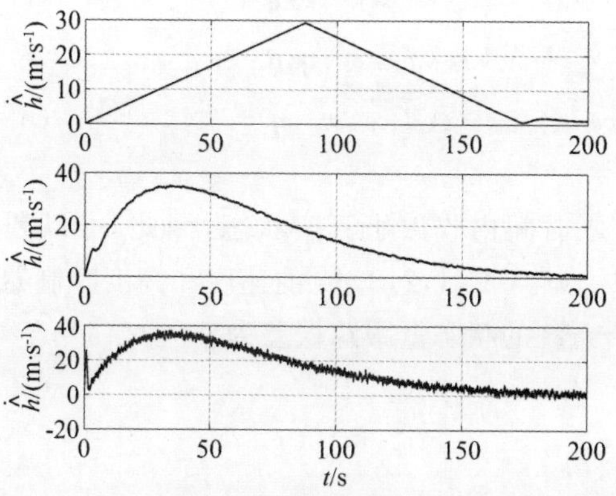

图 6.20　1 阶精确微分器输出的高度时间导数估计

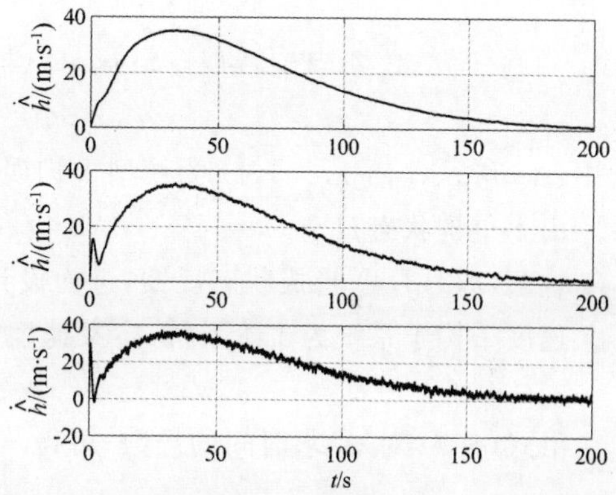

图 6.21　2 阶精确微分器输出的高度时间导数估计

通过以上实例仿真结果的对比分析可知，L 越大，即 λ_i 取值越大，鲁棒精确微分器收敛速度越快，与此同时，微分器对信号内的摄动和输入噪声越敏感，表现在仿真图上就是 $\hat{Q}$ 和 $\hat{h}$ 分别受弹性振动和噪声的影响越明显。这是因为，精确微分器实际上是对测量信号 $Q_t(t)$ 和 $h(t)$ 的精确跟踪，故微分器的输出结果对测量信号中的信息敏感。基于精确微分器构建的观测器之所以优于其他类型的观测器是因为它具有有限时间的收敛能力，并且可以避免传统滤波方法的时间延迟问题。实际应用过程中，人们总是既希望利用微分器的精确性，又希望利用微分器的鲁棒性，这就需要在对 n 和 λ_i 的取值过程中，折中考虑精确性和鲁棒性的需求。低阶微分器虽然降低了收敛速度和精度，但是输出的重构信号较为光滑，削弱了测量信号中高频率噪声的影响。高阶次 n 的微分器虽然具有较好的收敛速度，但是需要已知的信息多，如 n 阶微分器需要已知待重构信号的 $n+1$ 阶导数界 L，随着 n 的增大，L 值越来越难获取，如果 L 取值过于保守，则降低了高阶微分器的收敛精度，反而不如低阶微分器的估计效果好。对于 L 取值不易确定的问题，自然想到通过数值仿真的方法解决。

综上所述，对控制系统内的信号进行重构和微分时，引入的精确微分器可以为任意阶，微分器的阶次 n 越高、参数 λ_i 取值越大，微分器的收敛速度就越快，收敛精度就越高，但是微分器对信号内的摄动和噪声就越敏感，此外，阶数 n 越高，计算复杂性越大。精确微分器的设计包括阶数 n 的选取和参数 λ_i 取值两个方面的内容，而 n 和 λ_i 设计又需要权衡收敛速度、逼近精度以及鲁棒性等因素，因此，可通过仿真选择较为合适的阶数 n 和设计参数 λ_i。

6.2 基于干扰观测器的反演控制律设计

6.2.1 速度和高度控制器设计

定义重构状态量 $x_V=\hat{V},x_1=\hat{h},x_2=\hat{\gamma},x_3=\hat{\alpha},x_4=\hat{Q}$，则基于重构状态量的吸气式高超声速飞行器面向控制的运动模型为

$$\dot{x}_V=f_V(x_V,x_1,x_2,x_3,\delta_e)+g_V(x_V,x_1,x_3)\Phi+\Delta_V(x_V,x_1,x_3,\boldsymbol{\eta}) \tag{6.4}$$

$$\dot{x}_1=f_1+g_1(x_V)x_2+\Delta_1(x_V,x_2) \tag{6.5}$$

$$\dot{x}_2=f_2(x_V,x_1,x_2)+g_2(x_V,x_1,\Phi)x_3+\Delta_2(x_V,x_1,x_3,\boldsymbol{\eta},\delta_e) \tag{6.6}$$

$$\dot{x}_3=f_3(x_V,x_1,x_2,x_3,\Phi)+g_3x_4+\Delta_3(x_V,x_1,x_3,\boldsymbol{\eta},\delta_e) \tag{6.7}$$

$$\dot{x}_4=f_4(x_V,x_1,x_3,\Phi)+g_4(x_V,x_1)\delta_e+\Delta_4(x_V,x_1,\boldsymbol{\eta}) \tag{6.8}$$

式中：Δ_V 和 $\Delta_i(i=1,2,3,4)$ 为模型重构误差。

由于重构状态量 $x_i(i=V,1,2,3,4)$ 能在有限时间内收敛于真实状态，因此，可以利用 $x_i(i=V,1,2,3,4)$ 形成状态反馈，进而设计基于 $x_i(i=V,1,2,3,4)$ 的速度和高度控制器。

速度重构子系统为 1 阶系统，定义速度重构子系统的状态量跟踪误差为

$$z_V=x_V-V_{\text{ref}} \tag{6.9}$$

沿式(6.4) 对 z_V 求时间的导数，可得

$$\dot{z}_V=f_V+g_V\Phi+\Delta_V-\dot{V}_{\text{ref}} \tag{6.10}$$

将 Φ 作为速度重构子系统的控制量，设计成如下形式：

$$\Phi=g_V^{-1}\left(-k_{V,1}z_V-k_{V,2}\int_0^t z_V\,\mathrm{d}\tau-f_V+\dot{V}_{\text{ref}}-\hat{\Delta}_V\right) \tag{6.11}$$

式中：$k_{V,1}>0,k_{V,2}>0$ 为设计参数。后面将针对 Δ_V 设计干扰观测器，$\hat{\Delta}_V$ 为待设计干扰观测器的输出。此外，为了消除速度重构子系统的跟踪静差，式(6.11) 中还引入了误差积分项。

将式(6.11) 代入式(6.10)，可得

$$\dot{z}_V=-k_{V,1}z_V-k_{V,2}\int_0^t z_V\,\mathrm{d}\tau+\Delta_V-\hat{\Delta}_V \tag{6.12}$$

高度相关重构子系统为 4 阶系统，定义高度相关重构子系统的状态量跟踪误差为

$$z_i=x_i-x_{ic},\quad i=1,2,3,4 \tag{6.13}$$

式中：$x_{1c}=h_{\text{ref}}$；$x_{ic}(i=2,3,4)$ 为期望的虚拟控制量，也可理解为高度相关重构子系统中间状态量 $x_i(i=2,3,4)$ 的期望跟踪轨迹。

如果采用反演设计方法直接设计虚拟控制量 $x_{ic}(i=2,3,4)$ 和实际控制量 δ_e，则 x_{3c}，x_{4c} 和 δ_e 中将分别出现 $\dot{x}_{2c}$，$\dot{x}_{3c}$ 和 $\dot{x}_{4c}$ 等导数项。此处将通过引入微分器的方法求解 $\dot{x}_{2c}$，$\dot{x}_{3c}$ 和 $\dot{x}_{4c}$，微分器的输入为 $x_{ic}^0(i=2,3,4)$，微分器的输出为 x_{ic} 和 $\dot{x}_{ic}(i=2,3,4)$，其中 $x_{ic}^0(i=2,3,4)$ 为待设计的虚拟控制量。

定义虚拟控制量误差为

$$\widetilde{x}_{ic} = x_{ic} - x_{ic}^{0}, \quad i = 2,3,4 \tag{6.14}$$

沿式(6.5)～式(6.8)分别对 $z_i(i=1,2,3,4)$ 求时间的导数,根据式(6.13)和式(6.14),可得

$$\begin{aligned}\dot{z}_1 &= f_1 + g_1(z_2 + x_{2c}) + \Delta_1 - \dot{x}_{1c} \\ &= f_1 + g_1 z_2 + g_1 \widetilde{x}_{2c} + g_1 x_{2c}^{0} + \Delta_1 - \dot{x}_{1c}\end{aligned} \tag{6.15}$$

$$\begin{aligned}\dot{z}_2 &= f_2 + g_2(z_3 + x_{3c}) + \Delta_2 - \dot{x}_{2c} \\ &= f_2 + g_2 z_3 + g_2 \widetilde{x}_{3c} + g_2 x_{3c}^{0} + \Delta_2 - \dot{x}_{2c}\end{aligned} \tag{6.16}$$

$$\begin{aligned}\dot{z}_3 &= f_3 + g_3(z_4 + x_{4c}) + \Delta_3 - \dot{x}_{3c} \\ &= f_3 + g_3 z_4 + g_3 \widetilde{x}_{4c} + g_3 x_{4c}^{0} + \Delta_3 - \dot{x}_{3c}\end{aligned} \tag{6.17}$$

$$\dot{z}_4 = f_4 + g_4 \delta_e + \Delta_4 - \dot{x}_{4c} \tag{6.18}$$

将 $x_{ic}^{0}(i=2,3,4)$ 作为 $z_i(i=1,2,3)$ 子系统的虚拟控制量,将 δ_e 作为 z_4 子系统的实际控制量,分别设计成如下形式:

$$x_{2c}^{0} = g_1^{-1}\left(-k_{1,1} z_1 - k_{1,2}\int_0^t z_1 \mathrm{d}\tau - f_1 + \dot{x}_{1c} - \hat{\Delta}_1\right) \tag{6.19}$$

$$x_{3c}^{0} = g_2^{-1}\left(-k_{2,1} z_2 - k_{2,2}\int_0^t z_2 \mathrm{d}\tau - f_2 + \dot{x}_{2c} - \hat{\Delta}_2\right) \tag{6.20}$$

$$x_{4c}^{0} = g_3^{-1}\left(-k_{3,1} z_3 - k_{3,2}\int_0^t z_3 \mathrm{d}\tau - g_2 z_2 - f_3 + \dot{x}_{3c} - \hat{\Delta}_3\right) \tag{6.21}$$

$$\delta_e = g_4^{-1}\left(-k_{4,1} z_4 - k_{4,2}\int_0^t z_4 \mathrm{d}\tau - g_3 z_3 - f_4 + \dot{x}_{4c} - \hat{\Delta}_4\right) \tag{6.22}$$

式中:$k_{i,1} > 0, k_{i,2} > 0 (i=1,2,3,4)$ 为设计参数。后面将针对 $\Delta_i(i=1,2,3,4)$ 设计干扰观测器,$\hat{\Delta}_i(i=1,2,3,4)$ 为待设计干扰观测器的输出。同样,式(6.19)～式(6.22)中引入了误差积分项,用于消除高度重构相关子系统各通道的跟踪静差。

将式(6.19)～式(6.22)分别代入式(6.15)～式(6.18),得

$$\dot{z}_1 = -k_{1,1} z_1 - k_{1,2}\int_0^t z_1 \mathrm{d}\tau + g_1 z_2 + \Delta_1 - \hat{\Delta}_1 \tag{6.23}$$

$$\dot{z}_2 = -k_{2,1} z_2 - k_{2,2}\int_0^t z_2 \mathrm{d}\tau + g_2 z_3 + \Delta_2 - \hat{\Delta}_2 \tag{6.24}$$

$$\dot{z}_3 = -k_{3,1} z_3 - k_{3,2}\int_0^t z_3 \mathrm{d}\tau - g_2 z_2 + g_3 z_4 + \Delta_3 - \hat{\Delta}_3 \tag{6.25}$$

$$\dot{z}_4 = -k_{4,1} z_4 - k_{4,2}\int_0^t z_4 \mathrm{d}\tau - g_3 z_3 + \Delta_4 - \hat{\Delta}_4 \tag{6.26}$$

6.2.2　基于精确微分器虚拟控制量的导数求解

(1) 给出关于虚拟控制量的时间导数有界的假设。

假设 6.1:$|\ddot{x}_{ic}| \leqslant L_{ic}(i=2,3,4)$,其中 $L_{ic}(i=2,3,4)$ 为正常数。

根据假设 6.1 可知,$\dot{x}_{ic}(i=2,3,4)$ 在时间域$[0,\infty)$上满足 Lipshitz 条件。

基于引理 6.1 给出 n 阶精确微分器的简化形式。

推论 6.1:设 $x(t) \in X^{(n)} \subset \mathbf{C}^{(n-1)}$ 为时间域$[0,\infty)$上的有界信号,其中 $X^{(n)}$ 为 n 次连续可

微的 Lipshitz 函数集。通过对 ν_i 的迭代运算，引理 6.1 中的式(6.1) 等价于如下形式：

$$\left.\begin{aligned}\dot{\chi}_i &= -\bar{\lambda}_i \mid \chi_0 - x(t) \mid^{(n-i)/(n+1)} \text{sign}[\chi_0 - x(t)] + \chi_{i+1} \quad (i = 0,1,\cdots,n-1) \\ \dot{\chi}_n &= -\bar{\lambda}_n \text{sign}[\chi_0 - x(t)]\end{aligned}\right\} \tag{6.27}$$

式中：$\bar{\lambda}_0 = \lambda_0$；$\bar{\lambda}_i = \prod_{k=1}^{i-1} \lambda_k^{(n-i)/(n-k)} \lambda_i$；$\bar{\lambda}_n = \lambda_n$。可适当选择参数 $\lambda_i > 0(i = 0,1,\cdots,n)$，使得对于 $\forall t \geqslant t_f, 0 \leqslant t_f < +\infty$，有

$$\mid \chi_i(t) - x^{(i)}(t) \mid = 0, i = 0,1,\cdots,n \tag{6.28}$$

如果按照 $\lambda_i = a_i L^{1/(n-i+1)}$ 的形式取值，则 $\bar{\lambda}_0 = a_0 L^{1/(n+1)}$，$\bar{\lambda}_i = \prod_{k=0}^{i-1} a_k^{(n-i)/(n-k)} \cdot a_i L^{(i+1)/(n+1)} (i = 1,\cdots,n-1)$，$\bar{\lambda}_n = a_n L$，其中 $a_i > 0$ 为 $L = 1$ 时满足微分器收敛条件的常数，见引理 6.1。

(2) 基于推论 6.1，给出式(6.20) ～ 式(6.22) 中 $\dot{x}_{ic}(i = 2,3,4)$ 的求解算法。

采用 1 阶微分器求 $\dot{x}_{ic}(i = 2,3,4)$，其形式为

$$\left.\begin{aligned}\dot{x}_{ic} &= -\bar{\lambda}_{i0} \mid x_{ic} - x_{ic}^0 \mid^{1/2} \text{sign}(x_{ic} - x_{ic}^0) + \chi_{i1} \\ \dot{\chi}_{i1} &= -\bar{\lambda}_{i1} \text{sign}(x_{ic} - x_{ic}^0)\end{aligned}\right\} \tag{6.29}$$

式中：$\bar{\lambda}_{i0} = a_{i0} L_{ic}^{1/2}$，$\bar{\lambda}_{i1} = a_{i1} L_{ic} (i = 2,3,4)$，$a_{i0} > 0$，$a_{i1} > 1$ 为适当常数。

根据引理 6.1 和推论 6.1 可知，x_{ic} 和 $\chi_{i1}(i = 2,3,4)$ 将在有限的时间内分别收敛于 x_{ic}^0，$\dot{x}_{ic}^0(i = 2,3,4)$。进一步，根据式(6.29) 可知，经过暂态调整过程，$\dot{x}_{ic} \equiv \chi_{i1}$，因此，也可将 $\dot{x}_{ic}$ 作为 $\dot{x}_{ic}^0$ 的估计。

根据式(6.29) 可知，经过暂态调整过程后，$\dot{x}_{ic} \equiv \chi_{i1}$，$\dot{\chi}_{i1} = -\hat{\lambda}_{i1} \text{sign}(x_{ic} - x_{ic}^0)$，此时由于不连续项 $\text{sign}(x_{ic} - x_{ic}^0)$ 隐含在积分中，所以 $\dot{x}_{ic}$ 的估计项将变得连续。故采用以上微分器可避免传统滑模算法的抖振问题。此外，也可将式(6.29) 扩展到任意 n 阶微分器，但需要假设 $x_{ic}^0(i = 2,3,4)$ 的 n 阶导数在时间域$[0,\infty)$ 上满足 Lipshitz 条件，且需给出 Lipshitz 常数值。

1 阶微分器具体实施步骤如下：

1) 初始化 $i = 2$，根据式(6.19) 计算 $x_{ic}^0(t)$；

2) 对式(6.29) 中的 x_{ic} 和 χ_{i1} 分别赋任意有界初值 $x_{ic}(0)$ 和 $\chi_{i1}(0)$，为加快微分器的收敛速度，取 $x_{i0}(0) = x_{ic}^0(0)$；

3) 将 $x_{ic}^0(t)$ 作为输入量，通过式(6.29) 计算 $x_{ic}(t)$ 和 $\dot{x}_{ic}$；

4) 令 $z_i = x_i(t) - x_{ic}(t)$，通过式(6.19) 计算 $x_{(i+1)c}^0(t)$；

5) 令 $i = i + 1$，返回步骤 2)，直到 $i = 5$，进入下一时间 $t = t + t_s$，t_s 为时间步长。

(3) 以高度子系统中虚拟控制量的导数求解为实例，验证精确微分器的有效性。与精确微分器设计参数 $\bar{\lambda}_{i0}$ 和 $\bar{\lambda}_{i1}$ 相关的 Lipshitz 常数 L_{γ_c}，L_{α_c} 和 L_{Q_c} 取值分别为 0.001，0.001 和 0.1。图 6.22 ～ 图 6.24 给出了航迹角、迎角以及俯仰角速度指令的重构曲线，图 6.25 给出了微分器输出的时间导数变化规律，其中，γ_c^0，α_c^0 和 Q_c^0 表示已知的数据集；$\hat{\gamma}_c$，$\hat{\alpha}_c$ 和 $\hat{Q}_c$ 表示精确微分器生成的数据集，数据集的时间采样步长 t_s 为 0.01 s。从仿真结果可以看出，按本节方法设计的精确微分器具有快速的收敛性、良好的逼近性能及很高的逼近精度。

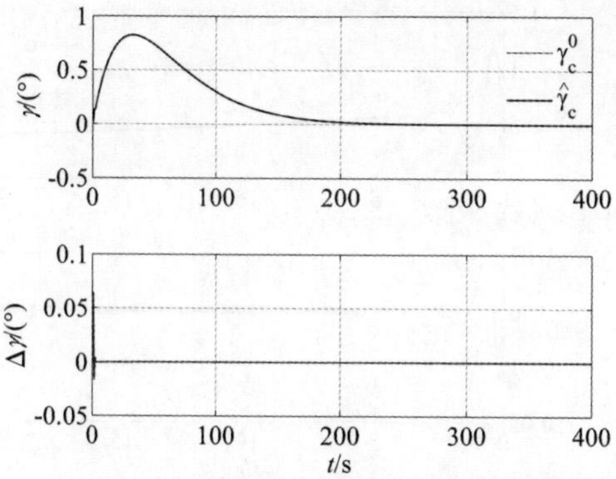

图 6.22　航迹角指令重构和重构误差

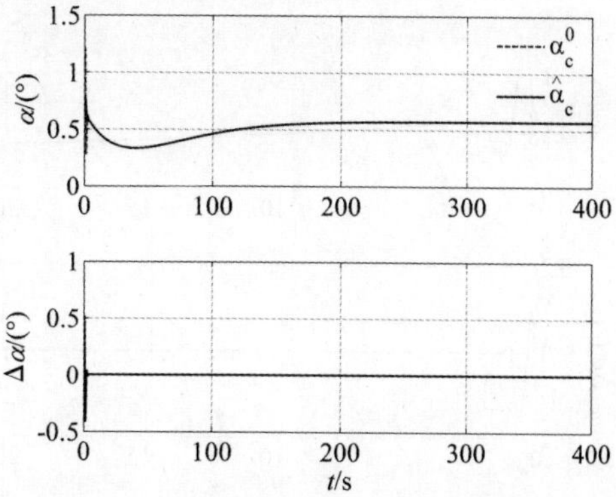

图 6.23　迎角指令重构和重构误差

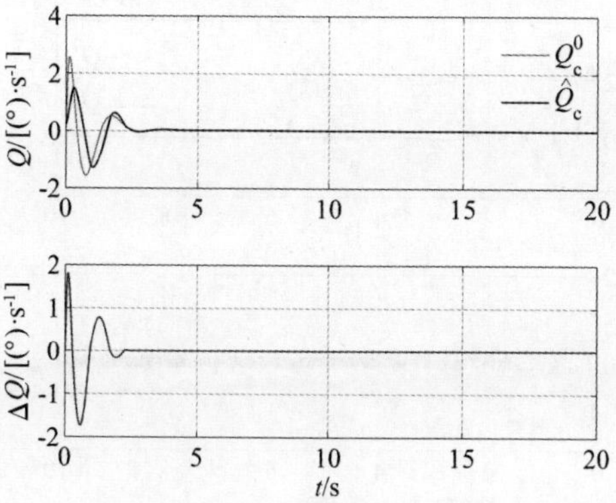

图 6.24　俯仰角速度指令的估计

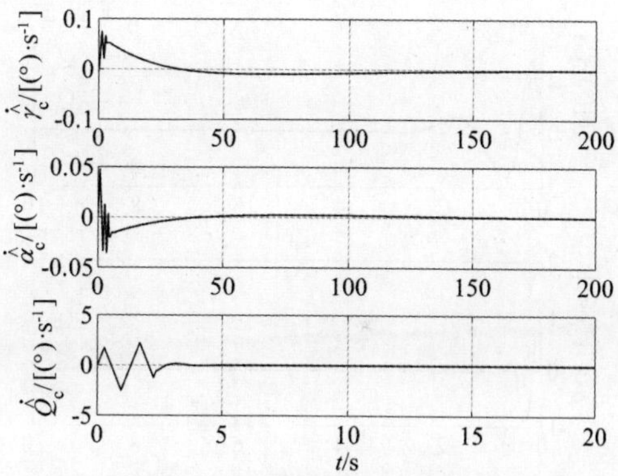

图 6.25　航迹角、迎角和俯仰角速度指令的导数

为了进一步研究精确微分器的特性，对不同设计参数进行取值，图 6.26 ～ 图 6.28 给出了 L_{γ_c} 取值 0.01 和 0.1，L_{α_c} 取值 0.01 和 0.1，以及 L_{Q_c} 取值 1 和 10 时，航迹角、迎角以及俯仰角速度指令的重构曲线。从仿真结果的对比可知，增大 Lipshitz 常数取值，可加快精确微分器的收敛速度，并提高暂态过程的逼近精度，但是逼近误差最终并不能达到零，而且设计参数越大，最终逼近误差的微小幅值抖动越明显。

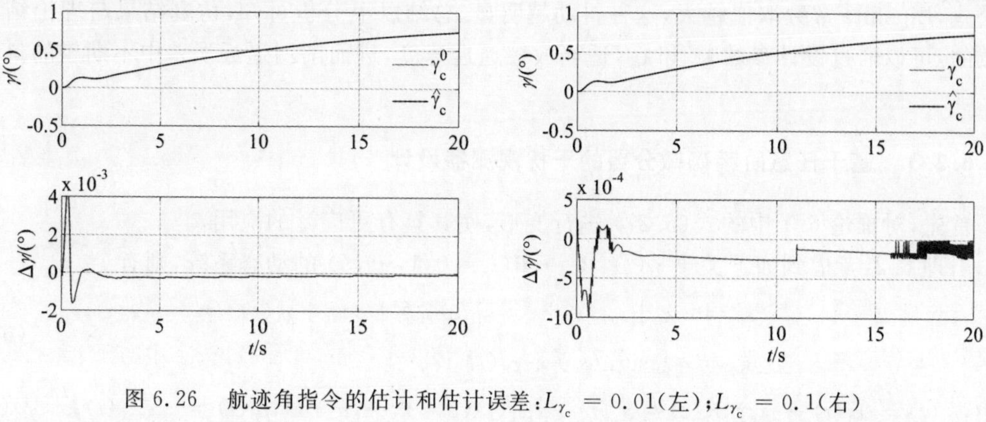

图 6.26　航迹角指令的估计和估计误差：$L_{\gamma_c} = 0.01$(左)；$L_{\gamma_c} = 0.1$(右)

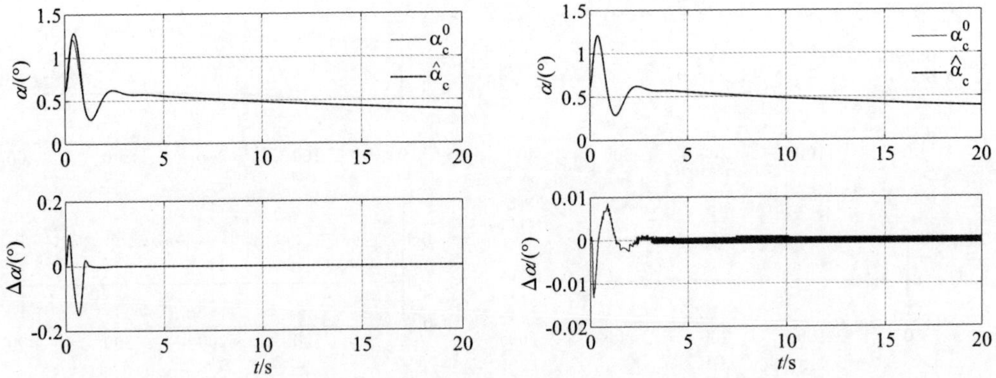

图 6.27 迎角指令的估计和估计误差：$L_{\alpha_c}=0.01$（左）；$L_{\alpha_c}=0.1$（右）

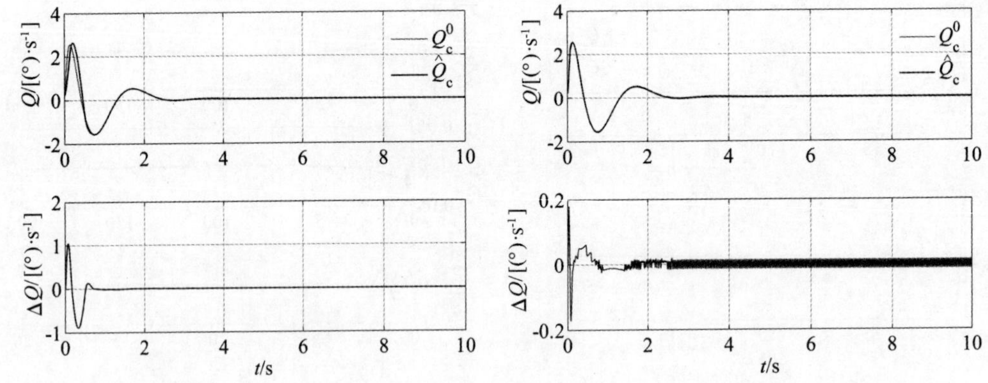

图 6.28 俯仰角速度指令的估计和估计误差：$L_{Q_c}=1$（左）；$L_{Q_c}=10$（右）

对于具有采样步长 t_s 的离散数据点集$\{x(t)\}$，n 阶微分器的重构精度为$|\chi_i(t)-x^{(i)}(t)|\leqslant \mu_{0i}L^{i/(n+1)}t_s^{n-i+1}(\mu_{0i}\geqslant 1,i=0,1,\cdots,n)$。因此，只有当 $t_s\to 0$ 时，微分器才能实现有限时间内的零误差重构，而数值仿真中存在的任何数据集都不可能是绝对连续的，此时重构误差收敛于零的微小邻域。通过进一步分析可知，由于精确微分器第一个方程中的不连续切换项在非完全逼近情况下会一直存在，所以重构误差的仿真结果中出现了微小幅值抖动现象，而且根据逼近精度公式，Lipshitz 常数取值越大，这种抖动越明显。总结以上分析可知，仿真结果与理论结论是一致的，可以通过设计参数 $\bar{\lambda}_{i0}$ 和 $\bar{\lambda}_{i1}$，适当放缓逼近速度，进而削弱逼近误差中不期望的抖动现象。

6.2.3 基于任意阶精确微分器的干扰观测器设计

首先，对推论 6.1 中的式(6.27)进行变形，使其具有更广泛的应用。

引理 6.2：考虑到如下关于 $s_i(t):\mathbf{R}^+\to\mathbf{R}(i=0,1,\cdots,n)$ 的动态系统，则有

$$\left.\begin{aligned}\dot{s}_i&=-\bar{\lambda}_i|s_0|^{(n-i)/(n+1)}\operatorname{sign}(s_0)+s_{i+1}+\rho_i(t)\\ \dot{s}_n&=-\bar{\lambda}_n\operatorname{sign}(s_0)+\rho_n(t)\end{aligned}\right\}\tag{6.30}$$

式中：$\rho_0(t)=x_0(t)-\dot{x}(t)$，$\rho_i(t)=x_i(t)-\dot{x}_{i-1}(t)(i=1,\cdots,n-1)$，$\rho_n(t)=-\dot{x}_{n-1}(t)$；$x^{(n+1)}(t)\leqslant L$，$L>0$ 为常数；$x_i(t)(i=0,1,\cdots,n-1)$ 为可微分的任意函数。则可适当选择参数 $\bar{\lambda}_i(i=0,$

$1,\cdots,n)$，使得对于 $\forall t \geqslant t_f, 0 \leqslant t_f < +\infty$，有 $s_0^{(i)} = 0(i = 0,1,\cdots,n)$。

证明：令 $s_0 = \chi_0 - x(t), s_1 = \chi_1 - x_0(t), \rho_0(t) = x_0(t) - \dot{x}(t)$，推论 6.1 中的式(6.27) 可改写成如下形式：

$$\dot{s}_0 = -\bar{\lambda}_0 \mid s_0 \mid^{n/(n+1)} \operatorname{sign}(s_0) + s_1 + \rho_0(t)$$

$$\dot{s}_1 = -\bar{\lambda}_1 \mid s_0 \mid^{(n-1)/(n+1)} \operatorname{sign}(s_0) + \chi_2 - \dot{x}_0(t)$$

进一步，令 $s_i = \chi_i - x_{i-1}(t), s_{i+1} = \chi_{i+1} - x_i(t), \rho_{i-1}(t) = x_{i-1}(t) - \dot{x}_{i-2}(t)(i = 2,3,\cdots, n-1)$ 则

$$\dot{s}_{i-1} = -\bar{\lambda}_{i-1} \mid s_0 \mid^{(n-1)/(n+1)} \operatorname{sign}(s_0) + \chi_i + \rho_{i-1}(t)$$

$$\dot{s}_i = -\bar{\lambda}_i \mid s_0 \mid^{(n-2)/(n+1)} \operatorname{sign}(s_0) + \chi_{i+1} - \dot{x}_i(t)$$

经过以上递推过程后，令 $s_n = \chi_n - x_{n-1}(t), \rho_{n-1}(t) = x_{n-1}(t) - \dot{x}_{n-2}(t), \rho_n(t) = -\dot{x}_{n-1}(t)$，则

$$\dot{s}_{n-1} = -\bar{\lambda}_{n-1} \mid s_0 \mid^{1/(n+1)} \operatorname{sign}(s_0) + s_n + \rho_{n-1}(t)$$

$$\dot{s}_n = -\bar{\lambda}_n \operatorname{sign}(s_0) + \rho_n(t)$$

根据推论 6.1 可知，适当选择 $\bar{\lambda}_i(i = 0,1,\cdots,n)$，可使 s_0 在有限时间 t_f 内收敛于零，即 $s_0(t) \equiv 0, t \geqslant t_f$，进一步，有 $s_0^{(i)}(t) \equiv 0(i = 1,\cdots,n, t \geqslant t_f)$。引理 6.2 得证。

当 $n = 1$，且 $\rho_0(t) = -\dot{x}(t), \rho_1(t) = 0$ 时，引理 6.2 可简化为含有有界不确定项的超扭曲算法(Super-Twisting Algorithm, STA)，即如下推论 6.2。

推论 6.2：考虑如下关于 $s_0(t), s_1(t): \mathbf{R}^+ \to \mathbf{R}$ 的动态系统：

$$\left.\begin{aligned} \dot{s}_0 &= -\bar{\lambda}_0 \mid s_0 \mid^{1/2} \operatorname{sign}(s_0) + s_1 + \rho_0(t) \\ \dot{s}_1 &= -\bar{\lambda}_1 \operatorname{sign}(s_0) \end{aligned}\right\} \tag{6.31}$$

式中：$\rho_0(t)$ 为时间域$[0,\infty)$ 上的有界函数，且对于 $\forall t \geqslant 0$，有 $\dot{\rho}_0(t) \leqslant L, L > 0$ 的常数。当参数 $\bar{\lambda}_0, \bar{\lambda}_1$ 的取值满足 $\bar{\lambda}_0 = a_0 L^{1/2}, \bar{\lambda}_1 = a_1 L$ 时，其中 $a_0 > 0, a_1 > 1$ 为适当常数，则从任意初始时刻状态 $s_0(0), \dot{s}_0(0)$ 出发，$s_0(t), \dot{s}_0(t)$ 能在有限时间 t_f 内收敛于零。

考虑到 $t \geqslant t_f, s_0(t) \equiv 0, \dot{s}_0(t) \equiv 0$，此时根据式(6.31) 中的第 1 式可知，$\rho_0(t) = -s_1(t)$，$\dot{s}_1 = -\bar{\lambda}_1 \operatorname{sign}(s_0)$。因此，如果将 $\rho_0(t)$ 视为干扰，则式(6.31) 将成为一种有限时间收敛的干扰观测器。

接下来，根据推论 6.2 设计针对模型重构误差项 $\Delta_i(i = 1,2,3,4)$ 和 Δ_V 的干扰观测器。

基于如下动态系统：

$$\dot{x}_i = f_i + g_i x_{i+1} + \Delta_i \quad (i = 1,2,3) \tag{6.32}$$

设计 $x_i(i = 1,2,3)$ 子系统的干扰观测器。

定义干扰观测器中的状态量误差如下：

$$s_{i0} = x_i - \hat{x}_i \quad (i = 1,2,3) \tag{6.33}$$

则 $x_i(i = 1,2,3)$ 子系统的干扰观测器即为如下动态系统形式：

$$\left.\begin{aligned} \dot{\hat{x}}_i &= f_i + g_i x_{i+1} + \nu_i \\ \nu_i &= \bar{\lambda}_{i1}^o \mid s_{i0} \mid^{1/2} \operatorname{sign}(s_{i0}) - s_{i1} \\ \dot{s}_{i1} &= -\bar{\lambda}_{i2}^o \operatorname{sign}(s_{i0}) \\ \hat{\Delta}_i &= -s_{i1}, \quad i = 1,2,3 \end{aligned}\right\} \tag{6.34}$$

式中：$\bar{\lambda}_{i1}^{o} = a_0 L_{\Delta i}^{1/2}$，$\bar{\lambda}_{i1}^{o} = a_1 L_{\Delta i}$，且 $a_0 > 0$，$a_1 > 1$ 为常数。

可以证明，式(6.34)中的 $s_{i1}(i=1,2,3)$ 将在有限的时间内收敛于 $-\Delta_i(i=1,2,3)$。事实上，沿式(6.32)和式(6.34)，对 $s_{i0}(i=1,2,3)$ 求时间的导数，可得

$$\dot{s}_{i0} = \dot{x}_i - \dot{\hat{x}}_i = -\bar{\lambda}_{i1}^{o} \mid s_{i0} \mid^{1/2} \operatorname{sign}(s_{i0}) + s_{i1} + \Delta_i$$

$$\dot{s}_{i1} = -\bar{\lambda}_{i2}^{o} \operatorname{sign}(s_{i0})$$

根据推论6.2可知，在满足 $\dot{\Delta}_i(t) \leqslant L_{\Delta_i}$，$\forall t \geqslant 0$ 的条件下，$s_{i0}(i=1,2,3)$ 在有限时间内收敛于零，进而 s_{i1} 收敛于 $-\Delta_i(i=1,2,3)$。

基于如下动态系统：

$$\dot{z}_4 = -k_{4,1} z_4 - k_{4,2} \int_0^t z_4 \mathrm{d}\tau - g_3 z_3 + \Delta_4 - \hat{\Delta}_4 \tag{6.35}$$

$$\dot{z}_V = -k_{V,1} z_V - k_{V,2} \int_0^t z_V \mathrm{d}\tau + \Delta_V - \hat{\Delta}_V \tag{6.36}$$

设计 x_4 和 x_V 子系统的干扰观测器。需要指出的是，为防止代数环的出现，x_4 和 x_V 子系统干扰观测器设计所采用的式(6.35)和式(6.36)形式与 $x_i(i=1,2,3)$ 子系统干扰观测器设计所采用的式(6.32)形式不同。

定义干扰观测器中的状态量误差为

$$s_{40} = z_4 - \hat{z}_4, \quad s_{V0} = z_V - \hat{z}_V \tag{6.37}$$

则 x_4 子系统的干扰观测器即为如下动态系统形式：

$$\left.\begin{aligned} \dot{\hat{z}}_4 &= -k_{4,1} z_4 - k_{4,2} \int_0^t z_4 \mathrm{d}\tau - g_3 z_3 + \nu_4 \\ \nu_4 &= \bar{\lambda}_{41}^{0} \mid s_{40} \mid^{1/2} \operatorname{sign}(s_{40}) - s_{41} \\ \dot{s}_{41} &= -\bar{\lambda}_{42}^{0} \operatorname{sign}(s_{40}) \\ \hat{\Delta}_4 &= -s_{41} \end{aligned}\right\} \tag{6.38}$$

x_V 子系统的干扰观测器为如下动态系统形式：

$$\left.\begin{aligned} \dot{\hat{z}}_V &= -k_{V,1} z_V - k_{V,2} \int_0^t z_V \mathrm{d}\tau + \nu_V \\ \nu_V &= \bar{\lambda}_{V1}^{0} \mid s_{V0} \mid^{1/2} \operatorname{sign}(s_{V0}) - s_{V1} \\ \dot{s}_{V1} &= -\bar{\lambda}_{V2}^{0} \operatorname{sign}(s_{V0}) \\ \hat{\Delta}_V &= -s_{V1} \end{aligned}\right\} \tag{6.39}$$

沿式(6.35)和式(6.38)以及式(6.36)和(6.39)，分别对 s_{40} 和 s_{V0} 求时间的导数，可得

$$\dot{s}_{40} = \dot{z}_4 - \dot{\hat{z}}_4 = -\bar{\lambda}_{41}^{0} \mid s_{40} \mid^{1/2} \operatorname{sign}(s_{40}) + s_{41} + \Delta_4$$

$$\dot{s}_{41} = -\bar{\lambda}_{42}^{0} \operatorname{sign}(s_{40})$$

$$\dot{s}_{V0} = \dot{V} - \dot{\hat{V}} = -\bar{\lambda}_{V1}^{0} \mid s_{V0} \mid^{1/2} \operatorname{sign}(s_{V0}) + s_{V1} + \Delta_V$$

$$\dot{s}_{V1} = -\bar{\lambda}_{V2}^{0} \operatorname{sign}(s_{V0})$$

根据推论6.2可知，式(6.38)中的 s_{41} 和式(6.39)中的 s_{V1} 将在有限的时间内分别收敛于 $-\Delta_4$ 和 $-\Delta_V$。

6.2.4　稳定性分析

选取 Lyapunov 函数如下：

$$W = W_V + W_1 + W_2 + W_3 + W_4 \tag{6.40}$$

式中：

$$W_V = \frac{1}{2}z_V^2 + \frac{k_{V,2}}{2}\left(\int_0^t z_V \mathrm{d}\tau\right)^2$$

$$W_1 = \frac{1}{2V_m^2}z_1^2 + \frac{k_{1,2}}{2V_m^2}\left(\int_0^t z_1 \mathrm{d}\tau\right)^2 + \frac{1}{2}\tilde{x}_{2c}^2$$

$$W_2 = \frac{1}{2}z_2^2 + \frac{k_{2,2}}{2}\left(\int_0^t z_2 \mathrm{d}\tau\right)^2 + \frac{1}{2}\tilde{x}_{3c}^2$$

$$W_3 = \frac{1}{2}z_3^2 + \frac{k_{3,2}}{2}\left(\int_0^t z_3 \mathrm{d}\tau\right)^2 + \frac{1}{2}\tilde{x}_{4c}^2$$

$$W_4 = \frac{1}{2}z_4^2 + \frac{k_{4,2}}{2}\left(\int_0^t z_4 \mathrm{d}\tau\right)^2$$

其中：$V_m \geqslant V(t)$ 为常数。

沿式(6.12) 和式(6.23) ～ 式(6.26)，分别对 $W_j\,(j = V,1,2,3,4)$ 求时间的导数，可得

$$\dot{W}_V = -k_{V,1}z_V^2 + z_V(\Delta_V - \hat{\Delta}_V) \tag{6.41}$$

$$\dot{W}_1 = -\frac{k_{1,1}}{V_m^2}z_1^2 + \frac{g_1 z_2}{V_m^2}z_1 + z_1(\Delta_1 - \hat{\Delta}_1) + \tilde{x}_{2c}(\dot{x}_{2c} - \dot{x}_{2c}^0) \tag{6.42}$$

$$\dot{W}_2 = -k_{2,1}z_2^2 + g_2 z_2 z_3 + z_2(\Delta_2 - \hat{\Delta}_2) + \tilde{x}_{3c}(\dot{x}_{3c} - \dot{x}_{3c}^0) \tag{6.43}$$

$$\dot{W}_3 = -k_{3,1}z_3^2 - g_2 z_2 z_3 + g_3 z_3 z_4 + z_3(\Delta_3 - \hat{\Delta}_3) + \tilde{x}_{4c}(\dot{x}_{4c} - \dot{x}_{4c}^0) \tag{6.44}$$

$$\dot{W}_4 = -k_{4,1}z_4^2 - g_3 z_3 z_4 + z_4(\Delta_4 - \hat{\Delta}_4) \tag{6.45}$$

根据基本不等式以及 $g_1^2/V_m^2 \leqslant 1$ 可知，式(6.42) 中有如下关系式成立，即

$$\frac{g_1 z_2}{V_m^2}z_1 \leqslant \frac{c_1 z_1^2}{2V_m^2} + \frac{g_1^2 z_2^2}{2c_1 V_m^2} \leqslant \frac{c_1 z_1^2}{2V_m^2} + \frac{z_2^2}{2c_1},\quad c_1 > 0 \tag{6.46}$$

综合式(6.41) ～ 式(6.45)，可得

$$\begin{aligned}\dot{W} \leqslant & -k_{V,1}z_V^2 - (k_{1,1} - c_1/2)z_1^2/V_m^2 - (k_{2,1} - 0.5/c_1)z_2^2 - \\ & k_{3,1}z_3^2 - k_{4,1}z_4^2 + z_V(\Delta_V - \hat{\Delta}_V) + \sum_{i=1}^4 z_i(\Delta_i - \hat{\Delta}_i) + \sum_{i=1}^4 \tilde{x}_{ic}(\dot{x}_{ic} - \dot{x}_{ic}^0)\end{aligned} \tag{6.47}$$

式中：

$$\hat{\Delta}_i = \bar{\lambda}_{i,2}^o \int_0^t \mathrm{sign}(s_{i0})\mathrm{d}\tau - s_{i,1}(0)$$

$$\dot{x}_{ic} = -\bar{\lambda}_{i0}\mid x_{ic} - x_{ic}^0 \mid^{1/2}\mathrm{sign}(x_{ic} - x_{ic}^0) - \bar{\lambda}_{i1}\int_0^t \mathrm{sign}(x_{ic} - x_{ic}^0)\mathrm{d}\tau + \chi_{i1}(0)$$

令 $\boldsymbol{K} = \mathrm{diag}[k_{V,1}\quad (k_{1,1} - c_1/2)/V_m^2\quad (k_{2,1} - 0.5/c_1)\quad k_3\quad k_4]$，由于 $\hat{\Delta}_V$、$\hat{\Delta}_i\,(i = 1,2,3,4)$ 和 $\dot{x}_{ic}\,(i = 2,3,4)$ 能在有限的时间内收敛于 Δ_V、Δ_i 和 $\dot{x}_{ic}^0$，则当 $K > 0$，即

$$k_{V,1} > 0,\quad k_{1,1} - c_1/2 > 0,\quad k_{2,1} - 0.5/c_1 > 0,\quad k_3 > 0,\quad k_4 > 0 \tag{6.48}$$

$\dot{W} \leqslant 0$。此时根据 Lyapunov 稳定性理论可知，$z_V, z_i(i=1,2,3,4)$ 渐进收敛于零，进而有 $\lim_{t\to\infty} x_V = V_{\text{ref}}, \lim_{t\to\infty} x_1 = h_{\text{ref}}$。这说明，以上设计的控制器可以使重构的状态量跟踪参考轨迹。

基于状态重构与重构误差补偿的吸气式高超声速飞行器闭环控制系统结构如图 6.29 所示。

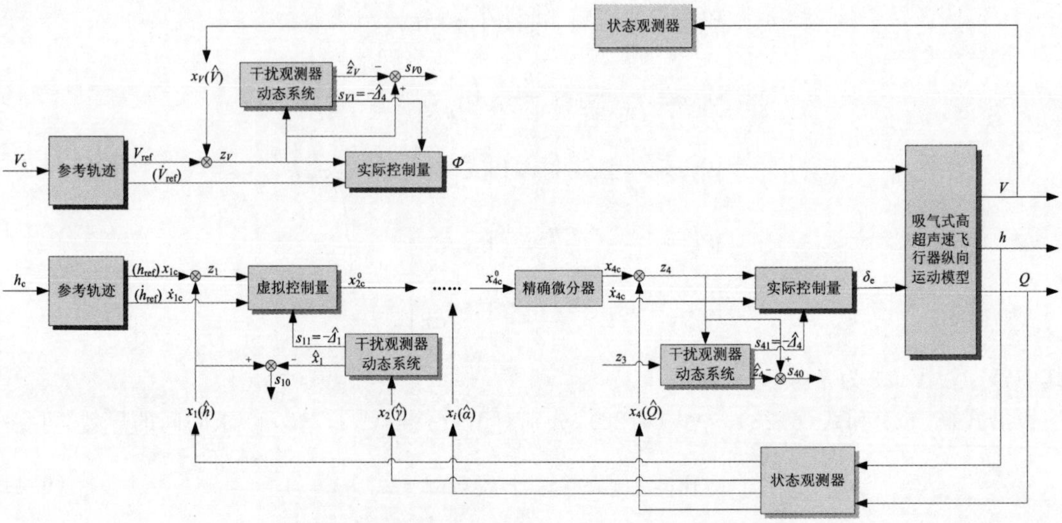

图 6.29　基于精确微分器的反演控制系统结构框图

6.3　仿真结果与分析

为了检验状态重构与鲁棒反演控制方法的有效性，进行吸气式高超声速飞行控制系统的轨迹跟踪仿真。仿真研究中，飞行器在高度为 25 908 m，速度为 7 702.05 m/s 的初始巡航条件下，要求跟踪经过阻尼比为 0.95、自然频率为 0.03 rad/s 的二阶环节平滑处理的高度和速度阶跃指令，指令幅值分别为 3 048 m 和 304.8 m/s。

控制器设计参数分别取值如下：

$k_{V,1} = 1.0, k_{V,2} = 0.2, k_{1,1} = 1.0, k_{1,2} = 0.2, k_{2,1} = 2.0, k_{2,2} = 0.1, k_{3,1} = 4.0, k_{3,2} = 0.1, k_{4,1} = 8.0, k_{4,2} = 0.1$。

速度、高度和俯仰角速度等状态量重构时，采用二阶精确微分器，其设计参数取值如下：

速度重构：$\lambda_0 = 440, \lambda_1 = 30, \lambda_2 = 22$。

高度重构：$\lambda_0 = 440, \lambda_1 = 30, \lambda_2 = 22$。

俯仰角速度重构：$\lambda_0 = 110, \lambda_1 = 15, \lambda_2 = 14$。

控制系统航迹角指令、迎角指令和俯仰角指令等虚拟控制量导数求解时，采用一阶精确微分器，其设计参数取值如下：

航迹角指令：$\bar{\lambda}_0 = 1.06, \bar{\lambda}_1 = 0.55$。

迎角指令：$\bar{\lambda}_0 = 1.06, \bar{\lambda}_1 = 0.55$。

俯仰角指令：$\bar{\lambda}_0 = 1.06, \bar{\lambda}_1 = 0.55$。

在控制系统干扰观测器设计过程中，采用二阶精确微分器，其设计参数取值如下：

速度、俯仰角速度子系统：$\bar{\lambda}_0^0 = 0.646, \bar{\lambda}_1^0 = 0.150, \bar{\lambda}_2^0 = 0.011$。

高度、航迹角和迎角子系统：$\bar{\lambda}_0^0 = 0.3, \bar{\lambda}_1^0 = 0.0474, \bar{\lambda}_2^0 = 0.0011$。

考虑的不确定因素包括以下几中：① 飞行器几何参数和气动参数摄动 −20%；② 弹性模态对俯仰角速度测量带来的附加扰动影响；③ 速度测量的初始偏差为 3.048 m/s，高度测量的初始偏差为 30.48 m，即 $V(0) - V_0(0) = 3.048$ m/s，$h(0) - h_0(0) = 30.48$ m，其中，V_0 和 h_0 分别表示速度和高度的真实值，即飞行器当前实际飞行速度和飞行高度，而 V 和 h 分别表示速度和高度的测量值。

为了清晰地描述状态量和控制量的变化过程，以下仿真图中对变量的响应曲线按时间区间进行了分段显示。图 6.30 描绘了输入量 —— 燃料混合比和升降舵偏角的过程曲线。从图中可以看出，Φ 和 δ_e 具有较好的连续性，在 300 s 的时间内，都能趋于稳定，稳定值分别为 0.148 和 9.68°。图 6.30 表明，控制信号有界稳定且具有良好的动态品质。

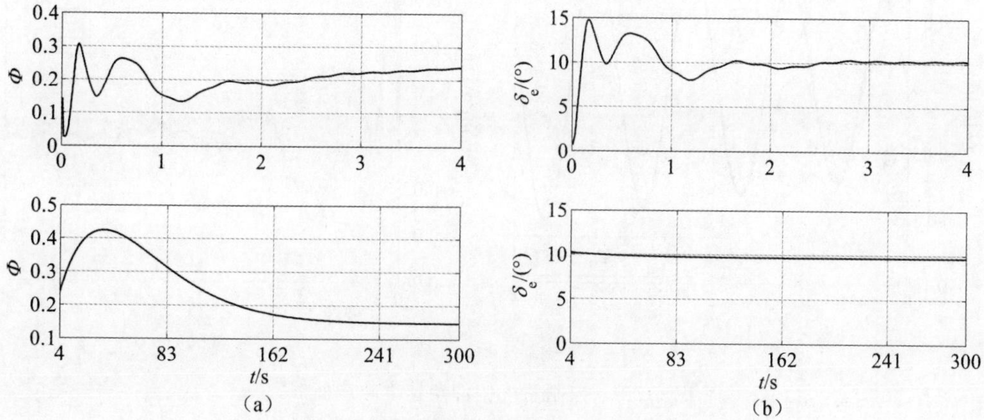

图 6.30　速度系统和高度系统输入量曲线

(a) 燃料 / 空气混合比；(b) 升降舵偏角

图 6.31 描绘了控制系统对速度指令和高度指令的跟踪情况，其中，V_{ref} 和 h_{ref} 分别表示速度指令和高度指令生成的参考轨迹。从图中可以看出，在 300 s 的时间内，速度和高度轨迹跟踪过程具有较好的动态品质，且跟踪误差均收敛到零值。

图 6.32 和图 6.33 描绘了弹性模态对开环控制系统和闭环控制系统中俯仰角速度测量值的影响情况，其中，开环系统是指未进行控制的系统，而闭环系统则是指进行反馈控制的系统。在图 6.32 中，Q_f 表示俯仰角速度的测量值，Q_0 表示俯仰角速度的真实值，$\hat{Q}$ 表示俯仰角速度的估计值。从图 6.32 和图 6.33 中可以看出，俯仰角速度的测量值反映了弹性模态的变化情况，系统不进行控制时，俯仰角速度和弹性模态都是振荡发散的，而加入控制后，俯仰角速度和弹性模态具有相同的收敛趋势。图 6.32 还表明，两种情况下，微分器对俯仰角速度的重构都是有效的。下面将进一步给出控制系统状态量重构和控制器求解的数值仿真结果。

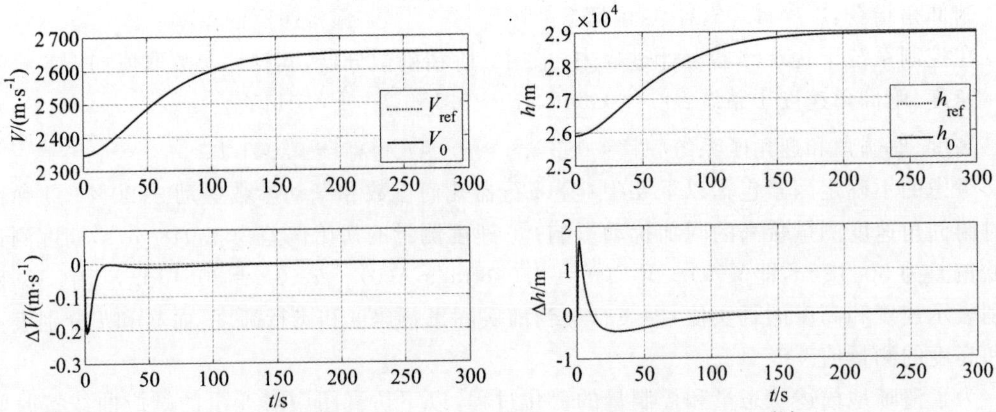

(a)　　　　　　　　　　(b)

图 6.31　速度和高度参考轨迹跟踪曲线

(a) 速度轨迹跟踪及跟踪误差；(b) 高度轨迹跟踪及跟踪误差

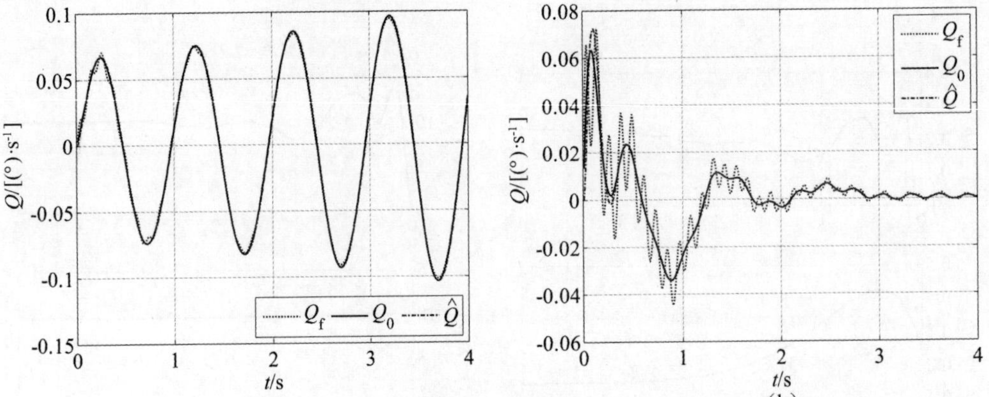

(a)　　　　　　　　　　(b)

图 6.32　控制系统俯仰角速度响应曲线

(a) 开环系统俯仰角速度；(b) 闭环系统俯仰角速度

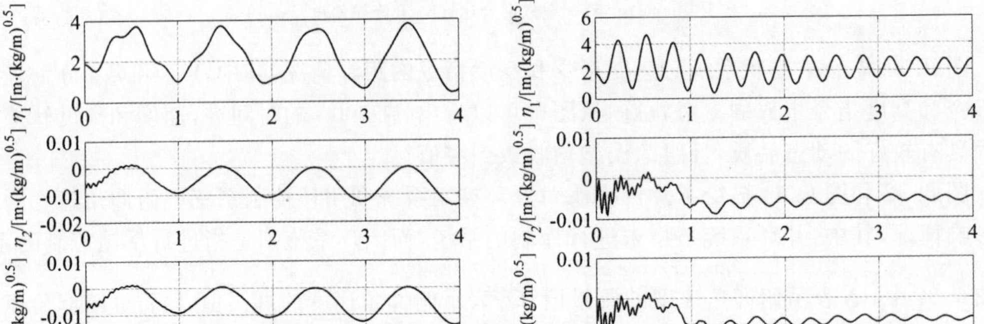

(a)　　　　　　　　　　(b)

图 6.33　结构动力学系统弹性模态响应曲线

(a) 开环系统弹性模态坐标；(b) 闭环系统弹性模态坐标

图 6.34 给出了控制系统可测量状态量速度、高度和俯仰角速度的重构结果，其中，V_0，h_0，Q_0 表示真实值；$\hat{V}$，$\hat{h}$，$\hat{Q}$ 表示估计值，ΔV，Δh，ΔQ 表示估计误差。图 6.35 给出了航迹角和迎角的重构结果，其中，γ_0 和 α_0 表示真实值；$\hat{\gamma}$ 和 $\hat{\alpha}$ 表示估计值。从图 6.34 中可以看出，重构的状态量以较高的精度跟踪上了原系统的状态量。图 6.35 表明，即使采用速度和高度的估计值对航迹角和迎角进行重构，重构的结果也是很理想的。

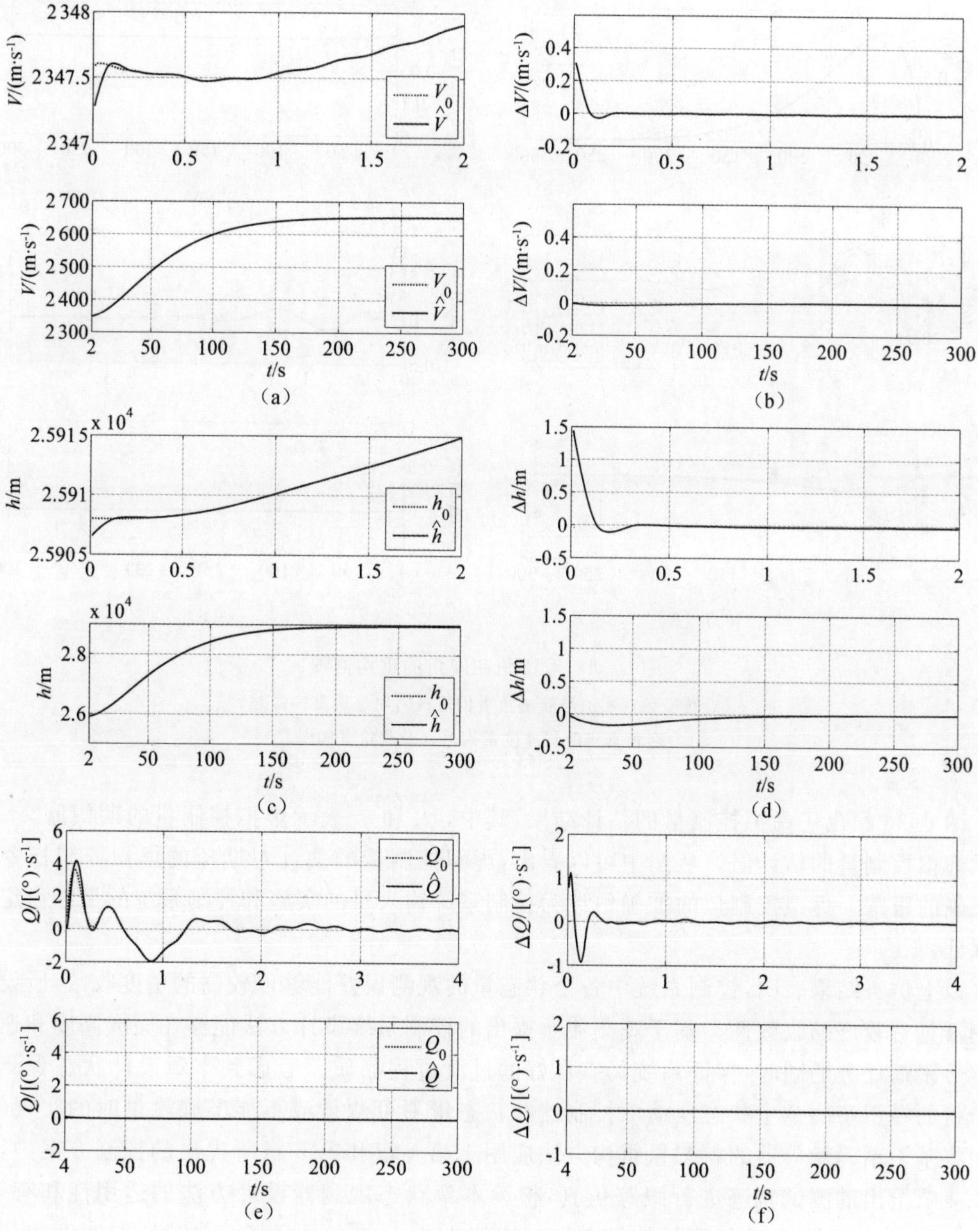

图 6.34　速度、高度和俯仰角速度的重构曲线

(a)速度真实值与速度估计值；(b)速度估计误差；

(c)高度真实值与速度估计值；(d)高度估计误差；

(e)俯仰角速度真实值与速度重构值；(f)俯仰角速度估计误差

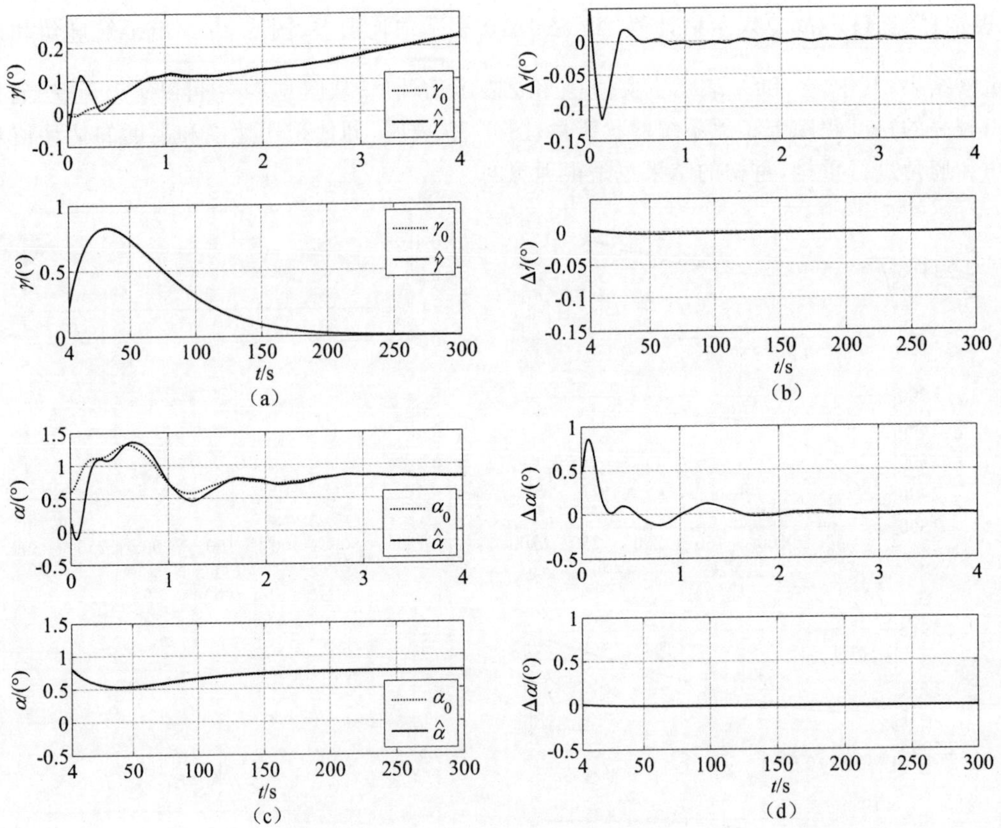

图 6.35 航迹角和迎角的重构曲线

(a)航迹角真实值与航迹角重构值;(b)航迹角重构误差;

(c)迎角真实值与速度重构值;(d)迎角重构误差

图 6.36 给出了虚拟控制量的估计结果,其中,γ_c 和 α_c 表示虚拟控制量的期望值,$\hat{\gamma}_c$ 和 $\hat{\alpha}_c$ 表示虚拟控制量的估计值。从图中可以看出,虚拟控制量的估计对期望的虚拟控制指令进行了精确的跟踪。虚拟控制量的准确估计为控制系统输入量的实施和控制系统的最终稳定提供了保证。

以上仿真结果表明,控制系统中各个状态量的观测误差能够以较高的精度收敛,所设计的观测器具有较好的收敛性。基于观测器所提出的控制系统设计方法能够在完成高度和速度指令信号跟踪任务的同时,保证系统具有良好的过渡过程品质。考虑到本章设计状态观测器的一个目的在于解决基于状态反馈的控制器在状态量不可测量或不能准确测量时的实现问题,下面将基于精确微分器的状态量重构方法应用于第 4 章和第 5 章所提出的控制方案中,通过对 5.4 节给出的测试轨迹进行跟踪仿真,检验本章状态观测器设计方法的适用性和有效性。在轨迹跟踪过程中,高度的测量信号中加入均值为 0,标准差为 0.5 m 的噪声,速度的测量信号中加入均值为 0,标准差为 1 m/s 的噪声,同时考虑阵风干扰的作用,阵风干扰模型见 5.4 节。

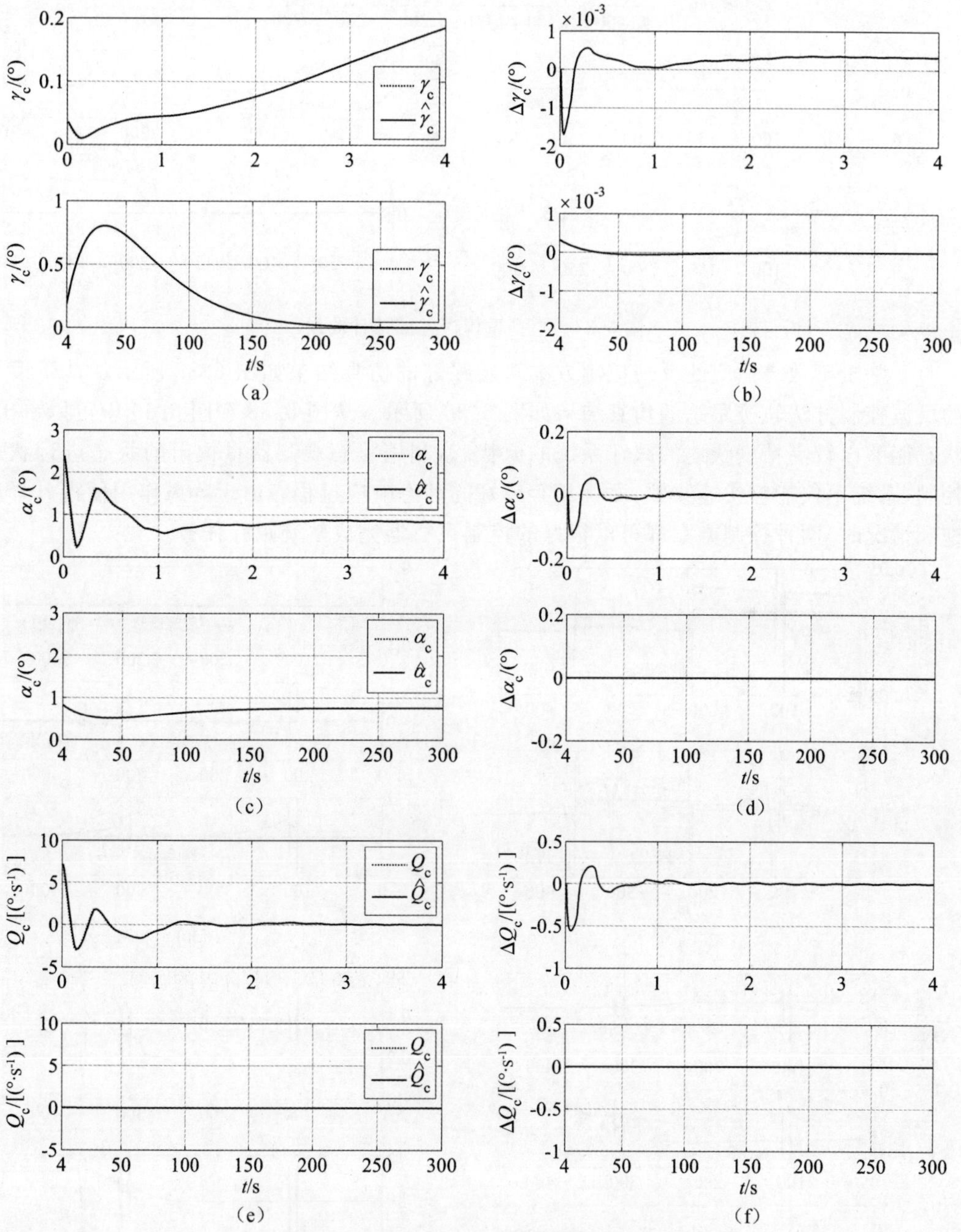

图 6.36　虚拟控制量估计和估计误差曲线

(a)航迹角指令真实值与估计值;(b)航迹角指令的估计误差;

(c)迎角指令真实值与估计值;(d)迎角指令的估计误差;

(e)俯仰角速度指令真实值与估计值;(f)俯仰角速度指令的估计误差

图 6.37 为重构误差的估计曲线。从图中可以看出,干扰观测器输出结果不仅收敛,且具有较为连续的动态估计过程,从而保证了控制器的良好动态品质。

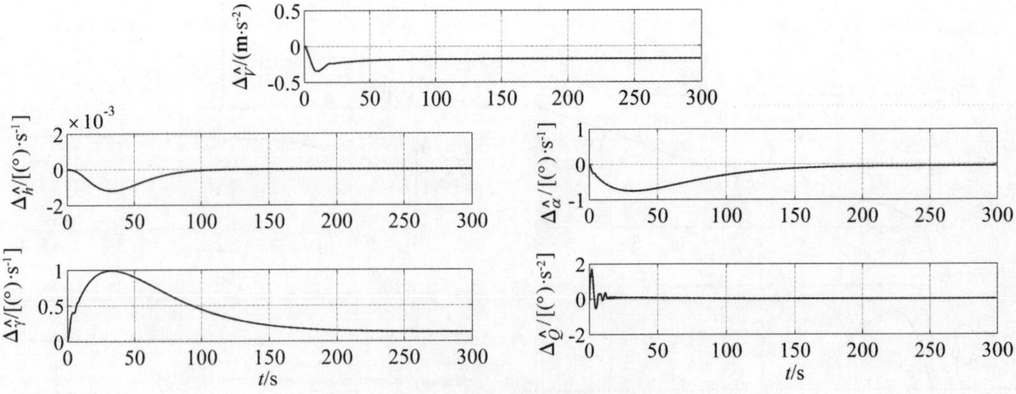

图 6.37 模型重构误差的估计曲线

基于参数自适应的反演控制方案轨迹跟踪的仿真结果如图 6.38 所示。基于模型逼近的反演控制方法轨迹跟踪的仿真结果如图 6.39 所示。从图 6.38 和图 6.39 中可以看出，重构状态能够以较高精度快速的跟踪系统的原状态，利用状态观测器重构出的状态进行状态反馈控制，系统不仅能够快速收敛，而且具有较好的动态响应过程。由于阵风作用使得升降舵出现饱和情况时，两种控制方案都可以很好的控制飞行器完成轨迹跟踪任务。

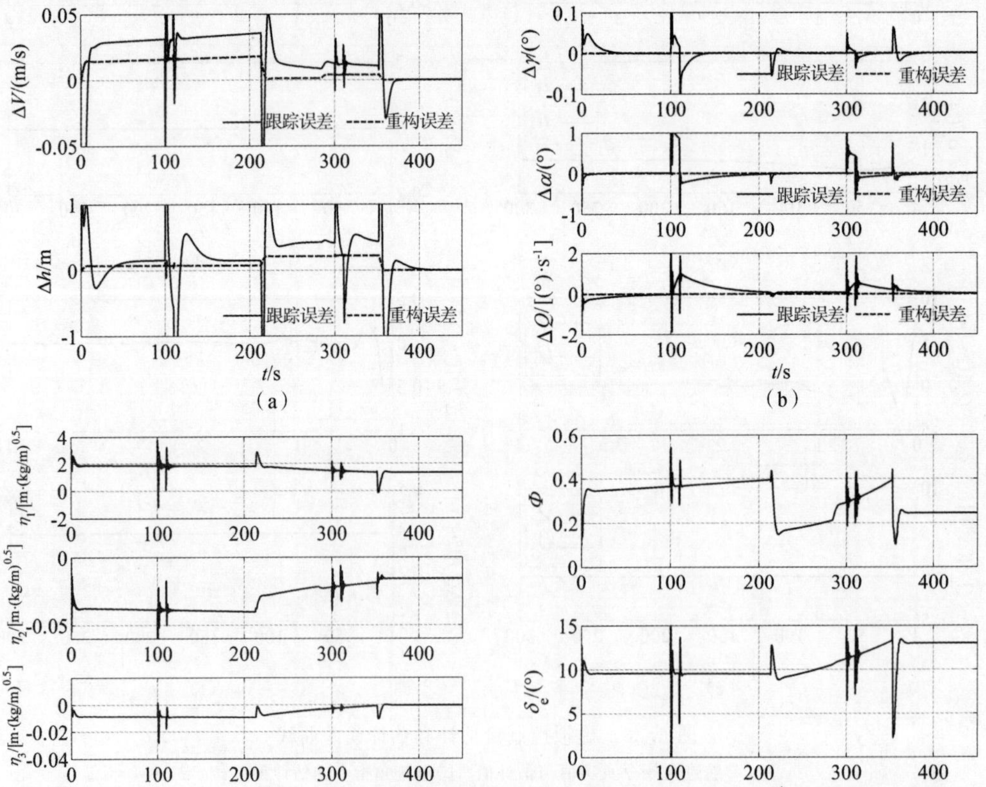

图 6.38 基于参数自适应的反演控制方法轨迹跟踪仿真结果

(a)速度、高度跟踪误差和重构误差曲线；(b)航迹角、迎角和俯仰角速度误差曲线；

(c)前 3 阶弹性模态响应曲线；(d)燃料/空气混合比和升降舵偏角曲线；

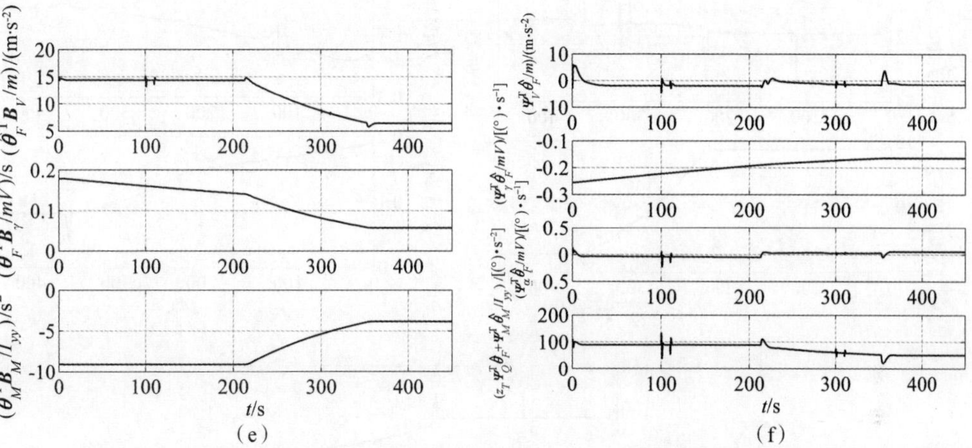

续图 6.38　基于参数自适应的反演控制方法轨迹跟踪仿真结果

(e)线性参数化控制系数估计曲线;(f) 线性参数化函数项估计曲线

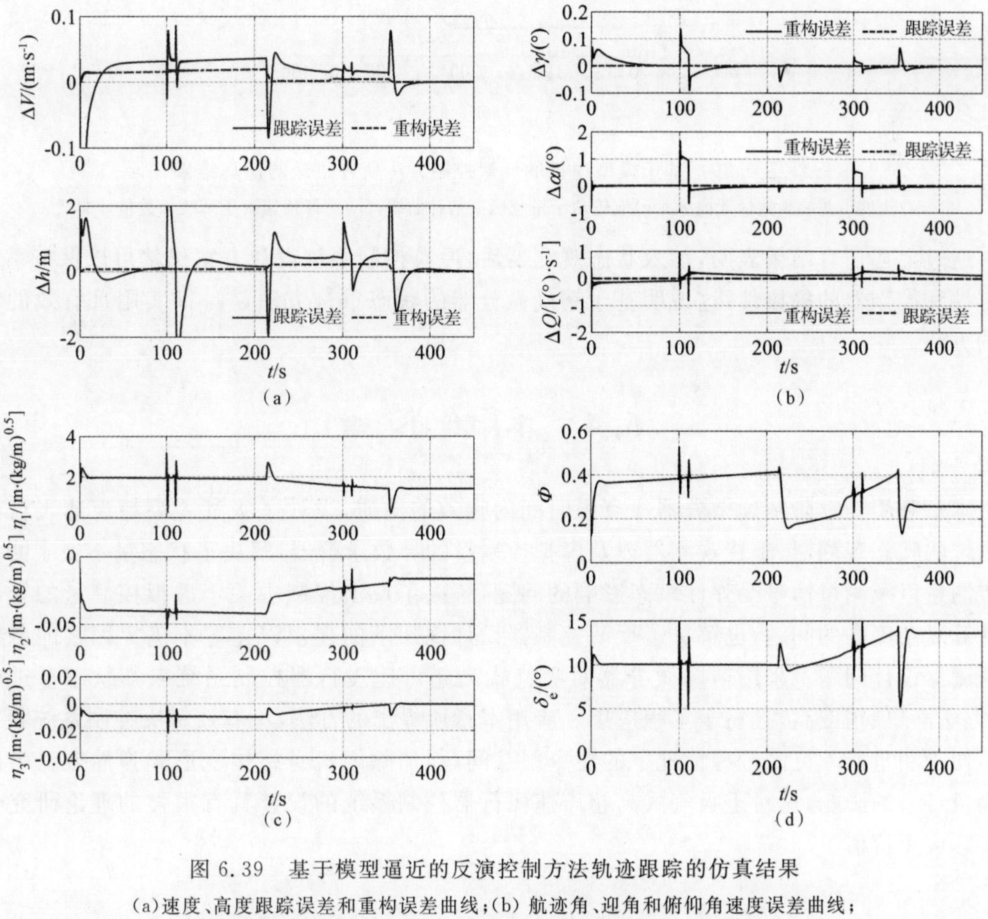

图 6.39　基于模型逼近的反演控制方法轨迹跟踪的仿真结果

(a)速度、高度跟踪误差和重构误差曲线;(b) 航迹角、迎角和俯仰角速度误差曲线;

(c)前 3 阶弹性模态响应曲线;(d)燃料/空气混合比和升降舵偏角曲线;

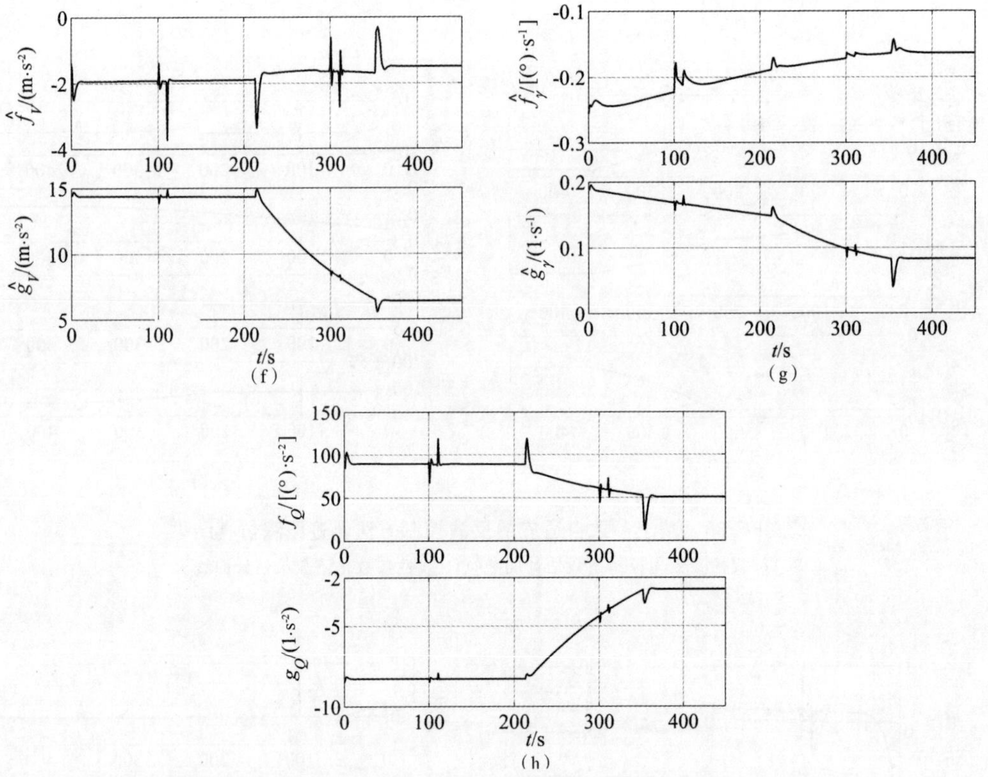

续图 6.39　基于模型逼近的反演控制方法轨迹跟踪的仿真结果

(f)速度子系统函数估计曲线;(g)航迹角子系统函数估计曲线;(h)俯仰角速度子系统函数估计曲线

通过上述仿真结果表明,加入状态观测器后,原有控制系统设计方案仍然可以保持系统的稳定性和控制器的鲁棒性,这说明基于精确微分器的状态重构方法是一种实用且有效的状态重构方法。

6.4　本章小结

本章利用任意阶精确微分器在有限时间内收敛的性质,设计了吸气式高超声速飞行器控制系统的状态观测器、干扰观测器以及虚拟控制量的导数求解器,解决了状态量不便于测量或不可测量以及测量信号受弹性模态影响的问题,解决了反演控制中关于虚拟控制量的导数解析计算复杂度高的问题,也解决了反演控制器设计框架下的建模误差等不确定因素的鲁棒干扰观测器设计问题。采用精确微分器对吸气式高超声速飞行器控制系统未知状态量进行重构,方法简单、精度高,且易于工程应用。应用本章所提出的方法,可有效解决控制系统状态信号不便于测量或不可测量等情况下的指令跟踪问题,消除因机身结构变形和弹性振动给传感器测量带来的影响,这对于吸气式高超声速飞行器控制系统的设计具有很强的理论研究价值和实际应用价值。

第7章 结束语

吸气式高超声速飞行器的新特点对控制系统设计提出了许多新问题，需要开展新的理论、新的方法和算法研究。本书围绕吸气式高超声速飞行器的气动/推进/结构耦合和参数不确定性问题、输入受限控制问题、状态量不便于测量或不能准确测量问题，在反演设计方法的基础上，运用变结构控制理论、自适应控制理论和神经网络理论，对吸气式高超声速飞行器的纵向飞行控制做了较为深入的探讨和研究。这里将对主要的工作进行总结如下。

(1)建立了吸气式高超声速飞行器的动力学原理模型。基于吸气式高超声速飞行器纵向平面内的二维几何构型，采用高超声速空气动力学理论，分析了飞行器表面不同区域气流分布规律，提出了定常和非定常气动力的解析计算方法，给出了超燃冲压发动机解析建模方法。原理模型反映了飞行器机身前后体下表面与推进系统的相互作用关系，描述了机身结构的变形和弹性振动带来的气动弹性效应，为控制系统设计和控制方法的研究奠定了基础。

(2)提出了吸气式高超声速飞行器控制系统反演设计框架。采用曲线拟合方法，将动力学原理模型转化为面向控制模型。将弹性模态视为模型的干扰，采用反演设计方法，分别设计了速度和高度子系统的变结构控制器。针对反演设计存在的三个问题，提出了改进的控制系统设计方案。通过重新设计高度子系统中的虚拟控制器，消除了状态量跟踪误差耦合给控制系统带来的不稳定影响。基于动态面设计技术，给出了虚拟控制量的导数求解方法，避免了传统反演设计方法中的计算膨胀问题。通过模型误差上界的自适应估计，改进了的控制器结构，解决了不连续控制带来的抖动问题，同时保证了控制器具有一定的鲁棒性。

(3)提出了吸气式高超声速飞行器的参数自适应控制方法。针对输入受限问题，引入滤波动态系统，修正了状态量跟踪误差的定义。针对线性参数化模型，分别设计了燃料/空气混合比和升降舵偏的自适应反演控制律。根据 Lyapunov 稳定性理论，证明了模型参数估计误差和闭环系统跟踪误差渐进收敛于原点的可调邻域。通过速度和高度指令跟踪仿真表明，此控制策略能够保证系统在参数不确定和输入受限条件下具有良好的动态品质和稳态性能。

(4)提出了基于模型逼近的吸气式高超声速飞行器自适应控制方法。与参数自适应反演控制方法相比，存在以下不同：一是通过对权值自适应调节的 RBF 神经网络，逼近面向控制模型中的非线性函数；二是通过引入二阶参考模型，描述幅值、速率和带宽约束的输入受限问题；三是通过借助辅助分析系统，消除输入受限偏差的耦合项。通过模型逼近自适应反演控制方法研究，弱化了控制系统设计对模型的依赖，提高了自适应控制在输入受限条件下的灵活性和适用性。

(5)提出了基于精确微分器的状态重构与鲁棒反演控制方法。运用滑模变结构控制中的精确微分器理论，设计了具有有限时间收敛性质的状态观测器，消除了弹性振动给俯仰角速度测量带来的影响，实现了迎角和航迹角的重新构造。进一步利用精确微分器的收敛性和鲁棒性，设计了虚拟控制量的导数求解器和干扰观测器，为吸气式高超声速飞行器控制系统的工程设计提供了新的方法。

本书研究成果体现在以下几个方面：

(1)提出了三种虚拟控制量导数的求解方法，即动态面方法、二阶参考模型方法和精确微分器方法，解决了传统反演设计方法存在的计算膨胀问题。三种方法都适用于任意阶非线性系统的反演设计方法，且引入的动态系统也可以扩展到任意阶。提出了适用于吸气式高超声速飞行器控制系统设计的反演设计方法，改进了虚拟控制器的结构，保证了飞行控制的稳定性。

(2)提出了两种输入受限条件下的自适应控制方法，保证了输入受限和非受限两种条件下自适应控制过程中的稳定性，降低了控制器增益选择的保守性。本书提出的两种方法，在理论上可保证超燃冲压发动机稳定工作，并有效避免飞行器外形结构解体破坏，这对于吸气式高超声速飞行器控制系统研制具有很强的理论研究价值和实际应用价值。

(3)提出了基于精确微分器的状态观测器和干扰观测器设计方法，解决了全反馈控制系统的实现问题，提高了控制系统设计方法的鲁棒性。基于精确微分器的状态观测器方法简单、重构精度高，且易于工程实现，能够消除飞行器机身结构的弹性振动给传感器测量带来的干扰。基于精确微分器的干扰观测器鲁棒性强，能够飞行器机身结构的抑制弹性振动对飞行控制带来的干扰。

本书虽然对吸气式高超声速飞行器控制系统设计问题作了大量的研究工作，但还有一些问题有待于深入的研究，其中包括：

(1)吸气式高超声速飞行器动力学建模与稳定性分析问题。由于目前仅对吸气式高超声速飞行器进行了有限的飞行试验，使得该类型飞行器的许多动力学特性还未被完全掌握。在这种大的背景下，本书在参考国内外公开发表的文献资料的基础上，建立了吸气式高超声速飞行器的初步动力学原理模型。该原理模型在理论上还有待进一步的补充完善，在应用过程中还需与飞行试验数据进行对比。

(2)弹性振动的抑制问题。吸气式高超声速飞行器的弹性振动和飞行控制之间具有耦合关系，正是这种耦合关系使得弹性振动抑制问题广受关注。本书针对弹性振动引起的控制问题所采用的是被动抑制思路，即将弹性振动视为外界干扰，利用控制器的鲁棒性实现对弹性干扰的抑制。下一步将对弹性振动抑制进行扩展研究，例如，针对弹性振动研究具有在线估计和辨识能力的观测器，并将观测的结果用于控制系统设计和 IMU 测量结果的补偿。

(3)六自由度动力学建模和控制系统设计问题。在三维空间内建立吸气式高超声速飞行器的六自由度动力学模型，并将本书的控制系统设计方法扩展到六自由度模型之中，是下一步开展深入研究的一项必要工作。

(4)控制系统的半实物仿真验证问题。为进一步验证本书所设计的控制系统的有效性，后期对其开展半实物仿真和实验室实验也是一项必要的工作。

吸气式高超声速飞行器中蕴含着大量的新问题有待进一步的发掘和深入的研究，本书只是选取了其中的一小部分。

附　录

附录 A　解析积分公式

1. 机身后体下表面解析积分公式

根据 $a_a = \sqrt{\gamma_0 R_0 T_a}$，$\rho_a = P_a/(R_0 T_a)$，可得

$$\rho_a a_a = \frac{P_a \sqrt{\gamma_0 R_0 T_a}}{R_0 T_a} = \frac{P_e \sqrt{\gamma_0}}{\sqrt{R_0 T_e}} \frac{\sqrt{[\cos(\tau_{f,u}+\tau_a)/l_a](T_e/T_\infty - 1)s_a + 1}}{[\cos(\tau_{f,u}+\tau_a)/l_a](P_e/P_\infty - 1)s_a + 1} \tag{A.1}$$

令 $k_1 = [\cos(\tau_{f,u}+\tau_a)/l_a](P_e/P_\infty - 1)$，$k_2 = [\cos(\tau_{f,u}+\tau_a)/l_a](T_e/T_\infty - 1)$，$s = k_1 s_a + 1$，则 $k_2 s_a + 1 = (k_2/k_1)s + [1-(k_2/k_1)]$，$ds_a = ds/k_1$，$s \in [1, k_1 l_a/\cos(\tau_{f,u}+\tau_a)+1] = [1, P_e/P_\infty]$。

进一步，令

$$\kappa_1 = k_2/k_1 = \frac{[\cos(\tau_{f,u}+\tau_a)/l_a](T_e/T_\infty - 1)}{[\cos(\tau_{f,u}+\tau_a)/l_a](P_e/P_\infty - 1)} = \frac{T_e/T_\infty - 1}{P_e/P_\infty - 1}$$

$$\kappa_2 = 1-(k_2/k_1) = 1 - \frac{T_e/T_\infty - 1}{P_e/P_\infty - 1} = \frac{P_e/P_\infty - T_e/T_\infty}{P_e/P_\infty - 1}$$

则

$$\begin{aligned}\int_0^{\frac{l_a}{\cos(\tau_{f,u}+\tau_a)}} \rho_a a_a s_a^2 ds_a &= \frac{P_e \sqrt{\gamma_0}}{\sqrt{R_0 T_e}} \int_0^{\frac{l_a}{\cos(\tau_{f,u}+\tau_a)}} \frac{s_a^2 \sqrt{k_2 s_a + 1}}{k_1 s_a + 1} ds_a \\ &= \frac{P_e \sqrt{\gamma_0}}{\sqrt{R_0 T_e}} \frac{1}{k_1} \int_1^{\frac{P_e}{P_\infty}} \frac{[(s-1)/k_1]^2 \sqrt{\kappa_1 s + \kappa_2}}{s} ds \\ &= \frac{P_e \sqrt{\gamma_0}}{\sqrt{R_0 T_e}} \frac{1}{k_1^3} \left(\int_1^{\frac{P_e}{P_\infty}} s\sqrt{\kappa_1 s + \kappa_2}\, ds - 2\int_1^{\frac{P_e}{P_\infty}} \sqrt{\kappa_1 s + \kappa_2}\, ds + \right. \\ &\quad \left. \int_1^{\frac{P_e}{P_\infty}} \frac{\sqrt{\kappa_1 s + \kappa_2}}{s} ds \right)\end{aligned} \tag{A.2}$$

$$\int_0^{\frac{l_a}{\cos(\tau_{f,u}+\tau_a)}} \rho_a a_a s_a ds_a = \frac{P_e \sqrt{\gamma_0}}{\sqrt{R_0 T_e}} \frac{1}{k_1^2} \left(\int_1^{\frac{P_e}{P_\infty}} \sqrt{\kappa_1 s + \kappa_2}\, ds - \int_1^{\frac{P_e}{P_\infty}} \frac{\sqrt{\kappa_1 s + \kappa_2}}{s} ds \right) \tag{A.3}$$

$$\int_0^{\frac{l_a}{\cos(\tau_{f,u}+\tau_a)}} \rho_a a_a ds_a = \frac{P_e \sqrt{\gamma_0}}{\sqrt{R_0 T_e}} \frac{1}{k_1} \int_1^{\frac{P_e}{P_\infty}} \frac{\sqrt{\kappa_1 s + \kappa_2}}{s} ds \tag{A.4}$$

其中：

$$\int_1^{\frac{P_e}{P_\infty}} \sqrt{\kappa_1 s+\kappa_2}\,ds = \frac{2}{3\kappa_1}\sqrt{(\kappa_1 s+\kappa_2)^3}\Big|_1^{P_e/P_\infty}$$

$$\int_1^{\frac{P_e}{P_\infty}} s\sqrt{\kappa_1 s+\kappa_2}\,ds = \frac{2}{15\kappa_1^2}[(3\kappa_1 s-2\kappa_2)\sqrt{(\kappa_1 s+\kappa_2)^3}]\Big|_1^{P_e/P_\infty}$$

$$\int_1^{\frac{P_e}{P_\infty}} \frac{\sqrt{\kappa_1 s+\kappa_2}}{s}ds = \begin{cases} 2\sqrt{\kappa_1 s}\Big|_1^{\frac{P_e}{P_\infty}}, \kappa_2 = 0 \\ \left(2\sqrt{\kappa_1 s+\kappa_2}+\sqrt{\kappa_2}\ln\left|\dfrac{\sqrt{\kappa_1 s+\kappa_2}-\sqrt{\kappa_2}}{\sqrt{\kappa_1 s+\kappa_2}+\sqrt{\kappa_2}}\right|\right)\Bigg|_1^{\frac{P_e}{P_\infty}}, \kappa_2 > 0 \\ \left(2\sqrt{\kappa_1 s+\kappa_2}-2\sqrt{-\kappa_2}\arctan\sqrt{\dfrac{\kappa_1 s+\kappa_2}{-\kappa_2}}\right)\Bigg|_1^{\frac{P_e}{P_\infty}}, \kappa_2 < 0 \end{cases}$$

2. 振型函数的解析积分公式

$$\begin{aligned}\int_{\underline{x}}^{\bar{x}}\varphi_i(x)dx &= A_i[\sinh(\beta_i l)-\sin(\beta_i l)]\{\int_{\underline{x}}^{\bar{x}}\cos[\beta_i(-x+\bar{x}_f)]dx + \\ &\int_{\underline{x}}^{\bar{x}}\cosh[\beta_i(-x+\bar{x}_f)]dx\} + A_i[\cos(\beta_i l)-\cosh(\beta_i l)]\cdot \\ &\{\int_{\underline{x}}^{\bar{x}}\sin[\beta_i(-x+\bar{x}_f)]dx + \int_{\underline{x}}^{\bar{x}}\sinh[\beta_i(-x+\bar{x}_f)]dx\} = \\ &\frac{A_i}{\beta_i}[\sinh(\beta_i l)-\sin(\beta_i l)]\{-\sin[\beta_i(-x+\bar{x}_f)]-\sinh[\beta_i(-x+\bar{x}_f)]\}\Big|_{\underline{x}}^{\bar{x}} + \\ &\frac{A_i}{\beta_i}[\cos(\beta_i l)-\cosh(\beta_i l)]\{[\cos[\beta_i(-x+\bar{x}_f)]-\cosh[\beta_i(-x+\bar{x}_f)]\}\Big|_{\underline{x}}^{\bar{x}}\end{aligned} \tag{A.5}$$

3. 振型函数 $\varphi_i(x)$ 与坐标 x 乘积的解析积分公式

$$\begin{aligned}\int_{\underline{x}}^{\bar{x}}\varphi_i(x)x\,dx &= A_i(\sinh\beta_i l-\sin\beta_i l)\{\int_{\underline{x}}^{\bar{x}}x\cos[\beta_i(-x+\bar{x}_f)]dx + \\ &\int_{\underline{x}}^{\bar{x}}x\cosh[\beta_i(-x+\bar{x}_f)]dx\} + A_i(\cos\beta_i l-\cosh\beta_i l)\cdot \\ &\{\int_{\underline{x}}^{\bar{x}}x\sin[\beta_i(-x+\bar{x}_f)]dx + \int_{\underline{x}}^{\bar{x}}x\sinh[\beta_i(-x+\bar{x}_f)]dx\}\end{aligned} \tag{A.6}$$

其中：

$$\int_{\underline{x}}^{\bar{x}}x\cos[\beta_i(-x+\bar{x}_f)]dx = \frac{1}{\beta_i^2}\{-\beta_i x\sin[\beta_i(-x+\bar{x}_f)]+\cos[\beta_i(-x+\bar{x}_f)]\}\Big|_{\underline{x}}^{\bar{x}}$$

$$\int_{\underline{x}}^{\bar{x}}x\cosh[\beta_i(-x+\bar{x}_f)]dx = \frac{1}{\beta_i^2}\{-\beta_i x\sinh[\beta_i(-x+\bar{x}_f)]-\cosh[\beta_i(-x+\bar{x}_f)]\}\Big|_{\underline{x}}^{\bar{x}}$$

$$\int_{\underline{x}}^{\bar{x}}x\sin[\beta_i(-x+\bar{x}_f)]dx = \frac{1}{\beta_i^2}\{\beta_i x\cos[\beta_i(-x+\bar{x}_f)]+\sin[\beta_i(-x+\bar{x}_f)]\}\Big|_{\underline{x}}^{\bar{x}}$$

$$\int_{\underline{x}}^{\bar{x}}x\sinh[\beta_i(-x+\bar{x}_f)]dx = \frac{1}{\beta_i^2}\{-\beta_i x\cosh[\beta_i(-x+\bar{x}_f)]-\sinh[\beta_i(-x+\bar{x}_f)]\}\Big|_{\underline{x}}^{\bar{x}}$$

附录B　模型参数

吸气式高超声速飞行器模型的标称参数见表B.1。

表B.1　吸气式高超声速飞行器模型标称参数

类　型	符　号	描　述	数　值	单　位
几何参数	l	机身总长度	30.48	m
	l_f	机身前体长度	14.33	m
	l_a	机身后体长度	10.06	m
	l_n	发动机舱长度	6.10	m
	$\bar{x}_f$	质心至机身前缘水平距离	16.76	m
	$\bar{z}_f$	质心至机身前缘垂直距离	0	m
	$\bar{x}_a$	质心至机身尾缘水平距离	13.72	m
	l_e	升降舵长度	5.18	m
	$\bar{x}_e$	质心至升降舵轴水平距离	9.14	m
	$\bar{z}_e$	质心至升降舵轴垂直距离	1.07	m
	$\tau_{f,u}$	机身前缘相对于x轴的上转角	3	(°)
	$\tau_{f,l}$	机身前缘相对于x轴的下转角	6.2	(°)
	τ_a	机身后缘顶角	14.41	(°)
	h_i	发动机进气道入口高度	1.07	m
	A_{ci}	发动机燃烧室管道截面积	0.24	m^2/m
	A_e	发动机尾喷管出口截面积	1.52	m^2/m
惯性参数	m	质量	14.36	kg/m
	I_{yy}	机身相对于oy轴的转动惯量	2.22×10^6	$kg\cdot m^2/m$
	EI	纵向平面内z向弯曲刚度	6.32×10^8	$N\cdot m^2/m$
燃料参数（液态氢燃料LH2）	f_{st}	化学计量比	0.029 1	—
	H_f	热值	119.79	MJ/kg
	c_p	定压比热	1.00	kJ/(kg·K)
	η_c	燃烧效率	0.9	—
气动参数	S	机身参考面积	30.48	m^2/m
	$\bar{c}$	机身平均气动弦长	30.48	m
	S_e	升降舵参考面积	5.18	m^2/m
	$\bar{c}_e$	升降舵平均气动弦长	5.18	m
气体参数	h_0	参考高度	25 908	m
	ρ_0	参考高度处大气密度	$3.475\ 1\times10^{-2}$	kg/m^3
	h_s	参考高度处高度常数	$6.510\ 2\times10^3$	m
	γ_0	气体比热比	1.4	—
	R_0	气体常数	$2.870\ 5\times10^2$	$m^2/(K\cdot s^2)$

附录 C　曲线拟合系数

作用力曲线拟合系数见表 C.1。

表 C.1　作用力曲线拟合系数

系　数	数　值	单　位	系　数	数　值	单　位
$C_T^{\Phi\alpha^3}$	$-1.937\,3\times10^{1}$	rad^{-3}	$C_M^{\delta_e}$	$-1.490\,3\times10^{0}$	rad^{-1}
$C_T^{\Phi\alpha^2}$	$-2.185\,9\times10^{0}$	rad^{-2}	C_M^{0}	$1.778\,2\times10^{-1}$	—
$C_T^{\Phi\alpha}$	$9.569\,4\times10^{-1}$	rad^{-1}	$C_M^{\eta_1}$	$-3.717\,8\times10^{-3}$	$(\text{kg/m})^{-0.5}\,\text{m}^{-1}$
C_T^{Φ}	$2.746\,8\times10^{-1}$	—	$C_M^{\eta_2}$	$-1.565\,3\times10^{-2}$	$(\text{kg/m})^{-0.5}\,\text{m}^{-1}$
C_T^{3}	$1.508\,2\times10^{1}$	rad^{-3}	$C_M^{\eta_3}$	$-5.524\,7\times10^{-3}$	$(\text{kg/m})^{-0.5}\,\text{m}^{-1}$
C_T^{2}	$1.340\,6\times10^{0}$	rad^{-2}	$N_1^{\alpha^2}$	$-1.409\,4\times10^{-2}$	$(\text{kg/m})^{-0.5}\,\text{rad}^{-2}$
C_T^{1}	$5.144\,1\times10^{-2}$	rad^{-1}	N_1^{α}	$5.521\,2\times10^{-2}$	$(\text{kg/m})^{-0.5}\,\text{rad}^{-1}$
C_T^{0}	$-2.985\,7\times10^{-2}$	—	$N_1^{\delta_e}$	$6.161\,9\times10^{-3}$	$(\text{kg/m})^{-0.5}\,\text{rad}^{-1}$
$C_T^{\eta_1}$	$-1.430\,1\times10^{-3}$	$(\text{kg/m})^{-0.5}\,\text{m}^{-1}$	N_1^{0}	$4.351\,5\times10^{-4}$	$(\text{kg/m})^{-0.5}$
$C_T^{\eta_2}$	$-1.811\,8\times10^{-3}$	$(\text{kg/m})^{-0.5}\,\text{m}^{-1}$	$N_1^{\eta_1}$	$-6.992\,8\times10^{-5}$	$(\text{kg/m})^{-1}\,\text{m}^{-1}$
$C_T^{\eta_3}$	$-2.761\,3\times10^{-3}$	$(\text{kg/m})^{-0.5}\,\text{m}^{-1}$	$N_1^{\eta_2}$	$-5.016\,5\times10^{-5}$	$(\text{kg/m})^{-1}\,\text{m}^{-1}$
C_L^{α}	$6.510\,8\times10^{0}$	rad^{-1}	$N_1^{\eta_3}$	$-1.480\,8\times10^{-4}$	$(\text{kg/m})^{-1}\,\text{m}^{-1}$
$C_L^{\delta_e}$	$8.019\,5\times10^{-1}$	rad^{-1}	$N_2^{\alpha^2}$	$1.395\,2\times10^{-2}$	$(\text{kg/m})^{-0.5}\,\text{rad}^{-2}$
C_L^{0}	$-2.663\,1\times10^{-2}$	—	N_2^{α}	1.5111×10^{-2}	$(\text{kg/m})^{-0.5}\,\text{rad}^{-1}$
$N_L^{\eta_1}$	$1.766\,4\times10^{-2}$	$(\text{kg/m})^{-0.5}\,\text{m}^{-1}$	$N_2^{\delta_e}$	$-3.927\,2\times10^{-2}$	$(\text{kg/m})^{-0.5}\,\text{rad}^{-1}$
$N_L^{\eta_2}$	$-1.643\,9\times10^{-2}$	$(\text{kg/m})^{-0.5}\,\text{m}^{-1}$	N_2^{0}	$2.184\,1\times10^{-4}$	$(\text{kg/m})^{-0.5}$
$N_L^{\eta_3}$	$-3.500\,5\times10^{-2}$	$(\text{kg/m})^{-0.5}\,\text{m}^{-1}$	$N_2^{\eta_1}$	$8.177\,4\times10^{-6}$	$(\text{kg/m})^{-1}\,\text{m}^{-1}$
$C_D^{\alpha^2}$	$8.700\,4\times10^{0}$	rad^{-2}	$N_2^{\eta_2}$	$6.409\,3\times10^{-5}$	$(\text{kg/m})^{-1}\,\text{m}^{-1}$
$C_D^{\alpha^2}$	$-8.086\,3\times10^{-2}$	rad^{-1}	$N_2^{\eta_3}$	$6.409\,3\times10^{-5}$	$(\text{kg/m})^{-1}\,\text{m}^{-1}$
$C_D^{\delta_e^2}$	$9.994\,4\times10^{-1}$	rad^{-2}	$N_3^{\alpha^2}$	$-1.181\,3\times10^{-2}$	$(\text{kg/m})^{-0.5}\,\text{rad}^{-2}$
$C_D^{\delta_e}$	$1.184\,2\times10^{-6}$	rad^{-1}	N_3^{α}	$1.626\,0\times10^{-2}$	$(\text{kg/m})^{-0.5}\,\text{rad}^{-1}$
C_D^{0}	$-2.171\,8\times10^{-2}$	—	$N_3^{\delta_e}$	$-6.729\,4\times10^{-4}$	$(\text{kg/m})^{-0.5}\,\text{rad}^{-1}$
$C_D^{\eta_1}$	$6.699\,5\times10^{-4}$	$(\text{kg/m})^{-0.5}\,\text{m}^{-1}$	N_3^{0}	$-3.043\,4\times10^{-4}$	$(\text{kg/m})^{-0.5}$
$C_D^{\eta_2}$	$1.322\,0\times10^{-4}$	$(\text{kg/m})^{-0.5}\,\text{m}^{-1}$	$N_3^{\eta_1}$	$2.467\,5\times10^{-5}$	$(\text{kg/m})^{-1}\,\text{m}^{-1}$
$C_D^{\eta_3}$	$1.401\,9\times10^{-3}$	$(\text{kg/m})^{-0.5}\,\text{m}^{-1}$	$N_3^{\eta_2}$	$2.247\,3\times10^{-5}$	$(\text{kg/m})^{-1}\,\text{m}^{-1}$
$C_M^{\alpha^2}$	$7.525\,7\times10^{0}$	rad^{-2}	$N_3^{\eta_3}$	$4.897\,3\times10^{-5}$	$(\text{kg/m})^{-1}\,\text{m}^{-1}$
C_M^{α}	$5.614\,1\times10^{0}$	rad^{-1}			

参考文献

［1］ 黄志澄．高超声速飞行器空气动力学［M］．北京：国防工业出版社，1995.
［2］ 杨超．高超声速飞行器气动弹性力学研究综述［J］．航空学报，2010，31(1)：1－11.
［3］ STEPHENS H. Near-space［J］. Air Force Magazine，2005，88(7)：36－40.
［4］ YOUNG M，KEITH S，PANCOTTI A. An overview of advanced concepts for Near－Space systems［C］//AIAA. 45th AIAA Joint Propulsion Conference & Exhibit Proceedings. Reston：AIAA Inc.，2009：1－18.
［5］ 杨建军，王明宇．临近空间：通向空天一体的桥梁［J］．空军工程大学学报（军事科学版），2010，10(2)：20－23.
［6］ 杨建军，王明宇，方洋旺．临近空间：走向全球的战略通道［J］．空军工程大学学报（军事科学版），2010，10(3)：5－8.
［7］ 杨建军，王明宇，褚振勇，等．空天廊桥：远程打击突防通道［J］．空军工程大学学报（军事科学版），2010，10(4)：5－8.
［8］ FAUST D. NASA dryden flight research center photo collection［EB/OL］.（2003－09－02）［2019－11－30］. http://www. dfrc. nasa. gov/gallery/photo/index. html.
［9］ 唐硕，祝强军．吸气式高超声速飞行器动力学建模研究进展［J］．力学进展，2011，41(2)：187－200.
［10］ TANG M，CHASE R L. The quest for hypersonic flight with air-breathing propulsion［C］//AIAA. 15th International Space Planes and Hypersonic Systems and Technologies Conference Proceedings. Reston：AIAA Inc.，2008：1－11.
［11］ 李晓宇．高超声速飞行器一体化布局气动外形设计［D］．长沙：国防科学技术大学，2007.
［12］ 黄伟，雷静．凹腔结构对圆形超燃冲压发动机燃烧室阻力特性影响［J］．固体火箭技术，2011，34(1)：52－56.
［13］ CURRAN E T. Scramjet engines：the first forty years［J］. Journal of Propulsion and Power，2001，17(6)：1138－1148.
［14］ 蔡国飙，徐大军．高超声速飞行器技术［M］．北京：科学出版社，2012，3.
［15］ THOMPSON M O. At the edge of space：the X-15 flight program［M］. Washington D C：Smithsonian Institution Press，1992.
［16］ DANA W. The X-15 airplane-lessons learned［C］//AIAA. 31st Aerospace Sciences Meetings and Exhibit Proceedings. Reston：AIAA Inc.，1993：1－13.
［17］ CHASE R L，TANG M H. A history of the NASP program from the formation of the Joint Program Office to the termination of the HySTP scramjet performance demonstration program［C］//AIAA. International Aerospace Planes and Hypersonic Technologies Conference Proceedings. Reston：AIAA Inc.，1995.
［18］ WHITEHEAD A. NASP aerodynamics［C］//AIAA. International Aerospace Plane Conference Proceedings. Washington D C：AIAA Inc.，1989：1－12.

[19] SPAIN C, SOISTMANN D, PARKER E, et al. An overview of selected NASP aeroelastic studies at the NASA Langley Research Center[C]//AIAA. International Aerospace Plane Conference Proceedings. Washington: AIAA Inc., 1990:1-10.
[20] SCHMIDT D K, MAMICH H, CHAVEZ F. Dynamics and control of hypersonic vehicles, the integration challenge for the 1990's[C]//AIAA. International Aerospace Plane Conference Proceedings. Washington D C: AIAA Inc., 1991:1-12.
[21] MCRUER D. Design and modeling issues for integrated airframe/propulsion control of hypersonic flight vehicles[C]//AACC. American Control Conference Proceedings. Seattle: IEEE, 1991: 729-734.
[22] BRASE L O, HAUDRIC D P. Flutter and divergence assessment of the HyFly missile[C]// AIAA. 50th AIAA/ASME/ASCE/AHS/ASC Structures, Structural Dynamics, and Materials Conference Proceedings. Reston: AIAA Inc., 2009: 1-16.
[23] RAUSCH V L, MCCLINTON C R, CRAWFORD J L. Hyper-X: flight validation of hypersonic air-breathing technology[C]//AIAA. International Symposium Proceedings on Air Breathing Engines. Washington D C: AIAA Inc., 1997: 1-10.
[24] POWELL O A, EDWARDS J T, NORRIS R B, et al. Development of hydrocarbon-fueled scramjet engines: the hypersonic technology (HyTech) program[J]. Journal of Propulsion and Power, 2001, 17(6):1170-1176.
[25] FREEMAN D C, REUBUSH D E, MCCLINTON C R, et al. The NASA Hyper-X program[R]. Langley: NASA Langley Technical Report Server, 1997: 1-10.
[26] MCCLINTON C R, RAUSCH V L, SITZ J, et al. Hyper-X program status[C]// AIAA. 10th International Space Planes and Hypersonic Systems and Technologies Conference Proceedings. Reston: AIAA Inc., 2001: 1-12.
[27] MARSHALL L A, BAHM C, CORPENING G P. Overview with results and lessons learned of the X-43A mach 10 flight[C]//AIAA. 13th International Space Planes and Hypersonics Systems and Technologies Proceedings. Reston:AIAA Inc.,2005:1-23.
[28] HUETER U, MCCLINTON C R. NASA's advanced space transportation hypersonic program[C]//AIAA. 11th International Conference Space Planes and Hypersonics Systems and Technologies Conference Proceedings. Reston:AIAA Inc., 2002:1-10.
[29] WALKER S H, RODGERS F. Falcon hypersonic technology overview[C]//AIAA. 13th International Space Planes and Hypersonic Systems and Technologies Conference Proceedings. Reston: AIAA Inc., 2005: 1-7.
[30] 王华，杨卫丽，陈宇杰，等. 高超声速技术的发展与应用研究[R]. 北京：总装备部科技信息研究中心，2004:1-12.
[31] OGORODNIKOW D A, VINOGRADOV V A, SHIKHMAN J M, et al. Design and research Russian program of experimental hydrogen fueled dual mode scramjet-choice of conception and results of pre-flight tests[C]//AIAA. 8th International Space Planes and Hypersonic Systems and Technologies Conference. Reston: AIAA Inc., 1998: 724-734.

[32] GOLDFIED M A, NESTOULIA R V, STAROV A V. Experimental study of scramjet modules[J]. Journal of Propulsion and Power, 2001, 17(6): 1222-1226.

[33] FALEMPIN F. French contribution to hypersonic airbreathing propulsion technology development[J]. Journal of Propulsion Technology, 2010, 31(6): 650-659.

[34] NOVELLI P, KOSCHEL W. JAPHAR-A Joint ONERA-DLR research project on high speed airbreathing propulsion[C]// XIV ISABE. 14th International Symposium Proceedings on Air Breathing Engines. London: IOP, 1999: 1-10.

[35] YATSUYANAGI N, CHINZEI N. Status of scramjet engine research at NAL[C]// ISTS. 22th International Symposium Proceedings on Space Technology and Science. Seattle: IEEE, 2000: 51-57.

[36] 乐嘉陵. 吸气式高超声速技术研究进展[J]. 推进技术, 2010, 31(6): 641-649.

[37] 乐嘉陵. 吸气式高超声速技术研究进展[J]. 西南科技大学学报, 2012, 26(4): 1-9.

[38] 王兰. 超燃冲压发动机整机非结构网格并行数值模拟研究[D]. 绵阳: 中国空气动力研究与发展中心,2007.

[39] 邢建文. 化学平衡假设和火焰面模型在超燃冲压发动机数值模拟中的应用[D]. 绵阳: 中国空气动力研究与发展中心,2007.

[40] 贺旭照. 高超声速飞行器气动力气动热数值模拟和超声速流动的区域推进求解[D]. 绵阳: 中国空气动力研究与发展中心,2007.

[41] 张为华. 服务国防追求卓越建设一流学科[C]. 南京:全国兵器科学与技术博士生学术论坛, 2012.

[42] 罗世彬. 高超声速飞行器机体/发动机一体化及总体多学科设计优化方法研究[D]. 长沙: 国防科学技术大学, 2004.

[43] 范晓樯. 高超声速进气道的设计、计算与实验研究[D]. 长沙: 国防科学技术大学, 2006.

[44] 金亮. 高超声速飞行器机体/发动机一体化构型设计与性能研究[D]. 长沙: 国防科学技术大学, 2008.

[45] 王翼. 高超声速进气道启动问题研究[D]. 长沙: 国防科学技术大学, 2008.

[46] 吴海燕. 超燃冲压发动机燃烧室两相流混合燃烧过程仿真及实验研究[D]. 长沙: 国防科学技术大学, 2009.

[47] 田正雨. 高超声速流动的磁流体力学控制数值模拟研究[D]. 长沙: 国防科学技术大学, 2008.

[48] 潘沙. 高超声速气动热数值模拟方法及大规模并行计算研究[D]. 长沙: 国防科学技术大学, 2010.

[49] 黄琳, 段志生, 杨剑影. 近空间高超声速飞行器对控制科学的挑战[J]. 控制理论与应用, 2011,28(10): 1496-1505.

[50] ANDERSON J D. Fundamentals of aerodynamics[M]. New York: McGraw-Hill Book Company, 1991.

[51] ARNOLD M K, CHUEN Y C. Foundations of aerodynamics[M]. New York: John Wiley & Sons Inc., 1986.

[52] MAUS J R, GIFFITH B J, SZEMA K Y, et al. Hypersonic mach number and real gas effects on space shuttle orbiter aerodynamics[J]. Journal of Spacecraft and Rockets, 1984, 21(2): 132 - 141.

[53] JOHNSON P J, WHITEHEAD A H, Chapman G T. Fitting aerodynamics and propulsion in to the puzzle[J]. Aerospace America, 1987, 25(9): 32 - 34.

[54] SCHMIDT D K, MAMICH H, CHAVEZ F. Dynamics and control of hypersonic vehicles-the integration challenge for the 1990s[C]//AIAA. International Aerospace Planes Conference Proceedings. Washington: AIAA Inc., 1991: 1 - 10.

[55] 葛东明. 临近空间高超声速飞行器鲁棒变增益控制[D]. 哈尔滨：哈尔滨工业大学，2011.

[56] 李静，左斌，段洣毅，等. 输入受限的吸气式高超声速飞行器自适应 Terminal 滑模控制[J]. 航空学报，2012，33(2)：220 - 233.

[57] DAVIDSON J, LALLMAN, MCMINN J D, et al. Flight control laws for NASA's Hyper-X research vehicle[C]//AIAA. Guidance, Navigation, and Control Conference and Exhibit Proceedings. Reston: AIAA Inc., 1999: 1 - 11.

[58] BAHM C, BAUMANN E, MARTIN J, et al. The X-43A Hyper-X mach 7 flight 2 guidance, navigation, and control overview and flight test results [C]//AIAA. AIAA/CIRA Interna-tional Space Planes and Hypersonics System Technologies Conference Proceedings. Reston: AIAA Inc., 2005: 1 - 10.

[59] 陈洁，周绍磊，宋召青. 高超声速飞行器迎角观测器及控制器设计[J]. 北京航空航天大学学报，2011，37(7)：827 - 832.

[60] 雷正东，杨剑影，赵阳阳. 基于挠性吸气式高超声速飞行器的传感器容错控制[J]. 航空兵器，2012(2)：3 - 8.

[61] 莱满意. 飞行控制系统[M]. 北京：国防工业出版社，2007.

[62] RUGH W J. Analytical framework for gain scheduling[J]. IEEE control system magazine, 1991, 11(1): 79 - 84.

[63] RUGH W J, SHAMMA J S. Research on gain scheduling[J]. Automatica, 2000, 36(10): 1401 - 1425.

[64] LEITH D J, LEITHEAD W E. Survey of gain-scheduling analysis and design[J]. International Journal of Control, 2000, 73(11): 1001 - 1025.

[65] 刘燕斌. 高超声速飞行器建模及其先进飞行控制机理的研究[D]. 南京：南京航空航天大学，2007.

[66] WANG J L, SUNDARARAJAN N. A nonlinear flight controller design for aircraft [J]. Control Engineering Practice, 1995, 3(6): 813 - 825.

[67] WANG J L, Sundararajan N. Extended nonlinear flight controller design for aircraft [J]. Automatica, 1996, 32(8): 1187 - 1193.

[68] AGUSTIN R M, MANGOUBI R S, HAIN R M, et al. Robust failure detection for reentry vehicle attitude control systems[C]//AIAA. Guidance, Navigation and Control Conference and Exhibit Proceedings. Reston: AIAA Inc., 1998: 1 - 14.

[69] LU P. Regulation about time-varying trajectories: precision entry guidance illustrated [C]//AIAA. AIAA Guidance, Navigation and Control Conference and Exhibit. Reston: AIAA Inc., 1999: 704 - 713.

[70] NICHOLS R A, Reichert R T, Rugh W J. Gain scheduling for H-infinity controllers: a flight control example[J]. IEEE Transactions on Control systems Technology, 1993, 1(2): 69 - 78.

[71] BUSCHEK H. Full envelope missile autopilot design using gain scheduled robust control[J]. Journal of Guidance, Control, and Dynamics, 1999, 22(1): 115 - 122.

[72] CLEMENT B, DUC G, MAUFFREY S. Aerospace launch vehicle control: a gain scheduling approach[J]. Control Engineering Practice, 2005, 13(3): 333 - 347.

[73] PALM R, STUTZ C. Open loop dynamic trajectory generator for a fuzzy gain scheduler[J]. Engineering Application of Artificial Intelligence, 2003, 16(3): 213 - 225.

[74] NIJMEIJER H, SCHAFT A. Nonlinear dynamical control systems[M]. New York: Springer-Verlag, 1990.

[75] SLOTINE J E, LI W. Applied nonlinear control [M]. New Jersey: Prentice-Hall, 1991.

[76] ISIDORI A. Nonlinear control systems[M]. 3rd ed. New York: Springer, 1995.

[77] 张友安，胡云安. 导弹控制和制导的非线性设计方法[M]. 北京:国防工业出版社,2003.

[78] 胡寿松. 自动控制原理[M]. 北京：科学出版社，2001.

[79] BOKSENHOOM A S, HOOD R. General algebraic method to control analysis of complex engine types[R]. Washington D C: NACA, 1949:1 - 12.

[80] MEYER G, HUNT R L, SU R. Design of a helicopter autopilot by means of linearizing transformations[R]. Virginia: NASA, 1982:1 - 14.

[81] SNELL S A. Nonlinear dynamic-inversion flight control of super-maneuverable aircraft[D]. Minnesota: University of Minnesota, 1991.

[82] HAUSER J, SASTRY S, MEYER G. Nonlinear control design for slightly nonminimum phase systems: application to V/STOL aircraft[J]. Automatica,1992,28(4):65 - 79.

[83] MCFARLAND M B, CALISE A J. Neural-adaptive nonlinear autopilot design for an agile anti-air missile[C]//AIAA. Guidance, Navigation and Control Conference Proceedings. Reston: AIAA Inc., 1996: 1 - 9.

[84] MCFARLAND M B, Calise A J. Multilayer neural networks and adaptive nonlinear control of Agile anti-air missiles[C]//AIAA. Guidance, Navigation and Control Conference Proceedings. Reston: AIAA Inc., 1997: 401 - 410.

[85] KIM S H, KIM Y S, SONG C. A robust adaptive nonlinear control approach to missile autopilot design[J]. Control Engineering Practice, 2004, 12(2): 149 - 154.

[86] 陈谋，邹庆元，姜长生，等. 基于神经网络干扰观测器的动态逆飞行控制[J]. 控制与决策，2008，23(3)：283 - 287.

[87] 王庆超，李达. 基于反馈线性化的动能拦截器姿态控制研究[J]. 宇航学报，2005，26(3)：358 - 361.

[88] JOHNSON E N，CALISE A J，EL-SHIRBINY H A，et al. Feedback linearization with neural network augmentation applied to X-33 attitude control[C]//AIAA. Guidance，Navigation，and Control Conference and Exhibit Proceedings. Reston：AIAA，2000：1-11.

[89] KANELLAKOPOULOS I，KOKOTOVIC P V，MORSE A S. Systematic design of adaptive controllers for feedback linearizable systems[J]. IEEE Transactions on Automatic Control，1991，36(11)：1241-1253.

[90] KOKOTOVIC P，ARCAK M. Constructive nonlinear control：progress in the 90's [C]//IFAC. 14th World Congress Proceedings of International Federation of Automatic Control. Seattle：IEEE，1999：49-77.

[91] KOKOTOVIC P，ARCAK M. Constructive nonlinear control：a historical perspective [J]. Automatica，2001，37(5)：637-662.

[92] HULL R A，SCHUMACHER D，QU Z. Design and evaluation of robust nonlinear missile autopilots from a performance perspective[C]//AACC. American Control Conference Proceedings. Seattle：IEEE，1995：189-193.

[93] POLYCARPOU M M，IOANNOU P A. A robust adaptive nonlinear control design [J]. Automatica，1999，32(3)，423-427.

[94] LEE T，KIM Y. Nonlinear Adaptive flight control using backstepping and neural networks Controller [J]. Journal of Guidance，Control，and Dynamics，2001，24(4)：675-682.

[95] SHARMA M，FARREL J A，POLYCARPOU M，et al. Backstepping flight control using on-Line Function approximation[C]//AIAA. Guidance，Navigation，and Control Conference and Exhibit Proceedings. Reston：AIAA Inc.，2003：1-10.

[96] 王翔宇，丁世宏，李世华. 基于反步法的挠性航天器姿态镇定[J]. 航空学报，2011，32(8)：1512-1523.

[97] LI S H，DING S H，LI Q. Global set stabilization of the spacecraft attitude control problem based on quaternion[J]. International Journal of Robust and Nonlinear Control，2010，20(1)：84-105.

[98] DING S H，LI S H. Stabilization of the attitude of a rigid spacecraft with external disturbances using finite time control techniques[J]. Aerospace Science and Technology，2009，13(4/5)：256-265.

[99] 朱良宽，马广富，胡庆雷. 挠性航天器鲁棒反步自适应姿态机动及主动振动抑制[J]. 振动与冲击，2009，28(2)：132-136.

[100] LIAN B H，BANG H，HURTADO J E. Adaptive backstepping control based autopilot design for reentry vehicle[C]//AIAA. Guidance，Navigation，and Control Conference and Exhibit Proceedings. Reston：AIAA Inc.，2004：1-10.

[101] 罗熊，孙增圻，颜时雨. 面向复杂航天器控制应用的模糊动态特征建模与控制[J]. 空间控制技术与应用，2010，36(3)：1-13.

[102] 吴宏鑫. 全系数自适应控制理论及应用[M]. 北京：国防工业出版社，1990.

[103] 吴宏鑫，胡军，谢永春. 基于特征模型的智能自适应控制[M]. 北京：中国科学技术出版社，2009.

[104] SHAUGHNESSY J D, PINCKNEY S Z, MCMINN J D, et al. Hypersonic vehicle simulation model: winged-cone configuration[R]. Hampton:NASA,1990:1-142.

[105] KESHMIRI S, MIRMIRANI M D, COLGREN R D. Six-DOF modeling and simulation of a generic hypersonic vehicle for conceptual design studies[C]//AIAA. Modeling and Simulation Technologies Conference Proceedings. Reston: AIAA Inc., 2004: 1-12.

[106] MIRMIRANI M, WU C, ANDREW C, et al. Modeling for control of a generic air-breathing hypersonic vehicle[C]//AIAA. Guidance, Navigation, and Control Conference and Exhibit Proceedings. Reston: AIAA Inc., 2005: 1-19.

[107] KESHMIRI S, COLGREN R D, MIRMIRANI M D. Development of an aerodynamic database for a generic hypersonic air vehicle[C]//AIAA. Guidance, Navigation, and Control Conference and Exhibit Proceedings. Reston: AIAA Inc., 2005: 1-21.

[108] KESHMIRI S, COLGREN R D, MIRMIRANI M D. Six-DOF modeling and simulation of a generic hypersonic vehicle for control and navigation purposes[C]//AIAA. Guidance, Navigation, and Control Conference and Exhibit. Reston: AIAA Inc., 2006: 1-10.

[109] CLARK A, WU C, MIRMIRANI M, et al. Development of an airframe-propulsion integrated generic hypersonic vehicle model[C]//AIAA. 44th Aerospace Sciences Meeting and Exhibit Proceedings. Reston: AIAA Inc., 2006: 1-30.

[110] CHAVEZ F R, SCHMIDT D K. An integrated analytical aeropropulsive/aeroelastic for dynamic analysis of hypersonic vehicles[C]//AIAA. Atmospheric Flight Mechanics Conference Proceedings. Reston: AIAA Inc., 1992: 551-563.

[111] SALAS J, LOVELL A, SCHMIDT D K. Development of a nonlinear simulation for generic hypersonic vehicles-ASUHS1[R]. Hampton: NASA, 1993:1-12.

[112] CHAVEZ F R, SCHMIDT D K. Analytical aeropropulsive/aeroelastic hypersonic-vehicle model with dynamic analysis[J]. Journal of Guidance, Control, and Dynamics, 1994, 17(6): 1308-1319.

[113] SHAKIBA M, SERRANI A. Control oriented modeling of 6-DOF hypersonic vehicle dynamics[C]//AIAA. Guidance, Navigation, and Control Conference and Exhibit Proceedings. Reston: AIAA Inc., 2011: 1-27.

[114] BOLENDER M A, DOMAN D B. A non-linear model for the longitudinal dynamics of a hypersonic air-breathing vehicle[C]//AIAA. Guidance, Navigation, and Control Conference and Exhibit Proceedings. Reston: AIAA Inc., 2005: 1-22.

[115] BOLENDER M A, DOMAN D B. Nonlinear longitudinal dynamical model of an air-breathing hypersonic vehicle[J]. Journal of Spacecraft and Rockets, 2007, 44(2): 374-387.

[116] BOLENDER M A, OPPENHEIMER M W, DAVID B D. Effects of unsteady and

viscous aerodynamics on the dynamics of a flexible air-breathing hypersonic vehicle [C]//AIAA. Atmospheric Flight Mechanics Conference and Exhibit Proceedings. Reston: AIAA Inc., 2007: 1-18.

[117] BOLENDER M A. An overview on dynamics and controls modelling of hypersonic vehicles[C]//AACC. 2009 American Control Conference. Seattle: IEEE, 2009: 2507-2512.

[118] GROVES K P. Modelling, simulation, and control design of an air-breathing hypersonic vehicle[D]. Ohio: The Ohio State University, 2005.

[119] PARKER J T, SERRANIA A, YURKOVICH S, et al. Control-oriented modeling of an air-breathing hypersonic vehicle[J]. Journal of Guidance, Control, and Dynamics, 2007, 30(3): 856-869.

[120] SIGTHORSSON D O. Control-oriented modeling and output feedback control of hypersonic air-breathing vehicles[D]. Ohio: The Ohio State University, 2008.

[121] FIORENTINI L. Nonlinear adaptive controller design for air-breathing hypersonic vehicles[D]. Ohio: The Ohio State University, 2010.

[122] MORGAN H G, RUNYAN H L, HUCKEL V. Theoretical considerations of flutter at high mach numbers[J]. Journal of the Aeronautical Sciences, 1958, 25(6): 371-381.

[123] YATES E, BENNETT R M. Analysis of supersonic-hypersonic flutter of lifting surfaces at angle of attack[C]//AIAA. AIAA/ASME 12th Structures, Structural Dynamics and Materials Conference Proceedings. Washington D C: AIAA, 1971: 1-16.

[124] ZARTATIAN G, HSU P T, ASHLEY H. Dynamic airloads and aeroelastic problems at entry mach numbers[J]. Journal of the Aeronautical Sciences, 1961, 28(3): 209-222.

[125] LIGHTHILL M J. Oscillating airfoils at high mach numbers[J]. Journal of the Aeronautical Sciences, 1953, 20(6): 402-406.

[126] ASHLEY H, ZARTARIAN G. Piston theory: a new aerodynamic tool for the aeroelastician[J]. Journal of the Aeronautical Sciences, 1956, 23(12): 1109-1118.

[127] OPPENHEIMER M W, DOMAN D B. A hypersonic vehicle model developed with piston theory[C]//AIAA. Atmospheric Flight Mechanics Conference. Reston: AIAA Inc., 2006: 1-23.

[128] OPPENHEIMER M W, SKUJINS T, BOLENDER M, et al. A flexible hypersonic vehicle model developed with piston theory[C]//AIAA. Atmospheric Flight Mechanics Conference and Exhibit Proceedings. Reston: AIAA Inc., 2007: 1-23.

[129] BILIMORIA K D, SCHMIDT D K. Integrated development of the equations of motion for elastic hypersonic flight vehicles[J]. Journal of Guidance, Control, and Dynamics, 1995, 18(1): 73-81.

[130] SOMANATH A. Adaptive control of hypersonic vehicles in the presence of actuation uncertainties [D]. Massachusetts: Massachusetts Institute of

Technology, 2010.

[131] BRETT N, SCHMIDT D K. Aeroelastic vehicle multivariable control synthesis with analytical robustness evaluation[J]. Journal of Guidance, Control, and Dynamics, 1994, 17(6): 1145 - 1153.

[132] WILLIAMS T, BOLENDER M A, DOMAN D B, et al. An aerothermal flexible mode analysis of hypersonic vehicle[C]//AIAA. Atmospheric Flight Mechanics Conference and Exhibit Proceedings. Keystone, Reston: AIAA Inc., 2006: 1 - 22.

[133] TORREZ S, SCHOLTEN N, BOLENDER M, et al. Dynamics of hypersonic vehicles: shift of poles/zeros by improved propulsion modeling[C]//AIAA. Atmospheric Flight Mechanics Conference Proceedings, Reston: AIAA Inc., 2008: 1 - 22.

[134] TORREZ S, SCHOLTEN N, MICKA D, et al. A scramjet engine model including effects of precombustion shocks and dissociation[C]//AIAA. 44th AIAA/ASME/SAE/ASEE Joint Propulsion Conference and Exhibit Proceedings. Reston: AIAA Inc., 2008: 1 - 10.

[135] FIDAN B, MIRMIRANI M, IOANNOU P A. Flight dynamics and control of air-breathing hypersonic vehicles: review and new directions[C]//AIAA. 12th AIAA International Space Planes and Hypersonic Systems and Technologies Proceedings. Reston: AIAA Inc., 2003: 1 - 24.

[136] MIRMIRANI M, WU C, CLARK A, et al. Airbreathing hypersonic flight vehicle modeling and control, review, challenges, and a CFD - based example[C]//AIAA. Workshop on Modeling and Control of Complex Systems Proceedings. Reston: AIAA Inc., 2005: 1 - 15.

[137] 吴宏鑫,孟斌.高超声速飞行器控制研究综述[J].力学进展,2009,39(6):756 - 765.

[138] 杨宝华.航天器制导、导航与控制[M].北京:中国科学技术出版社,2010:242 - 268.

[139] LOHSOONTHORN P, JONCKHEERE E, DALZELL S. Eigenstructure vs constrainted H_∞ design for hypersonic winged cone[J]. Journal of Guidance, Control, and Dynamics, 2001, 24(4): 648 - 658.

[140] GREGORY I M, CHOWDHRY R S, MCMINN J D, et al. Hypersonic vehicle control law development using $H\infty$ and μ - synthesis[R]. Hampton: NASA, 1992:1 - 12.

[141] MARRISON C I, STENGEL R F. Design of robust control systems for a hypersonic aircraft[J]. Journal of Guidance, Control, and Dynamics, 1998, 21(1): 58 - 63.

[142] CHAVEZ F R, SCHMIDT D K. Uncertainty modeling for multivariable-control robustness analysis of elastic high-speed vehicles[J]. Journal of Guidance, Control, and Dynamics, 1999, 22(1): 87 - 95.

[143] LIND R, BUFFINGTON J R, SPARKS A K. Multi-loop aeroservoelastic control of a hypersonic vehicle[C]//AIAA. Guidance, Navigation, and Control Conference Proceedings. Reston: AIAA Inc., 1999: 872 - 882.

[144] LIND R. Linear Parameter-Varying Modeling and control of structural dynamics with aerothermoelastic effects[J]. Journal of Guidance, Control, and Dynamics,

2002, 25(4): 733 - 739.

[145] WANG Q, STENGEL R F. Robust nonlinear control of a hypersonic aircraft[J]. Journal of Guidance, Control, and Dynamics, 2000, 23(4): 577 - 585.

[146] WANG Q, STENGEL R F. Reply by the authors to P. K. Menon[J]. Journal of Guidance, Control, and Dynamics, 2001, 24(1): 143.

[147] 吴森堂. 飞航导弹制导控制系统随机鲁棒分析与设计[M]. 北京: 国防工业出版社, 2010: 195 - 222.

[148] XU H J, MIRMIRANI M D, IOANNOU P A. Adaptive sliding mode control design for a hypersonic flight vehicle[J]. Journal of Guidance, Control, and Dynamics, 2004, 27(5): 829 - 838.

[149] XU B, GAO D X, WANG S X. Adaptive neural control based on HGO for hypersonic flight vehicles[J]. Science China: Information Science, 2011, 54(3): 511 - 520.

[150] 高道祥, 孙增圻, 罗熊, 等. 基于 Backstepping 的高超声速飞行器模糊自适应控制[J]. 控制理论与应用, 2008, 25(5): 805 - 810.

[151] 高道祥, 孙增圻. 高超声速飞行器离散模糊自适应控制[J]. 空间控制技术与应用, 2009, 35(5): 13 - 19.

[152] FIORENTINI L, SERRANI A, BOLENDER M A, et al. Nonlinear robust/adaptive controller design for an air - breathing hypersonic vehicle model[C]//AIAA. Guidance, Navigation and Control Conference and Exhibit Proceedings. Reston: AIAA Inc., 2007: 1 - 22.

[153] FIORENTINI L, SERRANI A, BOLENDER M A, et al. Robust nonlinear sequential loop closure control design for an air-breathing hypersonic vehicle model[C]//AACC. American Control Conference Proceedings. Seattle: IEEE, 2008: 3458 - 3463.

[154] FIORENTINI L, SERRANI A, BOLENDER M A, et al. Nonlinear robust adaptive control of flexible air - breathing hypersonic vehicles[J]. Journal of Guidance, Control, and Dynamics, 2009, 32(2): 401 - 416.

[155] VADDI S S, SENGUPTA P. Controller design for hypersonic vehicles accommodating nonlinear state and control constraints[C]//AIAA. Guidance, Navigation, and Control Conference Proceedings. Reston: AIAA Inc., 2009: 1 - 19.

[156] AMES. Equations, tables, and charts for compressible flow[R]. Washington D C: NASA, 1953: 1135.

[157] 王梓坤. 常用数学公式大全[M]. 重庆: 重庆出版社, 1991: 100 - 101.

[158] 曾宪法, 王洁瑶, 王小虎, 等. 基于 SMDO 的滑模控制器设计及其在导弹上的应用[J]. 航空学报, 2011, 32(5): 873 - 880.

[159] CHEN M, GE S S, REN B B. Adaptive tracking control of uncertain MIMO nonlinear systems with input constraints[J]. Automatica, 2011, 47: 452 - 465.

[160] LEVANT A. Higher order sliding modes, differentiation and output feedback control[J]. International Journal of Control, 2003, 76(9): 924 - 941.